华为智能计算技术丛书

HUAWEI

Architecture and Programming of Kunpeng Processor

鲲鹏处理器
架构与编程

戴志涛　刘健培◎编著
Dai Zhitao　Liu Jianpei

清華大學出版社
北京

内 容 简 介

华为海思设计的鲲鹏(Kunpeng)920 系列芯片是兼容 ARMv8-A 架构的高性能处理器片上系统,也是华为"算、存、传、管、智"五个产品系列构成的鲲鹏芯片家族的核心产品之一。本书首先介绍高性能处理器与服务器的技术背景,然后总结了 ARMv8-A 处理器的体系结构。在此基础上,重点讨论鲲鹏920 处理器片上系统的体系结构及其软件生态和架构。为方便读者理解鲲鹏 920 处理器片上系统的应用场景,本书最后还给出了基于鲲鹏 920 处理器片上系统的服务器软件的安装、配置、开发与应用案例。

本书可以作为读者了解和应用鲲鹏 920 处理器片上系统的参考用书,特别适合有兴趣使用鲲鹏920 处理器片上系统的软件构架师、软件工程师和需要在鲲鹏 920 处理器片上系统上开发、优化应用程序的应用工程师和调优工程师。本书还可以作为普通高等学校计算机科学与技术、大数据、人工智能等相关专业的本科生及研究生教材。对计算机组成和设计有学习兴趣的读者也可以通过本书了解现代高性能处理器的体系结构。

图书在版编目(CIP)数据

鲲鹏处理器架构与编程/戴志涛,刘健培编著. —北京:清华大学出版社,2020.9(2024.11重印)
(华为智能计算技术丛书)
ISBN 978-7-302-56268-9

Ⅰ. ①鲲…　Ⅱ. ①戴…　②刘…　Ⅲ. ①微处理器—程序设计　Ⅳ. ①TP332

中国版本图书馆 CIP 数据核字(2020)第 152924 号

责任编辑:盛东亮　钟志芳
封面设计:李召霞
责任校对:时翠兰
责任印制:宋　林

出版发行:清华大学出版社
　　　　网　　　址:https://www.tup.com.cn,https://www.wqxuetang.com
　　　　地　　　址:北京清华大学学研大厦 A 座　　　　邮　　编:100084
　　　　社　总　机:010-83470000　　　　邮　　购:010-62786544
　　　　投稿与读者服务:010-62776969,c-service@tup.tsinghua.edu.cn
　　　　质量反馈:010-62772015,zhiliang@tup.tsinghua.edu.cn
　　　　课件下载:https://www.tup.com.cn,010-83470236
印　装　者:三河市龙大印装有限公司
经　　销:全国新华书店
开　　本:186mm×240mm　　　印　张:25.25　　　字　　数:514 千字
版　　次:2020 年 9 月第 1 版　　　印　　次:2024 年 11 月第 11 次印刷
印　　数:13101～14100
定　　价:79.00 元

产品编号:087735-02

FOREWORD
序　　一

　　人类文明以农业社会形态延续了数千年。 工业革命在不到 300 年的时间内，给人类社会带来了翻天覆地的变化，极大地推动了生产力的进步，将人类文明带入工业社会。 当前，我们正处于一个新时代的开端！ 新一轮工业革命开启，互联网革命进入下半场，数字经济正在成型展开，在这些"变革"的背后，"信息技术"及"信息化"是其核心驱动力。 以计算机和互联网为代表的信息技术正在推动人类社会朝着全面数字化、网络化和智能化的方向发展，一个人、机、物融合的新时代正在开启，人类文明开始进入信息社会。

　　随着大数据、人工智能、物联网、5G 通信以及生物工程等新技术融入人类社会经济活动的方方面面，数据成为新的生产要素，围绕数据处理分析尤其是大数据处理分析的计算成为新的生产力。 新时代对计算的需求也呈现出一些新的特征。

　　首先，需要超强的算力。 统计计算本身就是一种极限计算，高度依赖于算力。例如，为了让计算机识别出一只猫，就需要数百万图片的训练，这对算力是一个非常大的消耗。 面对未来的人、机、物融合时代，面向自动驾驶、天文探索、气象预测等更复杂场景，对超强算力的需求将会是常态。

　　其次，计算将无处不在。 人、机、物融合场景下泛在计算模式成为新形态。 从体系结构角度来看，云侧的极限计算、边缘侧的专业计算、端侧的个性计算互相协同，"端-边-云"一起构成未来计算新体系。

　　其三，降耗节能成为行业共识。 计算行业正在成为未来的能耗大户。 例如2018 年中国数据中心耗电量已超过三峡电站全年发电量，约占全国能耗的 2.3%，预计到 2030 年将占全国能耗的 4.2%。 计算行业降低能耗成为刚需。

　　无论是超强的算力、泛在的计算，还是降耗节能，都需要围绕各种处理器进行，以处理器为核心构建计算体系、工具链条和应用生态。 应用场景的多样化和数据类型的多元化，使得传统单一的计算架构越来越难以满足数据处理和用户体验的要求，多样性发展既是趋势，也是挑战。 不同架构的处理器有不同的特点，适合不同的领域。 最早为个人计算机设计的 x86 架构处理器目前在传统桌面和服务器领域占有优势； ARM 架构处理器在移动计算领域优势明显，并正在向服务器和物联网等领域延伸； RISC-V 架构处理器由于完全开源的特点在万物互联时代开始获得广泛关注。

　　华为鲲鹏系列处理器基于 ARM 架构，既继承了 ARM 的生态优势，又结合实际的场景和上层基础软硬件进行了创新，通过"硬件开放、软件开源"来推动计算产业共同发展，以满足未来智能世界对多样性计算的需求。如何吸引更多开发人员，帮助他们在鲲鹏处理器上更容易地编写和优化软件，在并发、性能、效率和安全等方面做得更好，是鲲鹏生态环境建设的关键问题。要有效解决该问题，提供各种高质量的教材无疑是一个重要的起点。

　　我很高兴看到《鲲鹏处理器架构与编程》的出版，这为促进鲲鹏生态的构建迈出了坚实的一步。本书有助于高校学生、开发者学习和掌握先进实用的 ARM 计算架构，不仅可以用于解决各种应用问题，更可为个人职业发展开辟新路。我也希望通过此序，寄语广大青年学子和从业人员，把握住数字经济发展带来的历史机遇，努力学习，深入实践，锤炼能力，不负韶华，不负时代。

梅宏教授
中国科学院院士
中国计算机学会理事长
绿色计算产业联盟理事长
2020 年 8 月于北京

FOREWORD

序　　二

得知《鲲鹏处理器架构与编程》即将出版，我回想起 20 世纪 80 年代初从海外回国，投入研制我国第一台大型计算机的岁月。当时，我们已有的成果，比如汉字激光照排、联想式汉卡，都是计算机的扩展功能，不是计算机主体。那时候我就觉得中国要做计算机，就一定要做芯片。几十年过去了，我们自己的企业就已经能生产出比肩国际，甚至在某些方面还犹有过之的芯片。作为一名一直从事计算机研究与开发的从业者，我深感欣慰。

我们都知道芯片的研发很难，不是一朝一夕就能够出成果的，需要长时间的投入以及丰富的经验积累，但是华为坚持下来了。

当下我们的计算产业正在经历种种困难，芯片事件给人的教育挺深刻的，比我们讲一百遍都有用，让全社会感受到芯片的重要性，小小的芯片是真正的"大国重器"。作为一个见证了中国计算产业从无到有的亲历者，我想给大家打打气，这些当前的困难放到中国计算机发展史中来看，只是一个可以迈过去的小坎而已。

首先，全社会都很重视计算产业的发展，国家支持力度很大，加大政策支持和资金投入。我们也有一批像华为这样处在国际领先地位的企业做投入。

其次，中国市场体量巨大。计算产业包含的数据中心、人工智能等本身就是一个万亿级的市场。更重要的是，计算作为一种通用技术可以和其他产业集群数字化相结合，带来效率的提升和产业空间的拓展，其所创造的体量是不可估量的。

第三，经过一代代计算人的传承，我们的人才体系已经逐步完善，有大量掌握先进技术的基础架构研究人员和应用开发人员。

我们有人、有市场、有资金、有技术，没有理由搞不好计算产业。当前主要的问题在于如何在使用中让生态丰富起来，从某些相对容易的领域逐步推进到企业，最后进入更广泛的领域。今天，很高兴看到《鲲鹏处理器架构与编程》由清华大学出版社出版，本书系统而深入地介绍了鲲鹏处理器的硬件架构、软件架构、系统编程、生态移植等核心内容，能有效指导广大青年学生和从业者进行研究开发，他们将是未来计算生态蓬勃发展的生力军。今天的火种，明天将处处燎原。

　　成功通常需要经历很长的过程，不一定要自己成功，我做一段，大家接着做。目前是适宜创新的时期，希望年轻人勤奋工作，努力创新，实现"两个一百年"的奋斗目标，自己也能获得更多的成就感。

中国工程院院士

2020 年 8 月

PREFACE
前　言

　　"北冥有鱼，其名为鲲。 鲲之大，不知其几千里也。 化而为鸟，其名为鹏。鹏之背，不知其几千里也； 怒而飞，其翼若垂天之云。 是鸟也，海运则将徙于南冥。 南冥者，天池也。"

　　上面这段是《庄子·逍遥游》中记载的一段"列子仙话"。 华为公司选择用"鲲"和"鹏"这两种传说中奇大无比的大鱼和大鸟合体而成的华夏上古神兽"鲲鹏"作为其芯片产品的名称，足以看出其中"鲲鹏展翅"的宏图大志。

　　广义而言，鲲鹏芯片是华为海思自研芯片家族的总称。 其中除了鲲鹏系列处理器芯片外，还有昇腾（Ascend）人工智能（Artificial Intelligence，AI）芯片、固态硬盘（Solid State Drive，SSD）控制芯片、智能融合网络芯片及智能管理芯片等，形成一个强大的支持计算、存储、传输、管理和人工智能的芯片家族。 从其命名方式就可以看出来，鲲鹏 920 处理器片上系统是这个芯片家族的核心之一。

　　从万物互联到大数据，再到云计算和人工智能，现代信息技术的核心都归结到"算力"这个关键点上，而处理器正是支撑算力的最关键的部件。 鲲鹏 920 处理器片上系统系列就是华为公司打造的通用计算平台的核心。 作者在高校讲授"计算机组成原理""嵌入式系统""软硬件协同设计"等课程多年，并与相关企业合作开发应用产品，其间接触到 x86、PowerPC、ARM、MIPS 等多种处理器体系结构，也亲眼看见了这些年来处理器架构的变化与纷争。 最近三四十年，计算机系统的核心应用场景经历了从 2000 年之前的桌面互联到 2000 年之后的移动互联的变换，正在向万物互联演进。 当前应用的创新速度越来越快，应用的种类和数量越来越多，移动终端配合边缘计算与云计算的"端-边-云"协同方式逐渐成为主流的计算模式，智能创新对计算平台提出了新挑战。 正是在这一背景下，自 2018 年开始，全球众多的处理器厂商推出了基于 ARM 架构的服务器处理器，向占据统治地位的英特尔处理器架构发起了第三次冲锋。 在移动计算和嵌入式环境中占据主导地位的 ARM 架构处理器可以高效实现"端-边-云"全场景同构互联与协同，并有效降低数据中心的综合运营成本，对基于 ARM 架构处理器的服务器也提供了更高的并发处理效率和更开放的生态系统与多元化的市场供应，完全可以在运算密集的服务器市场上成为特定应用领域的合理选择。

　　本书是一本专门介绍华为鲲鹏 920 处理器片上系统的参考书。 由于 ARM 架构在嵌入式计算与移动计算领域的强大影响力,许多不熟悉华为鲲鹏的人会误以为这是又一款高性能的移动计算处理器。 事实上,鲲鹏 920 处理器片上系统不仅是通用计算机的处理器,而且其主要应用领域是面向服务器市场的。 由于华为海思完全自主设计的鲲鹏 920 处理器片上系统与高性能 64 位处理器的 ARMv8-A 架构完全兼容,因而可以充分利用成熟的 ARM 生态环境,同时向用户提供华为的创新技术。 也正是因为保持与主流处理器架构的兼容性,鲲鹏 920 处理器片上系统的用户可以很方便地利用通用的软件解决方案,并通过软件调优最大限度地优化其应用程序。 期望本书能够为读者全面了解和应用鲲鹏 920 处理器片上系统提供帮助。

本书按照逐级深入的方式组织内容。 不太熟悉现代处理器和服务器的读者可以通过第 1 章了解现代高性能处理器的并行架构,也可以对服务器的体系结构与核心技术有基本认知。 第 2 章总结了 ARMv8-A 处理器架构的逻辑组成及其关键特性,以便为读者深入理解鲲鹏 920 处理器片上系统打下基础。 第 3 章是本书的核心内容之一,向读者全面展示鲲鹏 920 处理器片上系统的组织结构、处理器内核架构及基于鲲鹏 920 处理器片上系统的 TaiShan 服务器的整体优势。 第 4 章介绍鲲鹏的软件生态和构架,是基于鲲鹏 920 处理器片上系统的应用工程师和调优工程师需要重点关注的内容。 为帮助读者尽快实现向鲲鹏架构的迁移,本书最后一章给出了鲲鹏 920 处理器片上系统软件安装、配置与加速器设计的应用实例。 期望更进一步了解和应用鲲鹏 920 处理器片上系统的读者可以从本书附录 A 中了解鲲鹏社区、鲲鹏开发套件、鲲鹏开发者系列课程和鲲鹏应用开发者认证计划等相关信息。

ARMv8-A 架构是高性能的处理器架构,基于该架构的鲲鹏 920 处理器片上系统也具备众多高级特性。 本书不能替代 ARM 公司和华为公司的架构规范文档或用户手册,也不可能涵盖 ARMv8-A 架构和鲲鹏 920 处理器片上系统的全部细节,只能为读者深入理解高性能服务器处理器的整体结构提供一点帮助。 有需要的读者可以参阅 ARM 开发者网站和华为公司的网站获取丰富的参考材料和电子资源。

本书第 1、2、3 章由戴志涛编写,第 4 章和第 5 章由刘健培编写,全书由戴志涛负责内容组织与统稿。 华为公司为本书的编撰和出版提供了大量资源和支持。 华为公司的有关专家和工程技术人员对全书的整体结构和内容选择提出了宝贵意见,并审阅了全书的初稿。 清华大学出版社首席策划盛东亮老师提出了诸多有益的建议,编辑钟志芳老师花费大量心血仔细校阅了全书稿件。 在此,作者表示衷心感谢。

本书在编写过程中参考了许多相关资料,特别是参考了 ARM 公司和华为公司相关网站提供的丰富信息,作者对这些文献和参考资料的作者和相关机构表示感谢。

由于作者能力所限,书中难免存在疏漏,恳请读者谅解并指正。

2020 年注定不是一个普通的年份。 对于全球近两百个国家的 75 亿人而言,这场突如其来的疫情改变了多少人的生活与工作方式，又让多少人感受到无助与迷茫？ 而在中国的信息通信领域里，"华为"无疑成了焦点。 无论是普通的手机用户还是信息通信技术的专业人士，似乎都在思考着同样的一个问题： 在被极端打压的环境下，华为还能够"化鲲为鹏"，展翅高飞吗？ 2020 年上半年，在被疫情困在家中的日子里，作者在网上授课之余匆匆完成本书的编写，也期望为华为出一点点微薄之力。 毫无疑问，鲲鹏并不是完美的作品，也许存在缺陷，也面临着强大的对手。 它需要经历市场的不断打磨，也需要不断修补漏洞和升级改进。 我们需要给它一点点宽容，也留下期待。 在这二十年中，我们见证了很多品牌的起起落落，那么多国际知名企业倒下去了，华为也经历了风风雨雨，我们期待鲲鹏展翅，期待华为凤凰涅槃。

作者
2020 年 6 月于北京

CONTENTS
目 录

## 第 1 章

服务器与处理器

本章首先简要介绍服务器的相关概念、分类及特征,然后重点总结在服务器领域主流的英特尔系列处理器以及新兴的 ARM 架构服务器处理器的历史演变。为方便读者了解现代服务器相关的技术背景,本章还将简要介绍在高性能服务器中普遍采用的一些主要技术。

1.1 服务器体系结构

服务器(Server)是一个使用非常广泛的技术用语。一般意义的服务器是指通用计算机硬件的一个类别或形态,也即在网络环境下运行相应的应用软件为网上用户提供信息资源共享和网络、Web 应用、数据库、文件、打印等各种服务的一种高性能计算机。广义而言,任何计算机都可以安装网络操作系统并连接到网络上对外提供服务,因而都能够在一定程度上承担某些特定的服务器功能。但是通常所说的服务器一般被当作网络数据的节点和枢纽,负责为网络中的多个客户端或用户同时提供信息服务,因而对其功能和性能的要求远比只服务于少数人并承担个人业务的个人计算机(Personal Computer,PC)高出许多。

作为一种特定的计算机,服务器与一般计算机系统的整体组成结构并无不同,同样包含 CPU(Central Processing Unit,中央处理器)、内存储器、硬盘、总线和各种外部扩展部件等。特别之处在于,服务器硬件需要承担大量服务,必须要有足够的系统处理能力,因而服务器通常具备高速运算能力和强大的外部数据吞吐能力等。此外,服务器通常需要长时间连续提供服务,因而又必须具备高可靠性、高可用性、高可扩展性、高安全性和可管理性等特征,以避免因故障停机、网络中断、数据丢失等意外引起服务失效,造成巨大损失。因此,服务器硬件一方面会使用专门设计的高性能、高可靠性的中央处理器、系统总线和存储系统部件以提升系统配置,另一方面又会采用**对称多处理器**(Symmetric Multi-Processor,SMP)技术、冗余备份技术、在线诊断技术、故障诊断告警技术、传输存储加密与检错纠错技术、热插拔技术和远程诊断技术等,尽最大可能提升系统持续、可靠地提供高性能服务的能力。

1.1.1　服务器的分类

服务器有各种不同种类,其分类没有统一的标准,可以从多个维度对服务器分类。例如,可以按照应用场景把服务器分为文件服务器、Web 应用服务、FTP(文件传输协议)服务器、光盘镜像服务器、数据库服务器、流媒体服务器、电子邮件服务器等;也可以按用途把服务器划分为通用型服务器和专用型服务器两类,后者是为某一种或某几种功能专门设计的服务器。

在设计和选配服务器时比较重要的分类方式通常是按照其应用层次、机械结构、用途和处理器架构分类。

1. 按应用层次分类

按应用层次划分,服务器大致分为入门级服务器、工作组级服务器、部门级服务器和企业级服务器四类。这几类服务器之间的界限并不严格,只是服务器等级的粗略划分。

1) 入门级服务器

显然,入门级服务器是一种满足最基本的服务器功能和性能要求的低端设备。入门级服务器通常只使用少量 CPU,并根据需要配置相应的内存储器和大容量硬盘,必要时也会采用 RAID(Redundant Arrays of Independent Disks,独立磁盘冗余阵列)技术进行数据冗余保护。入门级服务器主要满足办公室的中小型网络用户的文件共享、打印服务、简单数据库应用、互联网接入及小型网络范围内的电子邮件、万维网(Web)服务等应用需求。由于服务业务量不大,因而对硬件配置的要求相对较低,也不需要特别专业的维护管理工作支持。

2) 工作组级服务器

工作组级服务器大致的服务范围为 50 台左右的个人计算机组成的网络工作组,其性能较入门级服务器有所提高,功能也有所增强,并且可以支持一定程度的可扩展性要求。这类服务器一般会支持对称多处理器结构、热插拔硬盘和热插拔电源等功能,易于管理和维护,具有高可用性。工作组级服务器可以满足中小型网络用户的数据处理、文件共享、互联网接入及简单数据库应用的需求。

3) 部门级服务器

部门级服务器属于中档服务器,一般具备比较完备的硬件配置,具有全面的服务器管理能力,集成了大量的监测及管理电路,可监测温度、电压、风扇和机箱工作状态等状态参数。大多数部门级服务器能够满足用户在业务量迅速增大时所需的系统可扩展性要求,能够及时在线升级系统。

部门级服务器是企业网络中在分散的各基层数据采集单位与最高层数据中心之间保持顺利连通的必要环节,适合中型企业用于数据中心、Web 服务器等应用场景。

4）企业级服务器

企业级服务器属于高档服务器，其功能和性能能满足大业务量、长时间稳定服务的需求。企业级服务器普遍支持较多的处理器配置，拥有高性能的内存和扩展总线设计，配置大容量热插拔硬盘和热插拔电源，具有超强的数据处理能力。

除了具有部门级服务器的全部特性外，企业级服务器最大的特点就是在可靠性工程方面做了大量优化，具有高度的容错能力、优良的可扩展性能，支持故障预报警功能、在线诊断和部件热插拔功能，可满足极长的系统连续运行时间要求。

企业级服务器主要适用于金融、证券、交通、通信、电子商务和信息服务等需要高速处理大量高并发业务数据并对可靠性要求极高的大型企业和重要行业，可用于支撑企业资源管理、电子商务、办公自动化和大型企业级数据库服务等应用需求。

2. 按机械结构分类

按服务器的机械结构和外观划分，服务器可以分为塔式（台式）服务器、机架式/机柜式服务器和刀片服务器。

1）塔式（台式）服务器

塔式服务器（Tower Server）也称为台式服务器，如图 1.1 所示，其外观与结构类似于普通台式个人计算机，塔式服务器是一种最常见的服务器。由于该服务器的扩展性较强，配置通常也较高，所以塔式服务器的主机机箱通常比标准的个人计算机的机箱要大，一般都会预留足够的内部空间以便进行硬盘和电源等部件的扩展。

塔式服务器更多地应用在入门级和工作组级服务器上。其优点是成本较低，无须搭配额外设备，对放置空间

图 1.1　塔式服务器示意图

的要求较低，并且具有良好的可扩展性，可以满足大部分中小企业用户常见的应用需求。但是塔式服务器也有不少缺点，例如体积较大，占用空间多，密度低，不方便管理，不适合用在需要采用多台服务器协同工作以满足更高的应用需求的场景。

2）机架式/机柜式服务器

机架式服务器（Rack Server）也称为机架安装服务器（Rack-mounted Server），是服务器的主流机械结构之一。机架（Rack）结构是传统电信机房的设备结构标准，机架内包含很多安装槽，每个安装槽内都可以用螺丝或免螺丝刀固定装置把硬件设备固定在适当位置上。因而机架式服务器的外观更像是网络通信设备，安装在标准的 19 英寸①机架内。服务器的宽度为 19 英寸，高度以 1U 为基准单位，1U 等于 1.75 英寸（4.445cm），通常有 1U、2U、4U 和 8U 等规格，以 1U 和 2U 最为常见。

---

① 1 英寸＝2.54 厘米，即 1in＝2.54cm。

　　与安装在垂直、独立机箱中的塔式服务器相比,机架式服务器的机箱高度有限。一个机架上可以安装层层堆叠的多台标准设备,因而可以在有限的空间内部署更多的机架式服务器,这有助于降低整体服务成本。机架式服务器因其配置方式简化了网络组件的布线,尤其在信息服务类企业的数据中心机房中应用最为普遍。在大型专用机房可以通过标准化的方式统一部署和管理大量的机架式服务器,并综合考虑服务器的体积、功耗、发热量等物理参数,在机房中配置严密的保安措施、良好的冷却系统和多重备份的供电系统。

　　在高档服务器应用场景中,还会采用机柜式服务器。机架一般为敞开式结构,而机柜采用全封闭式或半封闭式结构,因而使用机柜更方便进行热管理,并具有增强电磁屏蔽效果、降低设备工作噪声以及过滤空气等功能。

　　图 1.2 为华为 TaiShan 200 机架式服务器的前视图和后视图。

(a) 前视图

(b) 后视图

图 1.2　华为 TaiShan 200 机架式服务器

3) 刀片服务器

　　随着用户对系统总体运营成本和系统管理维护成本关注度的日益提升,刀片服务器(Blade Server)已经成为高性能计算机群的主流。

　　刀片服务器是一种单板形态的服务器结构,也是机群系统的一种常见实现方式。刀片服务器将传统的机架式服务器的所有功能集中在一块高度压缩的电路板中,然后再插入机柜或机架内。多台刀片服务器能够重叠在一起,方便地插入一个机架或机柜的平面中,充分节省空间。每一块“刀片”实际上就是一块单独的很薄的服务器系统主板,集成了一个完整的计算机系统,包括处理器、内存、硬盘、网络连接和相关的电子器件,并独立安装自己的操作系统,但网络等 I/O(Input/Output,输入/输出)接口及供电、散热和管理等功能则全部由机柜统一提供。刀片服务器之间共享公用高速总线,共用机架或机柜基础设施,并支持冗余特性,又由于设备的发热量降低,因而采用刀片服务器降低了能源消耗。

因此,刀片服务器是为高密度计算环境专门设计的一种实现高可用、高密度的低成本服务器。刀片服务器属于高密度服务器,可以构成完成某一特定任务的服务器机群。大型数据中心或互联网服务提供商(Internet Service Provider,ISP)的网站服务器主机一般都采用刀片服务器。

图 1.3 显示了华为刀片服务器的机箱与计算节点。

(a) 机箱

(b) 计算节点

图 1.3　华为刀片服务器机箱与计算节点

3. 按用途分类

根据服务器主要提供的服务,可以将其大致分为以下几类。

1) 业务服务器

业务服务器用于支撑某类特定业务的服务,例如 Web 应用服务器、数据库应用服务器、大数据分析服务器等。

2）存储服务器

存储服务器专注于提供数据存储功能,通常这类服务器会包含大量的磁盘等外存储器设备。

3）其他专用服务器

为了提供高性能的专业服务,有些数据中心会把部分专用的功能汇聚在一起,这些专用服务器会被独立管理,专门用于解决特定的问题,通常也会配置专用的硬件和软件。

例如人工智能的训练通常需要借助异构计算架构提供算力,这类机器往往需要配置大量的图形处理器(Graphics Processing Unit,GPU)或现场可编程门阵列(Field Programmable Gate Array,FPGA)实现 CPU 加速,而专用于安全服务的设备可以配置专用的加密/解密硬件加速器。

4. 按处理器架构分类

对任何计算机系统而言,处理器都是核心,服务器也不例外。在某种程度上,服务器使用的处理器体系结构(架构)对服务器的功能、性能、成本、功耗及其生态环境的影响巨大。

通常可以根据处理器在其设计时遵循的原则将计算机划分为 CISC(Complex Instruction Set Computer,复杂指令集计算机)和 RISC(Reduced Instruction Set Computer,精简指令集计算机)。相应地,处理器体系结构也被划分为 CISC 架构和 RISC 架构。虽然从处理器的设计思想看,CISC 架构和 RISC 架构各有各的明显特征,但是现代处理器设计都会尽可能吸收利用 RISC 处理器设计思想中的精华。因而现代处理器结构中已经很难找到完全符合 CISC 架构特征的实例了。尽管如此,人们习惯上仍会把从早期的 CISC 架构延续下来并与之保持指令集兼容的处理器称为 CISC 架构处理器。

按照所使用的处理器的体系结构划分,服务器可以分为 CISC 架构服务器、RISC 架构服务器和 EPIC 架构服务器。其中,EPIC 架构是一种特殊的 RISC 架构。

1）CISC 架构服务器

CISC 架构服务器主要是指采用英特尔(Intel)公司的 Intel 64 架构、超威半导体(AMD)公司的 AMD64 架构处理器及早期的 32 位 IA-32 架构处理器的服务器。由于这种架构的服务器是从个人计算机发展而来的,和 PC 采用的处理器体系结构相似,因此也被称为 PC 服务器或 x86 服务器。

CISC 架构服务器是当前服务器市场的主流,据统计,其出货量占到服务器总出货量的 90% 以上。

当前使用的 x86 架构的服务器处理器主要有英特尔公司的至强(Xeon)系列和 AMD 公司的皓龙(Opteron)系列、霄龙(EPYC)系列等。其中,英特尔公司在服务器处理器市场上占据着相当大的份额。

2）RISC 架构服务器

RISC 架构服务器一般是指采用非英特尔架构的服务器，例如 IBM 的 Power 系列、惠普公司的 Alpha 系列和 PA-RISC 系列、SUN/Oracle 公司的 SPARC 系列、MIPS 公司的 MIPS 处理器等采用 RISC 架构处理器的服务器，也包括最近几年迅速进入市场的 ARM 架构服务器。

RISC 架构服务器基于不同体系结构的 RISC 处理器，一般而言其价格昂贵、体系封闭，主要采用 UNIX 和其他专用操作系统，但是稳定性好、性能强大，在金融、电信等大型企业和关键应用领域中居于非常重要的地位。

早期进入市场的 RISC 架构服务器，由于用途单一、生产规模太小，因而其处理器价格居高不下，目前大部分产品已经停止销售了。当前，除了新兴的 ARM 架构服务器之外，在中高档服务器市场上销售的 RISC 架构服务器处理器中，IBM 公司的 Power 架构是主流，占据了最大的 UNIX 服务器市场份额。

Power 架构是由苹果公司、IBM 公司和摩托罗拉公司共同开发的微处理器架构，Power 的含义是"性能优化的增强 RISC 处理器（Performance Optimized With Enhanced RISC）"。Power 架构性能强大，但价格高昂，其在硬件上的最大特点是采用对称多处理器（SMP）技术，可以保障任何一个 CPU 访问内存的速度都相同。在国内，IBM 公司与浪潮电子信息产业股份有限公司共同建立的合资企业——浪潮商用机器有限公司（IPS）负责运营 Power 服务器业务。IBM 公司于 2019 年发布了 Power 指令集架构的开放标准，芯片设计人员能够在无须支付许可费的情况下将 OpenPower 功能加入自己的处理器中，甚至可以针对特定的应用场景扩展和定制指令集。

最新的 Power9 处理器采用全新的构架，其指令流水线支持 8 条指令取指、6 条指令分发和 9 条指令发射，执行单元位宽达 128 位，共可以实现 256 位数据执行位宽以及独立的存储器访问（Load 和 Store）队列。Power9 支持 SMT8 或 SMT4 处理器内核两种配置，图 1.4 显示了 IBM Power9 SMT8 处理器内核的核心架构。从图 1.4 中可以看出，Power9 处理器的核心由 VSU（Vector Scalar Unit，向量标量单元）流水线、LSU（Load Store Unit，加载存储单元）和 BRU（BRanch Unit，分支单元）等部件构成，处理器针对性能和效率进行了精准优化。

早期由 SUN 公司开发、目前由 Oracle（甲骨文）公司继承的 SPARC（可扩展处理器架构，Scalable Processor ARChitecture）也曾在高性能服务器领域占据优势地位。Oracle 公司和富士通公司仍在生产基于 SPARC 架构的服务器。SPARC 架构以可扩展性见长，因与 Oracle 软件一体化设计，可以更好地支持业务关键型环境的数据库和企业应用。

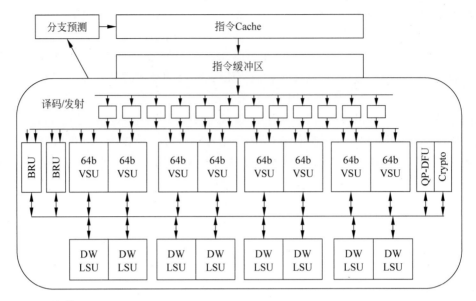

b：bit(位)；

OP-DFU：Quad Precision-Decimal Floating point Unit，四精度-十进制浮点单元；

Crypto：加密。

图 1.4　IBM Power9 SMT8 处理器内核的核心架构

最近几年，ARM 架构的处理器进军服务器市场，多家企业推出的 ARM 架构服务器正在收复 RISC 架构服务器的阵地。

3）EPIC 架构服务器

EPIC 即**显式并行指令计算**(Explicitly Parallel Instruction Computing)，采用这一架构的处理器就是英特尔公司和惠普等公司联合开发的基于 IA-64 架构的**安腾**(Itanium)处理器。虽然安腾处理器也被认为是 RISC 处理器，但其体系结构却与其他 RISC 处理器有显著的不同，其最突出的特色即显式并行指令计算技术与超长指令字技术的结合。

安腾处理器的指令字中设计了属性字段，用于指明哪些指令可以并行执行。这些属性信息并不是在指令执行过程中由处理器判定后获得的，而是由编译程序在编译时通过对源代码的分析获取指令级并行性信息并填写到执行代码中的。这就是所谓的"显式并行"的概念。

传统的超标量 RISC 体系结构虽然同样支持指令级并行，但并没有充分利用编译程序产生的许多有用信息去调整程序的运行路线，因而 RISC 处理器必须设计非常复杂的并行调度电路。EPIC 技术则充分利用现代编译程序强大的对程序执行过程的调度能力，由专用的 EPIC 编译器首先分析源代码，根据指令之间的依赖关系最大限度地挖掘指令级的并行性，从而确定哪些指令可以并行执行，然后把可并行执行的指令组合在一起并重新排序,提取并调度其指令级的并行性,并将这种并行性通过属性字段"显式"地告知指令执行部件。与 RISC 处理器在指令执行的很短的时间内对数十条指令的可执行代码进行扫描和并行性优化相比,EPIC 编译器有足够多的时间扫描足够长的源代码,从而获得全局性的并行编译优化效果,并使处理器硬件变得简单而高速。从这个意义上说,安腾体系结构中处理器的功能是由处理器硬件和软件编译器两部分协同完成的。处理器硬件只需按序高速并行处理指令和数据,EPIC 编译器从某种意义上等价于协调并行工作必需的一部分控制电路。这一方面降低了处理器的复杂度,简化了处理器的结构,大大缩短了处理器在程序执行时所消耗的时间;另一方面又打破了传统体系结构顺序执行的限制,使处理器的并行计算能力达到了更高的水平。

VLIW(Very Long Instruction Word,超长指令字)技术也是提高计算机系统并行性的有效手段。VLIW 系统中指令字长可多达几百位,由编译器在编译时找出指令间潜在的并行性,进行适当的调度安排,把多个能够并行执行的操作组合在一起合并成一条具有多个操作码的超长指令,控制处理器中的多个相互独立的功能部件,相当于同时执行多条指令,从而提高处理器的并行性。

而 EPIC 正是基于超长指令字的设计。编译器生成的可执行代码并不是串行指令,而是一系列长度固定为 128 位的"指令束"(Instruction Bundle),每个"指令束"包含了 3 条各为 41 位长的指令和 5 位长的指令模板。处理器在执行指令时每次取得一个指令束,并向各执行单元同时发送 3 条指令,这使得单个芯片内的并行能力达到了新的高度。通过将多条指令放入一个超长指令字,能有效提高处理器内各个执行部件的利用率。

虽然 EPIC 处理器的设计思想有其独到之处,但由于生态环境等原因,生产 EPIC架构服务器的惠普(HP)公司已经宣布将于 2025 年前停止对基于安腾处理器的服务器的支持,届时 EPIC 架构将完全退出市场。

1.1.2　服务器的性能评价

服务器的处理能力和稳健、连续、可靠的工作能力是其区别于个人计算机的最重要的两个方面。在评价服务器的处理能力时,测试基准(Benchmark)是最常见的工具。当企业或客户无法通过建立接近真实业务应用的操作环境进行各种压力测试时,借助各类测试基准测算出不同应用环境下服务器系统的响应时间、吞吐量等指标有助于相对客观地对服务器的性能做出接近真实状况的评估。

基准测试程序集成了某一类用户的典型负载,是进行程序性能度量的有力工具。基准测试程序针对特定的应用环境,通过一组有代表性的程序评估系统的性能,比单个程序更能代表用户的负载状况。测试程序以程序运行时间长度为度量,或是以单位时间内完成的操作数量为度量,两者存在对应关系。测试程序会给出某个系统的分数,通常是程序运行时间的函数。

在服务器的工业标准基准测试体系中存在众多的性能测试基准,包括 TPC、SPEC、SAP SD、Linpack 和 HPCC 等,可以从处理器性能、服务器系统性能、商业应用性能,乃至高性能计算机系统的性能等不同层面给出量化的参考评价指标。不同的测试基准的侧重点不同,例如:Linpack 基准侧重于系统浮点峰值运算能力的测试,成为全球超级计算机 500 强(TOP 500)的评测基准;而 STREAM 测试基准关注对系统的数据访问能力的定量评价;SPEC CPU 测试基准和 SPEC Web 测试基准分别针对单CPU 性能及作业吞吐能力和应用于 Web 服务器时的性能。这些测试基准中,最常用的是 TPC 和 SPEC 两大基准。

1. TPC 测试基准

TPC 代表事务处理性能委员会(Transaction Processing Performance Council),是由以计算机软硬件厂家为主的数十家会员企业联合创建的非营利性组织,总部设在美国。该组织的主要工作是制定商务应用基准测试程序的测试基准,以及评估和检测这些测试基准的完整流程。TPC 定义了一系列基准测试程序的标准规范,以及能耗、性能和价格度量标准,并在其网站(http://www.tpc.org)发布测试源码(早期的版本不提供测试源码)和 TPC 测试结果。

从 TPC 的名称可以看出,TPC 的测试体系侧重在线处理能力和数据库查询能力。TPC 推出的测试基准有很多种,分别针对不同的应用场景或者使用不同的评测手段。例如,目前针对联机事务处理(On Line Transaction Processing,OLTP)的测试基准有两个:TPC-C 和 TPC-E。TPC-C(TPC 测试基准 C,TPC Benchmark C)的最新规范版本为 2010 年发布的 5.11 版。TPC-C 从系统的角度反映数据库应用的性能,其测试包含处理器、内存储器和输入/输出设备在内的系统整机,因此该基准推出后被广泛用于评估服务器的性能。而 2007 年推出的 TPC-E 测试基准比 TPC-C 更能反映当前的技术现实,测试成本也更低,其最新版本为 2015 年发布的 1.14.0 版。

TPC 测试基准中比较常用的还有用于决策支持和大数据的测试标准 TPC-H 和TPC-DS,以及用于服务器虚拟化测试的基准 TPC-VMS 等。早期的 TPC-A、TPC-B、TPC-D 等标准已经停止使用,并被新的标准取代。

2. SPEC 测试基准

SPEC 指的是标准性能评测协会(Standard Performance Evaluation Cooperation),是由超过 60 家世界知名计算机厂商支持的全球性的、非营利性的第三方应用性能基准测试组织,旨在确立和认定一系列服务器应用性能评估的标准。SPEC 组织的成员包括 IBM、AT&T、DG、DEC、富士通、HP、英特尔、MIPS、摩托罗拉、SUN、Unisys 等知名企业。

相对而言,SPEC 测试基准能够更全面反映机器的性能,具有很高的参考价值。

SPEC 同样会根据应用领域的不同设置不同的测试基准。

SPEC 针对云计算场景推出的测试基准为 SPEC Cloud IaaS,是面向基础架构即服务(Infrastructure-as-a-Service,IaaS)的云计算 SPEC 基准。该基准侧重于拥有多种多实例工作负载(Multi-instance Workloads)的 IaaS 公有云平台和私有云平台的配置、计算、存储和网络资源。最新的版本为 SPEC Cloud IaaS 2018。

针对图形和工作站性能,SPEC 除了推出面向专业应用的图形性能测试基准——SPECviewperf 和 SPECviewperf Linux Edition,面向工作站的测试基准——SPECworkstation 外,还针对 Autodesk 3ds Max、Maya、Solidworks 等常用软件专门推出了相应版本的 SPECapc 测试基准。

针对高性能计算和 OpenMP、MPI、OpenACC 及 OpenCL 等异构与并行计算场景,SPEC 推出了 SPEC ACCEL、SPEC MPI、SPEC OMP 测试基准。

针对 Java 的客户机/服务器体系,SPECjbb 测试基准面向 JVM 虚拟机厂商、硬件设计师和 Java 应用程序员以及研究人员,用于评估 Java 服务器性能;SPECjEnterprise 基准及其 Web Profile 版本则是度量 Java 企业版(Java EE)应用服务器、数据库及其支撑架构全系统性能的工具。SPECjvm 基准则用于 Java 运行环境(Java Runtime Environment,JRE)的测试。

SPEC 基准也有专门面向文件服务器存储应用、功耗评估和虚拟化应用的 SPEC SFS、SPECpower_ssj 和 SPEC VIRT_SC 等版本。

上述这些 SPEC 测试基准通常面向特定应用领域和特定应用场景,甚至面向特定应用软件,而其覆盖范围一般会涉及处理器和存储器在内的运行环境。由于这些基准通常能够体现软、硬件平台的性能和成本指标,因而被金融、电信、证券等关键行业用户作为选择信息系统的权威基准指标。SPEC 测试基准规范中历史最悠久、应用最普遍的应该就是 SPEC CPU 基准了。

SPEC CPU 测试基准体系针对支撑运算密集的工作负载的计算机系统的性能度量,并支持在众多计算机系统之间进行比较。该基准重点关注计算机系统的处理器、存储子系统和编译器,不涉及硬盘、输入/输出和网络等部件。SPEC CPU 测试基准经历了 SPEC CPU 92、SPEC CPU 95、SPEC CPU 2000、SPEC CPU 2006 和 SPEC CPU 2017 等多个版本。

在 2006 年版的 SPEC CPU 测试基准中,包含针对定点数运算的 SPECint 测试和针对浮点数运算的 SPECfp 测试。前者共有 12 个不同的基准测试项,使用 C 语言或者 C++语言,不使用 CPU 的浮点运算单元;后者共有 19 个不同的基准测试项,使用 FORTRAN 77/90 语言和 C 语言。

更进一步地讲,SPEC CPU 测试基准通过不同方式度量处理器性能:测量计算机完成单一任务时间的方式为 SPEC 速度测量(SPECspeed Metrics),并通过 SPECint

2006 benchmark 指标呈现,用于比较不同计算机完成单一任务的能力;而衡量在特定时间长度内能够完成多少任务的方式称为吞吐率(Throughput)测量、容量(Capacity)测量或者速度(Rate)测量,并通过 SPECint_rate 2006 benchmark 指标呈现,评价机器承载大量任务的能力,通常用于多 CPU 系统的评价。

SPEC 在其网站(http://spec.org)上发布了 CPU 测试基准的测试程序源代码,由用户编译生成可执行代码后完成测试,以保证该测试基准能够实现跨平台测试。SPEC CPU 测试基准中的大部分源代码来源于真实应用场景,包括各类开源项目。由于源代码到可执行代码的映射并不唯一,因而编译器的效率就显得十分重要。SPEC CPU 2006 给出的测试结果有"基础(Base)"和"峰值(Peak)"两种。在基础测试时需要限制编译时的优化参数,以保证测试的公平,而对峰值测试的限制则比较宽松。

最新的 SPEC CPU 2017 版本包含多达 43 项工业标准的基准测试,划分成 4 个测试组(Suite):针对整数计算的 SPECspeed 2017 Integer 和 SPECrate 2017 Integer 测试组,以及针对浮点数运算的 SPECspeed 2017 Floating Point 和 SPECrate 2017 Floating Point 测试组。SPEC CPU 还包含测试能源消耗的选项。其中,SPECspeed 2017 Integer 和 SPECspeed 2017 Floating Point 测试组用于比较完整的单一任务在计算机系统上的执行时间的测试,而 SPECrate 2017 Integer 和 SPECrate 2017 Floating Point 测试组用于吞吐率度量,也即测试单位时间的工作任务量。

1.1.3 服务器的可靠性与管理

IBM 公司为了衡量其大型机的稳健性,曾提出可靠性(Reliability)、可用性(Availability)和可服务性(Serviceability)的概念,这三个特性被统称为 RAS 特性,并且被用作描述计算机与信息系统硬件工程可靠性的一个术语,广泛应用于信息技术相关的各个领域。可服务性也称作可维护性(Maintainability),故 RAS 有时也被称为 RAM。此外,在评价系统稳健性时通常还会考虑可扩展性(Scalability)、易用性(Usability)和可管理性(Manageability)等属性。

1. 服务器的 RASUM 特性

很多文献把评价服务器或系统是否满足其可靠性工程设计目标的五个特性统称为 RASUM,即可靠性、可用性、可扩展性或可服务性、易用性和可管理性。

1) 可靠性

可靠性用于描述系统是否能够正确工作,或者说系统是否具有提供持续正确服务的能力,也即软件或硬件是否能够按照其规范持续提供服务。具体而言,可靠性指的是系统能够正确产生输出结果达到一个给定时限的能力。增强可靠性有助于避免、检测和修复故障。这意味着高可靠性的系统必须能够检测某些错误并能够满足下面几个条件之一:

（1）能够自修复错误；

（2）对于无法自修复的错误能够进行隔离并上报给更高层次的自恢复机制处理；

（3）能够停止系统受损部分的运行，并保障系统其余部分正常运转；

（4）能够停止整个系统的工作并报告相应的错误。

可靠性通常用**故障率**（Failure in Time，FIT）或**平均失效间隔时间**（Mean Time Between Failure，或称**平均无故障时间，MTBF**）来度量。1FIT 等于每十亿（Billion）小时内产生一个错误，MTBF 大约等于 11.4 万年。

2）可用性

可用性用于描述系统能够正确工作的时间，指的是系统能够在给定的时间内确保可以运行的能力。一般而言，一个高可用性的系统即使出现一些小的问题也不会影响整个系统的正常运行，在某些情况下甚至可以进行热插拔操作，以替换有问题的组件，从而严格地将系统的宕机（停机）或无法正常服务的时间限定在一定范围内。

可用性通常可以用多种方式度量：一定时间内的宕机或不能提供服务的平均时间长度，给定时间内系统宕机或不能提供服务的总时间长度，或者系统实际运行时间中可用时间所占的百分比。可用性可以使用下面的公式计算：

$$可用性＝正常运行时间（up\ time）／总时间（total\ time）$$

也可以等价表示为：

可用性＝［总时间（total time）－停机时间（down time）］／总时间（total time）

高可用性的系统一般在一年中可能只有数小时甚至数分钟的停机时间。例如，5 个 9 的可用性是指可用时间占到 99.999%，系统连续运行一年时间最长的服务中断时间是：

$$（1－99.999\%）×365\ 天×24\ 小时×60\ 分钟＝5.26\ 分钟$$

在运营商的通信服务器、电子商务网站服务器、银行和证券的交易系统等需要持续稳定服务的场景中，系统的高可用性能产生巨大价值。

3）可服务性

可服务性（可维护性）用于描述系统的容错能力，也即在出现错误之后通过维护或维修恢复服务的难易程度。因此，尽早发现潜在问题是提高可服务性的关键，可服务性高的系统甚至能够在严重故障出现之前实现自动修复。

具体而言，可服务性指的是系统是否能够提供便利的诊断功能，如系统日志、动态检测等，方便管理人员进行系统诊断和维护操作，从而及早地发现错误并修复错误。例如：某些企业级应用系统在发生故障时可在无须人工干预的情况自动启动服务机制，告知设备厂商故障情况并进行诊断、分析和处理操作。

4）易用性

易用性是指用户对系统的易学和易用程度。服务器的功能相对于个人计算机而言更复杂，其硬件配置和软件系统配置更丰富。要让服务器充分发挥其功能和性能优势,必须要解决如何让用户更好地使用服务器的问题。易用性设计的重点在于让系统设计更能够符合使用者的习惯与需求。

对服务器硬件设计而言,常见的免工具拆卸设计、可热插拔的电源模块及硬盘模块设计、清晰直观的前端面板系统状态标识灯等机箱设计人性化手段都是服务器在易用性方面的设计实现。

对于服务器而言,其用户主要是系统管理员,服务器软件易用性主要体现在服务器是否容易操作,用户导航系统是否完善,是否有关键恢复功能及操作系统备份功能等。软件的易用性通常包含可学习性,效率,可记忆性,很少出现严重错误和满意度高等方面。

5)可管理性

可管理性(易管理性)描述的是系统在运行过程中便于管理的程度,也即一个系统能够满足管理需求的能力及管理该系统的便利程度。大多数系统管理任务由系统管理员通过使用一系列管理工具来完成,少数管理任务需要领域专家的参与,另外一些任务则可由管理系统自动完成。对于与服务器相关的种类繁多的硬件设备,每个设备都要有相应的工具提供全面的管理支持,例如网络流量监控、数据库软件的参数配置、服务器所处环境的温度监测等,设备本身为管理功能的实现提供支持。

服务器的可管理性通常通过智能管理系统实现。服务器硬件通常配置键盘(Keyboard)、视频(Video)、鼠标(Mouse)端口,能够直接连接外部人-机交互设备,实现访问和控制。服务器也通过管理网口实现服务器的远程管理,例如通过 IPMI(Intelligent Platform Management Interface,智能平台管理接口)2.0 来实现远程对服务器的物理健康特征的监控,包括温度、电压与风扇工作状态、电源状态等。

良好的易管理性可以有效减少系统的管理和维护成本。

6)可扩展性

服务器的可扩展性(可伸缩性)是指服务器的硬件配置可以根据需要灵活改变。例如,服务器的内存容量、适配器和硬盘数量及处理器参数等可以随着不同的需要而改变配置。

通常在机架上要为硬盘和电源的增加留有充分余地,主机板上的扩展插槽不但应种类齐全,而且保证有一定数量。

2. RAS 技术

对于承载关键业务而又要提供连续服务的服务器系统而言,处理能力越高,承载的业务越多,服务器计划外宕机对用户的影响就越大。据调查,计划外宕机造成的业务成本往往高达每小时数十万甚至上百万美元。除了金钱之外,意外宕机的损失还包括对企业声誉的负面影响、客户不自觉流失及员工无法按计划工作等。

RAS 技术可以通过以下方式有效减少故障出现的概率:在造成系统失效之前检测并修正瞬时错误;定位和替换失效部件;提前预测失效,以便在计划的维护时间内更换系统或部件。

1）高可靠性技术

一个高可靠性系统在发生故障时应能自动检测错误，甚至能修复错误。提升可靠性有多种方式：减少系统中的组件数量或系统中的连接器的数量有助于延长系统的平均无故障间隔时间；通过纠错码、数据校验以及指令级重试等手段修复间歇性错误，确保数据完整性也能够提高可靠性；针对无法修正的错误，可以采用隔离故障部件并上报给高级系统恢复机制或切换至冗余部件等方式。

2）高可用性技术

高可用性系统可以在发生故障后继续运行，其实现方式可以是禁用发生故障的部件，此时虽然系统性能有可能会有一定程度的降低，但保证了整个系统的可用性。

高可用性还可以通过下面的方式实现：

（1）部件冗余配置。如果系统停机造成的损失高于冗余部件本身的成本，对部件进行冗余配置就是一种合理的解决方案。

（2）采用在部件或子系统内部提升数据可用性的技术，例如具有热备份功能的内存条或支持镜像的磁盘驱动器等。

（3）在采用集群架构的系统中，持续监视服务器、存储部件、网络子系统和应用程序的运行状况有助于维持服务的高可用性。

3）高可服务性技术

高可服务性系统一般要支持部件的热插拔（Hot Plug）或热切换（Hot Swap）功能，以便在系统带电工作的情况下进行维护。热切换操作不需要主机操作系统和服务器提供协助或提前做好准备；可以在系统运行过程中更换部件，也无须任何设置工作；而热插拔操作需要操作系统和服务器在移除或插入部件之前做好准备，热插拔之后可能还需要执行一些额外的设置命令才能令部件正常工作。

提升系统的 RAS 特性需要多种技术协同，并统筹考虑处理器、内存储器、输入/输出设备、供电子系统、散热子系统及操作系统、集群软件等多种要素。各种 RAS 特性之间通常相互依存，有些特性之间还存在相互制约关系，即一种特性的提升会以另一种特性的降低为代价。

例如，提高系统中各个部件的集成度能减少系统中芯片或电路板的数量，从而降低芯片间互连或板间互连引入的干扰，提高系统可靠性。但是这种方案有可能加大系统维护的难度或延长系统维修所需的时间，导致可用性和可服务性的降低。类似地，热插拔或热切换功能要求在系统中增加更多的连接器，因而热插拔或热切换技术在提升了可用性的同时却降低了可靠性。

因此，在设计高可靠性、高可用性及高可服务性系统时需要在各个特性之间取得平衡，还要兼顾系统成本等其他因素，才能有效提升整个系统的 RAS 性能。

3. 服务器管理规范

IPMI(Intelligent Platform Management Interface,智能平台管理接口)是管理服务器系统中所使用的设备的规范,支持用户利用 IPMI 技术监视服务器的物理健康特征,如温度、电压与风扇工作状态、电源状态等。IPMI 规范最早用于管理基于英特尔架构的企业系统中所使用的外围设备上,现已经成为服务器行业的工业标准。

服务器对运行环境的要求通常比个人计算机严格,需要高标准的供电、冷却等技术的支持,而且风扇噪声更大,多数情况下服务器都会放置于单独的服务器机房。因此,服务器一般不会长期借助显示器、键盘、鼠标等部件进行近端操作与管理,通常通过网络远程连接的方式实现访问与管理。IPMI 规范能够覆盖硬件平台、固件和操作系统,可以通过智能的方式监视、控制并自动回报大量服务器的运行状态,以降低服务器系统的运维成本。IPMI 是与操作系统无关的,Windows、Linux、Solaris 及 MacOS 等不同的操作系统都可以与之协同。IPMI 可以实现带外管理,其管理任务不占用业务传输的数据带宽。

IPMI 规范的核心是专用的 BMC(Baseboard Management Controller,**主板管理控制器**)芯片。BMC 芯片独立于服务器的处理器、固件和操作系统,通常配置于服务器主板上的独立板卡内,或集成在服务器主板之上。BMC 芯片上运行的软件系统可以看作是一个独立于服务器系统的小型操作系统,可以与 BIOS 和操作系统下的系统管理软件交互,协同完成系统管理任务。BMC 规范描述了内置到主板上的管理功能,如本地和远程诊断、控制台操作支持、配置管理、硬件管理和故障排除等。

使用 IPMI 规范中定义的指令可以向 BMC 发送命令,完成相应的 IPMI 功能。BMC 通过主板上的不同传感器监视系统状态,并在系统事件日志中记录事件消息,维护传感器数据记录。BMC 提供了各种各样的接口供上层网管查询。系统管理员可以通过 Web 方式、命令行方式直接查询系统状态,上层管理软件也可以通过 SNMP (Simple Network Management Protocol,简单网络管理协议)、IPMI 等接口实现自动查询。当检测到有异常或故障发生时,BMC 可以通过 SNMP trap(陷阱)消息、SMTP (Simple Mail Transfer Protocol,简单邮件传输协议)邮件消息、http json 报文等手段主动向上层网管软件的服务端报告,以便运维人员及时识别并处理故障。

1.2 服务器处理器

1.2.1 高性能处理器的并行组织结构

日益复杂的大数据、云计算与人工智能应用领域要求现代处理器不断地为软件提供更为强大的计算能力。但由于物理规律对半导体器件的限制,传统单处理器通过提高主频提升性能的方法受到制约,不可能再沿着摩尔定律预测的轨迹持续提升。随着晶体管越来越小,芯片内部互连线的延迟造成的影响越来越大,无法满足不断提高的主频对数据交换速度提高的要求。高频率导致的过高功耗不仅使能源消耗剧增,而且无法良好散热会对系统稳定性造成恶劣影响。主存访问速度的增长也难以跟上处理器主频的增长速度,计算、存储和输入/输出的速度越来越难以匹配。

因此,计算机系统硬件设计者不得不放弃简单地提高处理器主频的传统方法,转向尽可能多地实现并行处理。计算机系统可以在不同的层次引入并行机制。

1. 指令流水线

从执行程序的角度看,并行性等级从低到高可分为多个层次:一条指令执行时各微操作之间的并行,这是指令内部的并行;并行执行两条或多条指令,也即**指令级并行**(Instruction Level Parallelism,ILP);并行执行两个或两个以上的任务(程序段)属于任务级并行;最高层次的作业或程序级并行则是指并行执行两个或两个以上的作业或程序。并行处理着重挖掘计算过程中的并行事件,使并行性达到较高的级别。因此,并行处理是体系结构、硬件、软件、算法、编程语言等多方面综合的领域。

就单个处理器而言,在性能提升过程中起着主导作用的是时间并行技术,也即**指令流水线**。指令流水线将指令执行的完整过程按功能分割为若干相互联系的子任务,将每一个子任务指定给一个专门的部件完成;然后按时间重叠原理把各部分执行过程在时间上重叠起来,使所有部件依次分工完成一组同样的工作。例如,某个处理器将指令执行的 5 个子过程分配给 5 个专用部件,即取指令部件(IF)、指令译码部件(ID)、指令执行部件(EX)、访问存储器部件(M)、结果写回部件(WB)。将各个部件按流水方式连接起来,就满足时间重叠原理,从而使得处理器内部能同时处理多条指令,提高了处理器的速度。时间并行技术实现了计算机系统中的指令级并行。

当前常见的高性能处理器,无论是 CISC 架构还是 RISC 架构,无一不采用指令流水线,流水级数从几级到三十多级不等。

在计算机系统的最底层,流水技术将时间并行性引入处理器,而多发射处理器则把空间并行性引入处理器。**超标量**(Superscalar)设计采用多发射技术,在处理器内部设置多条并行执行的指令流水线,通过在每个时钟周期内向执行单元发射多条指令实现指令级并行。

2. 多处理器系统和多计算机系统

在单个处理器性能一定的情况下,进一步提高计算机系统处理能力的简单方法就是让多个处理器协同工作,共同完成任务。广义而言,使用多台计算机协同工作来完成所要求任务的计算机系统称为**多处理器**(Multiprocessor)系统。具体而言,多处理器系统由多个独立的处理器组成,每个处理器都能够独立执行自己的程序和指令流,相互之间通过专门的网络连接,实现数据的交换和通信,共同完成某项大的计算或处理任务。多处理器系统中的各个处理器由操作系统管理,实现作业级或任务级并行。

与广义多处理器系统不同,狭义多处理器系统仅指在同一计算机内处理器之间通过共享存储器(Shared Memory)方式通信的并行计算机系统。运行在狭义多处理器上的所有进程能够共享映射到公共内存的单一虚拟地址空间。任何进程都能通过执行加载(Load)或存储(Store)指令来读写一个内存字。

与狭义多处理器相对应,由不共享公共内存的多个处理器系统构成的并行系统又称为**多计算机**(Multi-Computers)系统。每个系统都有自己的私有内存,通过消息传递的方式进行互相通信。

多计算机系统有各种不同的形态和规模。**集群**(Cluster,也称**机群**)系统就是一种常见的多计算机系统。集群系统是由一组完整的计算机通过高性能的网络或局域网互连而成的系统,这组计算机作为统一的计算机资源一起工作,并能产生一台机器的印象。术语"完整计算机"意指一台计算机离开集群系统仍能运行自己的任务。集群系统中的每台计算机一般称为节点。

多处理器系统也遵循时间重叠、资源重复、资源共享原理,向不同体系结构的多处理器方向发展。但在采取的技术措施上与单处理器系统有些差别。

为了反映多处理器系统各机器之间物理连接的紧密程度与交互作用能力的强弱,通常使用耦合度这一术语。多处理器系统可以根据耦合度分为紧耦合系统和松耦合系统两大类。**紧耦合系统**又称为**直接耦合系统**,指处理器之间物理连接的频带较高,一般通过总线或高速开关实现互连,可以共享主存。由于具有较高的信息传输率,因而可以快速并行处理作业或任务。**松耦合系统**又称为**间接耦合系统**,一般是通过通道或通信线路实现处理器之间的互连,可以共享外存设备(磁盘、磁带等),机器之间的相互作用是在文件或数据集一级上进行的。松耦合系统表现为两种形式:一种是多台计算机和共享的外存设备连接,不同机器之间实现功能上的分工,机器处理的结果以文件或数据集的形式送到共享外存设备,供其他机器继续处理;另一种是计算机网,机器通过通信线路连接,以求得更大范围的资源共享。

3. 多线程处理器

除了用多台计算机完成任务级并行之外,处理器厂商还设计了许多处理器片内并行技术,以应对通过简单提高处理器主频的方法提升单处理器的性能的传统方法受到的制约。除了传统的指令级并行技术之外,多线程技术和多核技术也是提高单芯片处理能力的片内并行技术。

由于现代处理器广泛采用指令流水线,因而处理器必须面对一个固有的问题:如果处理器访存时 Cache(高速缓冲存储器)缺失(Miss,不命中),则必须访问主存,这会导致执行部件长时间的等待,直到相关的 Cache 块被加载到 Cache 中。解决指令流水线必须暂停的一种方法就是片上多线程(On-chip Multi-threading)技术。

在处理器设计中引入**硬件多线程**(Hardware Multi-threading)的概念,其原理与操作系统中的软件多线程并行技术相似。硬件多线程用来描述一个独立的指令流,而多个指令流能共享同一个支持多线程的处理器。当一个指令流因故暂时不能执行时,可以转向执行另一个线程的指令流。由于各个线程相互独立,从而大大降低了因单线程指令流中各条指令之间的相互依赖导致的指令流水线冲突现象,有效提高处理器执行单元的利用率。因此,并行的概念就从指令级并行扩展至**线程级并行**(Thread-Level Parallelism)。

多线程处理器通常为每个硬件线程维护独立的程序计数器和数据寄存器。处理器硬件能够快速实现线程间的切换。由于多个相互独立的线程共享执行单元的处理器时间,并且能够进行快速的线程切换,因而多线程处理器能够有效地减少垂直浪费情况,从而利用线程级并行来提高处理器资源的利用率。

为了最大限度地利用处理器资源,**同时多线程**(Simultaneous Multi-Threading,SMT)技术被引入现代处理器中。同时多线程技术结合了超标量技术和细粒度多线程技术的优点,允许在一个时钟周期内发送来自不同线程的多条指令,因而可以同时减少水平浪费和垂直浪费。

设想一个支持两个线程的同时多线程处理器。在一个时钟周期内,处理器可以执行来自不同线程的多条指令。当其中某个线程由于长延迟操作或资源冲突而没有指令可以执行时,另一个线程甚至能够使用所有的指令发送时间。因此,同时多线程技术既能够利用线程级并行减少垂直浪费,又能够在一个时钟周期内同时利用线程级并行和指令级并行来减少水平浪费,从而大大提高处理器的整体性能。

同时多线程技术是一种简单、低成本的并行技术。与单线程处理器相比,同时多线程处理器只花费很小的代价,而性能得到很大改善。在原有的单线程处理器内部为多个线程提供各自的程序计数器、相关寄存器以及其他运行状态信息,一个“物理”处理器被模拟成多个“逻辑”处理器,以便多个线程同步执行并共享处理器的执行资源。应用程序无须做任何修改就可以使用多个逻辑处理器。

由于多个逻辑处理器共享处理器内核的执行单元、高速缓存和系统总线接口等资源,因而在实现多线程时多个逻辑处理器需要交替工作。如果多个线程同时需要某一个共享资源,则只有一个线程能够使用该资源,其他线程要暂停并等待资源空闲时才能继续执行。因此,同时多线程技术就性能提升而言远不能等同于多个相同时钟频率处理器内核组合而成的多核处理器,但从性价比的角度看,同时多线程技术是一种对单线程处理器执行资源的有效而经济的优化手段。

为了实现同时多线程,处理器需要解决一系列问题。例如,处理器内需要设置大量寄存器保存每个线程的现场信息,需要保证由于并发执行多个线程带来的 Cache 冲突不会导致显著的性能下降,确保线程切换的开销尽可能小。

在英特尔系列处理器产品中采用的**超线程**(Hyper Threading,HT)技术就是同时多线程技术的具体实现。英特尔公司的至强处理器等产品就使用了超线程技术。

多线程技术只对传统的单线程超标量处理器结构做了很少改动,但却获得很大的性能提升。启用超线程技术的内核比禁用超线程技术的内核吞吐率要高出 30% 左右。当然,超线程技术需要解决一系列复杂的技术问题。例如,作业调度策略、取指和发送策略、寄存器回收机制、存储系统层次设计等比单线程处理器复杂许多。

4. 多核处理器(片上多处理器)

在传统的多处理器结构中,分布于不同芯片上的多个处理器通过片外系统总线连接,因此需要占用更大的芯片尺寸,消耗更多的热量,并需要额外的软件支持。多个处理器可以分布于不同的主板上,也可以构建在同一块电路板上,处理器之间通过高速通信接口连接;而**多核**(Multi-Core)技术则是多处理器结构的升级版本。

多线程技术能够屏蔽线程的存储器访问延迟,增加系统吞吐率,但并未提高单个单线程的执行速度;而多核技术通过开发程序内的线程级或进程级并行性提高性能。**多核处理器**是指在一颗处理器芯片内集成两个或两个以上完整且并行工作的计算引擎(核),也称为**片上多处理器**(Chip Multi-Processor,CMP)。**核**(Core,又称**内核**或**核心**)通常是指包含指令部件、算术/逻辑运算部件、寄存器堆和一级或两级 Cache 的处理单元,这些核通过某种方式互连后,能够相互交换数据,对外呈现为一个统一的多核处理器。

多核技术的兴起一方面是由于单核技术面临继续发展的瓶颈,另一方面也是由于大规模集成电路技术的发展使单芯片容量增长到足够大,能够把原来大规模并行处理器结构中的多处理器和多计算机节点集成到同一芯片内,让各个处理器内核实现片内并行运行。因此,多核处理器是一种特殊的多处理器架构。所有的处理器都在同一块芯片上,不同的核执行不同的线程,在内存的不同部分操作。多核也是一个共享内存的多处理器:所有的核共享同一个内存空间。多个核在一个芯片内直接连接,多线程和多进程可以并行运行。

对于现代服务器处理器而言,多核是必不可少的架构。与传统的单核技术相比,多核技术是应对芯片物理规律限制的相对简单的办法。与早期通过简单提高处理器主频提升计算性能的方式相比,在一个芯片内集成多个相对简单而主频稍低的处理器内核既可以充分利用摩尔定律带来的芯片面积提升,又可以更容易地解决功耗、芯片内部互连延迟和设计复杂度等问题。多核处理器由于在一个芯片内集成多个核心,核间耦合度高,核间互连延迟更小,功耗更低,故可以在任务级、线程级和指令级等多个层次充分提升程序的并行性,灵活度高。

为了满足人类社会对计算性能的无止境需求,处理器内部的核心数量不断增加。当处理器内的核心的数量超过 32 个时,一般称为**众核**(Many-Core)处理器。2012 年,英特尔公司发布了基于英特尔集成众核(Many Integrated Core,MIC)架构的至强融核(Xeon Phi)产品。而当前各个厂商推出的 ARM 架构多核服务器处理器的核心数普遍超过 32 个,都属于众核架构。

5. 同构多核处理器与异构多核处理器

按多核处理器内的计算内核的地位对等与否划分,多核处理器可以分为**同构多核处理器**和**异构多核**处理器两种类型。

同构多核(Homogenous Multi-Core)处理器内的所有计算核心结构相同,地位对等。同构多核处理器大多由通用的处理器内核构成,每个处理器内核可以独立地执行任务,其结构与通用单核处理器结构相近。同构多核处理器的各个核心之间可以通过共享总线 Cache 结构互连,也可以通过交叉开关结构互连和片上网络结构互连。

同构多核结构原理简单,硬件实现复杂度低,因而个人计算机和服务器等通用计算机上的多核处理器通常主要采用同构多核结构。但在实际的应用场景中,并不总是能够把计算任务均匀分配到同构的多个核心上,多核处理器必须面对如何平衡若干处理器的负载并进行任务协调等难题。即使能够不断增加同类型的处理器内核的数量以加强并行处理能力,整个系统的处理性能仍然会受到软件中必须串行执行的代码的制约。

异构多核(Heterogeneous Multi-Core)处理器则通过配置不同特点的核心来优化处理器内部结构,实现处理器性能的最佳化,并能有效地降低系统功耗。异构多核处理器内的各个计算内核结构不同,地位不对等。异构多核处理器根据不同的应用需求配置不同的处理器内核,一般多采用"主处理核+协处理核"的主从架构。采用异构多核处理器方式的好处是可以同时发挥不同类型的处理器各自的优势来满足不同种类的应用的性能和功耗需求。异构多核处理器将结构、功能、功耗、运算性能各不相同的多个核心集成在芯片上,并通过任务分工和划分将不同的任务分配给不同的核心,让每个核心处理自己擅长的任务。

异构多核架构的一个典型实例就是在通用计算机上将通用 GPU 与通用 CPU 集成在一颗芯片上构成的异构多核处理器。在这样的架构下,系统中必须串行执行的代码能在一个强大的 CPU 核上加速,而可以并行的部分则通过很多很小的 GPU 核来提速。除了通用处理器外,目前的异构多核处理器还可以集成 DSP(Digital Signal Processor,数字信号处理器)、FPGA 以及媒体处理器、网络处理器、人工智能处理器等多种类型的处理器内核,并针对不同需求配置应用其计算性能。其中,通用处理器内核常作为处理器控制主核,并用于通用计算;而其他处理器内核则作为从核用于加速特定的应用。例如,多核异构网络处理器配有负责管理调度的主核和负责网络处理功能的从核,经常用于科学计算的异构多核处理器在主核之外可以配置用于定点运算和浮点运算等计算功能的专用核心。

研究表明,异构组织方式比同构的多核处理器执行任务更有效率,实现了资源的最佳化配置,而且降低了系统的整体功耗。但异构多核结构也存在着一些难点,如选择哪几种不同的核相互搭配,核间任务如何分工,如何实现良好的可扩展性等,必须在性能、成本、功耗等方面仔细平衡,并通过软硬件相互配合使任务的并行性最大化。

6. 多核处理器的对称性

同构多核和异构多核处理器是对处理器内核硬件结构和地位是否一致的划分。如果再考虑各个核之上的操作系统,从用户的角度看,可以把多核处理器的运行模式划分为**对称多处理**(Symmetric Multi-Processing,SMP)和**非对称多处理**(Asymmetric Multi-Processing,AMP)两种不同类型。

多核处理器中的对称多处理结构是指处理器片内包含相同结构的核,多个核紧密耦合并运行一个统一的操作系统。每个核的地位是对等的,共同处理操作系统的所有任务。对称多处理结构由多个同构的处理器内核和共享存储器构成,由一个操作系统的实例同时管理所有处理器内核,并将应用程序分配至各个核上运行。对称多处理结构下的集群中的每个处理器内核地位相同,存储器和共享硬件也都是相同的。而每个处理器内核的角色都是动态确定的,任何应用程序、进程或任务都可以运行在任意处理器内核之上。只要有一个内核空闲可用,操作系统就可以在线程等待队列中分配下一个线程给这个空闲内核来运行。操作系统的调度程序也可以在处理器内核之间迁移任务,以便平衡系统负载。应用程序本身可以不关心有多少个核在运行,由操作系统自动协调运行,并管理共享资源。

同构多核处理器也可以构成非对称多处理结构。若处理器芯片内部是同构多核,但每个核运行一个独立的操作系统或同一操作系统的独立实例,那就变成非对称多核。非对称多处理结构的多核系统也可以采用异构多核和共享存储器构成。

1.2.2　英特尔处理器体系结构

当前,在通用处理器领域广泛使用的最普遍的一种处理器就是兼容英特尔公司x86 指令集的 IA-32(Intel Architecture 32,英特尔 32 位体系结构)及其后继 64 位兼容版本的处理器。无论是在个人计算机市场还是在服务器市场,由英特尔公司和 AMD公司等少数处理器厂商生产的 x86/x86-64(x64)处理器产品都有广泛的应用。

1. IA-32 处理器及其发展

IA-32 处理器最早应用于桌面个人计算机。几十年来,基于英特尔公司 IA-32 处理器的通用计算机系统一直是最常见的、应用最广的计算机系统之一。英特尔公司

1978 年推出 16 位的 Intel 8086 和准 16 位的 Intel 8088 微处理器,这是个人计算机发展历史上的一个重要事件。当时的处理器芯片含有上万只晶体管,处理器每次只执行一条指令,并没有采用流水技术。而 1985 年推出的 Intel 386 处理器则是 IA-32 处理器家族中的第一款 32 位微处理器。此时处理器芯片上的晶体管数已增加到数十万只,流水技术被引入微处理器中。1995 年英特尔公司发布了专门针对服务器和工作站应用领域的 32 位高能奔腾(Pentium Pro)处理器,可以应用在高速计算机辅助设计和科学计算等领域,英特尔架构开始成为服务器处理器的选项之一。

由于所有的基于 IA-32 的微处理器都需要保持与 x86 指令系统的兼容,因而从整体上看,IA-32 仍是基于 CISC 架构的处理器。但 RISC 处理器的性能优势非常明显,因而从 1993 年推出奔腾(Pentium)处理器开始,RISC 处理器的设计思想逐渐被引入新的 IA-32 中。奔腾处理器开始采用超标量流水技术,允许两条指令同时执行。从高能奔腾处理器开始,英特尔甚至将处理器体系结构设计成 CISC 外壳加 RISC 内核的结构,CISC 指令在执行时被翻译成一条或多条 RISC 指令执行,从而有效提高了系统性能。

计算机的应用领域越来越广,而对处理器计算能力的需求仍在不断提高,在服务器等高性能计算机市场上尤其如此。随着电子技术的飞速发展和处理器体系结构的演变,处理器字长也在不断增加。从 20 世纪 70 年代末到 90 年代中期,16 位计算大行其道;1995 年以后的十年则是从 16 位计算到 32 位计算的过渡阶段;而当前的通用处理器无论是在个人计算机市场还是高性能工作站和服务器市场上,64 位计算的应用都是主流。

为了进一步提升处理器的总体性能,越来越多的处理器通过提高并行性来加快指令的执行速度。传统的 IA-32 微处理器架构存在一些基本的性能限制,而 64 位计算不仅仅是扩展运算器字长,更主要的是体系结构的改进和提高。

直观地看,64 位字长至少可以带来两点好处:一是参加整数运算的操作数的范围扩大了,二是计算机系统的寻址空间大大扩展。16 位的 Intel 8086 处理器最多只能访问 1 兆字节的物理内存空间,32 位的 80386 处理器则支持 4 吉字节的物理内存。而 64 位系统以太字节计算的内存寻址空间容量使其在未来很长一段时间内都能够满足高速互联网和多媒体等高端应用环境对内存寻址的需求。

伴随着处理器字长增长的不仅仅是内存寻址空间,而是包括计算性能、体系结构和应用模式在内的完整改变。

2. 安腾架构与 Intel 64 架构

早在 1994 年,英特尔公司和惠普(HP)公司即开始合作,为服务器和工作站市场共同开发全新的基于 64 位处理器体系结构 IA-64(Intel Architecture 64)的处理器。这一体系结构吸取了英特尔数十年 x86 处理器设计的经验,又结合了惠普在 64 位

PA-RISC 处理器上积累的技术成果。2001 年 5 月，基于显式并行指令计算（EPIC）技术的第一代处理器上市，标志着 IA-64 体系结构进入实用化阶段。此后的几年时间里，IA-64 体系结构的处理器不断推陈出新，性能不断提高，英特尔将这些处理器统称为安腾处理器家族（Itanium Processor Family，IPF）。

2005 年 9 月，英特尔联合惠普、富士通、日立、NEC、SGI、SAP、微软与优利公司在内的业界领导厂商成立了一个推动安腾发展的全球性组织——安腾解决方案联盟（Itanium Solutions Alliance，ISA），以图加速安腾处理器在 64 位服务器计算平台上的推广。

基于 EPIC 技术的 IA-64 以实现持续高性能为设计目标。为此，英特尔并不是简单地把 x86 架构由 32 位扩展到 64 位，而是设计了全新的架构，甚至在 IA-64 中放弃了与 IA-32 指令系统的兼容性。IA-64 处理器结合了 RISC 处理器和 VLIW 技术的优势，显著提高了微处理器的性能。

但是，市场上数十年积累下来的基于 IA-32 指令系统的 x86 体系结构的计算机系统仍然在运行，众多的用户和应用软件无法直接从 IA-32 平滑过渡到不兼容的 IA-64。新的体系结构是否保留对旧体系结构的兼容性，这对处理器制造商、众多的计算机用户和软硬件外围厂商而言都是一个两难的选择：继续保持兼容性意味着新的处理器必须背负一个沉重的包袱，将严重制约处理器性能的提高；但放弃兼容性会让新产品与旧有的体系结构完全决裂，厂商和用户原有的投资无法得到保护。

面对市场的压力，英特尔也曾左右摇摆。由于 IA-32 的广泛应用，众多基于 x86 指令集的软件仍然需要继续使用，而新设计的指令系统无法直接兼容低效率的 IA-32 指令系统。为了让 IA-64 处理器能够支持两种体系结构的软件，英特尔在 IA-64 架构中引入了 32 位兼容模式，在执行 32 位代码时通过 x86-to-IA-64 解码器把 IA-32 的二进制代码翻译为 IA-64 指令，以便在 IA-64 处理器上仿真运行。但这个解码器的效率并不高，因此安腾处理器在运行 x86 应用程序时的性能非常糟糕。2004 年，英特尔推出了名为 IA-32 EL（IA-32 Execution Layer，IA-32 执行层）的仿真软件，用于在 IA-64 架构的计算机上执行 IA-32 应用程序，而新的安腾处理器中将不再包含支持 x86 的硬件电路。

英特尔将安腾处理器定位在高端服务器市场，期望缺少对现有的 x86 体系结构的直接支持也不会对安腾处理器造成非常大的影响。但是，中低端的个人和中小企业市场则必须保持与 x86 体系结构的直接兼容。为此，英特尔将原有的 IA-32 扩展至 64 位，称为 EM64T（64 位内存扩展技术）或 IA-32e，并保持与 IA-32 的完全兼容。

2006 年，英特尔将 EM64T 更名为 Intel 64（英特尔 64）。而 IA-64 则被称为**安腾体系结构**。因此，英特尔公司目前支持两种不同的 64 位处理器体系结构：英特尔 64 体系结构和安腾体系结构。

在英特尔公司当时的处理器路线图中,这两种 64 位的体系结构曾经各有其侧重的应用领域:安腾体系结构用于数据密集的商业应用,以保证性能、可用性、可伸缩性和安全性为首要目标,主要市场为大型多处理器服务器平台;而英特尔 64 体系结构则适用于中小型企业主流应用基础架构和多服务器分布式计算环境,能够保持与 32 位应用的兼容性,并支持从 32 位到 64 位计算的平滑过渡。

从英特尔最早将其安腾体系结构命名为 IA-64 可以看出,英特尔当初是期望安腾作为 IA-32 架构的后继者承担 64 位计算大任的。安腾处理器集成了支持并行计算的诸多先进特性,引入了 EPIC 技术、VLIW 技术、分支推断(Predication)技术、推测(Speculation)技术、软件流水技术和寄存器堆栈技术等,并且完全放弃了既有的 CISC 架构而转向 RISC 架构。应当说,安腾架构在技术上是有不少创新的,但是也存在过度依赖编译器、技术复杂度过高以及处理器与其他部件不匹配等问题,导致其性能并没有预期的高。而最重要的是,安腾处理器既无法利用原有的 IA-32 生态环境,也无法吸引众多软硬件厂商转向该架构而构建新的生态环境。

2017 年,英特尔发布了最后一代安腾处理器:安腾 9700 系列处理器。2019 年 1 月,安腾系列处理器开始进入寿命末期(End Of Life time,EOL)周期,并将于 2021 年 7 月终止出货。在经过二十年的市场打磨之后,安腾体系结构即将终结,基于 EPIC 架构的服务器处理器也将完成其历史使命,英特尔公司的处理器架构将回归统一,也即通常所说的 x86/IA-32/x86-64/Intel 64 兼容架构。

3. 英特尔至强系列服务器处理器

为了明确区分服务器处理器市场和个人计算机处理器市场,英特尔又引入了专门针对服务器市场的子品牌至强(Xeon)。1998 年英特尔发布其全新研制的服务器处理器时,使用奔腾 Ⅱ 至强(Pentium Ⅱ Xeon)的命名取代之前所使用的高能奔腾品牌。2001 年,英特尔发布了独立品牌的至强处理器,其市场定位也更清晰地瞄准支持高性能、均衡负载和多路对称处理等特性的服务器市场。

英特尔至强处理器将性能、能效和计算密度融合,能够提供对虚拟化、云计算、内存计算、大数据分析等计算应用的支持。最新的英特尔至强处理器支持从 1~256 路的服务器(服务器中"路"是指服务器内的物理 CPU 数量,也即服务器主板上 CPU 插槽的数量),处理器频率可动态适应工作负载,并优化了所有操作点的性能功耗比。对于计算受限的工作负载,可将频率增加至额定值以上,而且几乎完全削减了芯片空闲部分的功耗。至强处理器还具备硬件辅助加密、高级启动时间与运行时间保护等硬件增强型管理功能。

当前,英特尔至强服务器处理器家族由至强可扩展(Xeon Scalable)处理器系列和至强 D 系列、至强 W 系列组成。英特尔至强 D 系列处理器用于空间和电源受限的环境中,能够支持从数据中心到智能边缘的广泛应用,并提供工作负载优化的性能。英特尔至强 W 系列处理器专为专业的创意工作者设计,适用于图形工作站,在保证超凡性能及安全和可靠性的同时,提供专门面向 3D 渲染、复杂 3D CAD 工程和人工智能开发的优化支持。英特尔的至强可扩展处理器系列则分为铂金、金牌、银牌、铜牌四个等级,支持不同等级的业务需求,从最高性能和最苛刻的工作环境,到为小企业和基本存储服务提供经济实惠的解决方案。

图 1.5 显示了英特尔至强可扩展处理器家族 4 路交叉矩阵配置实例。基于 Purley 平台的英特尔至强可扩展处理器家族提供最多 28 个处理器内核,系统配置 2666MHz 频率的 DDR4(第 4 代双数据率)内存,每个处理器配置 6 个内存通道。至强处理器还集成了支持互联网广域高速传输的以太网 RDMA 协议。最新的第二代英特尔至强可扩展处理器家族采用英特尔超级通道连接(Ultra Path Interconnect,UPI)技术实现处理器内核可扩展系统的一致性互连,可在统一共享地址空间内集成多个处理器。

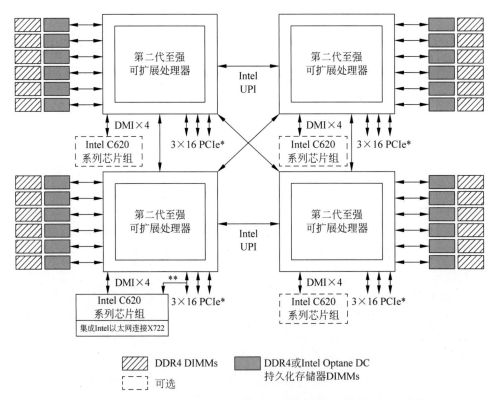

* PCIe:PCI Express,用于英特尔QuickAssist技术和英特尔以太网的上行连接。

图 1.5　英特尔至强可扩展处理器家族 4 路交叉矩阵配置

1.2.3　ARM 处理器体系结构

1. ARM 公司的历史与发展

众所周知,ARM 体系结构在移动计算领域占有统治地位,并被广泛应用于从嵌入式控制系统、消费类电子产品到智能终端在内的众多应用场景。ARM 这三个字母首先是指先进 RISC 机器有限公司(Advanced RISC Machines Limited),同时也代表 ARM 公司设计的 ARM 体系结构及 ARM 处理器产品。

ARM 公司是在 1990 年由英国剑桥的 Acorn 公司、苹果公司和处理器制造商超大规模集成电路(Very Large Scale Integrated Circuit,VLSI)公司合资成立的一家独立的处理器公司,但 ARM 的第一款产品在 ARM 公司正式独立之前就已经成型。自 1985 年 4 月全球第一款商业 RISC 处理器 ARM1 的原型在英国剑桥的 Acorn 公司诞生以来,ARM 公司提供了一系列 ARM 处理器内核、ARM 体系结构扩展以及 ARM 微处理器和片上系统设计方案,也提供基于 ARM 架构的开发设计技术。

20 世纪 90 年代,ARM 快速进入世界市场。ARM 公司设计的处理器完美地将低功耗、低成本和高性能相结合,因而在嵌入式处理器应用领域逐渐进入公众视野,并在嵌入式控制、消费与教育类多媒体、DSP 和移动应用领域发展壮大,最终成为市场主流。

由于早期缺乏足够的资金支持,ARM 公司不得不采用 IP(Intellectual Property,知识产权)授权这种商业模式,以避开芯片生产线的高昂成本。但这种独特的商业模式却意外使 ARM 公司和世界上众多的半导体厂商构成了合作关系,也助力 ARM 体系结构具备特有的低成本和充足的供货渠道这些优势。特别是 ARM 公司能把其特有的低功耗技术应用于 RISC 处理器,让 ARM 架构兼具了出色的高性能和低功耗特性。这最终使 ARM 公司和 ARM 架构在移动计算爆发式增长的年代逐渐占据了市场主导地位,最终成就其辉煌。

ARM 公司设计的产品包括处理器内核 IP、处理器物理 IP、系统级 IP、无线 IP、ARM 安全解决方案、ARM Mali 图形和多媒体 IP、物联网解决方案及软件开发工具等。

2. ARM 体系结构、指令集与 ARM 处理器

"ARM"除了代表设计处理器的 ARM 公司外,还代表着与 ARM 公司相关的 ARM 体系结构、指令集、处理器内核、处理器和处理器片上系统等不同含义术语。一般而言,这些术语有一定相关性,也有特定的含义。

1) ARM 体系结构(Architecture)

ARM 公司定义了 8 种主要的 ARM 体系结构版本,以版本号 v1～v8 表示,即 ARMv1～ARMv8。处理器体系结构(又称架构)是处理器的功能规范,指示着遵从该

规范的硬件如何向其上的软件提供相应的功能。处理器架构定义了"抽象机器"的行为特征。在 ARM 体系结构中,这一"抽象机器"一般被称为**处理单元**(Processing Element),或者简称为 PE。

ARM 架构规范了处理器的指令集(指令系统)、寄存器集、异常模型、内存模型以及调试、跟踪等功能特性。

2) ARM 体系结构的指令集(Instruction Set)

一般而言,每种处理器架构都定义了与其相符的指令集,符合相应版本的体系结构规范。而 ARM 在其体系结构中定义了多种高效的指令集,各种 ARM 处理器内核可以执行的指令集不一定相同,许多版本的处理器内核还可以在两种甚至更多种不同的指令集之间动态切换。

在 ARMv8 架构之前的 32 位 ARM 体系结构中,ARM 定义了三种指令集:**ARM 指令集**、**Thumb 指令集**和 **Thumb-2 指令集**。

标准的 ARM 指令集的指令长度固定为 32 位,每条指令相对于 16 位长度的指令承载更多的信息,因此可以使用最少的指令完成相应的功能。相对于另外两种指令集,ARM 指令集在同等条件下指令的执行速度也最快,但代价是每条指令占用较多的存储空间,程序所需总存储空间较大。

Thumb 指令集是在 ARMv4T 架构之后增加的一种 16 位长度的指令集。在 Thumb 模式下,指令字编码更短,指令的功能也更简单,较短的指令字编码提供整体更佳的编码密度。虽然需要使用更多的指令才能完成相应的功能,但使用 Thumb 指令集只需要占用较少的程序存储空间,能更有效地使用有限的内存带宽,适合于存储系统数据总线宽度为 8 位或 16 位的应用系统。

Thumb 指令集并不是一个完备的指令集,类似开关中断或异常处理等功能只能在 ARM 状态下完成。因此使用 Thumb 指令集的处理器可能需要在 ARM 指令集和 Thumb 指令集之间反复切换。为此,ARM 公司在推出其 ARMv6-T2 和 ARMv7-M 体系结构时定义了 Thumb-2 指令集。Thumb-2 指令集是 Thumb 指令集的功能扩展版本,兼有 ARM 指令集和 Thumb 指令集的优势。

Thumb-2 指令集是 16 位和 32 位混合指令集,在 Thumb 指令集的基础上增加了一些新的 16 位 Thumb 指令以改进程序的执行流程,又增加了一些新的 32 位指令以实现 ARM 指令集某些专有的功能,解决了 Thumb 指令集不能访问协处理器、不能执行特权指令和特殊功能指令的问题。因此,Thumb-2 指令集提供的功能几乎与 ARM 指令集完全相同,不再需要在 ARM 状态和 Thumb 状态之间反复切换。Thumb-2 指令集可以实现低功耗、高性能的最优设计,从而更好地平衡代码性能和系统成本。

此外,32 位版本的 ARM 架构还有一种被称为 ThumbEE(Thumb Execution Environment,Thumb 运行环境)或 Thumb-2EE 的技术,在 ARMv7-A 和 ARMv7-R

体系结构中定义。ThumbEE 是专为一些诸如 Java、C♯、Perl 和 Python 的语言所做的优化,能让实时编译器输出更小的编译码却不会影响其性能。ThumbEE 技术支持的指令在 Thumb 的基础上有少量增加和修改,因而被称为 ThumbEE 指令集。

ARMv8 架构发布以后,ARM 引入了新的 64 位指令集,并重新命名了原有的指令集。在 64 位 ARM 体系结构执行状态下支持 A64 指令集,在 32 位 ARM 体系结构执行状态下则支持 T32 和 A32 指令集。其中,T32 指令集就是 ARMv8 架构之前的 32 位和 16 位长度混合的 Thumb-2 指令集。

3) ARM 的微体系结构(Micro-Architecture)

体系结构定义了抽象处理器的外部特征,但是并没有给出处理器如何设计及如何运行的信息。处理器的构造与设计被定义在微体系结构(微架构)中。微架构给出处理器如何工作的描述,一般包括指令流水线(Pipeline)的组织与级数、Cache 的大小与数量、每条指令的执行周期数,以及架构中可选功能的实现等。

举例而言,ARM Cortex-A53 和华为海思自研的 TaiShan V110 处理器内核都实现了 ARMv8-A 体系结构,这意味着兼容 ARMv8-A 体系结构的软件不需要做任何修改就能够在这两个处理器内核上运行。但这二者的微体系结构却有很大差别,因为二者的设计目标和应用场景完全不同。

4) ARM 处理器内核(Processor Core)

ARM 处理器内核特指实现某种版本 ARM 指令体系结构并具有取指令和执行指令功能的组件,即一般所说的"运算器＋控制器"构成的 CPU。例如 ARM7TDMI、ARM9TDMI、ARM9E-S 等。

5) ARM 处理器(Processor)

ARM 处理器是以 ARM 处理器内核为中心,再集成存储管理单元(Memory Management Unit,MMU)、中断控制器、浮点运算器、总线接口等组件构成的处理单元,例如 ARM710T、ARM720T、ARM920T 等。

由于单纯的处理器内核可以作为处理器使用,因而"处理器内核"和"处理器"这两个术语也经常被混合使用。

6) 基于 ARM 架构处理器的片上系统(SoC)

作为 ARM 处理器生态王国的核心,ARM 公司采用授权方式建立与各个生态厂商的纽带。ARM 公司有多种授权方式。例如,按被授权对象的不同,可以采用面向教育、科研机构的学术授权和用于内部研究的设计入门(DesignStart)授权,还有适合大企业的订购授权和多用途授权等方式。2020 年升级的 ARM 起始灵活接入计划(ARM Flexible Access for Startups)甚至允许拥有不超过 500 万美元资金的芯片初创公司免费访问各种 ARM IP,并可以在整个产品开发周期内使用各种 ARM 解决方案进行验证和原型设计。

ARM 公司是处理器体系结构和处理器的设计者,按使用这些 ARM 知识产权的不同方式,可以把授权方式分为多种。最简单地使用 ARM 处理器的方式是直接从 ARM 公司采购 ARM 已经设计好的完整处理器设计方案,获得 ARM 知识产权的使用权授权。在这种方式中,被授权人基本上没有多少可以自由发挥的空间。

而众多半导体公司本身就具备很强的设计能力,并且在各自擅长的领域有所积累,可以购买 ARM 公司设计好的处理器 IP 核,必要时对 Cache 和输入/输出控制部件等进行修改,再增加自身的外围部件,构成完整的"基于 ARM 处理器的片上系统(System on Chip,SoC)"。这种授权方式通常被称为内核授权,是 ARM 公司提供的最广泛的授权方式。高通、三星、华为、德州仪器(TI)、恩智浦(NXP)、富士通等公司都取得过这种授权。华为海思公司在鲲鹏 920 处理器推出之前的鲲鹏 916 等通用处理器产品即属于"基于 ARM 处理器的片上系统"。

而那些具备超强实力的公司则可以只采用 ARM 体系结构定义的指令集,自行设计处理器内核和处理器。相对而言,架构/指令集授权是 ARM 公司提供的最大限度的授权。被授权方可以在兼容 ARM 架构和特定 ARM 指令集的基础上充分展现其自身的创新性,设计出符合其设计目标的处理器,同时可以充分利用 ARM 的生态环境。这些处理器通常也会集成外围部件,构成"基于 ARM 架构处理器的片上系统"或者"兼容 ARM 指令集的处理器片上系统"。有的被授权方甚至可以对 ARM 架构进行大幅度改造,对 ARM 指令集进行扩展或缩减,从而得到自己的处理器架构版本。

例如,华为海思设计的鲲鹏 920 系列处理器即是"兼容 ARM 指令集的处理器片上系统",有时简称为"鲲鹏 920 处理器"或"鲲鹏处理器"。鲲鹏 920 系列处理器片上系统片内集成了华为自研的兼容 ARMv8.2 指令集的 TaiShan V110 处理器内核,组织架构灵活,可以把多个芯片组合成结构更复杂、算力更强的多片系统。本书一般将华为海思设计的鲲鹏 920 系列处理器称为"鲲鹏 920 处理器片上系统",或简称为"鲲鹏920 系统"。

3. ARM 处理器的分类

ARM 处理器家族经历数十年发展,成员众多。按其发展历史与应用场景,ARM 公司把 ARM 处理器家族的产品划分为 ARM 经典处理器(Classic Processors)、ARM Cortex 应用处理器、ARM Cortex 嵌入式处理器和 ARM 专业处理器等不同类别。

1) ARM 经典处理器(Classic Processors)

ARM 经典处理器是对 ARM11 及其之前发布的处理器的统称。从 ARM7 处理器开始,ARM CPU 内核被普遍认可和广泛使用,基于 ARMv1、ARMv2 和 ARMv3 架构的处理器已经被淘汰。经典 ARM 处理器中应用较为广泛的是 ARM7、ARM9 和 ARM11 系列处理器。

经典 ARM 处理器提供丰富的功能和卓越的性能,适用于成本敏感型解决方案及希望在新应用中使用经过市场验证技术的产品。经典 ARM 处理器每年都有数十亿颗的发货量,可以确保设计者获得最广泛的生态系统和资源,最大限度地减少集成过程中出现的问题并缩短上市时间。

2) ARM Cortex 应用处理器

ARM 处理器的应用越来越广泛,适用场景不断拓展,需要从架构上提出对不同应用场景更有针对性的解决方案。因此,从 ARMv7 架构开始,ARM 处理器的内核架构从单一结构变为面向不同应用场景的结构,此后的处理器大都以 ARM Cortex 处理器命名。

ARM Cortex 系列处理器被划分为三大分工明确的子系列:面向复杂操作系统和用户应用的 Cortex-A(Applications,应用)系列应用处理器,针对实时处理和控制应用的 Cortex-R(Real-time,实时)系列实时嵌入式处理器和针对微控制器与低功耗应用优化的 Cortex-M(Microcontroller,微控制器)系列嵌入式微控制器。这三大系列的代表字母 A、R 和 M 组合起来就是 ARM。

ARM Cortex A 系列属于 Cortex 应用处理器,面向复杂操作系统和用户应用。这类处理器集成了存储管理单元(MMU)以管理复杂操作系统的内存需求,支持虚拟地址,因而能运行 Linux、Android/Chrome、Windows CE/embedded 等复杂操作系统,并支持复杂图形用户界面。

在 ARM 的分类体系中,ARM Cortex-A 系列应用处理器不属于嵌入式处理器的范畴,其典型的应用场景为高性能智能手机、平板电脑、笔记本电脑、电子书阅读器、个人导航地图终端、数字电视、机顶盒和卫星接收器等移动终端类产品,近年来也被越来越广泛地用作各类台式个人计算机甚至高性能服务器的处理器。

3) ARM Cortex 嵌入式处理器

ARM Cortex 嵌入式处理器着重于在功耗敏感型应用中提供具有高确定性的实时性。这类处理器通常运行实时操作系统(Real Time Operating System,RTOS)和用户开发的应用程序代码,只需存储保护单元(Memory Protection Unit,MPU),而不需要存储管理单元。ARM Cortex-R 系列和 Cortex-M 系列都属于 ARM Cortex 嵌入式处理器。

ARM Cortex-R 系列处理器面向深层嵌入式实时应用,追求低功耗、卓越性能及与现有平台高兼容性这三个特性之间的平衡。

Cortex-M 系列处理器用于成本敏感型解决方案。这类处理器主要针对微控制器(单片机)领域,其应用场景通常既需要进行快速且具有高确定性的中断处理,又需超小尺寸和低功耗。

4) ARM 专业处理器

ARM 专业处理器是不属于上述 A、R 和 M 三个类别的旨在满足特定市场需求的处理器。这类处理器主要包括两类:

（1）面向高安全性应用的 SecurCore 处理器。这类处理器在安全市场中用于手机 SIM(Subscriber Identity Module,用户身份识别模块)卡和证件应用,集成了多种既可为用户提供卓越性能,又能检测和避免安全攻击的技术。具体的应用场景涉及 SIM 卡、智能卡、高级支付系统、电子护照、电子票务和运输系统等。

（2）面向 FPGA 的 FPGA 处理器。这类处理器是专门为适应与 FPGA 协同配合实现异构计算而优化的,在保持与传统 ARM 设备兼容的同时,向开发人员提供系统可编程性,使产品能快速上市。FPGA 处理器适合应用在灵活的硬件加速与可配置应用需求的场景,赛灵思和英特尔等主流的可编程逻辑器件厂商都有基于 ARM 硬核的 FPGA 器件发售。

4. ARM 架构的发展历史

表 1.1 总结了自 1985 年第一颗 ARM 处理器诞生以来 ARM 公司发布的 8 个处理器架构的主要特征、ARM 自行研制的部分处理器型号以及第三方设计的部分有代表性的基于 ARM 架构处理器的片上系统或者兼容 ARM 指令集处理器的片上系统。

表 1.1　ARM 处理器架构比较

版　　本	推出年份	数据/地址位宽	主 要 特 征	名称	第三方设计的处理器
ARMv1	1985	32/26	√ 32 位指令宽度; √ 16 个 32 位整数寄存器(包括 PC 和 SP); √ 仅有基本的数据处理指令,无乘除指令	ARM1 (未商用)	
ARMv2	1987	32/26	√ 增加了乘法指令; √ 开始支持协处理器	ARM2、ARM3 ARM2As	
ARMv3	1992	32/32	√ 地址线扩展至 32 位; √ 增加两种处理器模式; √ 支持存储管理单元(MMU)	ARM6 系列 ARM7 系列	
ARMv4 ARMv4-T	1996	32	√ 增加半字加载/存储指令; √ ARMv4-T 增加 16 位 Thumb 指令集	ARM7TDMI ARM9TDMI	三星 S3C44B0 S3C2410/2440 StrongARM
ARMv5 ARMv5-TE ARMv5-TEJ	1999	32	√ 改进了 ARM 与 Thumb 指令集的互操作性; √ 扩充 DSP 指令; √ 支持向量浮点运算 VFP20; √ 提供 Java 字节码加速执行机制(Jazelle)	ARM7EJ ARM9E ARM9EJ ARM10E	XScale

续表

版　本	推出年份	数据/地址位宽	主　要　特　征	名称	第三方设计的处理器
ARMv6	2001	32	√ 增加对 Thumb-2 指令集的支持； √ 提供 SIMD(单指令流多数据流)指令以支持多媒体信息处理	ARM11 系列	
ARMv7-M	2004	32	仅支持 Thumb-2 指令集的子集	Cortex M3/M4	STM32 系列
ARMv6-M	2004	32	指令数目少于 ARMv7-M(ARMv7-M 的子集)	Cortex M0/M0+/M1	
ARMv7-R	2004	32	√ 支持高级 SIMD(Neon)技术； √ 支持矢量浮点运算 VFP30； √ 配置 32 个 64 位寄存器；	Cortex R4/R5/R7	
ARMv7-A	2004	32	√ 支持 1TB 物理地址空间； √ ARMv7-R 支持存储保护，ARMv7-A 支持虚拟存储器	Cortex A5/A7/A8/A9/A15/A17	
ARMv8-A	2011	64/32	√ 使用 64 位通用寄存器； √ 支持 64 位处理和扩展的虚拟寻址； √ 支持 3 种指令集：A64/A32/T32； √ 与 ARM v7 兼容； √ 支持虚拟化技术	Cortex A53/A57/A72/A73/A76 Neoverse N1	√ 华为鲲鹏 920系列 √ Mavell/Cavium ThunderX 系列 √ 三星 Exynos M 系列 √ 苹果 Ax 系列 √ 亚马逊 Gravito √ 富士通 A64FXn
ARMv8-M	2015	32	√ 单周期或低周期数执行、最小中断延迟、支持无 Cache 执行； √ 可选的安全扩展； √ 改进的可选 MPU 模型； √ 改进多处理支持； √ 堆栈指针限制检查	Cortex M23/M33	
ARMv8-R	2016	32	√ 支持 2 种 32 位指令集：A32 和 T32； √ 支持受保护的存储系统架构(Protected Memory System Architecture，PMSA)； √ 支持虚拟化技术	Cortex-R52	

5. ARM 服务器处理器的优势

服务器行业的市场容量超过 800 亿美元。多年以来,英特尔公司借助其与微软公司的 Wintel 联盟在个人计算机处理器市场上独霸天下,进而依靠其强大的生态环境和超强的处理器性能在服务器处理器市场上逐渐抢占了各个 RISC 处理器的市场份额,甚至连其与惠普公司联合研制的安腾处理器最终也被自己的 Intel 64 架构打败。而 ARM 公司多年在移动计算领域不断耕耘,借助 ARM/Android(安卓)联盟和其精湛的低功耗技术与开放的生态环境统治移动计算处理器市场,也在嵌入式控制领域大行其道。英特尔和 ARM 在巩固自身阵地的同时都在尝试占领对方的市场。英特尔杀入移动计算领域的努力应该说没有取得预期效果,而 ARM 公司于 2011 年底发布的 ARMv8-A 架构则是其在保持移动计算领域优势的同时向包括服务器在内的通用计算机处理器市场发起进攻的利器。美国厂商 Calxeda 在 2011 年发布的业界第一款基于 ARM 架构、专门面向服务器应用的处理器 EnrgyCore ECX-1000 开启了 ARM 架构服务器处理器的先河。此后的数年间,ARM 阵营持续发力,特别是到最近一两年出现了 ARM 架构服务器的热潮,众多半导体厂商和服务器厂商先后发布多款产品,向英特尔架构发起了集团冲锋。

分析英特尔架构逐渐进入服务器处理器市场并最终占据垄断地位的原因,首先是英特尔架构处理器被广泛应用带来的规模优势,将英特尔处理器在个人用户市场积累的生态系统优势扩展到服务器领域,与英特尔生产工艺上领先的制程相叠加,逐渐积累了垄断优势。而几乎被英特尔架构打败的早期进入市场的 RISC 架构虽然性能强大、可靠性高,但是由于架构不统一、用途单一,每种处理器架构通常只有一两家服务器厂商支持,因而处理器应用规模太小,导致其单价居高不下,生态系统又相对封闭,最终难于与英特尔架构竞争,逐渐走入没落。

而 ARM 公司长期以来专注于设计高性能、廉价、低功耗的 RISC 处理器及其相关技术与软件,从整体上看,ARM 公司基本上具备英特尔公司或相对于传统 RISC 公司所具有的优势,从长远看也具备与英特尔架构一争高下的潜力。

基于 ARM 架构的服务器的优势可以总结为以下几点:

(1) 更低的综合运营成本。

整体而言,服务器市场除了关注系统配置的灵活性和优化能力、服务器标准化等要素外,还需要重点解决如何在性能、功耗和成本之间找到平衡点的问题。通常提到的一个术语就是 TCO,即总体拥有成本(Total Cost of Ownership),意指从购买服务器产品开始,直到停止使用该产品为止,期间的所有与该商品相关的投入成本的总和。服务器的 TCO 主要包括服务器整个生命周期产生的采购成本、安装配置成本、技术支持运行维护成本和优化应用升级成本等。这其中,除了硬件采购成本、软件采购成本、服务器机房的建设成本(房屋、机架、供电、冷却、空调、机房监控等硬件设施)、运维成本(运维人员成本、软硬件升级成本、电力与网络接入带宽支出、硬件损耗维修维护成本、系统调优与安全加固成本等)这些看得见的支出外,也包括安装服务器的时间成本、软件配置和远程管理的时间成本、发现和解决故障与重新配置成本、升级服务器以适应新需求的时间成本等"看不见"的支出,还包括系统宕机或供电中断等服务被迫中止造成的损失以及技术人员维护与培训成本等隐性支出成本。

基于环保理念,当前的市场主流技术在持续向高效率、低成本、低能耗的绿色计算产业靠拢。而服务器产业正是一个高能耗的领域。大数据、人工智能和云计算等应用爆发式的增长要求配置成百上千台服务器,机房所需的能源供应和冷却需求往往成为大型超级计算中心和数据处理中心建设的难题,也是运维成本居高不下的原因之一。而 ARM 多年来在移动计算领域积累的低功耗技术可以为基于 ARM 架构的服务器提供远低于英特尔架构的能源消耗量水准,从而提升服务器配置密度,降低运营成本。据估算,在相同性能的前提下,ARM 架构的服务器的功耗要低 20% 左右,性能/功耗比更优,大量节约运维成本。这尤其对大规模数据中心会有较大的吸引力。

除了 ARM 多年来的低功耗优势外,处理器芯片的成本也是 ARM 架构的优势之一。相比英特尔阵营只有英特尔公司和超威半导体公司等少数几家供应商的现状,ARM 开放和完善的生态系统吸引了众多厂商支持,可以形成良好的竞争格局,避免一家独大。ARM 架构产品更高的出货量也使其有能力保持更低的价格。因此,ARM 架构的处理器芯片在成本、集成度方面同样有较大的优势。当年,英特尔架构依靠规模效应带来的低廉价格最终打败了传统 RISC 架构的服务器处理器,而如今的 ARM 架构处理器也具备了这种优势。

遍布全球的服务器的保有量以百万计,即使其采购和运维成本降低一点点,每年节省的开支数量也是个天文数字。

(2) 端-边-云全场景同构互联与协同。

近年来,传统 PC(个人计算机)的保有量在持续下降,并向移动智能终端大量转移。以 5G、人工智能和物联网为代表的新兴技术正在推动人类社会的智能化进程。以虚拟现实、自动驾驶等技术为代表的智能化应用的兴起和物联网应用的持续普及助推世界迈入万物互联的时代,2018 年全球云数据中心连接设备数超过 230 亿。未来,将有超过 70% 的数据和应用在边缘产生和处理。而边缘和移动终端受限的处理能力又反过来提出了端-边-云互联与协同的需求。幸运的是,正在进行中的 5G 网络大规模部署给端-边-云协同提供了理想的基础互联架构支撑。技术的演进需要适宜的环境与恰当的时机,虽然从 2011 年开始直到几年之前的这段时间内,ARM 架构向服务器市场的冲锋并没有取得预期的效果,但 5G 的大规模商用令 ARM 架构迎来了转机。

当前在用的绝大多数移动终端都采用 ARM 架构的处理器,移动应用主要基于 ARM 指令集开发、测试和运行。ARM 架构在边缘计算设备中同样占据着重要地位,而云端开发环境则以英特尔架构为主。因此,端-边-云三个层次的主流计算架构和开发模式之间存在着较大的差异,端-边-云全场景协同应用必须在异构环境下经过多次开发和部署,除了重复开发增加的直接成本外,还可能造成性能损失和潜在安全漏洞等风险。随着海量的移动应用向云上扩展和迁移,端-边-云协同将成为主流,需要在不同架构之间进行整合,相互影响渗透。ARM 架构在移动应用场景中的主流地位在短期内几乎是不可能改变的,在云端传统的单一英特尔架构很难满足多样化的计算场景需求。

以近年来主流的手机游戏应用为例,游戏开发商如果在非 ARM 架构上运行支持 ARM 架构移动终端的应用,需要在服务器上运行 ARM 虚拟机来解决兼容性问题,不仅开发和维护工作量增加,而且服务器可以支持的有效工作负载只有 30%,导致服务器成本和维护费用大大增加。

因此,在云端实现从单一架构向多种计算架构组合的演进是提升计算效率的最优解决路径,在这一点上 ARM 架构具有优势。ARM 架构支持 16 位、32 位和 64 位多种指令集,能很好地兼容从物联网边缘计算、终端应用到云端服务的各类应用场景。ARM 在生态系统上的优势也正在逐渐向云端延伸。

(3) 更高的并发处理效率。

按照以往人们的常规认知,英特尔架构在性能方面优势明显,而 ARM 架构在功耗方面遥遥领先。但是,基于 RISC 技术的轻量化的 ARM 架构也比英特尔架构更高效,同样功能和性能占用的芯片面积更小、功耗更低,集成度也更高。随着数据中心规模的不断扩展,用户的关注点已经从单纯关注处理器单线程性能转变到同时强调单线程性能和并行处理能力,以应对传统业务模式向高并发业务模式的转移。

近年来,ARM 公司靠着灵活的互联架构和更高的并发处理能力在一个处理器中集成数十乃至数百个处理器内核,具备更好的并发性能。随着 ARM 架构的半导体厂商的工艺技术的成熟,ARM 处理器在制程上的短板也在不断改善,其性能完全可以达到甚至超越英特尔架构。华为海思发布的 ARM 架构鲲鹏 920 处理器片上系统通过技术创新已经令其性能超越了业界主流通用处理器 25% 以上。

在大量的分布式数据库、大数据、电子商务和人工智能等需要高并发的应用场景中,集成更多处理器内核的 ARM 服务器处理器比传统英特尔架构的处理器拥有更高的并发处理效率,可以以较低的成本和更高的效率处理大量的分布式计算工作负载。

(4) 开放的生态系统与多元化的市场供应。

英特尔架构长时间在服务器市场占据垄断地位,服务器产品价格高昂。过度的垄断不利于市场竞争,也难以促进技术创新。而 ARM 的开放生态系统及以合作为主轴的商业模式吸引众多厂商进入 ARM 架构服务器领域,处理器厂商和服务器厂商可以借助 ARM 的开放授权方式进入利润丰厚的市场,众多厂商之间的竞争促进了创新,加快了技术进步的脚步。ARM 生态系统中没有一家独大的企业，众多的用户也期望通过多元化的市场供应获取更多的选择自由和差异化的服务，而不是绑在仅有一两家供货商支持的架构上。针对安全可靠性和保密要求高的政府部门和军工生产等特殊用户，实现关键芯片产品的自主可控势在必行，ARM 的架构授权模式和独立于英特尔的技术架构有利于处理器厂商在充分利用 ARM 生态环境的前提下构造具有自主知识产权的产品，在当前复杂多变的国际大环境下确保供应安全与信息安全。

因此，支持多种计算架构并存的组合不仅是技术路线的选择，也是市场的最佳选择。

当然，要想在英特尔架构占据 90％ 份额的市场上抢占一席之地并非易事，ARM 架构仍然面临巨大的挑战。但是凭借更高的功耗效率、更高的核心密度、更低的成本、更开放的架构和一体化的生态系统，ARM 架构有望在运算密集的服务器市场上成为特定应用领域的合理选择。

6. ARM 服务器处理器的兴起

近两年来，众多的国际知名半导体厂商和国内新兴的芯片厂商转战到 ARM 市场，密集推出 ARM 架构的服务器产品。这反映出业界对 ARM 架构持续看好，ARM 生态向服务器市场的扩展步伐也在大幅度加快，ARM 服务器市场呈现一片繁荣景象。虽然有些厂商基于各种原因退出，更多的产品却在加入进来。除了华为公司的鲲鹏 920 系列 ARM 处理器外，亚马逊、Marvell、富士通、Nvidia 等厂商都在发力进入 ARM 架构的服务器处理器市场，ARM 服务器迎来了第三次浪潮。

1）亚马逊公司的 Graviton 服务器处理器与 EC2（弹性计算云）

2018 年 11 月，电子商务和公有云服务国际巨头亚马逊公司宣布为其云计算 IaaS 和 PaaS 平台亚马逊 Web 服务（Amazon Web Services，AWS）推出了自研的基于 ARM 架构的云服务器处理器芯片 Graviton 以及基于该芯片的亚马逊弹性计算云（Amazon Elastic Compute Cloud，Amazon EC2）A1 虚拟服务器。Amazon EC2 是一种 Web 服务，可以为云服务提供可调的计算容量，令开发人员能更轻松地进行网络级规模的计算。

亚马逊是第一家发布基于 ARM 架构的定制服务器的主流云服务提供商。Graviton 服务器处理器由以色列芯片开发商 Annapurna 实验室开发，2015 年亚马逊收购了这家企业，开始为 AWS 开发服务器芯片。

AWS Graviton 处理器包括 16 个 Cortex-A72 内核，网络带宽高达 10Gb/s，主要面向微服务、Web 服务器和开发环境等可扩展应用。亚马逊宣称，相比英特尔和 AMD 公司的处理器，Graviton 处理器在运行 Web 服务器等特定工作负载时能耗可降低 45％，从而大幅度降低运营成本。

2）Marvell/Cavium 公司的 ThunderX 系列服务器处理器

2014 年，Cavium 公司推出了基于 ARM 架构的 48 核心服务器处理器芯片

ThunderX,成为全球首款英特尔至强 E5 级别的 ARM 服务器芯片,也是当时业界唯一能支持双路架构的 ARM 服务器处理器。

在著名的 ARM 处理器厂商 Marvell 以 60 亿美元的价格收购 Cavium 公司后,新一代 ARM 服务器处理器 ThunderX2 也于 2018 年 7 月正式量产。ThunderX2 采用 16nm 工艺打造,芯片集成了 32 个 ARMv8.1 乱序执行核心,每个芯片拥有四个线程,也支持高达 56 条 PCI Express 3.0 通道扩展。ThunderX2 自 2018 年推出以来,得到了诸多服务器生态厂商的支持。微软公司为其云计算操作系统 Azure 部署了基于 ThunderX2 的 Olympus 服务器,最终目标是让 ARM 服务器承担 50% 的业务负载。隶属于美国能源部的劳伦斯·利弗莫尔(Lawrence Livermore)、桑迪亚(Sandia)和橡树岭(Oak Ridge)等国家实验室及英国莱斯特大学(University of Leicester)等机构都采用了 ThunderX2 处理器。

2020 年 5 月,Marvell 推出了新一代的 ARM 服务器芯片 ThunderX3。ThunderX3 处理器采用台积电(TSMC)7nm 制程工艺制造,拥有高达 96 个核,每个核心有 4 个线程,支持 8 通道 DDR4-3200 内存接口和 64 个 PCI Express 4.0 通道。

3) Ampere 公司的 eMAG/Altra 系列服务器处理器

Ampere(安晟培)半导体科技公司(简称 Ampere 公司)是专注于 ARM 服务器处理器芯片的初创公司,2017 年从原来的 Applied Micro 公司业务重组而成。2018 年 9 月,Ampere 公司发布了首款基于 ARMv8 架构的 16nm 制程 Ampere eMAG 系列处理器,含 32 个核心,主频为 3.3GHz。据称,Ampere eMAG 的价格仅为英特尔至强金牌处理器的一半,而功耗为 AMD RYPC 的一半。

2020 年 3 月,Ampere 发布了其 Altra 处理器,拥有 80 个 64 位 ARM v8 处理器内核,主频为 3.0GHz。该处理器采用单核单线程,以保证最佳性能及安全性。Ampere Altra 处理器可为数据分析、人工智能、数据库、数据存储、电信堆栈、边缘计算、Web 主机与云原生应用等带来能效提升。

4) 飞腾公司 FT2000+系列服务器处理器

总部位于天津滨海高新技术产业开发区的天津飞腾信息技术有限公司(简称飞腾公司)是一家快速成长的中国芯片设计企业,其 FT2000+系列是飞腾公司自主研发的国产处理器。FT2000+系列的第一代产品于 2016 年发布,第二代产品于 2017 年量产并应用于国产高性能计算机。

飞腾公司的服务器处理器旗舰产品 FT2000+/64 集成了 64 个飞腾公司自主研发的 ARMv8 指令集的 FTC662 处理器内核、8 个 DDR4 内存通道和 33 路 PCI Express3.0 I/O 接口。联想、浪潮、紫光等多家国内顶尖服务器厂商都发布了基于 FT2000+处理器的国产高性能服务器产品。阿里云和腾讯云也发布了基于飞腾硬件平台的云计算平台产品。

1.3　服务器技术基础

1.3.1　高性能处理器的存储器组织与片上互连

1. 多核系统的存储结构

为了使处理器的处理能力得到充分发挥,存储系统必须能够提供与处理器性能相匹配的存储器带宽。因此,处理器与主存储器之间的速度差距一直是处理器结构设计中必须考虑的问题。由于处理器内的核心数目增多,并且各核心采用共享存储器结构进行信息交互,对主存的访问需求进一步增加,在单处理器时代面临的存储墙问题依然存在,而且问题更加严重。因此必须针对多核处理器进行相应的存储结构设计,并解决好存储系统的效率问题。

目前存储系统设计仍然采用存储器分级的方式解决存储速度问题,高性能的处理器采用二级甚至三级 Cache 提高存储系统的等效访问速度,并且处理器片内的 Cache容量尽可能增大。但多核系统中的存储系统设计必须平衡系统整体性能、功耗、成本、运行效率等诸多因素。

因此,在多核处理器设计时,必须评估共享 Cache 和私有 Cache 孰优孰劣,需要在芯片内设置几级 Cache 等因素,Cache 的大小也是需要考虑的重要问题。

根据多核处理器内的 Cache 配置情况,可以把多核处理器的存储结构分成以下四种,如图 1.6 所示。

(1) 片内私有 L1 Cache 结构:如图 1.6(a)所示,简单的多核计算机的 Cache 结构由 L1 和 L2 两级组成。处理器片内的多个核各自有自己私有的 L1 Cache,一般被划分为 L1 I Cache(L1 指令 Cache)和 L1 D Cache(L1 数据 Cache)。而多核共享的 L2Cache 则存在于处理器芯片之外。

(2) 片内私有 L2 Cache 结构:如图 1.6(b)所示,处理器片内的多个核仍然保留自己私有的 L1 I Cache 和 L1 D Cache,但 L2 Cache 被移至处理器片内,且 L2 Cache 为各个核私有。多核共享处理器芯片之外的主存。

(3) 片内共享 L2 Cache 结构:如图 1.6(c)所示的结构与片内私有 L2 Cache 的多核结构相似,都是片上两级 Cache 结构。不同之处在于处理器片内的私有 L2 Cache变为多核共享 L2 Cache。多核仍然共享处理器芯片之外的主存。对处理器的每个核而言,片内私有 L2 Cache 的访问速度更高。在处理器片内使用共享的 L2 Cache 取代各个核私有的 L2 Cache 能够获得系统整体性能的提升。

(4) 片内共享 L3 Cache 结构:随着处理器芯片上的可用存储资源的增长,高性能的处理器甚至把 L3 Cache 也从处理器片外移至片内。在片内私有 L2 Cache 结构的基础上增加片内多核共享 L3 Cache 使存储系统的性能有了较大提高。图 1.6(d)给出了这种结构的示意图。

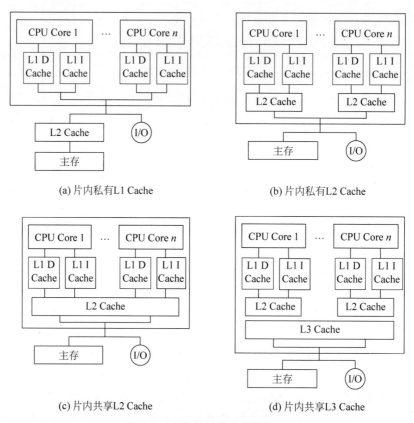

(a) 片内私有L1 Cache

(b) 片内私有L2 Cache

(c) 片内共享L2 Cache

(d) 片内共享L3 Cache

图 1.6　多核处理器的存储结构

2. 多核处理器的 Cache 一致性

在多核系统设计时必须考虑多级 Cache 的一致性(Cache Coherency)问题。

对内存的基本操作包括读操作和写操作。Cache 一致性问题产生的原因是：在一个处理器系统中,不同的 Cache 和主存空间中可能存放着同一个数据的多个副本,在写操作时,这些副本存在着潜在的不一致的可能性。

在单处理器系统中,Cache 一致性问题主要表现为在内存写操作过程中如何保持各级 Cache 中的数据副本和主存内容的一致,即使有输入/输出通道共享 Cache,也可以通过全写法较好地解决 Cache 一致性问题。

而在多核系统中,多个核都能够对内存进行写操作,而 Cache 级数更多,同一数据的多个副本可能同时存放在多个 Cache 存储器中,某个核的私有 Cache 又只能被该核自身访问。即使采用全写法,也只能维持一个 Cache 和主存之间的一致性,不能自动更新其他处理器内核的私有 Cache 中的相同副本。这些因素无疑加大了 Cache 一致性问题的复杂度,同时又影响着多核系统的存储系统整体设计。

维护 Cache 一致性的关键在于跟踪每一个 Cache 块的状态,并根据处理器的读写操作及总线上的相应事件及时更新 Cache 块的状态。

一般来说,导致多核处理器系统中 Cache 内容不一致的原因如下:

(1) 可写数据的共享:某个处理器采用全写法或写回法修改某一个数据块时,会引起其他处理器的 Cache 中同一副本的不一致。

(2) 输入/输出活动:如果输入/输出设备直接连接在系统总线上,输入/输出活动也会导致 Cache 不一致。

(3) 核间线程迁移:核间线程迁移就是把一个尚未执行完的线程调度到另一个空闲的处理器内核中去执行。为提高整个系统的效率,有的系统允许线程核间迁移,使系统负载平衡。但这有可能引起 Cache 的不一致。

对于输入/输出活动和核间线程迁移而导致的 Cache 不一致,可以分别通过禁止输入/输出通道与处理器共享 Cache 以及禁止核间线程迁移简单解决。因而多处理器中的 Cache 一致性问题主要是针对可写数据的共享。

在多核系统中,Cache 一致性可以使用软件或者硬件维护。

软件方法采取的手段是"预防"。在使用软件方式维护 Cache 一致性时,处理器需要提供专门的显式 Cache 操作指令,如 Cache 块拷贝、Cache 回收和使 Cache 失效等指令,让程序员或编译器分析源程序的逻辑结构和数据相关性,判断可能出现的 Cache 一致性问题,利用这些指令维护 Cache 一致性。软件维护 Cache 一致性的优点是硬件开销小,缺点是在多数情况下对系统性能有较大影响,而且需要程序员的介入。

由于引入 Cache 的主要目的是提升存储器的等效访问速度,故多数情况下 Cache 一致性由硬件维护。硬件方法采取的手段是"通过硬件发现和解决所发生的 Cache 一致性问题"。不同的处理器系统使用不同的 Cache 一致性协议维护 Cache 一致性。Cache 一致性协议维护一个有限状态机,并根据存储器读写指令或者总线上的操作进行状态转移并完成相应 Cache 块的操作,以维护 Cache 一致性。

目前,大多数多核处理器采用**总线侦听**(Bus Snooping)协议,也有系统采用**目录**(Directory)协议解决多级 Cache 的一致性问题。目录协议在全局的角度统一监管不同 Cache 的状态;而在总线侦听方式中,每个 Cache 分别管理自身 Cache 块的状态,并通过广播操作实现不同 Cache 间的状态同步。

3. UMA 架构与 NUMA 架构

可以根据处理器对内存储器的访问方式将共享存储器方式的计算机系统分为两大类,即 **UMA**(Uniform Memory Access,**统一内存访问**)架构和 **NUMA**(Non Uniform

Memory Access,**非统一内存访问**)架构。

UMA 是对称多处理器计算机采用的存储器架构,因此对称多处理器系统有时也被称为 UMA 架构系统。如图 1.7 所示,在对称多处理器架构下,系统中的每个处理器内核地位相同,其看到的存储器和共享硬件也都是相同的。在 UMA 架构的多处理器系统中,所有的处理器都访问一个统一的存储器空间,这些存储器往往以多通道的方式组织。在 UMA 架构下,所有的内存访问都被传递到相同的共享内存总线上,不同的处理器访问存储器的延迟时间相同,任何一个进程或线程都可以被分配到任何一个处理器上运行。每个处理器还可以配备私有的 Cache,外围设备也可以通过某种形式共享。因而 UMA 架构可以在操作系统的支持下达到非常好的负载均衡效果,让整个系统的性能、吞吐量有较大提升。

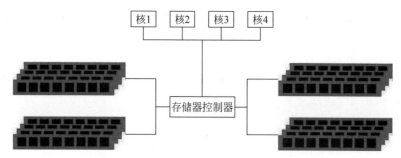

图 1.7　对称多处理器的 UMA 组织示意图

但从存储器访问的角度看,对称多处理器架构的缺点是可伸缩性较差。这是因为多个核使用相同的总线访问内存,随着处理器内核数的增加,总线将成为系统性能提升的瓶颈。因而 UMA 架构只适用于处理器内核数量相对较少的情况,不适用于系统中配置数十个甚至数百个处理器内核的情况。

而 NUMA 架构则属于**分布式共享存储**(Distributed Shared Memory,DSM)架构,存储器分布在不同节点上。NUMA 架构通过限制任何一条内存总线上的处理器内核数量并依靠高速互连通道连接各个节点,从而缓解了各个处理器内核竞争共享内存总线造成的访问瓶颈的影响。

在 NUMA 架构中,每个处理器与本地存储器单元(Local Memory Unit)距离更短,而与远程存储器(Remote Memory,其他处理器所属的本地存储器)距离更长。因此,处理器访问本地存储器的存储器延迟(Memory Latency)比访问远程存储器更短,即 NUMA 架构的系统中存储器访问周期是不固定的,取决于被访问存储器的物理位置。

从图 1.8 所示的 NUMA 架构中可以看到,不同 NUMA 域内的处理器内核访问同一个物理位置的存储器的延迟时间不同。系统内的存储器访问延时从高到低依次为:跨 CPU 访存、不跨 CPU 但跨 NUMA 域访存、NUMA 域内访存。因此,在应用程序运行时应尽可能避免跨 NUMA 域访问存储器,这可以通过设置线程的 CPU 亲和性(Affinity)来实现。

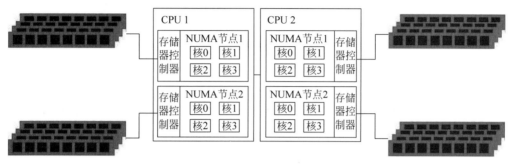

图 1.8　NUMA 架构示意图

NUMA 架构既可以保持对称多处理器架构的单一操作系统、简便的应用程序编程模式及易于管理的特点,又可以有效地扩充系统的规模。NUMA 架构能够为处理器访问本地存储器单元提供高速互连机制,同时为处理器访问远程存储器单元提供较为经济但延迟时间更高的连接通道,因而 NUMA 架构的系统通常比 UMA 架构的系统更加经济且性能更强大。

在 NUMA 架构中,有一种类型应用特别普遍,即 **CC-NUMA**(Cache Coherent Non-Uniform Memory Access,**缓存一致性非统一内存访问**)系统。缓存一致性问题是由于多个处理器共享同一个存储空间而引起的,而 CC-NUMA 是指通过专门的硬件保持 Cache 中的数据和共享内存中的数据的一致性,不需要软件来保持多个数据副本之间的一致性。当某个存储单元的内容被某个处理器改写后,系统可以很快地通过专用硬件部件发现并通知其他各个处理器。因此。在 CC-NUMA 系统中,分布式内存储器被连接为单一内存空间,多个处理器可以在单一操作系统下使用与对称多处理器架构中一样的方式完全在硬件层次实现管理。无论 CC-NUMA 计算机内部有多少个处理器,对用户而言系统都可以被看作是一台计算机。

4. 多核处理器的核间通信机制

多核处理器片内的多个处理器内核虽然各自执行各自的代码,但是处理器内核之间需要进行数据的共享和同步,因此多核处理器硬件结构必须支持高效的核间通信,片上通信结构的性能也将直接影响处理器的性能。

当前主流的片上通信方式有三种:总线共享 Cache 结构、交叉开关互连结构和片上网络结构。

1) 总线共享 Cache 结构

总线共享 Cache 结构是指多核处理器内核共享 L2 Cache 或 L3 Cache,片上处理器内核、输入/输出接口以及主存储器接口通过连接各处理器内核的总线进行通信。

这种方式的优点是结构简单、易于设计实现、通信速度高,但缺点是总线结构的可扩展性较差,只适用于处理器核心数较少的情况。

斯坦福大学研制的 Hydra 处理器、英特尔公司开发的酷睿(CORE)处理器、IBM 公司开发的 Power4 处理器和 Power5 处理器等早期的多核处理器很多采用总线共享结构。

2)交叉开关互连结构

传统的总线结构采用分时复用的工作模式,因而在同一总线上同时只能进行一个相互通信的过程。而交叉开关(Crossbar Switch)互连结构则能够有效提高数据交换的带宽。

交叉开关是在传统电话交换机中沿用数十年的经典技术,它可以按照任意的次序把输入线路和输出线路连接起来。图 1.9 为连接 8 个处理器内核和 8 个内存模块的交叉开关互连结构。

图 1.9 左侧的每条水平线和每条垂直线的交点都是可控的交叉节点,可以根据控制信号的状态打开或闭合。闭合状态的交叉节点使其连接的垂直线和水平线处于连通状态。图 1.9 中黑色实心节点处于闭合状态,空心节点处于打开状态,图右侧显示了放大的节点示意图。图 1.9 中显示三个开关处于闭合状态,这意味着同时可以有三个处理器内核分别与不同的存储器模块进行信息交互。

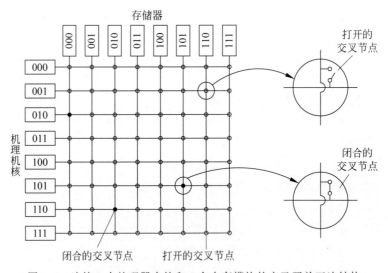

图 1.9　连接 8 个处理器内核和 8 个内存模块的交叉开关互连结构

交叉开关网络是一种无阻塞的网络,因而这种架构不会因为网络本身的限制导致处理器内核无法与内存模块建立连接。只要不存在存储器模块本身的冲突,图 1.9 所示的 8×8 交叉开关互连结构最多可以同时支持 8 个连接。

与总线结构相比,交叉开关的优势是数据通道多、访问带宽更大,但缺点是交叉开关互连结构占用的片上面积也较大,因为 $n \times n$ 的交叉开关需要 n^2 个交叉节点。而且随着核心数的增加,交叉开关互连结构的性能也会下降。因此这种方式也只适用中等规模的系统。

AMD 公司的速龙(Athlon)X2 双核处理器就是采用交叉开关来控制核心与外部通信的典型实例。

3) 片上网络结构

片上网络(Network on a Chip,NoC;On-chip Network)技术借鉴了并行计算机的互连网络结构,在单芯片上集成大量的计算资源以及连接这些资源的片上通信网络。每个处理器内核具有独立的处理单元及其私有的 Cache,并通过片上通信网络连接在一起,处理器内核之间采用消息通信机制,用路由和分组交换技术替代传统的片上总线来完成通信任务,从而解决由总线互连所带来的各种瓶颈问题。

片上网络与传统分布式计算机网络有很多相似之处,但限于片上资源有限,设计时要考虑更多的开销限制,针对延时、功耗、面积等性能指标进行优化设计,为实现高性能片上系统提供高效的通信支持。

片上网络可以采用多种拓扑结构,如环形拓扑、网状拓扑、树状拓扑等。图 1.10 显示了一种常用的二维网状网络(2D Mesh)片上网络结构。片上网络包括计算子系统和通信子系统两部分。计算子系统由 PE(Processing Element,处理单元)构成,完成计算任务,PE 可以是处理器内核,也可以是各种专用功能的硬件部件或存储器阵列等。通信子系统由交换(Switch)节点(图中缩写为 S)及节点间的互连线路组成,负责连接 PE,实现计算资源之间的高速通信。通信节点及其

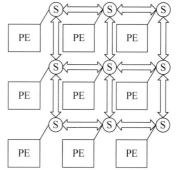

图 1.10　二维网状网络片上网络结构

间的互连线路所构成的网络就是片上通信网络。在图 1.10 所示的二维网状网络结构中,每个 PE 与一个交换节点相连,而每个交换节点则与四个相邻的交换节点和一个PE 相连,交换节点实现路由功能,并作为每个相邻的 PE 的网络接口。

与总线共享 Cache 结构和交叉开关互连结构相比,片上网络结构可以连接更多的计算节点,可靠性高,可扩展性强,功耗也更低。因此片上网络被认为是更加理想的大规模多核处理器内核间互连技术。这种结构的缺点是硬件结构复杂,且软件改动较大。

这三种互连结构还可以相互融合,例如在整体结构上采用片上网络结构,而在局部选择总线共享 Cache 或交叉开关互连结构,以实现性能与复杂度的平衡。

1.3.2　内存顺序模型与内存屏障

1. 访存重排序

在一个并行多核系统中,程序在运行时对内存的实际访问顺序和程序代码逻辑中呈现的访问顺序并不一定是一致的。这是因为,为了提升多核系统中程序运行时的性能,编译器或者硬件往往会对指令序列进行**重排序**(Reordering),从而引入**乱序执行**(Out-of-Order Execution)机制。

一般而言,重排序会改变指令的执行顺序。各种类型的重排序出现的机会并不均等,这与处理器的体系结构和编译器的行为有关。指令序列重排序主要分三种类型:

(1) 编译器优化导致的指令序列重排序。编译器在不改变某个处理器上运行的程序的语义的前提下,可以对指令序列重新安排语义。

(2) 指令级并行导致的指令序列重排序。现代高性能处理器采用指令级并行处理技术增加每个时钟周期执行的指令条数,从而提高处理器性能。传统的超标量流水技术通过处理器动态执行机制实现指令级并行,超长指令字技术采用编译器软件静态调度实现指令级并行,而 EPIC 技术则通过软硬件相互协作方式提高系统性能。这些方法都可能修改相互之间不存在数据依赖性的若干指令的执行顺序。

(3) 内存系统引起的指令序列重排序。除了指令执行顺序之外,通常在程序执行过程中还存在内存系统感知到的内存访问顺序。由于处理器通常会使用 Cache 和读/写缓冲区,使得程序运行时出现的多核间交互令访存的加载和存储指令看上去可能是在乱序执行。多个并行的存储体之间的访问顺序也可能会因某个存储体忙而被打乱。

从不同的视角可以看到三种不同的存储器访问顺序:

(1) **程序顺序**(Program Order):程序顺序是程序代码在特定处理器上运行时由代码本身给出的访存顺序,代表程序员期望的访问存储器的时间顺序。

(2) **执行顺序**(Execution Order):执行顺序是指在给定的处理器上运行时,特定的访存指令的执行顺序。由于上面提到的编译器优化和处理器优化等原因,执行顺序未必与程序顺序一致。

(3) **感知顺序**(Perceived Order,或称**观察顺序**):感知顺序是特定处理器感知到的自身以及其他处理器的访存操作的顺序。由于 Cache 访问、存储系统优化和系统互连操作本身的原因,感知顺序和执行顺序同样不一定相同,而且不同架构的处理器对同样的访存操作可能会感知到不同的顺序。感知顺序并不是内存正被访问的顺序,而是所有的"观察者"看到的存储器发生访问的顺序。举例而言,某个处理器 A 按照"写存储单元 1""写存储单元 2"的顺序执行,但另一个处理器 B 可能首先"感知"到存储单元 2 的改变,然后才"感知"到存储单元 1 的改变。

显然,在某些情况下,程序逻辑的正确性必须依赖于内存访问顺序,此时内存乱序访问就会带来逻辑上的错误,必须通过内存一致性模型加以规范。

2. 内存一致性模型

在共享存储器的多核系统上运行的程序必须要面对并行编程的问题。其中,内存访问顺序一致性是需要软件和硬件配合协同的问题,也即软件与存储器之间的协约问题。**内存一致性模型**(Memory Consistency Model)有时也简称为**内存模型**(Memory Model),描述的是程序在执行过程中内存操作顺序的正确性问题。如果软件遵守约定的规则,存储器就能正常工作;反之,存储器就不能保证操作的正确性。

从计算机系统的层次结构看,计算机系统逻辑上是由裸机和不同层次的虚拟机构成的,理论上在不同层次的机器上都可以看到内存模型。一般而言,可以把内存模型分为**软件内存模型**(Software Memory Model)和**硬件内存模型**(Hardware Memory Model)。

软件内存模型就是程序员和编程语言及其运行环境之间的一套协议,编程语言会规定一套规则来说明什么情况下会对代码进行重排序,并且提供一些机制能够让程序员对这些与指令执行顺序相关的操作进行控制。例如 C++ 语言和 Java 语言的规范中分别定义了各自的内存模型。

下面要重点讨论的是硬件内存模型。硬件内存模型是处理器架构层次的内存一致性模型,可以理解为硬件与软件之间的一套协议。此处的硬件主要是指处理器。每个处理器体系架构都有其内存重排序的规则。硬件内存模型可以确定性地指出,一段给定的程序源代码在经过特定的编译器工具链处理后在特定的处理器上运行时,处理器会对机器代码序列进行何种内存操作重排序。

由于内存模型的多样性和多层次性,不同语境下的某种内存一致性模型的含义未必完全相同。广义上,内存一致性可以根据其对访存顺序重排序容忍的程度分类为强一致性和弱一致性。相对而言,能够保证所有处理器或进程对数据的读写顺序都保持一致的一致性内存模型属于**强一致性内存模型**(Strong Consistency Memory Model),而不能保证这一点的一致性内存模型则属于**弱一致性内存模型**(Weak Consistency Memory Model)。

1) 顺序一致性内存模型(Sequential Consistency Memory Model)

顺序一致性内存模型能够保证任何程序的执行结果与所有处理器按照某种顺序依次执行相同,并且单独看其中的某个处理器,其执行顺序是依赖于其程序顺序的。也就是说,遵从顺序一致性模型的系统可以确保每个处理器的执行顺序是按照执行时的二进制机器指令的顺序来执行的,而所有其他处理器看到的该处理器的执行顺序跟其实际执行的顺序相同。换言之,处理器会按照程序流中出现的指令顺序来执行所有的 load(加载)和 store(存储)操作,从主存储器和处理器的角度来看,load 和 store 指令严格按顺序对主存储器进行访问。

可见,这种顺序一致性内存模型让所有程序能够依照一种有序的执行顺序执行,程序员并不需要特别关心内存重排序问题,而是由处理器保证执行顺序,是非常直观简单的强一致性内存模型,有时也称为**强排序模型**。但是,这种模型的效率低下,因为该模型不允许处理器为了提升并行性而乱序执行程序。因此,在现代高性能处理器架构中,硬件实现的顺序一致性内存模型通常并不适用。

因此,通常在设计处理器的内存模型时会把顺序一致性内存模型作为一个理论参考模型,对顺序一致性内存模型做某种程度的放宽,以便给处理器和编译器优化提供一定空间。

最典型的放宽是对不同的加载和存储操作组合顺序的重排序操作的放宽,即当两个操作之间不存在数据依赖关系时,是否允许对以下操作组合重排序:加载之后的加载重排序(Loads Reordered After Loads)、存储之后的加载重排序(Loads Reordered After Stores)、存储之后的存储重排序(Stores Reordered After Stores)和加载之后的存储重排序(Stores Reordered After Loads)。由于现代存储系统的多层次特性,从同一个处理器发出的多次读、写操作指令的实际执行时间是不同的,因而乱序执行的地址不相关指令的执行顺序与感知顺序可能不同。

2)全存储排序内存模型

如果在顺序一致性模型的基础上放宽程序中的写-读操作的顺序,也即允许对先写后读操作进行乱序执行,使写操作的实际完成时间晚于后续的读操作,就称为全存储排序(Total Store Ordering,TSO)内存模型。这种情况一般出现在处理器中增加了写缓冲区(Write Buffer,或称 Store Buffer)的情况下。

如图 1.11 所示的多核系统多级存储器架构,写缓冲区是加在每个处理器与其 Cache 之间的 store 指令缓冲,其作用是临时保存写入的数据,使得处理器可以快速完成写操作而不用等待存储器的响应。写缓冲区可以降低处理器因写入数据而产生的延迟时间,保证指令流水线不因写操作延迟而断流。进一步,通过类似 Cache 写回(Copy-Back)方式以批处理模式刷新写缓冲区,并合并写缓冲区中对同一内存地址的多次写操作,可以减少对总线的占用。有了写缓冲区之后,某个处理器执行 store 指令时可以将其写操作简单记录在其写缓冲区中并继续执行后续指令,直到必要时才把写缓冲区中保存的数据真正写入 Cache 中。

但是,由于写缓冲区的存在,也使得处理器看到的写操作完成时间与数据真正被写入内存单元的时间存在差异,导致从处理器角度已经"执行完毕"(存入写缓冲区)的 store 指令并未马上取得写入的效果,从而与后续可能存在的 load 指令之间产生乱序执行。而且,每个处理器上的写缓冲区是私有的,仅对该处理器可见,有可能造成多核之间的一致性问题。

在图 1.11 所示的架构中,如果处理器采用顺序一致性内存模型,只要在 CPU 0 和 CPU 1 这两个处理器上运行的程序本身的顺序是合理的,就不会因为处理器乱序执行造成数据不一致。但在全存储排序模型中,如果 CPU 0 的程序顺序是首先执行一条写指令再执行读操作,并假设被写入的内存单元 Cache 缺失,而被读出的内存单元 Cache 命中,则可能导致数据不一致。这是因为,对处理器 CPU 0 而言,写操作在写入缓冲区之后就已经执行完了,但实际上在读出操作已经执行完成并取得结果时,写入操作的结果可能还没有被存入主存。

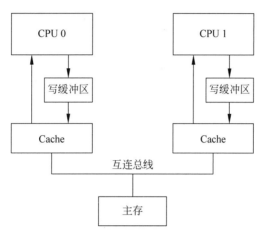

图 1.11　多核系统多级存储器架构

由于全存储排序模型的处理器只放宽了写-读操作的顺序,但能够保证所有的 store 指令之间的执行顺序与指令代码顺序一致,故这种内存模型称为全存储排序内存模型。

3）部分存储排序内存模型

在全存储排序内存模型的基础上进一步放宽写-写操作的顺序,就变为部分存储排序（Partial Store Order,PSO）内存模型。在这种模型中,向存储缓冲区中写入的指令如果存在地址相关性,仍然能够保证顺序执行,但不存在相关性的写-写操作指令则允许乱序执行。

仍以图 1.11 为例,如果在某个处理器上连续执行两次地址不相关的写操作,第一次的写操作 Cache 缺失而第二次写操作 Cache 命中,则在部分存储排序内存模型中,两次写操作都会首先把数据存入写缓冲区,但第二次写操作指令会先执行完毕,而第一次写操作指令会等到 Cache 被填充数据后才会执行完毕,因而存在数据不一致的风险。

4）宽松内存顺序内存模型

如果把读-写和读-读操作的顺序也进一步放宽,就变为宽松内存顺序（Relaxed Memory Order,RMO）内存模型,即只要是地址无关的指令,无论是部分存储排序内存模型已经放宽的写-读（store-load）操作和写-写（store-store）操作,还是读-读（load-

load)操作和读-写(load-store)操作,都允许乱序执行。

由此可见,顺序一致性、全存储排序、部分存储排序和宽松内存顺序这几种内存模型的硬件在确保访存顺序一致性方面是由强至弱逐渐降低的。强一致性内存模型能更好地保证程序逻辑不被乱序执行造成的潜在风险破坏,但随之而来的是性能提升的限制,因为强行禁止乱序执行在大多数情况下是没有必要的。而弱一致性内存模型授予处理器更多的权限以通过乱序执行提升系统性能,但是处理器硬件本身无法保证的多核一致性责任就必须由程序员(特别是系统程序员)承担。

不同处理器体系结构所使用的内存模型或多或少可能不同,因此很难严格定义某种处理器属于强一致性内存模型还是弱一致性内存模型。按照处理器支持访存重排序的程度,可以对几种主流的处理器架构的内存模型进行大致分类:

(1) 早期 DEC 公司的 64 位 Alpha 服务器处理器属于比较严格的硬件弱内存模型。

(2) 类似 PowerPC、ARM 和安腾(Itanium)这样的处理器架构也被认为属于**弱内存排序**(Weak Memory Ordering,WMO)的内存模型。虽然这三者的内存模型不完全相同,但是都比 Alpha 处理器增加了维护数据依赖性顺序的支持,也即前者的处理器不会对存在数据依赖关系的指令重排序。

(3) 在个人计算机和服务器领域应用广泛的 Intel 64(x86-x64)架构使用**过程一致性**(Process Consistency)内存模型。这种内存模型基本上属于强一致性顺序内存模型,当某个处理器执行一系列顺序的写操作时,其他所有的处理器看到存储器中数据改变的顺序都和数据写入的顺序一致。

(4) 有些处理器架构支持多种内存一致性模型。例如 RISC-V 处理器默认的内存模型为弱内存排序模型,但可以选择使用全存储排序内存模型。

3. 内存屏障指令

遵循弱一致性内存模型的处理器打开了指令乱序执行的阀门,虽然乱序执行不一定造成数据一致性问题,但是处理器无法确切获知在何种情况下乱序执行会造成不良后果。因此,这类处理器通常会提供若干内存屏障指令(Memory-Barrier Instructions),支持程序员在指令序列中显式说明访存顺序的依赖关系。

内存屏障指令能够确保处理器在内存访问上遵循特定的顺序,也即一个内存屏障指令之前的访存操作必定比内存屏障指令之后的访存操作先完成。

下面以 Power 和 PowerPC 处理器包含的三条同步(Synchronization)指令为例说明如何利用内存屏障指令实现同步操作。下面的实例关注输入/输出同步控制场景,其原理也同样适用于多核处理器之间的同步。

(1) 输入/输出控制指令 eieio

eieio 指令的指令助记符读起来朗朗上口,其含义是强制按顺序执行输入/输出操作(Enforce In-Order Execution of I/O)，也即在前面的所有 load 和 store 指令执行完毕之后再开始执行后续的 load 和 store 指令。这条指令对访问输入/输出设备的 load 和 store 指令提供了排序功能。

看下面这段向外设发送两次数据的代码。其中，TDR 代表处于内存空间的发送数据缓冲器；而 TDRE 表示映射到另一个内存地址的状态寄存器中的一个状态位，其取值为 1 表明发送缓冲器为空，取值为 0 表明发送缓冲器不空。

```
1. while (TDRE == 0);
2. TDR = char1;
3. while (TDRE == 0);
4. TDR = char2;
```

显然，这段代码实现了两次字符输出操作，即当发送缓冲器空时送出字符 char1，然后等到发送缓冲器再次为空时送出字符 char2。对处理器而言，第 1 行和第 3 行的读状态寄存器语句都需要使用 load 指令，而第 2 行和第 4 行的送出字符语句需要使用 store 指令。

为了提升程序运行效率，处理器可能会在必要时启动写后读乱序执行，也即把第 2 行的写操作和第 3 行的读操作顺序打乱，先于第 2 行执行第 3 行的指令。最后实际的效果是，处理器执行了连续两次读状态操作，紧跟着执行了两次写数据操作。这显然不是程序本身想要的结果。

而增加 eieio 指令则可以阻止这种乱序执行：

```
1. while (TDRE == 0);
2. TDR = char1;
3. asm (" eieio");
4. while (TDRE == 0);
5. TDR = char2;
```

增加了 eieio 指令之后，处理器会被强制在执行完第 2 行的写指令之后再执行第 4 行的读指令，从而确保程序执行不会造成顺序错误。

（2）同步指令 sync

sync 指令的功能是等待所有前序操作执行完毕。

在 PowerPC 架构中定义了执行同步（Execution Synchronizing）的概念，其含义是：如果某条指令 i 导致指令分发暂停，并且只有当正在执行的所有指令都已经执行完成并报告了触发的异常时，指令 i 才算执行完毕。

而 sync 指令除了满足执行同步指令的条件外，还会等待所有被挂起的内存访问结束，并且发出一个地址广播周期。可见，执行这条指令的性能代价是很大的。

一个实际的例子是在让处理器进入低功耗模式时使用 sync 指令。让处理器进入低功耗模式需要通过向系统寄存器写入参数实现，并且会引起处理器状态的改变。而进入低功耗模式之前,应该让所有前序指令执行完毕,而且在这条写入指令执行完毕之前,后续的指令不应该开始执行,除非系统又脱离低功耗模式。

因此,在执行进入低功耗的写操作指令之前应该首先执行一条 sync 指令,并且在进入低功耗之后还应再次执行 sync 指令。这一操作的伪代码如下:

```
1. asm(" sync");
2. //进入低功耗模式
3. asm(" sync");
```

(3)同步指令 isync

isync 指令覆盖了 sync 指令的功能,并且在等待所有前序指令执行完毕的同时还清空指令队列,也即按照新的处理器上下文重新加载指令队列。处理器把这种指令的操作称为指令上下文同步(Instruction Context Synchronizing)。系统调用指令、中断返回指令都需要指令上下文同步。

举例而言,当使用写操作指令激活指令 Cache 时,指令队列中可能已经存在若干指令了,此时先执行 isync 指令就会让后续指令进入指令 Cache。

此外,Power 处理器还有两条专用于多处理器间共享资源同步指令 lwarx 和 stwcx。

每种处理器架构都有其自身定义的内存屏障指令,以支持其内存一致性模型。这对需要在不同平台之间迁移程序是个挑战。而且类似 Java 语言这样的软件开发环境往往限制程序员直接使用内存屏障,而是要求程序员使用互斥原语实现同步访问。

1.3.3 服务器虚拟化技术

1. 虚拟化的概念

虚拟化(Virtualization)是近年来随着云计算等应用场景的普及而发展起来的提高信息系统效率的一项关键技术。虚拟化的本质是把资源抽象化,从逻辑角度对资源进行配置,通过隐藏特定计算平台的物理特性为用户提供抽象、统一、虚拟的计算环境,使其不受物理限制的约束。对用户而言,虚拟化技术实现了软件与硬件资源的分离:用户不需要考虑具体硬件实现,而只需要在虚拟环境中运行其系统和软件;而运行在虚拟环境中的系统和软件也并不需要关心真实的物理平台,从而实现计算机系统的不同层次之间的透明。例如,一台支持虚拟化的计算机可以向上层软件虚拟出多台相互独立的计算机,对上层软件和用户而言,每台计算机看似都有其独有的处理器、存储系统和外部设备等物理资源。

因此,虚拟化技术的实质是一种资源管理技术,通过对硬件设备的抽象创建虚拟的计算机资源,将物理资源抽象为逻辑上可以管理的资源,以打破物理结构间的壁垒。计算机系统的下层软硬件模块向上层模块提供与其所期待的运行环境完全一致的接口和方法,从而抽象出虚拟的运行环境,使上层软件可以直接运行在虚拟机环境上,而不需要关心实际的物理资源配置。

在虚拟化系统中,物理资源通常被称为**宿主**(Host),而虚拟出来的资源被称为**客户**(Guest)。

虚拟化的核心就是**虚拟机**(Virtual Machine,VM)。在虚拟化技术中,虚拟机是一个严密隔离的软件容器,容器中容纳了一个操作系统和多个应用。同一系统中的每个虚拟机都是相互独立和完全隔离的,因此一台计算机上可以有很多虚拟机同时运行。

虚拟化软件提供的虚拟化层处于硬件平台和客户操作系统之间,这一实现虚拟化的软件层一般被称为**虚拟机管理器**(Virtual Machine Manager,VMM)、**虚拟机监视器**(Virtual Machine Monitor,VMM)或虚拟机软件(Virtual Machine Software,VMS),负责将虚拟机与物理主机分离开来,对虚拟机提供硬件资源抽象,为客户操作系统提供运行环境,并根据需要为每个虚拟机动态分配计算资源。在很多系统中,具备VMM 功能的软件被称为 Hypervisor(虚拟机管理器或虚拟化平台),实现对硬件资源的抽象与资源的分配、调度和管理,以及虚拟机与宿主操作系统及多个虚拟机之间的隔离功能等。

按应用领域的不同,虚拟化技术可以实现服务器虚拟化、存储虚拟化、平台虚拟化、桌面虚拟化、网络虚拟化、CPU 虚拟化、文件虚拟化等,从而抽象出虚拟化桌面、虚拟化服务器、虚拟化存储和虚拟化操作系统等各类资源。而所有这些通过虚拟化技术抽象出的虚拟化资源都能和物理资源一样被有效地应用于业务运营。

按实现层次划分,可以把虚拟化技术划分为硬件虚拟化、操作系统虚拟化和指令集虚拟化等不同层次。

1) 硬件虚拟化

硬件虚拟化是指用软件虚拟出标准计算机的硬件资源,例如 CPU、内存储器、硬盘和外部设备等,即通过硬件抽象层实现虚拟机,虚拟裸机向客户操作系统呈现和物理硬件相似的硬件接口。

2) 操作系统虚拟化

操作系统虚拟化是指操作系统的内核向上提供多个相互隔离的用户态实例,各个实例各自有自己独立的文件系统、网络系统和系统设置、库函数等,又称为**容器虚拟化**。操作系统虚拟化可以以一个系统为母体克隆出多个系统实例。

3) 指令集虚拟化

指令集虚拟化是指由虚拟机的运行时(Runtime)系统将某种处理器的执行代码或者某种中间代码动态翻译成其他处理器或架构上的机器语言代码执行,从而在不同硬件和操作系统上运行程序的技术。这种技术最常见的应用方式就是 Java 语言的运行环境——Java 虚拟机(Java Virtual Machine,JVM)。

可以看出,这种通过纯软件模拟实现各种不同处理器架构的指令集的虚拟化技术类似于在交叉调试时使用的指令集模拟器技术,其优点是可以完全模拟出所需要的硬件架构的功能特性,但其缺点是实现复杂、性能差。

2．服务器虚拟化技术的优势

服务器虚拟化架构能够在特定的物理服务器宿主上以客户身份运行多个服务器操作系统。在虚拟化后的计算机系统中,服务器软件与物理计算机被隔离开,用户看到的服务器实际上是与物理资源分离的虚拟机。从服务器客户操作系统和用户的角度看,服务器运行于专属的计算机资源之上,而真实的场景是服务器运行在服务器硬件的虚拟机上。服务器虚拟化技术为虚拟机上运行的服务器提供能够支持其运行的虚拟 BIOS、处理器、内存、输入/输出设备等抽象资源。

服务器虚拟化是云计算的基础,其最大好处是能够更充分地利用信息技术资源。在不采用服务器虚拟化技术的场景中,同一数据中心内的硬件资源利用不足和过度利用的情况都会普遍出现。传统的运行模式是为每一项业务应用部署一台单独的服务器,服务器的配置通常是针对业务的峰值需求而不是平均工作负载确定的,因而服务器在大部分时间内处于空闲或利用率不足状态。而采用虚拟化技术之后,同一台物理服务器可以运行多个服务器操作系统和配置,数据中心也可以根据负载情况在不同虚拟机之间迁移工作负载,从而进一步提高硬件资源的利用效率。

更进一步,现代的虚拟化技术会将众多的物理资源组织成一个庞大的、计算能力强大的资源池,再将这个资源池虚拟成多个独立的共享资源的计算机系统,并动态调度资源,从而最大限度地平衡不同业务的资源需求,减小物理服务器规模,达到资源利用率的最大化。

服务器虚拟化也给服务器管理提供了便捷的平台。借助服务器虚拟化厂商提供的功能强大的虚拟化环境管理工具,管理员可以通过复制等方式轻松地将封装好的操作系统和应用程序部署到虚拟机上,显著提高了应用部署效率。相应地,系统备份也可以通过复制虚拟机镜像文件的方式进行,并在需要时方便地恢复或迁移虚拟机,减少故障宕机时间,提高业务服务水平,使系统可用性明显提高。由于实现了虚拟机与物理机的隔离,应用程序与底层物理硬件不直接打交道,应用的兼容性也得以提高。

服务器虚拟化也有助于降低运营成本。在虚拟化服务器上,应用程序的管理员不再需要和物理服务器直接打交道,只需关注对应用程序的管理,管理工作分工更明确,应用管理工作大大简化。服务器虚拟化可以根据业务需要,弹性提供资源,物理机的管理员则可以根据服务器的工作负载状况动态调整物理机配置,关闭不必要的物理服务器,降低机房的整体功耗。

3．服务器虚拟化的特征

服务器虚拟化的特征可以概括为以下几点。

（1）封装：服务器虚拟化按虚拟机的颗粒度封装虚拟机的运行环境，将整个系统中的硬件配置、操作系统以及应用等完整的虚拟机环境封装保存在文件中，保存、部署、备份、复制和恢复都非常方便和迅速。为应用程序提供的标准化虚拟硬件也可以保证兼容性。

（2）隔离：虚拟化的服务器上的每个虚拟机都与宿主机和同一个服务器上的其他虚拟机完全隔离。某一个虚拟机受到攻击或出现故障不会影响其他虚拟机，各个虚拟机之间也不会出现数据泄露等安全性问题。运行在不同虚拟机上的应用程序只能通过网络连接进行通信。与运行在同一操作系统中的多任务方式相比，虚拟机上的每个应用程序可以在自己的客户操作系统中独立运行，不会影响其他应用程序。而且，应用执行环境简单，系统可以快速从备份中恢复，大大提高了工作效率，降低了总体投资成本。

（3）硬件无关性：通过虚拟化技术在真实硬件之上模拟出应用程序所需的硬件资源，使得应用和具体硬件的关联性大大降低。通过动态迁移技术更可以将处于运行状态的虚拟机无缝地迁移到其他服务器上运行。

（4）可控和高效：由于虚拟机完全兼容标准的操作系统及其上的硬件驱动程序和应用程序，因而可以非常方便地在一个物理系统中运行多个操作系统实例，使得硬件资源的利用率更高。通过多态硬件服务器组成的集群资源池，可以将计算资源以可控的方式分配给虚拟机。例如可以根据负载动态启用或关闭服务器，或者在可扩展架构中将服务器整合到虚拟机中。由于虚拟化技术对系统资源进行了整合，给系统升级和管理提供了方便，无须像传统独立服务器那样对每个资源单独进行烦琐的安装、定制、升级和维护等操作，节省了大量的人力和物力。

4. 服务器虚拟化的实现方式

服务器的虚拟化可以通过以下方式实现。

1）完全虚拟化

完全虚拟化（Full Virtualization）是早期在没有硬件对虚拟化提供支持时基于纯软件实现的虚拟化，借助虚拟机管理器软件完整模拟物理硬件环境，在虚拟服务器和底层硬件之间建立一个抽象层。对宿主机而言，虚拟机管理器就是宿主操作系统，在由虚拟机管理器管理的虚拟服务器上运行的是客户操作系统（Guest Operating System）。

虚拟机管理器可以在客户操作系统和硬件之间捕捉和处理对虚拟化敏感的特权指令，并为访问硬件控制器和外设充当中介。因此，现有操作系统几乎无须改动就能安装到虚拟服务器上运行，并且客户操作系统完全察觉不到虚拟机的存在。

虽然软件实现的完全虚拟化方式的兼容性非常好，但由于完全依赖于软件，因而很难在架构上保证其完整性。软件实现的完全虚拟化方式的主要缺点在于虚拟机管理器模拟底层硬件系统的开销较大，导致虚拟机运行效率明显低于物理机，对系统性能的影响较大。

2）准虚拟化/半虚拟化/类虚拟化

为了解决依靠纯软件支持的完全虚拟化对物理处理器的负担,可以通过改动客户操作系统的方式在客户操作系统中集成虚拟化支持代码,令客户操作系统与虚拟机管理器协同工作,这种方法称为准虚拟化、半虚拟化或类虚拟化(Para-virtualization)。

准虚拟化技术也利用虚拟机管理器实现对底层硬件的共享访问,客户操作系统运行于虚拟机管理器之上。由于客户操作系统集成了与虚拟化有关的代码,因而可以更好地配合虚拟机管理器实现虚拟化。准虚拟化方式的虚拟机管理器软件只对底层硬件进行部分模拟,虚拟机在运行时可减少在用户模式和特权模式之间的切换次数,从而降低运行时的开销。因而准虚拟化方式的优点是性能较优异。

3）硬件辅助虚拟化

硬件辅助虚拟化技术并不是一个独立的类别,而是用于对完全虚拟化和准虚拟化技术的优化支撑。

基于软件与硬件的逻辑等价关系,硬件替代软件实现虚拟化的部分功能可以显著提升系统性能,引入硬件支持后的虚拟机可以更接近物理机的速度。硬件辅助虚拟化(Hardware-Assisted Virtualization)就是在处理器、内存储器控制部件以及输入/输出设备等硬件中加入专门针对虚拟化的支持,以简化虚拟化软件的实现,提高虚拟化的效率。在硬件辅助虚拟化方式中,硬件提供的虚拟化功能支持可以截获操作系统执行的虚拟化敏感指令或者对敏感资源的访问,并通过异常的方式报告给虚拟机管理器。

英特尔虚拟化技术(Intel Virtualization Technology,IVT)和 AMD 虚拟化(AMD Virtualization,AMD-V)是硬件辅助虚拟化技术在 CISC 架构上的实现。

在服务器虚拟化技术中,必须对处理器、内存储器和输入/输出设备这三类硬件资源进行虚拟化。因此硬件辅助虚拟化也需要提供对这三类硬件的虚拟化支持。支持虚拟化技术的处理器中会加入新的处理器运行模式和指令集,以实现处理器虚拟化的相关功能。内存虚拟化则由内存虚拟化管理部件统一管理物理内存单元,并实现逻辑内存与机器物理内存之间的映射。输入/输出设备虚拟化则把真实的物理设备包装成多个虚拟设备交付给多台虚拟机使用,由虚拟化管理器响应每个虚拟机的设备输入/输出请求。

4）操作系统层虚拟化

操作系统层虚拟化(Operating System-Level Virtualization)技术也被称为**容器化**(Containerization)技术,是指在操作系统层面增添虚拟服务器功能的方式。在这种技术中,一般要求所有虚拟服务器运行同一操作系统,宿主机的操作系统本身负责在多个虚拟服务器之间分配硬件资源,并在各个虚拟机之间实现隔离。

在操作系统层虚拟化架构中没有独立的虚拟机管理层软件,而是将操作系统内核虚拟化,允许用户空间的软件实例被分割成几个独立的单元在内核中运行。这些软件实例就是**容器**（Containers）。

操作系统层虚拟化之后，可以实现软件的动态迁移，允许一个软件容器中的实例即时迁移到另一个操作系统下运行。软件即时迁移只能在同样的操作系统下进行。容器的弹性也可以支持对资源需求的动态调整。

操作系统层虚拟化占用的服务器空间少，系统引导快。虽然操作系统层虚拟化的灵活性较差，但系统性能较高。而所有虚拟服务器使用单一、标准的操作系统也便于对整个系统进行管理。

5. 虚拟机管理器的典型架构

图 1.12 比较了虚拟机管理器的两种典型架构。

(a) 类型 1：原生/裸金属虚拟机管理器　　　　(b) 类型 2：寄居/托管虚拟机管理器

图 1.12　虚拟机管理器的两种架构

图 1.12（a）为类型 1 虚拟机管理器，一般称为原生虚拟机管理器（Native Hypervisor）或裸金属虚拟机管理器（Bare-metal Hypervisor）。这种架构的虚拟机管理器直接运行在宿主硬件上并直接控制宿主硬件，同时负责管理客户操作系统（Guest OS）。对宿主服务器而言，客户操作系统相当于在其上运行的进程。这种方式下，虚拟机管理器需要直接访问硬件资源，运行效率较高。

图 1.12（b）为类型 2 虚拟机管理器，一般称为寄居/托管虚拟机管理器（Hosted Hypervisor）。类型 2 虚拟机管理器运行在宿主机上运行的具有虚拟化功能的操作系统之上，相当于操作系统之上的应用程序。这种方式的硬件兼容性更好，因为是操作系统而不是虚拟机管理器提供硬件驱动程序。但由于虚拟机管理器必须通过宿主操作系统才能访问硬件资源，故其运行效率一般较类型 1 更低。

1.3.4　PCI Express 总线

在现代服务器中，广泛使用 PCI Express 总线实现系统级互连，因而 PCI Express

总线在服务器架构中占据着相当重要的地位。PCI Express 总线简称为 **PCIe 总线**，是基于 PCI(Peripheral Component Interconnect，外围部件互连)总线技术发展起来的总线标准，虽然总线的名称有所改变，但这两种总线有着非常密切的关系。相比早期的 ISA 和 EISA 等第一代总线，PCI 总线的传输速度有明显提升。但是计算机系统对传输性能的要求仍在不断提升中，PCI 总线逐渐难以满足高速显卡等高性能传输模块的性能要求。于是，第三代的 PCI Express 总线逐渐取代了 PCI 总线。

1. PCI Express 总线的特点

PCI Express 总线对 PCI 总线有良好的继承性，在系统软件级和应用上兼容 PCI 总线。基于 PCI 总线的系统软件几乎可以不经修改直接移植到 PCI Express 总线系统中。

与 PCI 总线相比，PCI Express 总线的主要改进有如下几点。

1) 高速差分传输

与 PCI 总线使用的单端信号对地传输方式不同，PCI Express 总线改用差分信号进行数据传送，一个信号由 D＋和 D－两根信号线传输，信号接收端通过比较这两个信号的差值判断发送端发送的是逻辑"1"还是逻辑"0"。由于外部干扰噪声将同时附加到 D＋和 D－两根信号线上，因而在理论上并不影响二者的差值，对外界的电磁干扰也比较小。因此差分信号抗干扰的能力更强，可以使用更高的总线频率。

PCI Express 总线还引入了嵌入时钟技术，发送端不向接收端传输时钟信号，而是通过 8b/10b 或 128b/130b 编码将时钟信息嵌入数据信号中，接收端可以从数据中恢复出时钟。

2) 串行传输

由于并行传输方式使用更多的信号线进行传输，因而理论上并行传输的速率比串行传输更高。但是并行总线通常需要在系统底板上进行复杂的走线，随着信号传输速度的提高，不同长度或在 PCB 板不同层布放的导线引起的定时偏差的影响和并行导线之间存在的相互干扰变得越来越严重，限制了信号传输的最高速率。而串行传输方式在每个方向只有一个差分信号，且时钟信息通常可以嵌入在数据信号中，故不会出现定时偏移。因此，串行信号在有些情况下传输速度反而更高。与 USB 总线和 SATA 接口类似，PCI Express 总线也采用串行传输方式替代 PCI 总线的并行传输方式。

3) 全双工端到端连接

与 PCI 的共享总线模式不同，PCI Express 链路使用端到端的数据传送方式，每个通道(Lane)只能连接两个设备，设备之间通过双向的链路相连接，每个传输通道独享带宽。如图 1.13 所示，PCI Express 总线的物理链路的一个通道由两组差分信号组成，发送端的发送器与接收端的接收器通过一对差分信号线连接，接收端的发送器与发送端的接收器通过另外一对差分信号线连接。PCI Express 支持全双工通信，允许在同一时刻同时进行数据发送和接收。

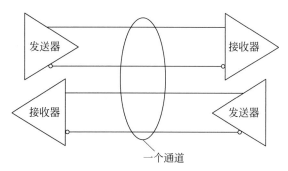

图 1.13 PCI Express 总线通道的物理结构

4）基于多通道的数据传输方式

一个 PCI Express 链路可以由多条通道组成，目前可支持×1、×2、×4、×8、×12、×16 和×32 宽度的 PCI Express 链路。不同的 PCI Express 总线规范所定义的总线频率和链路编码方式并不相同，例如在 PCI Express 1.0 规范中，×1 单通道单向传输带宽可达到 250MB/s。多通道设计增加了灵活性，较慢的设备可以分配较少的通道。

5）基于数据包的传输

作为串行通信总线，PCI Express 所有的数据都是以数据包为单位进行传输的。完整的 PCI Express 体系结构由上到下包括应用层（软件层）、事务层（Transaction Layer）、数据链路层（Data Link Layer）和物理层（Physical Layer）等，通过对等层之间的通信协议实现数据包的传输。

此外，电源管理、服务质量（Quality of Service，QoS）、热插拔支持、数据完整性、错误处理机制等也是 PCI Express 总线所支持的高级特征。

表 1.2 列出了常用的 PCI Express 总线版本 1.0～4.0 的物理层主要差异。

表 1.2 不同版本的 PCI Express 总线物理层差异

指　标	PCI Express 1.0	PCI Express 2.0	PCI Express 3.0	PCI Express 4.0
传输速率（千兆传输/秒）（Giga Transfer per Second，GT/s）	2.5	5	8	16
物理层编码/译码方式	8b/10b	8b/10b	128b/130b	128b/130b
物理层开销占比	20％	20％	1.5625％	1.5625％
有效位率（比特率）	每通道 4Gb/s	每通道 4Gb/s	每通道 7.88Gb/s	每通道 15.75Gb/s

2. PCI Express 总线的组成与拓扑结构

图 1.14 为 PCI Express 总线的拓扑结构实例。可以看出，PCI Express 总线上包括四类实体：根复合体、交换器、PCI Express 桥和端点。

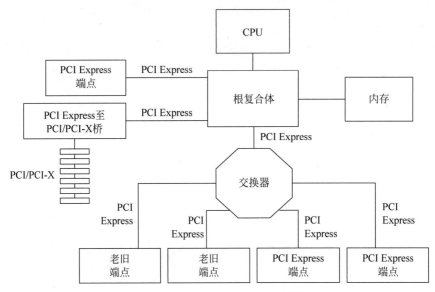

图 1.14　PCI Express 总线的拓扑结构实例

根复合体（Root Complex，RC）是 PCI Express 总线的根控制器，负责将处理器/内存子系统连接至 PCI Express 交换结构。一个根复合体可能包含多个 **PCI Express 端口**（Port），可将多个交换器连接到根复合体或级联的端口。根复合体至少包含一个**主桥**（Host Bridge）、**根端口**（Root Port，RP）或者复合体集成端点。其中，主桥是根复合体内负责处理器与 PCI Express 总线树状拓扑连接的部件；根端口则是根复合体内负责将树状拓扑的一部分映射到相应的虚拟 PCI 到 PCI 桥的 PCI Express 端口。

PCI Express 总线采用基于交换的技术，**交换器**（Switch）是连接两个或者多个端口的部件，可以用于扩展 PCI Express 总线，令分组在不同端口之间进行路由。标准交换器由 1 个上游端口（Upstream Port）和 2 个或多个下游端口（Downstream Port）组成，下游端口连接设备、PCI Express 桥或者下一级交换器。PCI Express 总线系统可以通过交换器连接多个 PCI Express 设备。对软件而言，交换器可以被看作一组虚拟的 PCI 到 PCI 桥。

PCI Express 桥（PCI Express Bridge）负责 PCI Express 和其他总线之间的转换，PCI Express 总线系统可以通过 PCI Express 桥扩展出传统的 PCI 总线或 PCI-X 总线。

在 PCI Express 总线架构中，连接到 PCI Express 总线上的设备被称为端点（Endpoint，EP），如 PCI Express 接口网卡、串口卡、存储卡等。端点处于 PCI Express

总线系统拓扑结构中的最末端,一般作为总线操作的发起者或者终结者。具体而言,端点是作为 PCI Express 事务的请求者(Requester)或完成者(Completer)的一类功能单元(Function)。端点被分类为三种类型:老旧端点(Legacy Endpoint)、PCI Express 端点和根复合体集成端点(Root Complex Integrated Endpoint,RCiEP)[①]。其中,老旧端点是指那些原本准备设计用于 PCI-X 总线但却被改为 PCI Express 接口的设备。

功能单元是 PCI Express 设备中在配置空间内可寻址的实体,例如 USB 控制器、以太网控制器等。功能单元中的配置空间与某个单一功能单元编号相关联,每个功能单元也有其自己的配置地址空间,用于初始化与其相关联的资源。单功能单元设备(Single-Function Device)中只有一个功能单元,而多功能单元设备(Multi-Function Device)则集成了多个功能单元。输入/输出虚拟化规范中还定义了特殊类型的功能单元:物理功能单元(Physical Functions)和虚拟功能单元(Virtual Functions)。

3. PCI Express 总线的层次结构

PCI Express 总线的层次结构如图 1.15 所示。可以看出,PCI Express 总线参考了互联网的分层模型。不同的是,除了应用层由软件实现外,PCI Express 的下层实体都是用硬件实现的。

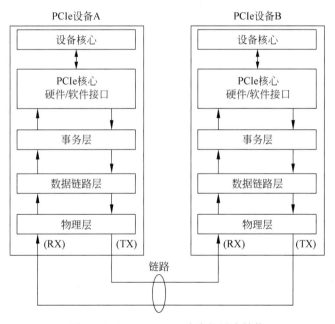

图 1.15　PCI Express 总线的层次结构

---

① 根复合体集成端点已经集成在根复合体中。

图 1.15 中，设备核心（Device Core）一般由根复合体核心逻辑或端点的核心逻辑构成，例如以太网控制器、SCSI 控制器、USB 控制器等。

从功能上看，PCI Express 总线本身的层次架构由事务层、数据链路层和物理层构成，每层又被垂直分为两部分：处理外发流量的发送部分和处理到达流量的接收部分。

PCI Express 总线按照层次结构定义了三种分组格式：**TLP**（Transaction Layer Packet，**事务层分组**）、**DLLP**（Data Link Layer Packet，**数据链路层分组**）、**PLP**（Physical Layer Packet，**物理层分组**）。

TLP 由发送设备的事务层发起，并在接收设备的事务层终结。从设备核心和应用层获取的信息在事务层被封装到 TLP 中，TLP 再被保存至缓冲区等待通过下层实体发送。在数据链路层和物理层，分组被附加上差错校验等必要的信息，然后在物理层经过编码后通过差分链路进行传输。由于 PCI Express 采用端到端连接方式，故链路上传输的分组会被链路对端的接收设备接收。接收设备的物理层将分组译码后通过相反的流程上传信息至高层。数据链路层在检查到分组无差错后进一步转发至事务层。事务层缓冲输入 TLP，并将信息转换为设备核心和应用层可以理解的形式。

DLLP 的传输过程与 TLP 不同的是，分组在直接相连的同一链路的发送器的数据链路层和接收器的数据链路层之间传输，并且不通过交换器，因而 DLLP 不包含路由信息，分组也比 TLP 小。DLLP 的功能是链路管理，包括与 ACK/NAK（ACKnowledge/Negative ACKnowledge，确认/否定确认）协议相关的 TLP 响应、电源管理和流控信息交换等。

类似地，PLP 在物理层实体之间传输，也不经过交换器。

4. PCI Express 总线的拓扑发现

与 PCI 总线相同，PCI Express 总线上的每个功能单元都有一个唯一的标识，通称为 BDF（Bus, Device and Function，总线-设备-功能单元）。该标识与该功能单元所属的设备以及该设备所连接的总线相关，反映了该功能单元在整个总线拓扑结构中的位置。配置软件负责在完整拓扑结构中发现所有的总线、设备和功能单元。

一个系统中的所有 PCI 总线都需分配一个唯一的总线编号。配置软件可以在一个系统中最多分配 256 个总线编号，0 为最初始的总线编号。根复合体由硬件配置为总线 0，总线 0 由一个集成了端点的虚拟 PCI 总线及若干虚拟 PCI 到 PCI 桥构成，硬件为 PCI 到 PCI 桥分配其设备编号和功能单元编号。而每个 PCI 到 PCI 桥都创建了一个新的总线，可以连接 PCI Express 设备。

开始分配总线编号时，配置软件首先从总线 0、设备 0、功能单元 0 开始。每次发现一个总线桥之后，配置软件会为该总线桥扩展出来的总线分配一个后续递增的新总线编号。此后，配置软件先检索新总线上的总线桥，然后再回到当前总线继续检索总线桥。可以看出，这种枚举方式就是"深度优先搜索"方式。

PCI Express 总线是兼容 PCI 总线的架构，单一 PCI 总线上可以挂接 32 个设备。

但由于 PCI Express 总线为点到点连接方式,故在 PCI Express 总线上只能在每个链路上直接挂接一个设备,这个设备始终被编号为设备 0。只有根复合体和交换器上的虚拟 PCI 总线才允许挂接多个设备。

单功能单元设备只有功能单元 0。而多功能单元设备上最多可以集成 8 个功能单元。多功能单元设备也必须配置功能单元 0,但其他功能单元编号并不需要连续。

5. PCI Express 总线的总线事务

PCI Express 总线以数据分组的形式完成设备之间的数据传输。根复合体和端点之间可以相互通信,两个端点之间也可以相互通信。通信通过事务层分组(TLP)进行。

在 PCI Express 总线中,**事务**(Transactions)是指一个或多个传输分组在请求者和完成者之间实现信息传输的操作。PCI Express 的总线事务可以分为 4 类:存储器事务、I/O 事务、配置事务和消息事务。前三种事务是从 PCI 和 PCI-X 体系结构继承下来的,而消息事务是 PCI Express 总线新增的事务种类。

根据事务的交互特性,可以把事务分成**公告事务**(Posted Transaction)和**非公告事务**(Non-Posted Transaction)。

非公告事务的处理流程是分离的传输过程,请求者首先发送一个 TLP 请求分组至完成者,稍后完成者会返回一个 TLP 完成分组至请求者,指明完成者已经接收到请求 TLP。如果是非公告写事务,请求 TLP 中会包含欲写入的数据;如果是非公告读事务,返回的完成 TLP 中包含读出的数据。

公告事务则是最佳传输性能优化的事务。对公告事务,请求者发送一个 TLP 请求分组至完成者,其中可以包含数据,也可以不包含数据,但完成者并不返回完成 TLP 至请求者。因此,请求者对完成者是否成功接收到请求并不知情。

在 PCI Express 总线事务中,请求者的总线编号、设备编号和功能单元编号组合起来可以唯一确定 PCI Express 总线拓扑中的请求者身份,因而这三者的组合称为**请求者标识**(Requester ID)。

类似地,完成者的总线编号、设备编号和功能单元编号组合被称为**完成者标识**(Completer ID),能唯一标识 PCI Express 总线拓扑中对某个请求的完成者。

表 1.3 给出了各种 PCI Express 总线事务的类型及公告属性。

表 1.3　PCI Express 的总线事务类型及公告属性

总线事务类型	公 告 属 性
存储器读	非公告
存储器写	公告
存储器读锁定(Memory Read Lock)	非公告
I/O 读	非公告

续表

总线事务类型	公 告 属 性
I/O 写	非公告
配置读(类型 0 和类型 1)	非公告
配置写(类型 0 和类型 1)	非公告
消息	公告

6. PCI Express 总线的地址空间

从表 1.3 中可以看出,PCI Express 总线的地址空间仍然保留了存储器地址空间、I/O 地址空间和配置地址空间三类,凸显出 PCI Express 总线及 PCI 总线与采用独立 I/O 编址方式的英特尔处理器之间的渊源。为了与 PCI 总线保持兼容,PCI Express 总线仍然支持 I/O 地址空间,但是建议新开发的软件采用 **MMIO**(Memory Mapped I/O,**存储器映射输入/输出**)方式,也即把 I/O 设备中的寄存器和内部存储器都映射到统一的系统内存地址空间中。如果期望与早期的软件兼容,常见的做法是将设备内部寄存器和内部存储器占用的地址空间同时映射到存储器空间和 I/O 空间,新设计的软件使用 MMIO 空间,而老旧软件仍然在 I/O 地址空间工作。

PCI Express 总线可以支持的存储器地址位数最多为 64 位,存储器空间的大小受处理器可寻址空间限制,而 I/O 地址空间大小则被限制到 4GB,也即 32 位地址空间。

MMIO 地址空间又可以分为两类:**P-MMIO**(Prefetchable MMIO,**可预取 MMIO**)空间和 **NP-MMIO**(Non-Prefetchable MMIO,**不可预取 MMIO**)空间。由于对 I/O 空间的寄存器的每次访问可能存在副作用,例如读取某个地址可能导致该地址内容发生变化,因而 MMIO 应该是不允许缓存的。可预取 MMIO 空间是指不存在副作用且允许合并写操作的空间。如果把一个 MMIO 空间的区域定义为可预取属性,则在预期请求者可能会在最近读取更多数据的情况下,允许该区域的数据被提前推断预取,因为读操作并不会产生改变状态的副作用,预取操作有可能提升读操作的性能。PCI 设备可以通过设定其配置空间寄存器的"内存可预取"状态位来指明某地址区域是否可预取。P-MMIO 和 NP-MMIO 的划分主要是为了兼容 PCI 设备,因为 PCI Express 请求中明确包含了每次的传输数据的大小。

7. PCI Express 总线的中断机制

PCI Express 总线支持的中断机制继承自 PCI 总线,并与其保持兼容。因此,PCI Express 总线支持两种中断请求方式:INTx 仿真(INTx Emulation)方式和消息信号中断(MSI/MSI-X)方式。

1) INTx 仿真方式

早期的 PCI 总线采用的中断机制通常被称为传统中断信号线方式(INTx),是利用独立的中断请求信号线向中央中断控制器发送中断请求,每个 PCI 设备支持最多四个 INTx♯ 中断请求信号,即 INTA♯、INTB♯、INTC♯ 和 INTD♯。这种传统中断信号线方式简单实用,一般用于单处理器系统,但是存在较大局限性。

为了保持向后兼容,PCI Express 总线仍支持这种方式,但为了减少引脚数量,INTx♯ 信号不是通过独立信号线传输,而是由 PCI Express 总线桥把 INTx 信号转换为带内 INTx 中断仿真消息分组,通过分组消息传递指明中断请求引脚的信号激活和失效状态。这种消息是发送给根复合体的,通常中断控制器就集成在根复合体内。

2）消息信号中断（MSI/MSI-X）方式

为了降低硬件设计复杂度并减小独立中断请求信号线的副作用,后续的 PCI 总线和 PCI-X 总线支持改进后的消息中断机制,也即消息信号中断 MSI（Message Signaled Interrupts）方式及其扩展版本 MSI-X（MSI eXtented）。

容易混淆的是,MSI/MSI-X 中断机制使用所谓"消息（Message）"方式传递中断请求状态,但是这种消息是相对于传统 INTx 独立信号线的概念,与 PCI Express 总线的 TLP 消息并不是相同的概念。这是因为 MSI/MSI-X 中断消息并不是一种 PCI Express 总线消息事务,而是一种公告存储器写（Posted Memory Write）操作。MSI 写操作的目标地址通常是系统保留给中断机制的,因而可以区分 MSI 消息写操作与其他存储器写操作。

图 1.16 给出了 PCI Express 总线中断机制的一个实例。PCI Express 总线必须至少支持 MSI 和 MSI-X 中的一种。如果系统中的软件不能支持 MSI/MSI-X 机制,仍可以使用 INTx 仿真方式。但一般情况下,不建议新设计的系统采用 INTx 仿真方式。

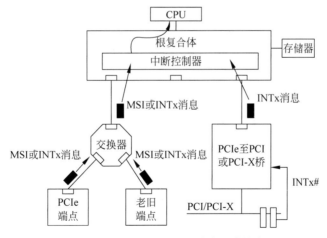

图 1.16　PCI Express 总线中断机制实例

8. PCI Express 总线的差错处理与差错报告

作为一个高可靠性的总线系统,差错检测和报告机制是 PCI Express 总线的重要组成部分。

由于 PCI Express 总线向后兼容 PCI 总线,故而在 PCI 总线规范中定义的差错管理机制仍得以保留。PCI 总线在每个传输阶段检查错误,并将检测到的错误记录在状态寄存器中,可以通过奇偶校验错误引脚 PERR♯(Parity Error)或系统错误引脚 SERR♯(System Error)报告错误。PERR♯引脚通常用于报告数据传输过程中的可恢复奇偶校验错误。而 SERR♯引脚则用于报告较严重的不可恢复错误,例如地址、命令传输过程中的错误,或者多任务传输过程中的数据错误等。PCI Express 总线同样保留了配置寄存器中的差错状态位。

PCI Express 总线的差错报告(Error Reporting)机制允许向 PCI Express 根复合体发送差错消息,根复合体会在收到差错消息后向处理器提出中断请求。PCI Express 总线定义了两个等级的差错报告机制,即必备的基准能力和可选的扩展能力。

所有 PCI Express 总线设备都需要支持的基准能力(Baseline Capability)包含传统的 PCI 总线差错报告机制及基本的 PCI Express 差错报告能力。基准能力支持两组配置寄存器:PCI 总线兼容的寄存器允许软件检查被映射为 PCI 总线差错的 PCI Express 总线差错;而 PCI Express 总线兼容的寄存器则可提供关于 PCI Express 差错的详细信息。

PCI Express 总线设备的功能单元还可以实现可选的支持高级差错控制与报告机制的扩展能力。在 PCI Express 总线规范中定义了 **AER**(Advanced Error Reporting,**高级差错报告**)扩展能力结构(Extended Capability Structure)。AER 是 PCI Express 总线引入的新特性,是一组配置寄存器,在 PCI Express 总线上发生故障时可以通过中断报告故障的详细信息。AER 寄存器可以在更细粒度上精准记录所发生的差错的种类,精确定义每种不可恢复差错的严重程度,识别 PCI Express 拓扑中的差错源,还可以在需要时屏蔽特定类型的差错报告,甚至可以记录引起差错的数据分组的头部信息。这些详尽的信息有助于差错处理软件的差错诊断和差错恢复。

故障报告与处理需要硬件、固件和驱动程序的支持和协同配合。PCI Express 总线 AER 差错处理流程通常采用**固件优先**(Firmware First)处理器制。典型的差错上报操作流程是:PCI Express 总线设备在检测到差错后,通过 AER 机制发送差错上报消息;PCI Express 根复合体提出错误处理中断请求;固件中包含的安全中断处理程序分析并上报差错。

## 第 2 章

ARMv8-A 体系结构

华为海思的鲲鹏(Kunpeng)系列通用计算处理器采用 ARMv8-A 架构。2014 年发布的第一颗 64 位 CPU 鲲鹏 912 处理器片上系统内置 ARM Cortex-A57 处理器内核,2016 年发布的鲲鹏 916 处理器片上系统内置 ARM Cortex-A72 处理器内核。而 2019 年 1 月发布的第三代鲲鹏 920 处理器片上系统则采用华为自研的 TaiShan V110 处理器内核,兼容 ARMv8-A 架构。因此,要理解鲲鹏处理器的架构离不开 ARMv8-A 体系结构。在第 3 章详尽讨论鲲鹏 920 处理器片上系统的体系结构之前,本章先总结 ARMv8-A 架构的核心内容。

2.1 ARMv8-A 处理单元的核心架构

2011 年 11 月,ARM 公司发布首个支持 64 位指令集的新一代 ARMv8 处理器架构,引入了一系列新特性,也成为 ARM 处理器进军服务器处理器市场的技术基础。

ARM 公司从 2013 年起陆续发布了 ARMv8-A 架构的标准文档《ARM 体系结构参考手册 ARMv8:ARMv8-A 架构概述(Arm® Architecture Reference Manual ARMv8, for ARMv8-A Architecture Profile)》,ARM 公司简称该文档为 Arm ARM(以下简称为"ARMv8-A 架构规范"),该文档的最新版本发布于 2020 年 3 月(Issue F. b)。在 ARMv8-A 架构规范及其补充文档中详尽定义了新一代 ARM 处理器的架构。

ARMv8-A 架构属于 64 位处理器架构,向下兼容 ARMv7 架构。ARMv8-A 架构增加的 A64 指令集是全新设计的 64 位指令集。虽然为保持向下兼容,ARMv8-A 架构仍然支持 ARMv7 体系结构的 32 位 A32 指令集(之前被称为"ARM 指令集"),并且保留或扩展了 ARMv7 架构的 TrustZone 技术、虚拟化技术及增强的 SIMD(Neon)技术等所有特性,但 A64 指令集并非是直接在原有 32 位指令集基础上增加了 64 位扩展支持,因为这种简单的扩展方式将导致复杂性提高而且效率低下。当 ARMv8-A 架构的处理器通过全新的 64 位部件执行 64 位指令时,支持 32 位指令集的部件并不工作,因而可以保证处理器在低功耗状态下完成 64 位计算。

ARMv8-A 架构引入了两种**执行状态**(Execution State):**AArch64**(64 位 ARM 体系结构)执行状态支持 A64 指令集,可以在 64 位寄存器中保存地址,并允许指令使用

64 位寄存器进行计算；**AArch32**(32 位 ARM 体系结构)执行状态则保留了与 ARMv7-A 体系结构的向下兼容性,使用 32 位寄存器保存地址,用 32 位寄存器进行计算。AArch32 执行状态支持 **T32 指令集**和 **A32 指令集**,但可以支持 AArch64 状态中包含的某些功能。其中,T32 指令集在 ARMv8 架构之前被称为 Thumb/Thumb-2 指令集,是 32 位和 16 位长度混合的指令集,无对应的 64 位版本。T32 指令集为设计人员提供了出色的代码密度,以降低对系统内存容量的要求并使成本最小化。

新引入的 64 位处理器架构 AArch64 支持 64 位通用寄存器、64 位 SP(堆栈指针)和 64 位 PC(程序计数器),实现了 64 位数据处理和扩展的虚拟地址。不管是 64 位计算模式下的 A64 指令集还是 32 位计算模式下的 A32 指令集,指令长度依然保持 32 位(4 字节)。从程序员角度看,两种类型指令集的本质区别是其工作寄存器的位数不同,A32 指令集使用 32 位工作寄存器,而 A64 指令集则使用 64 位工作寄存器,并使用 64 位计算模式。

AArch64 执行状态和 AArch32 执行状态均支持 SIMD(Single Instruction Multiple Data,单指令流多数据流)和浮点运算指令。在 AArch32 执行状态或 AArch64 执行状态下,增强的 SIMD 指令可以在 SIMD 和浮点寄存器(SIMD&FP Register)文件上操作,浮点运算指令同样也可以在 SIMD 和浮点寄存器文件上操作。在 AArch32 执行状态下,基本指令集(Base Instruction Set,增强的 SIMD 指令和浮点运算指令之外的指令构成的集合)中的 SIMD 指令可以在 32 位通用寄存器上操作。

2.1.1 ARMv8-A 架构的处理器运行模式

1. ARMv8-A 的执行状态

在 ARM 架构中,执行状态定义了处理单元的执行环境,包括其所支持的寄存器宽度、支持的指令集,以及异常模型、虚拟存储系统体系结构和编程模型的主要特征等。

1) AArch64 执行状态

AArch64 为 64 位执行状态,该状态首先表现为支持单一的 A64 指令集的特征。

此外,AArch64 在架构上的一个显著变化是放弃了传统 ARM 处理器的工作模式、特权模式等概念,转而定义了全新的 ARMv8 异常模型,最多含四个**异常等级**(Exception Levels,EL),即 EL0～EL3,构筑了一个异常权限的层次结构。相应地,AArch64 执行状态对每个系统寄存器使用后缀命名,以便指示该寄存器可以被访问的最低异常等级。

AArch64 执行状态支持用 64 位寄存器存储虚拟地址(Virtual Address,VA),系统支持的物理地址长度最高达 48 位或 52 位。更多的地址位数可以让处理器支持的地址范围超出 32 位设备的 4GB 限制,让每个应用都可以拥有自身的超大存储器地址空间。使用更大的地址空间并使用 64 位指针将会减少在 32 位处理器上运行软件时必需的存储器写入和读回操作。

为了支持越来越复杂的软件算法,AArch64 执行状态的通用寄存器的数量增加到 31 个,也即 64 位通用寄存器 X0~X30。其中 X30 被当作过程链接寄存器(Procedure Link Register,PLR)。长度更长的整数寄存器使得操作 64 位数据的代码的运行效率更高。更大的寄存器池也能够显著提升系统性能,例如程序员在按照"ARM 架构过程调用标准(ARM Architecture Procedure Call Standard,AAPCS)"执行函数调用时,如果必须传递多于四个寄存器的参数,可能不再需要使用堆栈。AArch64 执行状态也提供了 32 个 128 位寄存器支持 SIMD 向量和标量浮点操作。

AArch64 架构提供一个 64 位程序计数器 PC(Program Counter)、若干堆栈指针 SP(Stack Pointers)寄存器和若干异常链接寄存器 ELR。

AArch64 架构对程序状态寄存器的改进是定义了一组 PSTATE(Process STATE,处理状态)参数,用于指示处理单元的当前状态。A64 指令集中增加了直接操作 PSTATE 参数的指令。

2) AArch32 执行状态

AArch32 为 32 位执行状态,该状态支持 A32 和 T32 两种指令集。

AArch32 执行状态提供 13 个 32 位通用寄存器和一个 32 位程序计数器 PC、堆栈指针寄存器 SP 及链接寄存器 LR。其中,LR 寄存器同时被用作异常链接寄存器 ELR 和过程链接寄存器 PLR。某些寄存器还配置了若干后备(Banked)实例,用于支持处理单元的不同模式。AArch32 执行状态也提供了 32 个 64 位寄存器用于增强 SIMD 向量和标量浮点运算支持。

AArch32 执行状态提供单一异常链接寄存器 ELR,用于从 Hyp 模式异常返回。

在 AArch32 执行状态下,ARM 同样定义了一组处理状态 PSTATE 参数用于保存处理单元的状态。A32 和 T32 指令集中包含了直接操作各个 PSTATE 参数的指令,以及通过应用程序状态寄存器 APSR(Application Program Status Register)和当前程序状态寄存器 CPSR(Current Program Status Register)访问 PSTATE 参数的指令。

AArch32 执行状态支持 ARMv7-A 基于处理单元模式的异常模型,并将该模型映射为基于异常等级的 ARMv8 异常模型。

AArch32 执行状态支持 32 位虚地址。

在 AArch64 和 AArch32 这两种执行状态之间的相互转换被称为**交互处理**(Interprocessing)。处理单元只有在改变异常等级时才能转换执行状态,这与传统 ARM 处理器从 ARM 指令集转换到 Thumb 指令集的交互操作方式不同。这也意味着应用程序、操作系统内核以及虚拟机管理器(Hypervisor)等在不同异常等级执行的不同层次的软件可以在不同的执行状态执行。

ARMv8-A 架构允许在不同层次等级支持 AArch64 和 AArch32 这两种执行状

态。例如,某个 ARMv8-A 架构的实现可以只支持 AArch64,或者在支持 AArch64 的同时支持在 AArch32 状态运行的操作系统或虚拟机,抑或在支持 AArch64 的同时在应用层(非特权状态)支持 AArch32 执行状态。

由于鲲鹏处理器是面向服务器市场的,而当前市场环境并没有特别需要保持 32 位应用兼容性的需求,故鲲鹏处理器内置的 TaiShan V110 处理器内核仅支持 AArch64 执行状态。本书只重点介绍 AArch64 执行状态。

2. ARMv8-A 架构支持的指令集

ARMv8-A 架构处理器可以使用的指令集依赖于其执行状态。

在 AArch64 执行状态下,ARMv8-A 架构处理器只能使用 A64 指令集,该指令集的所有指令均为 32 位等长指令字。

在 AArch32 执行状态下,可以使用两种指令集:A32 指令集对应 ARMv7 架构及其之前的 ARM 指令集,为 32 位等长指令字结构;T32 指令集则对应 ARMv7 架构及其之前的 Thumb/Thumb-2 指令集,使用 16 位和 32 位可变长指令字结构。AArch32 执行状态下的指令集状态决定处理单元当前执行的指令集。在 ARMv8-A 架构下,A32 指令集和 T32 指令集均有扩展。

为了提升新增加的 A64 指令集的性能,ARMv8-A 架构做了诸多改进。为了在指令字中给 64 位指令提供连续的位字段存放操作数和立即数,并且简化指令译码器的设计,A32 指令集和 A64 指令集使用了不同的指令译码表。单独的指令译码表也便于实现更多更先进的分支预测技术。

作为精简指令集计算机(RISC)架构的代表,ARMv8-A 架构当然不会放弃"精简"这一指导思想。新的 A64 指令集放弃了之前的 ARMv7 架构支持的多寄存器加载/存储(LoaD Multiple/STore Multiple,LDM/STM)指令,因为这类指令复杂度高,不利于设计高效的处理器存储系统。A64 指令集也保留了更少的条件执行指令,同样是因为这类指令的实现复杂度高,且好处并不明显。因此,A64 指令集的大部分指令都不再是条件执行指令。

此外,ARMv8-A 架构将硬件浮点运算器设计为必需的部件,因而软件不需要检查浮点运算器是否可用。对软件而言,这保证了底层硬件的一致性。

ARMv8-A 架构的指令集支持 SIMD 和标量浮点运算指令。SIMD 数据引擎指令集是基本体系结构的一部分,并且为支持 64 位指令集而做了专门修订。SIMD 指令引入了对双精度浮点数据处理的支持,以便更好地支持最新的 IEEE 754-2008 标准的算法。

A64 指令集从功能上与传统的 A32 指令集和 T32 指令集相似。其指令格式也与 A32 和 T32 相似。例如,下面的指令可以实现"寄存器-寄存器-寄存器"寻址的三操作数 64 位加法运算,也即将 X1+X2 的结果送至 X0:

```
ADD X0, X1, X2
```

　　类似地,下面的指令实现"寄存器-寄存器-寄存器"寻址的三操作数 32 位加法运算,也即将 W1+W2 的结果送至 W0:

```
ADD W0, W1, W2
```

3. ARMv8-A 支持的数据类型

　　除了 32 位架构已经支持的 8 位的字节数据类型、16 位的半字数据类型、32 位的字数据类型和 64 位的双字数据类型外,ARMv8-A 架构还支持 128 位的四字(Quadword)数据类型。

　　此外,浮点数据类型也有扩展,共有三种:半精度(Half-precision)浮点数据、单精度(Single-precision)浮点数据、双精度(Double-precision)浮点数据。

　　ARMv8-A 架构也支持字型和双字型定点数和向量类型。向量数据由多个相同类型的数据组合而成。A64 架构支持两种类型的向量数据处理:其一是增强 SIMD(Advanced SIMD),也就是 Neon;其二是 SVE(Scalable Vector Extension,可伸缩向量扩展)。

　　在 ARMv8-A 架构中,寄存器文件被分成通用寄存器文件和 SIMD 与浮点寄存器文件。这两种寄存器文件的寄存器宽度依赖于处理单元所处的执行状态。

　　在 AArch64 状态,通用寄存器组包含 64 位通用寄存器,指令可以选择以 64 位宽度访问这些寄存器,也可以选择以 32 位宽度访问这些寄存器的低 32 位。而 SIMD 与浮点寄存器组则包含 128 位寄存器,四字整型数据类型和浮点数据类型仅用于 SIMD 与浮点寄存器文件。AArch64 的向量寄存器支持 128 位向量,但是其有效宽度可以是 128 位,也可以是 64 位,取决于所执行的 A64 指令。

　　在 AArch32 状态,通用寄存器组包含 32 位通用寄存器,两个 32 位寄存器可以组合起来支持双字类型数据,32 位通用寄存器也可以支持向量格式。SIMD 与浮点寄存器组包含 64 位寄存器,但 AArch32 状态不支持四字整型数据类型和浮点数据类型。两个连续的 64 位寄存器可以组合成 128 位寄存器。

4. ARMv8-A 的异常等级与安全模型

　　现代处理器的软件通常都被划分为不同模块,每个模块会被赋予访问处理器资源和系统资源的不同权限。最常见的情况是,操作系统内核比应用程序具有更高的系统资源访问权限,而应用程序修改系统配置的权力是受限的。

　　ARMv8-A 架构支持多级执行权限。由于程序的执行权限只有在异常处理时才能够改变,所以不同的执行权限等级由 EL0~EL3 的四个异常等级标识。异常等级的数字越大,软件的执行权限也越高。

　　EL0 是最低权限等级,通常也称为非特权(Unprivileged)等级,在该等级执行程序被称为**非特权执行**(Unprivileged Execution)。以此相对应,EL1~EL3 都属于特权等级,在这些异常等级执行程序被称为**特权执行**。

EL2 异常等级提供了虚拟化(Virtualization)支持。

为了更好地支持对权限的管理,ARMv8-A 架构在 ARMv7 安全扩展的基础上新增了安全模型(Security Model),以支持安全相关的应用需求。ARMv8-A 架构设置了两个**安全状态等级**:安全(Secure)状态和非安全(Non-Secure)状态。每个安全状态都有相应的物理存储器地址空间,因而不同安全状态下可以访问的物理地址空间是不同的:处于安全状态的处理单元可以访问安全物理地址空间和非安全物理地址空间;而处于非安全状态的处理单元仅能访问非安全物理地址空间,并且不能访问安全系统控制的资源。

EL3 异常等级支持在"安全状态"和"非安全状态"这两个状态之间切换。

虽然每个程序使用哪一个异常等级并不是由 ARMv8-A 架构约定的,但异常等级有典型的应用模型:EL0 异常等级通常用于运行应用程序;EL1 异常等级通常用于操作系统及需要特权才能实现的功能;EL2 异常等级通常用于支持虚拟化操作,运行虚拟机管理器(Hypervisor);EL3 异常等级通常用于底层固件或者安全相关的代码,例如运行安全监控程序(Secure Monitor)。

一般而言,程序的权限主要涉及两个方面:一是存储系统的访问权限,二是访问处理器资源的权限。二者都与当前的异常等级密切相关。

ARMv8-A 架构的虚拟存储器是由存储管理单元(MMU)负责管理的。存储管理单元支持软件对存储器的某个特定区域赋予属性,例如读/写权限的组合。而特权等级和非特权等级可以被分别赋予不同的访问配置。当处理单元在 EL0 异常等级运行时,将会依据非特权访问许可的权限检查其访问存储器的请求。而当处理单元在 EL1、EL2 和 EL3 异常等级运行时,将会依据特权访问许可的权限检查其访问存储器的请求。因此,软件需要合理地通过存储管理单元配置相关存储区域的访问权限,而修改存储管理单元配置需要用到系统寄存器的访问权限,这也受到当前的异常等级的限制。

而且,异常等级还存在于特定的安全状态下。程序可以访问的资源同时受到异常等级和安全状态的制约。在某个异常等级执行程序时,处理单元可以访问当前异常等级和当前安全状态组合下可用的资源,也可以访问所有更低异常等级可用的资源,前提是这些资源在当前安全状态下可用。因此,如果程序在 EL3 异常等级执行,处理单元无论在哪个安全状态下都可以访问所有异常等级可用的资源。

除 EL0 异常等级外,其他异常等级都有其相应的等级转换规则和控制寄存器。

在实现了 EL3 异常等级的 ARMv8-A 架构处理器中,EL3 异常等级仅存在于安全状态。从非安全状态切换到安全状态仅允许发生在异常处理进入 EL3 异常等级时;

从安全状态切换到非安全状态仅允许发生在异常从 EL3 异常等级返回时。EL2 异常
等级仅存在于非安全状态[①]。

5. ARMv8-A 的虚拟化架构

ARMv8-A 架构在 ARMv7 虚拟化扩展的基础上推出了完整的虚拟化框架,从硬
件上支持虚拟化。EL2 异常等级在当前安全状态下支持 ARMv8-A 处理器实现虚拟
化功能。

一个 ARMv8-A 架构下典型的虚拟化系统的基本架构可以描述如下:

(1) 虚拟机(Virtual Machines)由运行在 EL1 和 EL0 两个异常等级的软件组成。

(2) 运行在 EL2 异常等级的虚拟机管理器负责在各个虚拟机之间进行切换。虚
拟机管理器为每个虚拟机分配一个虚拟机标识(Virtual Machine Identifier,VMID)。

(3) 系统中可以运行若干客户操作系统,客户操作系统运行在 EL1 级虚拟机上。

(4) 每个客户操作系统虚拟机上运行的应用程序通常处于 EL0 异常等级。

ARMv8-A 架构支持两种操作系统虚拟化模型:一种情况是客户操作系统并不知
道自身在虚拟机上运行,因而也不知道其他客户操作系统的存在;另一种情况是虚拟
机管理器让客户操作系统意识到虚拟机和其他客户操作系统的存在。

ARMv8-A 架构的 EL2 异常等级支持对客户操作系统的管理,并提供相应的控制
功能。例如,客户操作系统或者客户操作系统上的应用程序读取标识寄存器时,EL2
将返回这些寄存器内容的虚拟值。EL2 也支持各种陷阱(Trap)操作,例如存储管理操
作和访问其他许多寄存器的操作。陷阱操作将使处理单元产生一个异常,并进入 EL2
异常等级。当中断发生时,系统会从当前运行的客户操作系统、当前不处于运行状态
的客户操作系统或者虚拟机管理器三者中选择某一个软件实体,将中断请求转发
(Route)至该实体。

图 2.1 显示了 ARMv8-A 架构支持虚拟化应用的实例,同时呈现了 EL3 使用
AArch64 状态时的 ARMv8-A 安全模型,以及不同类型的软件使用不同异常等级的
方式。

从图 2.1 可以看出,可以借助 ARM 的信任区(Trust Zone)技术把系统划分为安
全区域和非安全区域。与 ARMv7-A 架构类似,安全监控程序运行在最高权限的 EL3
异常等级,且处于安全状态,其角色是在安全区域和非安全区域之间充当转换的通道。
EL2～EL0 异常等级运行的程序可以处于安全状态,也可以处于非安全状态,且每种
安全状态都可以在 EL2 异常等级运行虚拟机管理器(Hypervisor),在 EL1 异常等级
运行虚拟机的客户操作系统。因而一个普通操作系统和一个可信操作系统(Trusted
Operating System)可以在同一硬件平台上并行运行,同时确保得到防护,避免特定软

---

① ARMv8.4 以后的版本中引入了 Secure-EL2 状态的概念。

件攻击和硬件攻击的影响。一般的应用程序运行在EL0异常等级的非安全状态,而安全应用则运行在EL0异常等级的安全状态。

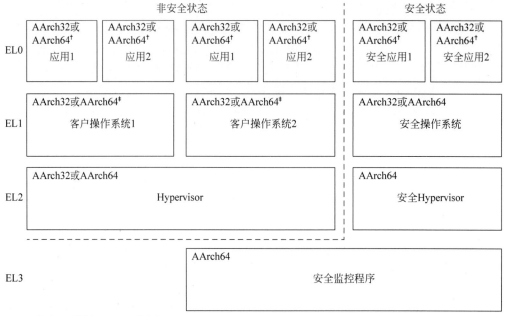

† 仅当EL1使用AArch64时才有AArch64;
‡ 仅当EL2使用AArch64时才有AArch64。

图 2.1　EL3 使用 AArch64 状态时的 ARMv8-A 安全模型

ARM 架构的虚拟化支持也在持续改进过程中。例如,ARMv8.1 版本引入的 VHE(Virtualization Host Extension,虚拟化主机扩展)提供了对第 2 类虚拟化的增强支持,允许原本设计运行于 EL1 的操作系统代码可以无须修改即可运行在 EL2 上。

6. ARMv8-A 的调试支持

与 ARMv7 架构类似,ARMv8-A 架构仍然支持两种调试模式:

(1) 自主调试(Self-hosted Debug):由处理单元自行产生,调试异常。

(2) 外部调试(External Debug):当调试事件产生时,处理单元进入调试模式。在调试状态,由外部调试器控制处理单元。

一个特定的用户选择哪种模式取决于产品设计和开发周期的不同阶段的调试需求。通常在硬件调试和操作系统启动代码调试阶段使用外部调试模式,而应用程序开发阶段则使用自主调试模式。

ARMv8-A 架构下的调试与 ARMv7 架构相似,只是断点和观察点的相关功能都有所增强,以支持 64 位寻址,并且可以在调试状态下直接执行的指令仅限于可用指令的子集。

2.1.2　ARMv8-A 架构的寄存器

1. ARMv8-A 的系统寄存器

系统寄存器(System Registers)是实现对处理器监控的手段,负责对处理单元的控制,并返回其状态信息。系统寄存器保存了对 ARMv8-A 架构处理单元的配置信息,系统寄存器保存的设置状态组合定义了当前处理器的程序状态上下文。

系统寄存器共有以下几类:

(1) 通用系统控制寄存器;

(2) 调试寄存器;

(3) 通用定时寄存器;

(4) 性能监视寄存器,可选;

(5) 活动监视器寄存器(Activity Monitors Registers),可选;

(6) 跟踪系统寄存器(Trace System Registers),可选;

(7) 可伸缩向量扩展系统寄存器(Scalable Vector Extension System Registers),可选;

(8) 通用中断控制器(Generic Interrupt Controller,GIC),可选,定义在 ARM 通用中断控制器架构规范中;

(9) RAS 扩展系统寄存器,RAS 扩展功能对 ARMv8.2 架构而言是必备的功能,但对 ARMv8.0 架构和 ARMv8.1 架构是可选的。

系统寄存器使用标准的命名规则来界定特定寄存器及其中的控制与状态位,格式为:

<寄存器名>.<字段名>

也可以使用控制与状态位在寄存器中的数字序号标识字段,格式为:

<寄存器名>[x:y]

系统寄存器的访问受到当前异常等级的限制。为了使用时更直观,AArch64 状态下的大多数寄存器名中都包含一个后缀,指示该寄存器可以被访问的最低异常等级,其命名格式为:

<寄存器名>_Elx

其中,x 为 0、1、2 或 3。

例如,在存储管理单元的地址变换过程中需要用到地址变换表(Translation Table)。ARM 采用页式虚拟存储器机制,故该地址变换表也即一般所说的页表。在 ARMv8-A 架构中,EL0 和 EL1 异常等级使用的地址变换表的基地址保存在**变换表基**

址寄存器(Translation Table Base Register)TTBR0_EL1 中。这一寄存器只能在特权模式下访问,因而其可以被访问的最低异常等级为 EL1。在 EL0 异常等级下访问 TTBR0_EL1 寄存器将产生一个异常,系统中也不存在 TTBR0_EL0 寄存器。

由此可以很容易理解,ARMv8-A 架构下存在许多具有相似功能的寄存器,其寄存器名只有异常等级后缀不同。但是这些功能相同的寄存器是相互独立的,而且通过不同的硬件实现,在指令格式中也有不同的寄存器编码。

例如,SCTLR_EL1、SCTLR_EL2 和 SCTLR_EL3 这三个寄存器都是实现存储管理单元配置所用的寄存器,相似的名称意味着其功能相近,但三个寄存器完全独立,且各自有其访问方式:SCTLR_EL1 用于 EL0 和 EL1 异常等级,SCTLR_EL2 用于 EL2 异常等级,SCTLR_EL3 则用于 EL3 异常等级。与 TTBR0_EL1 寄存器类似,EL1 和 EL0 两个异常等级共享同一个存储管理单元配置寄存器,而且只有在特权等级 EL1 下才能实现相关配置操作。其他控制寄存器也遵从这一规则。大部分系统寄存器不允许在 EL0 级访问。

但是,在高异常等级运行的程序有权限访问低异常等级的寄存器。如果有必要,可以在 EL2 异常等级访问 SCTLR_EL1 寄存器。虽然一般情况下特权异常等级只管理自身级别的配置,但在需要时,在高特权等级运行的程序有时会需要访问更低异常等级的寄存器。例如,在实现虚拟化功能时,或者在处理器上下文切换或功耗管理操作中需要实现保存并恢复(Save-and-Restore)操作中的寄存器组读写操作时。

注意系统寄存器不能直接在数据处理类指令或加载/存储(Load/Store)指令中作为操作数使用。对系统寄存器的操作需要通过通用寄存器进行,也即首先通过访问特殊功能寄存器的指令 MRS(从特殊寄存器读数据至通用寄存器)将系统寄存器的内容读到通用寄存器,操作完成后再通过 MSR 指令(从通用寄存器写数据至特殊寄存器)写回系统寄存器。

2. AArch64 状态下的通用寄存器

除了用于系统控制和状态报告的系统寄存器之外,AArch64 状态下的计算操作和异常处理也会用到一些与指令处理有关的寄存器。

1) 通用寄存器 R0~R30

从编译器和汇编语言程序员的角度看,A64 指令集的明显特征是通用寄存器的数量增加了,其效果是提升了系统性能并可能减少了堆栈的使用。31 个 64 位的通用寄存器在汇编语言中被标识为 X0~X30。由于 X30 被当作过程链接寄存器(Procedure Link Register,PLR),从严格意义上说,过程链接寄存器并不属于通用寄存器,因而也可以说 A64 指令集使用 30 个通用寄存器。

实际上,在 AArch64 状态下的应用程序可用使用 R0~R30 共 31 个通用寄存器,而每个通用寄存器都可以通过 64 位和 32 位两种方式访问:当进行 64 位访问时,可以使用的通用寄存器名为 X0～X30；而当进行 32 位访问时，可以使用的通用寄存器名为 W0～W30。从图 2.2 所示的寄存器映射关系中可以看出，32 位的 Wn 寄存器就是 64 位的 Xn 寄存器的低有效位。执行 Wn 寄存器读出操作时将丢弃相应 Xn 寄存器的高 32 位数据；而执行写 Wn 寄存器操作时将会把相应 Xn 寄存器的高 32 位清零。例如，向 W0 寄存器写 0xFFFFFFFF 后，X0 寄存器将保存 0x00000000FFFFFFFF。

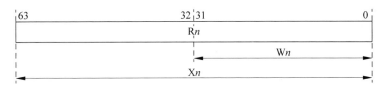

图 2.2　AArch64 架构下的通用寄存器命名

通用寄存器在任何时刻和任何异常等级下都能被访问。

2）SIMD 和浮点寄存器 V0～V31

在 AArch64 执行状态下，处理单元有 32 个 SIMD 和浮点寄存器，命名为 V0～V31。这组寄存器独立于通用寄存器，专门用于浮点运算和向量操作。寄存器名中的字母 V 代表向量（Vector），故这组寄存器有时也称为 V 寄存器。

每个寄存器都是 128 位宽的，但是应用程序可以通过多种方式访问其中的每个寄存器：

（1）通过寄存器名 Q0～Q31 访问 128 位寄存器；

（2）通过寄存器名 D0～D31 访问 64 位寄存器；

（3）通过寄存器名 S0～S31 访问 32 位寄存器；

（4）通过寄存器名 H0～H31 访问 16 位寄存器；

（5）通过寄存器名 B0～B31 访问 8 位寄存器；

（6）当作 128 位向量的元素进行访问；

（7）当作 64 位向量的元素进行访问。

当作向量访问时，这组 V 寄存器保存的数据可以被当作一个向量，即某个 V 寄存器保存了一组数据中的一个元素。

与通用寄存器名 W0～W30 类似，通过寄存器名访问的 SIMD 和浮点寄存器不一定占据完整寄存器的所有位，而是使用其低有效位，如图 2.3 所示。

3. AArch64 执行状态下的处理状态 PSTATE

在 AArch32 执行状态下，当前处理器状态保存在当前程序状态寄存器 CPSR 中，而 AArch64 执行状态的处理状态则保存在名为 PSTATE 的数据结构中。

严格来说，PSTATE 并不是单一的寄存器，而是对处理器状态信息的抽象表征。处理信息被分类映射到多个寄存器中，可以通过指令访问这些状态信息。因此，PSTATE 可以看作是保存当前处理状态信息的一组抽象寄存器或者一组标志信息的

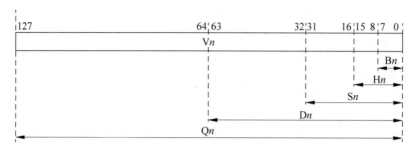

图 2.3　AArch64 架构下的 SIMD 和浮点寄存器命名

统称。也正是因为处理状态不是像 ARMv7 架构那样存储在单一寄存器内,因而对一个状态寄存器中的各个字段的读、写或修改不再必须通过原子操作才能实现。

在 EL0 异常等级,可以访问的 PSTATE 信息包括条件标志(Condition Flags)和异常屏蔽位(Exception Masking Bits)。

条件标志含四个标志位,可以通过标志设置指令置位:

(1) 负条件标志位 N(Negative Condition Flag Bit)。当指令的执行结果用补码带符号整数(Two's Complement Signed Integer)表示时:若结果为负数,则处理单元设置 N 标志位为 1;若结果为正数或零,则处理单元设置 N 标志位为 0。

(2) 零条件标志位 Z(Zero Condition Flag Bit)。若指令的执行结果为零,则处理单元设置 Z 标志位为 1(通常意味着比较的结果为相等);否则,处理单元设置 Z 标志位为 0。

(3) 进位条件标志位 C(Carry Condition Flag Bit)。若指令的执行结果有进位(例如加法操作产生无符号数溢出),则处理单元设置 C 标志位为 1;否则,处理单元设置 C 标志位为 0。

(4) 溢出条件标志位 V(Overflow Condition Flag Bit)。若指令的执行结果有溢出(例如加法操作产生带符号数溢出),则处理单元设置 V 标志位为 1;否则,处理单元设置 V 标志位为 0。

异常屏蔽位被设置为 1 则屏蔽异常,被设置为 0 则允许进行异常处理。PSTATE 状态中共包含四个异常屏蔽位:

(1) 调试异常屏蔽位 D(Debug Exception Mask Bit)。调试异常通常由软件断点指令及断点、观察点、向量捕获、软件单步运行等因素引起。

(2) 系统错误中断屏蔽位 A(SError Interrupt Mask Bit)。

(3) IRQ 中断屏蔽位 I(IRQ Interrupt Mask Bit)。

(4) 快速中断屏蔽位 F(FIQ Interrupt Mask Bit)。

A64 指令集提供了访问特殊功能寄存器的指令,AArch64 执行状态下运行于 EL0 异常等级的程序可以通过特殊功能寄存器读写 N、Z、C、V 和 D、A、I、F 等标志位。但在 AArch64 状态下运行于 EL0 异常等级的程序访问 D、A、I 和 F 这四个状态的权限是受限的,取决于 SCTLR_EL1 寄存器的设置。

除了 EL0 异常等级运行的应用程序,操作系统和其他运行在特权级的系统软件需要通过 PSTATE 为应用程序提供支持和服务。因此,AArch64 架构的系统级程序员的编程模型更复杂,允许操作系统为应用程序分配系统资源,并为其他进程和操作系统本身提供保护机制。在 PSTATE 结构中包含了一些反映程序执行状态的控制字段。

PSTATE 执行状态控制(Execution State Controls)类状态位包含以下字段:

(1) 软件单步运行(Software Step)位 SS。

(2) 非法执行状态(Illegal Execution State)位 IL:非法异常产生时会置位这个异常执行状态标志。

(3) 当前执行状态(Current Execution State)位 nRW:表示当前 ELx 所运行的执行架构状态,即 AArch64 或 AArch32。若当前执行状态为 AArch64,则该位为 0。在系统被复位或者发生异常后进入使用 AArch64 执行状态的异常等级时,该位将被清零。

(4) 当前异常等级(Current Exception Level)字段 EL:ARM 架构要求处理单元在复位后首先进入实现的最高异常等级,故处理器在复位并进入 AArch64 状态时,在 EL 字段保存了该最高异常等级的编码。

(5) 堆栈指针寄存器选择(Stack Pointer Register Selection)位 SP。该位为 0 意味着选择 SP_EL0,该位为 1 则意味着选择 SP_ELn。在因复位或者相应异常进入 AArch64 状态时,该位被置 1,意味着选择 SP_ELn。

此外,PSTATE 中还包括了一些与 ARMv8 架构可选的扩展功能有关的控制位,如访问控制位(Access Control Bits)、定时控制位(Timing Control Bits)和推测控制位(Speculation Control Bits,或"投机控制位")等。

通过 MSR 和 MRS 等访问特殊功能寄存器的指令,AArch64 执行状态下的程序可以直接读写 PSTATE 的各个字段。所有访问 N、Z、C、V 和 D、A、I、F 标志位之外的 PSTATE 字段的指令都可以在 EL1 或者更高异常等级执行。

4. AArch64 执行状态下的特殊功能寄存器

除了通用寄存器之外,AArch64 状态还设置了若干特殊功能寄存器。图 2.4 给出了这些寄存器的概况。

对传统 ARM 处理器架构比较熟悉的读者会清楚地记得,ARMv8 之前的架构在每个操作状态都设置了若干备份寄存器(Banked Registers,或称分组寄存器)。这种寄存器的组织方式在 ARMv8-A 的 AArch32 执行状态下仍然被保留,但在 AArch64 执行状态下的寄存器组织结构与此完全不同。如图 2.4 所示,只有堆栈指针寄存器 SP、异常链接寄存器 ELR 和备份程序状态寄存器 SPSR(Saved Program Status

Register)是分组的,但不是按照操作状态分组,而是针对不同异常等级设置多个功能类似的寄存器。

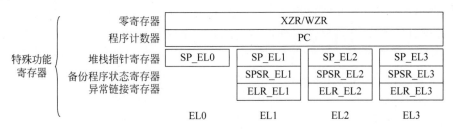

	XZR/WZR			
零寄存器				
程序计数器	PC			
堆栈指针寄存器	SP_EL0	SP_EL1	SP_EL2	SP_EL3
备份程序状态寄存器		SPSR_EL1	SPSR_EL2	SPSR_EL3
异常链接寄存器		ELR_EL1	ELR_EL2	ELR_EL3
	EL0	EL1	EL2	EL3

图 2.4　AArch64 架构下的特殊功能寄存器

1) 零寄存器 XZR 和 WZR

与许多 RISC 处理器的指令系统特殊设计类似,ARMv8-A 架构也保留了虚拟的零寄存器 ZR(Zero Register)。在许多指令字中,如果通用寄存器编码的位置出现 31 的编码(二进制 0b11111),则该操作数并不代表 X31 通用寄存器或 W31 通用寄存器(X31 和 W31 并不存在),而是代表 64 位零寄存器 XZR 或 32 位零寄存器 WZR。零寄存器并不是物理存在的寄存器,只是代表操作数为立即数 0。因此,访问零寄存器时,所有写操作被忽略,所有读操作都返回全零。

并非所有指令都能够使用零寄存器作为参数。

2) 程序计数器 PC

当前指令的内存地址存放在 64 位的程序计数器 PC 中。在 ARMv7 架构中,程序计数器可以被当作通用寄存器 R15 使用,这虽然能给某些特定的程序提供灵活控制的能力,但是却使编译器和流水线设计复杂化。在 ARMv8-A 架构中,软件不能通过寄存器名直接访问程序计数器,程序计数器 PC 也不能作为加载指令或者数据处理指令的目标地址。只有执行分支类等少数几类指令、进入异常处理入口或者从异常退出返回时才能间接修改该寄存器。

在 AArch64 执行状态下,指令存储必须是 32 位对齐的。如果在取指令时发现有非对齐的 PC 值,即 PC 的最低两位[1:0]不是 0b00,将会产生 PC 对齐故障异常(PC Alignment Fault Exception)。该异常只有在实际执行非字对齐的 A64 指令时才会被触发。

3) 堆栈指针寄存器 SP 和 WSP

AArch64 执行状态下的堆栈指针通过 64 位的专用堆栈指针寄存器 SP 保存,相应指令中寄存器编码为 31(根据特定指令的功能和操作数的位置,该编码所代表的操作数或者是当前堆栈指针,或者是零寄存器)。与 32 位架构不同,在 AArch64 执行状态下,SP 寄存器不是通用寄存器。

在 AArch64 执行状态下,每个异常等级都有其自身的堆栈指针,因而共有四个堆栈指针寄存器 SP_EL0、SP_EL1、SP_EL2 和 SP_EL3。而选择当前使用的堆栈指针也需根据当前的异常等级。默认情况下,异常发生时将选择目标异常等级的堆栈指针。例如,异常处理进入 EL1 等级时将选择 SP_EL1。

在 AArch64 执行状态的 EL0 异常等级只能访问 SP_EL0;在 AArch64 执行状态的 EL0 以上异常等级 n 执行异常处理时,处理单元可以选择该异常等级专用的堆栈指针 SP_ELn,也可以选择 EL0 等级的堆栈指针 SP_EL0。

在指令中引用 SP 作为操作数可以访问当前的堆栈指针。该寄存器的低有效位(32 位)可以通过名为 WSP 的寄存器访问。

当使用堆栈指针作为计算指令的基地址时,若堆栈指针的最低四位[3:0]不是 0b0000,则该指针将被认定为非对齐的堆栈指针(Misaligned Stack Pointer)。可以配置处理单元在实际执行包含非对齐的堆栈指针的指令时产生堆栈指针对齐故障异常(SP Alignment Fault Exception)。

4) 异常链接寄存器 ELR

异常链接寄存器 ELR(Exception Link Register)保存异常返回地址。

在 AArch64 状态下,为异常处理需要转入的每一个异常等级设置了一个 ELR 寄存器。当处理单元发生异常时,异常返回地址将被保存到目标异常等级 n 的异常链接寄存器 ELR_ELn 中。例如,如果处理单元转入 EL1 处理异常,则异常返回地址将保存在 ELR_EL1 中。

异常返回时,软件执行 ERET 指令,程序计数器将被恢复为 ELR_ELn 中保存的断点地址。

5) 备份程序状态寄存器 SPSR

与 ARMv7 的当前程序状态寄存器类似,在 AArch64 状态下异常发生时,当前的处理状态 PSTATE 参数被保存至备份程序状态寄存器 SPSR 中。SPSR 保存异常发生时的 PSTATE 值,用于在异常返回时恢复程序状态。

图 2.5 给出了 AArch64 状态下备份程序状态寄存器 SPSR 的结构。

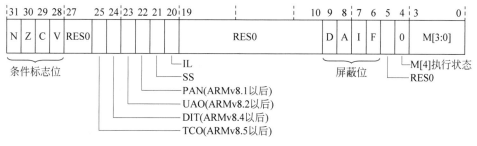

图 2.5　AArch64 状态下备份程序状态寄存器 SPSR 的结构

（1）N、Z、C、V 字段分别代表负条件标志位、零条件标志位、进位条件标位志和溢出条件标志位。

（2）SS 和 IL 分别代表软件单步运行标志位和非法执行状态标志位。

（3）D、A、I、F 标志位分别保存了异常发生瞬间的处理状态中调试异常、系统错误中断异常、IRQ 中断和 FIQ 中断的屏蔽位状态。

（4）M[4]保存了 PSTATE. nRW 字段的值，代表异常发生时的执行状态。对 AArch64 状态而言，该值固定为 0。

（5）M[3:0]代表异常发生时的异常等级。

在 ARMv8-A 架构中，异常发生时程序状态存入哪个备份程序状态寄存器 SPSR 同样依赖于异常等级。如果处理单元在 EL1 异常等级处理异常，则使用寄存器 SPSR_EL1；如果处理单元在 EL2 异常等级处理异常，则使用 SPSR_EL2；以此类推。但在 EL0 异常等级不能处理异常。

图 2.6 给出了 AArch64 架构下的异常处理时程序状态保护和恢复的流程实例。

SPSR 寄存器的功能主要有两个。

一是异常返回时恢复处理单元的状态。当异常返回时，异常处理程序将把处理单元的状态恢复至与异常返回之前程序所处的异常等级相关联的 SPSR 寄存器中所保存的状态。例如，从 EL1 异常返回时，将会从 SPSR_EL1 中保存的状态信息中恢复处理单元的状态。

二是能让异常处理程序检查异常发生时的 PSTATE 值，比如判断引起异常的指令执行时的执行状态和异常等级。

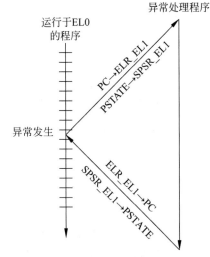

图 2.6　ARMv8-A 异常处理流程实例

2.1.3　ARMv8-A 架构的异常与中断

1. ARMv8-A 的异常类型

异常（Exceptions）是现代处理器必备的程序随机切换机制。最常见的异常是由外部事件引起的中断服务过程。在复杂系统中，异常也用于处理需要特权软件权限才能处理的系统事件。每一个异常类型都有其异常处理程序。

广义的异常包括中断和狭义的异常两类。中断是一种特定类型的异常，典型的中断是由处理器之外的硬件触发的。而造成正常的指令执行顺序被改变的事件则会引起狭义的异常。

在 AArch64 状态下,广义的异常被分为两种类型:**同步异常**(Synchronous Exception)和**异步异常**(Asynchronous Exception)。

如果异常直接由执行指令或者尝试执行指令引起,并且异常返回地址指明了引起异常的特定指令的细节,则该异常被定义为同步异常;否则,称为异步异常。

在 ARM 语境中,把并非直接由执行程序而引起的异常定义为中断(Interrupt)。异步异常是由 IRQ、FIQ 这两个中断请求引脚引起的中断以及系统错误引起的异常,相应地,异步异常被分为三类:IRQ、FIQ 和 SError(System Error,系统错误)。

在 AArch64 状态下,下面几类事件会引起异常。

1) 终止(Aborts)

当取指令错误时会产生指令终止(Instruction Aborts),而数据访问错误则会引起数据终止(Data Aborts)。终止可以是因存储器访问失败引起,也可能是因存储管理单元(MMU)需要通过终止异常为应用程序动态分配内存引起。

存储管理单元引起的访问权限故障或访问属性故障等异常、堆栈指针和程序计数器对齐检查、无效指令和系统调用等都将产生同步终止异常。

异步数据终止是引起系统错误异常的最常见原因,当从 Cache 向外部的存储器写回“脏”数据时即会触发这类终止。

在 AArch64 状态下,同步终止引起同步异常,而异步终止将产生系统错误异步异常。

2) 复位(Reset)

复位异常是最高等级的异常,并且不能被屏蔽。所有处理单元在系统复位之后总是转至最高异常等级执行复位异常,并初始化系统。

3) 执行异常产生指令

异常产生指令(Exception Generating Instructions)就是一般所说的系统调用指令,因而执行异常产生指令将引起软中断。

软中断指令通常用于需要提升运行软件的特权等级或申请系统服务的情况,包括用户程序请求操作系统服务的管理员调用(Supervisor Call,SVC)指令、客户操作系统请求虚拟机管理器服务的虚拟机管理器调用(Hypervisor Call,HVC)指令和在非安全状态请求安全状态服务的安全监视器调用(Secure Monitor Call,SMC)指令等。

4) 中断(Interrupts)

与 ARMv7 之前的架构类似,ARMv8-A 架构也支持两种中断:IRQ 和 FIQ,后者比前者优先级更高。除了某些加载多个数值的指令可以被中断打断外,中断响应一定是发生在开中断状态下当前指令执行结束之后。

由于 IRQ 和 FIQ 中断的发生都不是直接由软件执行引起的,因而都属于异步异常。

2. ARMv8-A 的异常处理

在 AArch64 状态执行程序时,只有进入异常处理或者从异常返回时才能够切换异常等级。进入异常处理时,异常等级可以保持不变或者提升,但不允许降低;相反,从异常返回时,异常等级可以保持不变或者降低,但不允许提升。

在进入异常处理时,保持的原有异常等级或者改变到的新等级称为该异常的**目标异常等级**(Target Exception Level)。每一种异常类型都有一个目标异常等级,该等级或者是该异常类型隐含的,或者是由系统寄存器中的配置位定义的。但异常的目标异常等级不能是 EL0。

如果在异常等级 n 处理异常,则异常发生时,处理器的硬件自动执行异常处理的下列隐操作:

(1)首先更新备份程序状态寄存器 SPSR_ELn,以保存异常处理结束返回时恢复现场必需的 PSTATE 信息。

(2)用新的处理器状态信息更新程序状态 PSTATE。如果需要,通过此步可以提升异常等级。

(3)将异常处理结束返回的地址保存在异常链接寄存器 ELR_ELn 中。

图 2.6 给出了一个 ARMv8-A 异常处理流程的实例。图 2.6 中 $n=1$,即异常发生于 EL0 等级的程序运行过程中,并且切换到 EL1 执行异常处理程序。

在异常处理程序的最后将执行异常返回指令 ERET。该指令的执行将使 SPSR_ELn 中保存的程序状态信息被恢复到 PSTATE,并通过恢复 ELR_ELn 至程序计数器 PC 令程序返回到被异常打断的断点位置继续执行。

3. AArch64 的异常向量与异常向量表

在 AArch64 状态下,每个异常等级都有其自身的异常向量表,因而共有 EL3、EL2 和 EL1 三个异常向量表。每个异常等级都有其相应的向量基址寄存器(Vector Base Address Register,VBAR),指明该异常等级的异常向量表的基地址。

某个 ELn 等级的异常向量表保存了发生在 ELn 等级的所有类型的异常的异常向量,而特定的异常向量在异常向量表中的偏移地址是固定的。

当异常发生并转入 AArch64 状态时,异常向量表将提供信息:异常是同步异常、系统错误、IRQ 和 FIQ 中的哪一种,引起异常的异常等级是什么,以及使用哪一个堆栈指针和寄存器文件是什么状态等信息。

可以认为每个异常等级的异常向量表实际上有 4 组,每组给出的四个异常入口分别对应同步异常、IRQ、FIQ 和系统错误这四种异常。至于应该选择哪一组的异常向量,则取决于异常是发生于当前异常等级还是更低的异常等级、异常将使用哪一个堆栈指针(是 SP0 还是 SPn)以及异常状态所处的执行状态(AArch64 或 AArch32)等因素。具体而言:

(1)如果异常发生于当前异常等级并且使用 SP_EL0 堆栈指针,则使用第一组异常向量。

（2）异常发生于当前异常等级并且使用 SP_EL1、SP_EL2 或 SP_EL3 堆栈指针，则使用第二组异常向量。

（3）如果异常发生于比当前异常等级更低的异常等级，且比当前异常等级低一级的异常等级处于 AArch64 执行模式，则使用第三组异常向量。

（4）如果异常发生于比当前异常等级更低的异常等级，且比当前异常等级低一级的异常等级处于 AArch32 执行模式，则使用第四组异常向量。

注意，异常向量表的各个表项存放的异常向量不是异常处理程序的入口地址，而是异常处理程序要执行的指令序列。换句话说，异常向量表的每个表项至少保存了相应异常类型的异常处理程序执行的第一条指令所对应的指令字。

在 AArch64 状态下，异常向量表的每个表项的长度从 ARMv7-A 架构的 4 字节扩展到 128 字节，可以存放 32 条指令。一般情况下，这足以存放一个完整的顶层异常处理程序的代码。通常异常处理程序会包含查找具体异常源的代码，然后调用相关的处理函数完成具体处理流程。

4．ARMv8-A 的通用中断控制器架构

对 ARMv8-A 架构这样的高性能复杂处理器而言，外部中断源应该是相当多的，而 ARM 处理器内核本身只能支持 FIQ 和 IRQ 两级外部中断请求输入，因而在 ARM 架构下，系统通过通用中断控制器实现中断请求的仲裁、优先级排队和向处理器提出中断请求等操作。

图 2.7 描述了从程序员角度看到的 ARMv8-A 通用中断控制器架构。外设的中断请求由通用中断控制器接收后进行优先级判断，然后发送给相应的处理器核心。

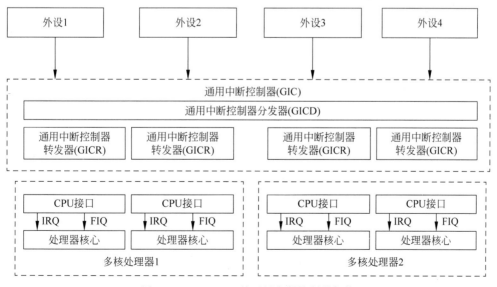

图 2.7 ARMv8-A 的通用中断控制器架构

　　除了图2.7所示的外设通过中断请求信号线向通用中断控制器提交中断请求的传统方式外,ARM通用中断控制器规范的v3版本还增加了一种通过消息提出中断请求的方式,这种中断被称为**消息信号中断**(Message-Signaled Interrupts,MSI)。如图2.8所示,外设通过向通用中断控制器中的寄存器执行写操作触发中断请求,不再需要专门的中断请求信号线,这对有非常多中断源的大型系统非常有利。两种中断请求方式的中断处理过程基本相同。

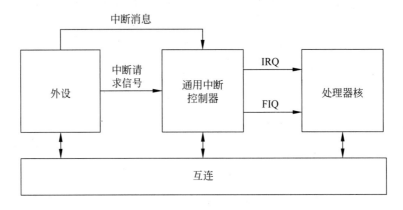

图 2.8　ARM 通用中断控制器的中断请求方式

　　中断控制器处理的中断源分为以下四种:

　　(1) **共享外设中断**(Shared Peripheral Interrupt,SPI):外设的这类中断请求可以被连接到任何一个处理器内核。

　　(2) **私有外设中断**(Private Peripheral Interrupt,PPI):只属于某一个处理器内核的外设的中断请求,例如通用定时器的中断请求。

　　(3) **软件产生的中断**(Software Generated Interrupt,SGI):由软件写入中断控制器内的 SGI 寄存器引发的中断请求,通常用于处理器间通信。

　　(4) **特定位置外设中断**(Locality-specific Peripheral Interrupt,LPI):边沿触发的基于消息的中断,其编程模式与其他中断源完全不同。

　　每个中断源都有其唯一的中断标识(INTID),且中断类型通过中断标识的范围确定。表2.1给出了 ARM 通用中断控制器中断标识与中断类型的对照关系。SPI 可以使用消息信号方式,而 LPI 必须是消息信号中断。

表 2.1　ARM 通用中断控制器中断标识与中断类型对照

中断标识(INTID)	中断 类 型	中断类型缩写
0～15	软件产生的中断	SGI
16～31	私有外设中断	PPI
1056～1119(GICv3.1*)		

续表

中断标识（INTID）	中断类型	中断类型缩写
32～1019 4096～5119（GICv3.1*）	共享外设中断	SPI
1020～1023	特殊中断号	
1024～8191	保留	
8192 及以上	特定位置外设中断	LPI

* 与 GIC 早期版本不兼容。

图 2.9 显示了 ARM 通用中断控制器的逻辑结构。通用中断控制器由四种逻辑部件组成：**分发器**（Distributor）、**转发器**（Redistributor）、**CPU 接口和 ITS**（Interrupt Translation Service，**中断翻译服务**）部件。除了公共的分发器外，每个处理器内核都有一个与之相连的转发器和一个 CPU 接口。分发器、转发器和 ITS 组成了中断路由结构（Interrupt Routing Infrastructure，IRI）。

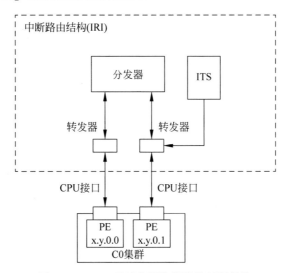

图 2.9　ARM 通用中断控制器的逻辑结构

中断架构中也包含了程序员所见的通用中断控制器寄存器接口：分发器接口、转发器接口和 CPU 接口。一般而言，分发器接口和转发器接口用于配置中断，而 CPU 接口则用于处理中断。

分发器负责管理 SPI 类型的中断，并将中断请求发送给转发器。分发器的寄存器可以通过寄存器映射方式访问，而且分发器的配置直接影响相关的所有处理单元（PE）。分发器接口的主要功能有：中断优先级管理和中断请求分发；SPI 的使能和禁止；为每个 SPI 中断源设置中断优先级；为每个 SPI 中断源配置路由信息；配置每个

SPI 源的中断触发方式(是边沿触发还是电平触发);生成消息信号 SPI;控制 SPI 的激活和挂起(Pending)状态;确认在每个安全状态下所用的编程模型(关联路由方式还是传统方式)等。

转发器管理 PPI、SGI 和 LPI 类型的中断,并将中断请求投递给处理器内核。转发器提供的编程接口可以实现以下功能:使能和禁止 SGI 和 PPI 中断源;设置 SGI 和 PPI 中断源的中断优先级;配置每个 PPI 中断源的中断触发方式(是边沿触发还是电平触发);将每个 SGI 和 PPI 中断源分配至一个中断组;控制 SGI 和 PPI 的状态;控制在存储器中存放的支持 LPI 属性和挂起状态的相关数据结构的基地址;对其控制的处理单元提供电源管理支持等。

ITS 可以将事件翻译成物理 LPI[①],并发送给转发器和 CPU 接口。在 ARM 通用中断控制器规范 GICv3 架构中,ITS 是一个可选的配置,一个中断路由结构(IRI)中可以没有 ITS,也可以配置多个 ITS。而直接 LPI 并不需要使用 ITS 翻译,可以通过转发器内的寄存器实现。ARM GICv3 要求,兼容该规范的处理器在将 LPI 转发至转发器时需从两种方式中选择一种实现:通过 ITS 转发或通过直接写入转发器内的寄存器实现。

处理器内核包含了 CPU 接口,用于处理所有异常等级的物理中断。CPU 接口包含了用于中断处理的系统寄存器(ICC_ * _ELn),编程接口支持的功能有:中断处理的通用控制与配置功能;中断响应;中断优先级降级和中断撤销;设置处理单元的优先级屏蔽状态;定义处理单元的抢占策略;确定处理单元的最高优先级挂起中断等。

PPI 被从中断源直接分配给本地转发器,SPI 的转发路径为从中断源经分发器到目标转发器,最后送入相应的 CPU 接口。SGI 是由软件通过 CPU 接口和转发器产生的,可以通过分发器将其转发至一个或多个目标转发器或相应的 CPU 接口。

2.2　ARMv8-A 处理单元的存储系统架构

2.2.1　ARMv8-A 架构的内存模型

ARM 架构中的内存模型(Memory Model)给出了组织和定义内存行为的方式,包括内存地址或地址区域的访问和使用规则。ARM 内存模型不仅仅定义了 ARM 处理器的内存一致性模型,还包括了地址映射、地址变换等存储管理功能。

存储管理功能主要包括:

(1) 虚实地址变换功能:将指令给出的虚拟地址(Virtual Addresses,VA)转换为物理地址(Physical Addresses,PA)。

---

① 在 ARM GICv4 规范中还支持虚拟 LPI。

（2）存储保护功能：限制应用程序访问特定的存储区域。

（3）端模式映射功能：在多字节数据的大端模式和小端模式之间进行切换。

（4）存储异常管理功能：在非对齐的存储访问发生时触发异常。

（5）存储硬件管理功能：控制 Cache 和地址转换部件。

当某个处理器内核上运行的软件代码与硬件或者其他处理器内核上运行的代码交互时，需要关注到存储系统及其访问顺序。对多数的应用程序员而言，操作系统会负责管理存储系统、驱动硬件并实现多核交互。但是对系统程序员、设备驱动程序的程序员和虚拟机管理器的程序员而言，存储系统的体系结构和访存顺序是需要重点关注的。

与 ARM 内存一致性有关的功能可以概括如下：

（1）访存控制功能：控制访存顺序。

（2）内存一致性模型：在多个处理部件共享的存储器之间实现同步。

（3）内存屏障功能：限制对存储器的推测访问。

1. ARMv8-A 架构的多级存储系统

为高性能应用设计的 ARMv8-A 架构支持多级 Cache 和主存、外存构成的层次化存储系统。

图 2.10 给出了由四级存储器构成的 ARMv8-A 架构多级存储系统的实例。离处理单元最近的 Cache 为第一级，其访问延迟最低，但容量小、价格昂贵。稍大容量的 Cache 构成第二级存储器，但访问延迟也更大。第三级存储器可以是更大容量的片外第三级 Cache，在没有第三级 Cache 的系统中则是由 SRAM、DRAM、只读存储器或存储级存储器（Storage-Class Memory）构成第三级存储系统。最后的第四级存储器则是磁盘或存储卡构成的外存储器。多级存储系统在存储器容量和访问延迟之间实现平衡，再结合虚拟存储器支持，使整个存储系统的性价比达到最高。

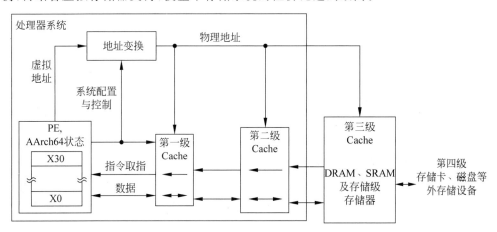

图 2.10　ARMv8-A 架构的层次化存储系统实例

2. AArch64 状态的地址空间

在 64 位的 ARMv8-A 架构中，**虚拟存储器系统架构**（Virtual Memory System Architecture，VMSA）使用存储管理单元（MMU）控制处理单元访存时的地址变换、地址允许权限管理和存储器属性定义与检查等功能。

ARM 在 32 位的 ARMv7 架构中推出了**大物理地址扩展**（Large Physical Address Extension，LPAE）机制，可以支持访问 40 位地址空间，令 32 位系统中运行的程序能使用超过 4GB 的内存空间。而 ARMv8 架构的地址映射是 ARMv7 LAPE 机制的升级版本。

ARMv8-A 架构下的虚拟地址（VA）使用 64 位存储。指令中给出的地址无论是指令地址还是数据地址都是虚拟地址，因而在程序计数器 PC、链接寄存器 LR、堆栈指针寄存器 SP 和异常链接寄存器 ELR 中保存的都是虚拟地址。

虽然处理器字长增加到 64 位，但虚拟地址的长度并不需要直接提高到 64 位。一个原因是应用需要的地址空间大小并不需要过度提升；另一方面，稍短的地址长度可以降低地址映射和地址变换的复杂度，从而降低存储管理的开销。

在 AArch64 状态，虚拟地址的最大长度为 48 位，对应的虚拟地址空间大小为 256TB。如果实现了 ARMv8.2-LVA（Larger VA space，大虚拟地址空间）扩展且使用 64KB 的转换粒度，虚拟地址的最大长度可以扩展到 52 位，对应的虚拟地址空间大小为 4PB。

因此，虽然 ARMv8-A 架构使用 64 位寄存器保存虚拟地址，但 64 位并不全都看作虚拟地址，有效的虚拟地址只是寄存器的若干低有效位，高有效的若干位将用于存储其他信息。操作系统或者虚拟机管理器可以通过转换控制寄存器判定可用的虚拟地址范围。如果虚拟地址的实际长度为 n，则 64 位虚拟地址 VA[63:0] 中的高 $64-n$ 位地址 VA[63:n] 或者全为 0，或者全为 1。有一个例外，如果把虚拟地址的高八位配置为标记（Tag），则虚拟地址的 VA[63:56] 位在判断地址是否有效时将被忽略，并且不会被传递给程序计数器。

在 ARMv8.0-A 架构下，物理地址（PA）空间最大可提升至 48 位地址。实际有效的物理地址位数可以通过存储模型特征寄存器（Memory Model Feature Register）配置为 32 位、36 位、40 位、42 位、44 位或 48 位。物理地址的最大长度在 ARMv8.2-A 架构中进一步提升至 52 位。

3. AArch64 状态的地址变换

地址变换的过程将处理单元使用的虚拟地址映射到物理存储器使用的物理地址。这一映射过程可以使用单级变换（Single Stage of Translation），也可以是两级连续变换（Two Sequential Stages of Translation）。在两级变换过程中，虚拟地址被存储管理单元首先转换为 40 位的**中间物理地址**（Intermediate Physical Address，IPA），然后再变换为物理地址。中间物理地址是第一级变换的输出地址,也是第二级变换的输入地址。当使用一级地址变换时,中间物理地址与物理地址相同。中间物理地址的长度也是可配置的,其最大长度与处理器支持的最大物理地址长度相等。

ARMv8-A 的 EL2 异常等级通常用于支持虚拟化操作。如果一个 ARMv8-A 系统不使用 EL2 异常等级,通常可以使用单级变换完成虚拟地址到物理地址的映射。

如果需要支持虚拟化操作,则需要启用两级变换:在第一级变换中,客户操作系统通过自己管理的变换表把虚拟地址转换为中间物理地址,中间物理地址对客户操作系统而言就是"物理地址"。在第二级变换中,EL2 上运行的虚拟机管理器进一步将 EL1 上运行的客户操作系统的"物理地址"变换为真正的物理地址,变换过程是通过由虚拟机管理器管理的变换表实现的。客户操作系统并不知晓第二级变换的存在。

1) 不同异常等级的平行地址空间

在 ARMv8-A 架构中存在多个相互独立的虚拟地址空间。在任意特定时刻,只有一个虚拟地址空间(就是与当前安全状态和异常等级相匹配的虚拟地址空间)在使用中。但是从宏观上看,共有三个并行存在的虚拟地址空间分别用于 EL0/EL1、EL2 和 EL3。

在 EL0 和 EL1 异常等级执行的程序支持两个独立的虚拟地址空间区域,每个空间区域有其自身的转换控制逻辑。在典型的应用场景中,EL0 运行应用程序,其虚拟地址空间属于"用户空间";而 EL1 运行操作系统,其虚拟地址空间属于"内核空间"。内核空间和用户空间可以使用各自独立的变换表,这也意味着地址变换过程也是相互独立的。两个地址变换表将虚拟地址空间划分为两部分,每部分的地址空间大小可以配置。没有被这两个变换表覆盖的地址空间不能被访问,如果试图访问无效的地址,将产生存储管理单元故障异常。

存储管理功能属于系统权限,一般应用程序不能自行控制地址变换等功能,故运行应用程序的 EL0 等级的地址映射等操作需要由 EL1 等级运行的操作系统负责管理。

通常操作系统上会运行多个应用程序的任务,每个任务都有其自己的变换表。操作系统内核负责在任务切换的同时切换作为任务上下文的地址变换表。而操作系统本身占据的存储器空间有固定的虚实地址映射关系,其地址变换表的表项几乎很少需要更改。为此,ARMv8-A 架构通过两个**变换表基址寄存器** TTBR0_EL1 和 TTBR1_EL1 的相互配合给出实际使用的地址变换表基地址。当虚拟地址的第 55 位为 0 时,TTBR0_EL1 被选中;而当虚拟地址的第 55 位为 1 时,TTBR1_EL1 被选中。因此,TTBR0_EL1 指向了从地址 0x0000000000000000 开始的低地址区域的初始变换表首地址;而 TTBR1_EL1 则指向高地址区域的初始变换表首地址,该区域的最高地址是 64 位全为 1,即 0xFFFFFFFFFFFFFFFF。

　　因此,可以认为在 EL0 和 EL1 异常等级下,64 位虚拟地址构成的存储空间的高地址空间是内核空间,而低地址空间为用户空间。在变换表的表项中有一个属性字段标记为"全局(Global)",指明变换的全局属性。例如,内核的地址映射是全局变换,意味着内核区域对当前运行的任何进程都有效,变换的页面也是全局的;而应用程序是非全局的,也即变换只针对当前运行的进程,变换的页面是针对进程的,由地址空间标识(Address Space Identifier,ASID)定义页面与哪个具体进程相关。

　　AArch64 状态下,在 EL2 和 EL3 运行的程序只能使用一个变换表基址寄存器 TTBR0,而没有 TTBR1[①]。因此,在 EL2 和 EL3 异常等级执行的程序只支持一个单独的虚拟地址空间区域,且其可用的虚拟地址范围只能落在低地址区间。

　　图 2.11 给出了一个 ARMv8-A 架构地址映射和变换的实例。

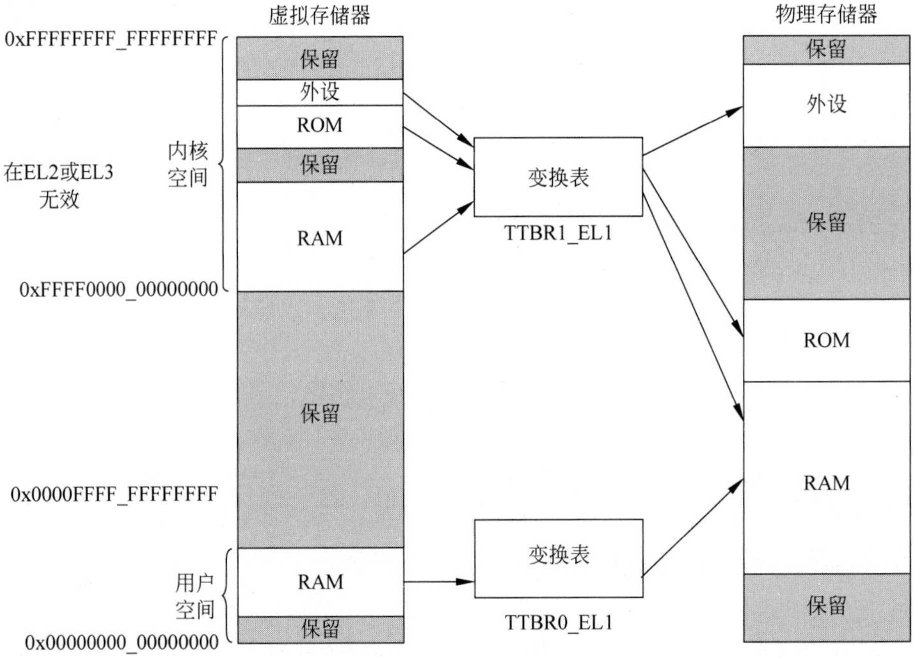

图 2.11　ARMv8-A 架构地址映射和变换实例

2) 不同安全状态的平行地址空间

　　正如前文对 ARMv8-A 的安全模型的描述,处理器有两种状态,即安全状态和非安全状态。与不同异常等级下的独立虚拟地址空间类似,也存在独立的安全虚拟地址空间和非安全虚拟地址空间。相应地,也存在两种物理地址空间:安全地址空间和非安全地址空间。系统硬件在安全状态的地址空间与非安全状态的地址空间之间安装

―――――――――

① 在 ARMv8.1 版本引入的 VHE(虚拟化主机扩展)架构中增加了 TTBR1_EL2 寄存器。

了"防火墙"。理想情况下,安全空间和非安全空间是相互隔离的,而实际的系统一般仅设置单向防火墙,即处于安全状态的处理单元可以访问那些标记为"安全"的存储空间,也可以访问那些标记为"非安全"的存储空间;但处于非安全状态的处理单元则只能访问那些标记为"非安全"的存储空间,而无法访问那些标记为"安全"的存储空间。

因此,在 EL0/EL1 异常等级,可以存在两个独立的虚拟地址空间:安全的 EL0/EL1 虚拟地址空间和非安全的 EL0/EL1 虚拟地址空间。不过,由于物理上只有一套 TTBR0_EL1 和 TTBR1_EL1 变换表基地址寄存器,所以在安全和非安全两个空间之间切换时,安全监视器(Secure Monitor)必须保存和恢复这些寄存器。由于通用寄存器、向量寄存器和大多数系统寄存器都只有一个副本用于安全状态和非安全状态,因此,在安全和非安全两个空间之间切换时需要由软件保存和恢复这些寄存器。安全监视器就是负责保存和恢复寄存器的软件部件。

与不同安全状态的平行地址空间对应,数据 Cache 的标记部分也附加着安全状态,意味着对同一物理地址而言,安全状态的物理页面到 Cache 行的映射与非安全状态的物理页面到 Cache 行的映射是完全独立的。

4. ARMv8-A 的存储器类型和存储器属性

存储器类型(Memory Type)是对处理器与地址区间交互方式的高层描述。ARMv8-A 架构定义了两种互斥的存储器类型:常规(Normal)类型和设备(Device)类型,所有的存储区域都属于这二者之一。

一个系统中的存储器可以被划分为多个区域,代码和数据可以按照其逻辑结构的自然大小被分组存放到存储器的不同区域中。每个区域可以设置若干存储器属性(Memory Attributes),例如不同特权等级的读权限、写权限和执行权限、Cache 可缓存性(Cacheability)和可共享性(Shareability)等。存储管理单元可以分别管理这些不同属性的存储区域。

1) 常规存储器类型

在 ARM 架构中,存储器地址采用统一编址方式,即存储器 I/O 映射方式。以存储器映射方式工作的 I/O 空间被定义为**设备存储器类型**,而常规内存空间则被定义为**常规存储器类型**。

与设备存储器类型相比,常规存储器没有直接的边际效应,也就是说,对某个存储器位置的一次访问不会直接触发另一个操作,对某个内存单元的读操作也不会改变其所存储的数值。

常规存储器类型用于存储器中的所有代码和大多数数据区。一般在需要连续批量访存时,无论是可读写存储器还是只读存储器都可以使用这种类型,例如常规的 RAM(Random Access Memory,随机存取存储器)或 ROM(Read-Only Memory,只读存储器,含闪存)都属于这一类型。

常规存储器类型支持处理器以最高性能访存,由于 ARM 架构采用弱内存顺序结构(Weakly Ordered Memory Architecture),编译器可以进行更多优化,处理器也可以对常规存储器的访问操作进行重排序、重复和合并。例如,处理器可能会将对同一内存地址的多次访问或者对连续地址的多次访问合并为一次访问。

对于标记为常规类型的存储器,处理器可以推测其访问地址的位置,因而在程序没有显式访存时,或者在实际访存之前,数据或指令就可以从存储器读出。对分支预测、推测 Cache 行填充、乱序数据加载或硬件优化的结果都可以采用这种推测访问方式。

因此,为了达到最佳性能,应该始终把应用程序代码和数据的存储空间标记为常规存储器类型。在需要强制访存顺序时,可以使用显式屏障操作(Explicit Barrier Operations)。

常规存储器类型使用弱顺序存储器访问没有任何问题,不需要遵从访问其他存储器或设备的严格顺序。但是处理器需要始终关注地址相关造成的影响。

有两种存储器属性只对常规存储器类型有意义,即可共享性和 Cache 可缓存性。

(1) 存储器的可共享性

存储器的可共享性用于定义存储空间是否可以被多个处理器内核共享。当某一处理单元修改了可共享存储空间的数据时,系统会将修改信息同步到其他处理单元的数据副本中,以保持数据的一致性。

标记为"不可共享(Non-shareable)"意味着该存储区只能用于特定的处理器内核;而标记为"内部可共享(Inner Shareable)"意味着存储区可以被**内部共享区域**(Inner Shareable Domain)之内的 GPU 或 DMA(Direct Memory Access,直接存储器存取)设备等其他观测者共享;标记为"外部可共享(Outer Shareable)"意味着存储区可以被内部共享区域和**外部共享区域**的其他观测者共享。

设置共享区域的目的是尽可能降低保持区域内部一致性的代价。此处,"内部"和"外部"的具体范围是由实现定义的,但同一个内部共享区域内的处理单元应被同一操作系统或虚拟机管理器控制。内部共享区域可以确定一个区域的范围,在该范围内的一组观察者对数据的访问遵从 Cache 透明性,不影响指令取指的一致性要求。也就是说,对标记为内部可共享属性的存储空间,系统必须提供硬件一致性管理,使得该内部共享区域内的处理器内核能看到该存储区的一致性副本。一个系统中可以有多个内部共享区域,相互不影响。

外部共享区域是由一个或多个内部共享区域组成的区域,而内部共享区域则是其所在的外部共享区域的子集,即内部共享区域内的所有观测者一定也是同一个外部共享区域的观测者。

图 2.12 给出了 ARMv8-A 存储器的共享区域示意。

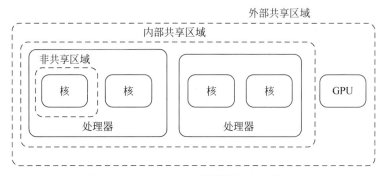

图 2.12　ARMv8-A 存储器的共享区域示意

如果处理器或者其他主控者不能支持一致性,则必须把该共享区域看作不可缓存区域。

（2）存储器的 Cache 可缓存性

常规存储器可以被定义为"全写 Cache 可缓存（Write-Through Cacheable）""写回 Cache 可缓存（Write-Back Cacheable）"和"Cache 不可缓存（Non-Cacheable）"三种 Cache 可缓存性属性之一。而存储器缓存可以针对多级 Cache 通过内部和外部两种属性单独控制。一般而言,内部属性用于处理器内部 Cache;而外部属性用于处理器外的存储器,无论该存储器是被处理器内核之外的 Cache 还是集群之外的 Cache 缓冲。

2）设备存储器类型

设备（Device）存储器类型用于存储器映射方式的外设空间和所有访问具有边际效应的存储器区域。设备存储器类型对处理器的限制更严格。所有代码都应存放到常规存储器中,在标记为"设备"的存储空间上执行代码将导致不可预测的结果。

显然,类似定时器寄存器这样的外设监控寄存器不能够按常规存储器那样重复读出,因为每次读出的数据都不同。访问外设存储器空间必须严格遵从程序逻辑所要求的精确的时间点安排,并且不能为提升性能而改变顺序或者合并对同一地址的多次重复读写操作。

此外,由于对不同设备或者不同类型的存储器的访问无法确保严格的顺序,所以针对标记为设备的存储空间禁止进行推测数据访问,必须确保对单一外设访问的访问顺序和同步要求。

设备存储空间一定是不可缓存的,并且是外部可共享的。

为了在一定条件下提升访问设备的性能,设备存储器类型还定义了三个属性：聚合属性、重排序属性和提前响应写操作属性。

（1）聚合属性

聚合（Gathering,缩写为 G）属性可以确认特定的存储区域是可聚合的（G）还是不可聚合的(non-Gathering,nG)。聚合属性决定对同一存储器地址的同一类型的多次存储器访问(读或者写)是否能被合并为单一的事务,也决定对不同存储器地址的同一类型的多次存储器访问(读或者写)是否能在互连时被合并为单一的事务。

如果某一设备存储空间被标记为非聚合,则对该设备存储器空间访问的次数和数据访问宽度都必须严格遵从指令的指示,不允许合并读写操作。反之,属性为聚合的设备存储空间则允许处理器将多次存储器访问组合成一次访问,例如,把对两个连续字节的两次写操作合并为一次半字写操作。

(2) 重排序属性

设备类型的存储器的另一个属性是重排序(Reordering,缩写为 R)。重排序确定对同一个设备的访问顺序是否能被改动。标记为"不重排序(nR)"属性的设备要求对同一个地址区的访问在总线上出现时严格按照程序中指令安排的顺序。而标记为"重排序(R)"属性的所有类型的存储器都与访问常规不可缓存存储器的排序规则相同。

(3) 提前响应写操作属性

提前响应写操作(Early Write Acknowledgement,缩写为 E)属性确认访问处于处理器和外设之间的写缓冲器时是否允许返回一个"写完成响应"。当处理单元需要从写操作的最终点返回响应时,该设备存储空间的属性应被设置为"不提前响应写操作(nE)",从而保证在写操作真正完成时处理单元才会收到响应信号。

(4) 存储器属性组合

根据访存方式的限制,共有四种不同类型的设备存储器:Device-nGnRnE、Device-nGnRE、Device-nGRE 和 Device-GRE。其中,Device-nGnRnE 对符合访存规则的要求最严格,而 Device-GRE 对符合访存规则的要求最宽松。

在 ARMv8 以前的内存模型中定义的强顺序(Strongly Ordered)存储器类型在 ARMv8-A 架构中被映射为 Device_nGnRnE。

3) 存储器访问权限

图 2.13 给出了一个 ARMv8-A 架构存储器映射实例。

从图 2.13 中可以看出,不同存储区域的存储器除了存储器类型和存储器属性的差异外,还有存储器访问权限等限制。除了禁止访问、只读、读写等访问权限外,存储区域还可定义为非特权(EL0)、特权(EL1、EL2 或 EL3)特性。而执行权限则决定是否可以从某存储区域取指令。如果存储器访问发生权限冲突,例如向只读区域发送写请求,将产生权限故障异常。

5. ARMv8-A 的内存顺序模型

ARM 体系结构参考手册定义了**简单顺序执行**(Simple Sequential Execution,SSE)模型。简单顺序执行是 ARM 架构定义的**指令顺序**概念模型,即凡是兼容 ARMv8-A 架构的处理器的行为方式都与串行执行指令的模式相同:按照程序给出的指令执行顺序完成取指令、指令译码和指令执行操作,每次只执行一条指令。

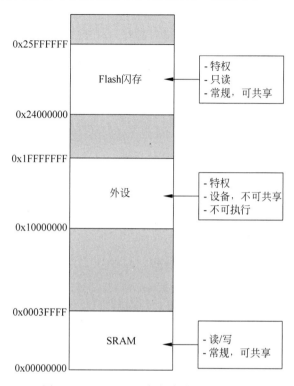

图 2.13　ARMv8-A 架构存储器映射实例

体系结构规范只是定义了处理器的外部功能特征,并不涉及处理器的内部实现。因此,SSE 指令顺序模型并不妨碍处理器内部通过复杂的指令流水线实现多条指令并行执行,也允许处理器支持乱序执行,现代处理器为了提升处理器整体执行效率也会普遍采用这些方法。但是无论是乱序执行还是指令多发射,这些并行操作都是由硬件实现的,只要处理器对外符合简单顺序执行模型,软件从功能上无法感知。

而与指令顺序相关但有区别的是**内存访问顺序**,即内存系统看到的访问内存的顺序。由于 Cache 和写缓冲器的存在,即使外部特征符合简单顺序执行模型的处理器也会出现访存顺序混乱的情况。对于常规存储器,ARMv8 架构的处理器采用弱顺序内存结构,允许处理器观察到的其他处理器的内存读和写访问的感知顺序及程序执行顺序与程序顺序不同。

ARMv8 的内存一致性模型的特征可以概括为以下几点:

(1) ARMv8 的内存一致性模型属于弱一致性模型,与 C 或者 Java 这样的高级程序设计语言使用的内存模型类似。观察者看到其他处理器上的独立内存访问可以被重排序。

（2）对大多数内存类型不要求多拷贝原子性（Multi-copy Atomicity）。

（3）必要时可以使用指令和内存屏障补偿缺失的多拷贝原子性。

（4）在排序时使用地址、数据和控制依赖性，以避免在程序员或编译器需要一定访存顺序时较多地使用屏障或者其他显式指令。

其中，多拷贝原子性是多处理系统中的访存操作属性。如果向内存某个位置（Location，ARM 定义为一个字节地址）执行写操作，并且满足下面两个条件，则该操作被称为多拷贝原子性的：

（1）对同一位置的所有写操作都是串行化的，也即所有观察者看到的操作顺序都相同，但不排除有些观察者没有看到全部写操作；

（2）只有在所有观察者都看到某次写操作之后，从一个位置读出才会返回这次写操作的值。

2.2.2 ARM 架构的系统存储管理单元

1. 系统存储管理单元（SMMU）的功能

存储管理单元（MMU）负责实现处理单元的存储器访问请求的虚实地址变换和权限管理等功能，而**系统存储管理单元**（System Memory Management Unit，SMMU）则是为实现直接存储器存取（DMA）方式下的系统 I/O 设备的地址变换而增加的系统部件，是 ARM 架构下为实现 I/O 及加速引擎的虚拟化提供的一个重要组件。

引入系统存储管理单元旨在解决虚拟化平台下的外部设备（例如 USB 控制器）或支持 DMA 操作的 GPU、DSP 等部件的重映射问题。为了让 DMA 控制器取代处理器软件实现批量数据传输控制，首先要由处理器对 DMA 操作进行初始化配置，设置 DMA 通道选择、DMA 源地址、DMA 目的地址及数据块长度等参数，而 DMA 传输过程中通常要占用主存一段连续的存储单元进行传输操作。在 DMA 传输过程中需要使用的源地址和目的地址都必须是物理地址。

回顾一下存储管理单元支持虚拟化扩展时的两级地址映射过程：在第一级变换中，客户操作系统通过自己管理的变换表把虚拟地址（VA）转换为中间物理地址（IPA），这一中间物理地址对客户操作系统而言就是物理地址（PA）。在第二级变换中，虚拟机管理器进一步将客户操作系统的"物理地址"变换为真正的物理地址。因此，客户操作系统看到的"物理地址"并非访问物理存储器的终极物理地址，而是系统中间物理地址。以这一中间物理地址初始化 DMA 控制器并让 DMA 控制器向存储器发出中间物理地址访存显然会出差错，但客户操作系统又不知晓第二级地址变换的存在，无法依赖存储管理单元的第二级地址变换过程。让虚拟机管理器实现第二级地址映射时又必须借助异常处理过程，开销很大。

解决办法就是把处理器内的存储管理单元机制复制到互连总线和外部设备之间，从而引入一个专门为外部设备服务的 **IOMMU**（Input/Output Memory Management

Unit,输入/输出存储管理单元),该部件在 ARM 架构中被称为系统存储管理单元。系统存储管理单元允许系统把页表共享给外设,因而在系统层面支持虚拟外设兼容 ARM 架构的内存模型。

　　系统存储管理单元并不是 ARMv8-A 的专有配置。对于小规模的 ARM 系统,可以使用 ARM 架构下的系统存储管理单元规范 v2 版本引入的基于寄存器的系统存储管理单元架构。而 ARM 系统存储管理单元 v3 版本规范则增加了基于存储器的配置结构,以支持更大的 I/O 系统,并且支持使用 PCI Express 总线的系统与系统存储管理单元协同。

　　图 2.14 描述了 ARM 体系结构的系统存储管理架构。

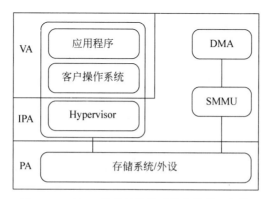

图 2.14　ARM 体系结构的系统存储管理架构

2. 系统存储管理单元的数据流

　　系统存储管理单元实现的功能与处理单元(PE)内的存储管理单元(MMU)类似,可以认为系统存储管理单元就是专门针对外设的存储管理单元,其功能是对 DMA 传输期间系统 I/O 主设备发出的访存地址进行变换,然后将其送至系统互连总线。这一变换只有在 DMA 传输期间才进行。而且,系统存储管理单元只进行单向变换,也即从设备到存储器方向的变换;从处理单元至设备的数据流由处理单元内的存储管理单元管理。图 2.15 给出了 ARM 架构的系统存储管理单元数据流示意。

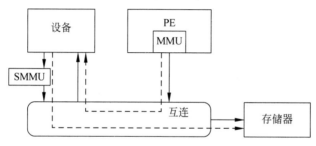

图 2.15　ARM 架构的 SMMU 数据流示意

由于 DMA 控制器看到的存储器视图与客户操作系统看到的存储器视图相同,因而同一套驱动程序既可以用于虚拟化系统,也可以用于非虚拟化系统。

系统存储管理单元用于多个客户操作系统被一个虚拟机管理器管理的虚拟化系统,而且支持三种选择功能:只使用将虚拟地址变换为中间物理地址的第一级变换;只使用将中间物理地址变换为物理地址的第二级变换;第一级变换+第二级变换,即先将虚拟地址变换为中间物理地址,再将中间物理地址变换为物理地址。

第一级变换用于软件实体需要实现内部隔离时,例如操作系统内的 DMA 隔离。第二级变换用于在虚拟化环境中对客户虚拟机地址空间实现虚拟化设备 DMA。当两级变换都使能时,称为嵌套配置。

为了区分系统存储管理单元所服务的不同设备并把数据流与相关变换操作关联起来,访存请求除了要携带地址、读/写方向和权限等信息外,还增加了额外的属性以标识不同设备的数据流,即针对不同设备使用不同的变换表。

一个系统中可以有多个系统存储管理单元,而一个系统存储管理单元可以只服务于一个设备,也可以服务多个设备。

3. 系统存储管理单元的配置

图 2.16 给出的实例说明了在 ARM 架构下系统中如何配置系统存储管理单元。图 2.16 中,系统存储管理单元被配置在设备主端口(或者 I/O 互连结构)与系统互连架构之间。上层的系统存储管理单元将来自两个设备的输入数据流与系统互连架构相连接。这两个设备可以使用虚拟地址或者中间物理地址实现 DMA 操作,由系统存储管理单元将地址变换为物理地址。下面的系统存储管理单元则以点对点方式与一个 PCI Express(PCIe)根复合体相连,且在二者之间通过 **ATS**(Address Translation Services,**地址变换服务**)端口相连,支持 PCI Express 总线的 ATS 和页面请求接口(Page Request Interface,PRI)等功能。

系统存储管理单元的每个输入数据流都包含地址、数据大小和相关属性,例如读/写、安全/非安全、可共享性、可缓存性等。因此,如果有不止一个客户设备使用系统存储管理单元,就必须把不同数据流的来源区分开来。系统存储管理单元的实现厂商可以定义 StreamID(数据流标识)指明发送数据流的设备。每个系统存储管理单元都有自己的 StreamID 命名空间,故不同系统存储管理单元后面的同一个 StreamID 属于不同的数据源。

从图 2.16 可以看出,系统存储管理单元只负责设备输入至系统互连架构方向的数据流的处理,而向从设备的输出数据流并不经过系统存储管理单元。这是因为,从主设备送出的地址或者已经经过主设备处理单元内置的存储管理单元的变换,或者是已经被前一级系统存储管理单元变换过了。但是如果主设备没有配置存储管理单元,则必须由具有最高特权权限的系统软件通过程序处理 DMA 地址。

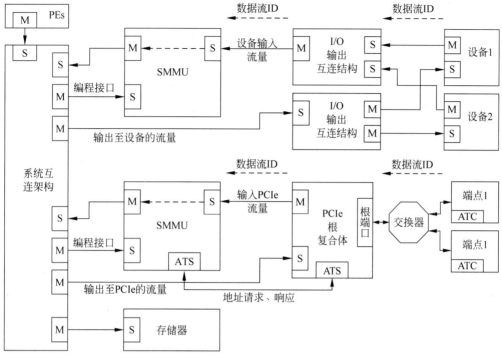

图 2.16　ARM 架构系统存储管理单元配置实例

M：Master，主端口；S：Slave，从端口；ATC：Address Translation Cache，地址变换 Cache。

系统存储管理单元还有一个编程接口，系统软件可以通过该接口实现初始化与维护操作。系统存储管理单元还可以作为主设备访问自身的存储空间，以便配置其中的变换表等数据结构。

2.3　ARMv8-A 架构的服务器特性

2.3.1　ARMv8-A 的服务器架构标准化

与嵌入式设备相对封闭简单的应用场景不同的是，服务器应用环境要求进行开放的设备部署与配置，服务器硬件还要和其他不同类型的设备、软件与部件实现互操作。对于包含硬件、固件、操作系统与虚拟机管理器等基础软件和应用软件的完整架构，没有哪个厂商能够具备全部的服务器应用技术栈。在 ARM 架构的处理器应用最普及的嵌入式应用中，修改软件以适配个性化硬件的配置是最常见的做法，但在服务器行业中，必须使用标准软件。因此，服务器硬件必须得到软件和固件的支持和兼容才能充分发挥硬件的作用，因而服务器硬件市场依赖于相关技术架构的生态环境，并通过具有兼容性和互操作性的技术标准实现不同厂商之间的横向整合。

1. 成熟的服务器技术标准

为了实现不同硬件厂商和软件厂商之间的互操作性,业界已经为硬件和固件制定了一系列的技术标准。在服务器市场曾经长期占据主导地位的 IA-32/英特尔 64 架构已经得到很多成熟的技术标准的支持,除了第 1 章提及的智能管理接口规范(IPMI)外,UEFI、ACPI 和 SMBIOS 也是常见的服务器技术标准。

(1) **UEFI 即统一扩展固件接口**(Unified Extensible Firmware Interface)。UEFI定义了操作系统与系统固件之间的软件接口。UEFI 标准提供引导服务,支持存储器映射、映像加载等功能。UEFI 也通过运行时服务为操作系统或虚拟机管理器提供持续存在的服务调用。

(2) **ACPI 即高级配置与电源接口**(Advanced Configuration and Power Interface)。ACPI 为操作系统提供感知计算机系统配置及其各种部件的接口。ACPI 是由英特尔公司、微软公司、东芝公司等共同制定的硬件配置与电源管理规范。ACPI 规范于2013 年归并到 UEFI 论坛(Unified Extensible Firmware Interface Forum)。ACPI 规范能让操作系统适配系统属性,并在驱动程序与系统外设之间建立关联关系。ACPI规范也提供了系统管理与电源管理的接口。ACPI 规范的最新版本是 2019 年 1 月发布的 6.3 版。操作系统必须使用 ACPI 配置平台硬件并提供基本操作。通过 UEFI 可以将 ACPI 表传递给操作系统,进而驱动操作系统控制的电源管理(Operating System-directed Power Management,OSPM)。

(3) **SMBIOS 即系统管理基本输入输出系统**(System Management Basic Input Output System),给出了制造商显示其产品管理信息的标准格式和统一规范。SMBIOS 规范由国际标准化组织——分布式管理任务组(Distributed Management Task Force,DMTF)发布,通过表格驱动的数据结构提供硬件和固件的配置信息。虽然 SMBIOS 并不是操作系统引导或内核运行必需的资源,但已经广泛应用于平台管理、脚本执行和应用部署等环节。

这些广泛应用的技术标准经过多年的技术迭代,日趋成熟,并被广泛接受和应用。

对于较晚进入服务器领域的 ARM 架构而言,生态环境尤为重要。ARM 公司期望 ARM 架构的 64 位服务器的生态系统符合现有的企业服务器市场需求。为了充分利用现有服务器相关的技术标准和生态环境资源,ARM 公司与众多厂商与标准化联盟广泛合作,共同推进 ARM 架构与现有规范的融合。例如,ARM 公司现在是 UEFI论坛的推广者会员,ARM 架构与 ACPI 标准的协同使基于 ARM 架构的系统可以通过 ACPI 接口获取各种系统部件的信息,例如 I/O 拓扑、PCI Express 总线、系统存储管理单元和通用中断控制器的相关信息等。

ARM 公司也与众多厂商与相关标准化组织共同制定了一系列服务器相关的

ARM 技术规范,以使成熟的服务器技术标准能够应用于基于 ARM 处理器体系结构的服务器,并实现不同厂商和不同层次的软硬件部件之间的互操作。其中最重要的两个规范即主要针对硬件系统的 ARM 服务器基础系统架构规范(SBSA 规范)和主要针对固件的 ARM 服务器基础引导要求规范(SBBR 规范)。SBBR 规范与 SBSA 规范共同提供了一套基于 ARM 架构的服务器硬件及其固件的标准构建方法,使得单一操作系统内核镜像可以实现对所有符合标准的服务器硬件的支持。

2. ARM 服务器基础架构(SBSA)规范

对于基于 ARM 架构的服务器硬件,ARM 公司发布了服务器硬件基础架构规范,使不同厂商的硬件可以在符合该规范的基础上提供灵活实现,并为软件开发提供统一的硬件接口。《**ARM 服务器基础系统架构(SBSA)**,平台设计文档(ARM Server Base System Architecture,Platform Design Document)》是由 ARM 公司牵头,联合华为海思、飞腾、Cavium、Qualcomm 等芯片厂商,Canonical、Linaro、微软、Red Hat、SUSE 等软件厂商,戴尔、富士通、惠普企业(HPE)等服务器厂商,AMI、百敖、Insyde 等 BIOS 厂商,以及谷歌、微软等云服务提供商,共同制定的 ARM 架构 64 位服务器的硬件架构规范。SBSA 规范于 2014 年初制定了 1.0 版,2016 年 2 月首次发布了 3.0 版,2017 年 2 月更新到 3.1 版,2018 年 5 月发布了 5.0 版,最新的 6.0 版于 2019 年 9 月发布。

SBSA 规范详细定义了基于 ARM 64 位处理器架构的硬件的体系结构,固件、操作系统和虚拟机管理器等服务器系统软件可以依据该规范实现"开箱即用"的软件兼容性和可靠性。虽然这一规范并非强制性标准,但符合这一规范的硬件设备支持跨厂商的软件兼容,例如可以让单一操作系统映像能够在符合该规范的所有硬件上运行,也允许实现跨平台的固件功能。因而该规范得到芯片厂商、固件厂商、服务器硬件厂商和系统软件厂商的欢迎和广泛支持。

在 SBSA 文档中,通过**功能级别**(Levels of Functionality)界定服务器硬件实现的功能集合。每个功能级别都在更低一个功能级别的基础之上增加了一些新功能。除非明确说明,属于第 n 级的所有规范条目都适用于大于 n 的级别。如果一个系统能够实现服务器基础系统架构的某一级别定义的所有功能,并且可以满足该级别目标应用的性能要求,则表明该系统实现与 SBSA 规范这一级别的要求完全一致。这也意味着该级别的所有功能都可以被运行在其上的软件充分利用。

在 SBSA 规范 3.0 及 3.1 版本中,定义了第 0 级到第 3 级共四个功能级别,其中的第 0 级是最低级别。

从 2018 年发布的 SBSA 规范 5.0 版开始,功能级别中的第 0 级、第 1 级和第 2 级与第 3 级合并,并引入了更高要求的第 4 级和第 5 级,6.0 版更进一步引入了第 6 级。在最新的 SBSA 规范中,原有的 3.0 和 3.1 版本中定义在第 0 级至第 2 级的那些仍然有效的要求被整合到第 3 级中,因此有效的级别变为功能级别 3 至功能级别 6。

在每个功能级别中,SBSA 规范从多个维度规范了服务器硬件的功能及其与操作系统的接口。例如,在最新的 SBSA 规范 6.0 版中,功能级别第 3 级共定义了 11 个系统特性:处理单元(PE)架构、预期的安全状态的使用方法、内存映射、中断控制器、私有外设中断(PPI)分配、系统存储管理单元和设备分配、时钟和定时器子系统、唤醒语义、电源状态语义、看门狗(Watchdog)和外设子系统。而在同一版本规范的功能级别第 4 级,又补充定义了处理单元架构、系统存储管理单元和设备分配及外设子系统这三个系统特性的更高要求。

此外,在 SBSA 规范的各个版本中还定义了一个固件第 3 级(Level 3-Firmware),是对满足功能级别第 3 级的系统的可选的附加要求集。定义固件第 3 级的目的是为支持标准平台的固件提供定义明确的基本功能集。第 3 级功能级别与固件第 3 级是独立的,也就是说,符合第 3 级规范但不兼容固件第 3 级规范的系统仍然是完全兼容第 3 级功能级别的系统,该系统具备操作系统和虚拟机管理器所需的全部功能。固件第 3 级则定义了对内存映射、时钟和定时器子系统、看门狗和外设子系统四个系统特性的额外要求。

在 SBSA 规范中还定义了一些系统标准部件的规范,例如通用看门狗(Generic Watchdog)定时器和统一通用异步收发器(GENERIC UART)标准,并给出了 PCI Express 总线和系统存储管理单元在 SBSA 系统中集成的标准。

3．ARM 服务器基础引导要求(SBBR)规范

对运行在服务器上的操作系统而言,除了需要服务器硬件系统支持最低标准外,也需要在固件层面定义最小功能规范,从而在实现互操作的基础上支持不同厂商的差异化创新。

对于基于 ARM 架构的服务器固件,ARM 公司与合作伙伴联合制定并发布了《**ARM 服务器基础引导要求(SBBR)**,平台设计文档(Arm Server Base Boot Requirements, Platform Design Document)》这一规范性文件,定义了符合 SBSA 规范的 ARM 架构服务器的固件规范。SBBR 规范的 1.0 版于 2016 年 3 月正式对外发布,最新的版本为 2019 年 9 月发布的 1.2 版。

SBBR 规范是针对符合 SBSA 标准的 64 位 ARMv8-A 架构服务器制定的。该规范定义了任何兼容 ARM SBSA 规范的操作系统或虚拟机管理器在支持"开箱即用(Out-of-Box)"能力时对固件提出的基本要求。SBBR 规范提出的是启动多核 ARMv8-A 架构服务器平台应该满足的最低但却是完整的要求,同时确保为 OEM (Original Equipment Manufacturer,原始设备制造商)或 ODM(Original Design Manufacturer,原始设计制造商)的创新设计保留足够的发挥空间。SBBR 规范也遵循"操作系统中立(OS-neutral)"原则。

运行在标准服务器硬件上的操作系统需要标准的固件接口,以保证正确地启动和

运行。SBBR 规范定义了在符合 SBSA 标准的 ARM 架构 64 位服务器上运行的操作系统和虚拟机管理器在启动和运行时所需要的服务。SBBR 规范针对的是物理系统启动和运行时所需的服务,包括支持虚拟化所需的服务,但该规定并不涉及在虚拟机上运行的客户操作系统的抽象标准。

SBBR 规范涵盖了与服务器固件相关的工业标准,也涵盖了 ARM 定义的相关标准,图 2.17 给出了 SBBR 在不同层次关联的各类标准的架构描述。

SBBR 规范引用并遵循获得业界广泛支持的 UEFI 和 ACPI 这两项成熟的固件标准,以便为在 ARM 架构的 64 位服务器上实现这些规范提供补充要求。ARM 也持续和 UEFI 论坛等标准化组织合作,在这些标准的最新版本中直接加入对 ARM 架构处理器的支持。例如,符合 SBSA 标准的服务器可

图 2.17　ARM SBBR 固件规范架构

以使用 ACPI 规范描述其安装的硬件资源,处理运行时的系统配置、事件通知和电源管理等功能。

SBBR 规范定义了必备的(Required)、建议的(Recommended)和可选的(Optional) UEFI、ACPI 和 SMBIOS 接口。通过标准的固件-操作系统接口可以规范系统的启动方式、异常处理方式、能耗管理接口等,从而让服务器芯片支持第三方操作系统。

SBBR 规范还涵盖了 ARM 自行定义或主导的相关规范,例如电源状态协调接口(Power State Coordination Interface,PSCI)、安全监视器代码调用规约(Secure Monitor Call Calling Convention,SMCCC)和 ARM 应用处理器可信固件(Trusted Firmware-A,TF-A)等标准。SBBR 规范也计划与 TianoCore EDK2、Trusted Firmware-A 等标准化的开放固件项目实现互操作,为符合 SBBR 规范的固件提供参考设计。

4. ARM 服务器管理规范、安全规范与合规性测试

1) ARM 服务器基础可管理性要求(SBMR)

2020 年 1 月,ARM 发布了《ARM 服务器基础可管理性要求(SBMR)1.0 版,平台设计文档(Arm Server Base Manageability Requirements 1.0,Platform Design Document)》。SBMR 规范借助广泛应用的系统管理工业标准规范,例如 Redfish、平台级数据模型(Platform Level Data Model,PLDM)和管理部件传输协议(Management Component Transport Protocol,MCTP)等,构筑了服务器管理的基本架构。

SBMR 规范定义了四个标准接口:ARM 架构的处理器片上系统与主板管理控制器(Baseboard Management Controller,BMC)之间的接口;BMC 与传感器、风扇、电源

等平台组件之间的接口；BMC 与 I/O 设备之间的接口；支持系统管理员通过外部网络远程管理服务器的 BMC 管理服务带外(Out-of-Band)接口。

SBMR 规范使得 ARM 架构服务器与常规的工业标准系统管理规范可以实现互操作。

2) ARM 服务器基础安全指南(SBSG)规范

对于服务器系统而言,平台的安全性是需要首先考虑的问题之一。ARM 公司于 2019 年 9 月发布了《ARM 服务器基础安全指南(ARM Server Base Security Guide, SBSG)》。SBSG 规范为维护基于 ARM SBSA 和 SBBR 规范的服务器平台的安全性提出了要求和指导,以支持维护 ARM 服务器平台的完整性,以及对平台完整性状态的安全认证。

SBSG 规范给出了对硬件和固件的安全需求和指导,重点关注如何保护基于 ARM 架构的服务器平台的关键资产,例如可更新的固件模块、关键的存储器空间和安全存储器等。

3) ARM ServerReady 计划与合规性测试

ARM 公司在 2018 年的 ARM TechCon 大会上发布了 ARM 服务器就绪 (ServerReady)计划 v1.0 版。ARM ServerReady 计划是一个基于标准的合规性测试计划,该计划是对服务器基础系统架构(SBSA)和服务器基础引导要求(SBBR)这两个规范以及 ARM 企业架构合规性测试包(Architectural Compliance Suite,ACS)的补充。ACS 是 ARM 公司在 github 上发布的开源测试代码,可以用于检测不同的架构实现是否符合 SBSA 及 SBBR 规范。ARM 的合作伙伴可以运行基于 ACS 的测试包以检查其系统是否符合 ARM ServerReady 计划的要求。

ARM ServerReady 计划针对 SBSA 和 SBBR 规范中描述的硬件和固件要求建立了最低标准,符合 ARM ServerReady 计划标准意味着基于 ARM 架构的服务器可以实现开箱即用,支持硬件、固件与操作系统的无缝互操作性。

ARM ServerReady 计划包含一组合规性测试程序,定义了完整的认证流程,以及 ServerReady 标识(Logo)等有助于 ARM 合作伙伴进行市场推广的营销材料。

2.3.2　ARMv8-A 的 RAS 扩展与 PMU 扩展

与单一用户使用的个人计算机相比,服务器除了对计算性能有较高要求外,其主要特点在于对可靠性(Reliability)、可用性(Availability)和可服务性(Serviceability)的要求更高。通常把可靠性、可用性和可服务性统称为 RAS。

在 ARMv8-A 架构规范中,RAS 扩展是 ARMv8.2 要求必备的扩展功能,对 ARMv8.0 和 ARMv8.1 而言则是可选的扩展功能。

1. ARM RAS 硬件架构

RAS 是一个系统工程,需要硬件、固件、操作系统、虚拟机管理器甚至应用软件协同配合才能实现 RAS 性能的提升。在硬件层面,RAS 技术需要处理器、存储器和 I/O 部件的支持。

对 ARMv8-A 架构的服务器处理器而言,ARM 公司在其发布的《ARM 可靠性、可用性和可服务性(RAS)规范 ARMv8,ARMv8-A 体系结构概要[Arm Reliability, Availability, and Serviceability (RAS) Specification ARMv8, for the ARMv8-A architecture profile]》(以下简称"ARM RAS 扩展规范")中描述了 ARMv8-A 架构 RAS 扩展的相关规范,其中重点关注了硬件产生的差错,定义了 ARMv8-A 架构的系统中硬件与固件的相关标准接口。

在 ARMv8.2 架构中,ARM 还引入了称为 ARMv8.2-IESB 的 RAS 扩展功能。 ARMv8.4 架构更进一步引入了两种 RAS 扩展功能:ARMv8.4-RAS 和 ARMv8.4-DFE(Double Fault Extension,双故障扩展)。

1) RAS 扩展寄存器

RAS 扩展首先关注的是如何为软件收集硬件产生的差错信息。RAS 扩展引入的系统寄存器定义在 ARMv8-A 架构规范中。RAS 扩展还另外引入了一组存储器映射寄存器,定义在 ARM RAS 扩展规范中。

在 RAS 系统寄存器中,所有 AArch64 执行状态下的差错记录系统寄存器均以 ER * _EL1 的形式命名,而所有 AArch32 执行状态下的差错记录系统寄存器均以 ER * 的形式命名。

对某一个处理单元的系统寄存器中的差错记录而言,可以只允许系统寄存器被其所属的处理单元访问,也可以允许其他处理单元通过系统寄存器或者存储器映射寄存器共享访问。

RAS 扩展寄存器向软件提供差错记录信息,也为软件控制差错中断提供支持。

2) 差错同步事件与差错同步屏障指令

RAS 扩展引入了差错同步事件(Error Synchronization Event)操作,并在 A32、T32 和 A64 指令集中引入了差错同步屏障(Error Synchronization Barrier,ESB)指令。

差错同步事件用于同步不可恢复差错(Unrecoverable Errors),即由处理单元处理的、并非静默传播的受控差错(Containable Errors)。所有的不可恢复差错都必须通过差错同步事件同步。

差错同步屏障指令可以帮助定位差错。执行差错同步指令会产生一个差错同步事件,进而可以触发一个异步的系统错误中断(SError Interrupt,SEI)。

差错同步事件能够确保所有不可恢复差错按照程序执行顺序产生,然后通过差错同步事件请求一个物理系统错误中断。如果物理系统错误中断是由差错同步事件引起的,或者在差错同步事件发生之前已经提出中断请求,而且在当前异常等级下该中断未被屏蔽,则该中断会在差错同步事件完结之前被服务。也就是说,对于由 ESB 指令产生的差错同步事件引起的中断而言,其首选的异常返回地址就是该 ESB 指令的地址。

因此,可以在软件代码中间隔地插入 ESB 指令,在两条 ESB 指令之间的软件代码可以被隔离。如果在这两条 ESB 指令之间的代码执行过程中产生了差错,则由后一条 ESB 指令触发中断向软件报告该不可恢复错误。

在 ARM RAS 扩展规范和 ARM 架构规范中重点定义的是软硬件的接口,而处理器系统采用的 RAS 技术通常是由实现定义的(Implementation-specific),例如存储器控制器和 I/O 部件中使用的 ECC(Error Correction Code,差错修正码)技术、污染(错误)数据标记方法及故障风暴的抑制策略等。

2. ARM RAS 的固件与操作系统支持

RAS 的差错上报有两种策略:**固件优先**(Firmware First)和**内核优先**(Kernel First)。

固件优先策略要求把硬件检测到的所有差错先报告给固件,由固件进行优先处理,然后再报给操作系统或者带外管理部件。固件优先策略有利于统一收集错误并进行差错隔离,也可以将错误上报到带外管理部件。但是固件不支持多任务处理,并且通常很难进行错误恢复,必须再上报给操作系统处理。

而在内核优先策略中,所有错误都优先上报给操作系统内核。内核可以采用多任务处理方式,而且能快速进行故障恢复,但不能把错误上报给带外管理部件。

ARM 服务器架构支持 RAS 错误采用固件优先处理方式,也支持内核优先处理方式。而错误管理的具体方法则取决于具体实现。错误处理机制需要定义软件各层之间的标准接口,以便在操作系统与固件之间、处理器系统与带外管理部件之间交换 RAS 信息。

在 ACPI 规范中定义了固件优先的差错处理流程。为了支持差错上报机制,ACPI 规范引入了 **ACPI 平台差错接口**(ACPI Platform Error Interfaces,APEI)。APEI 是对硬件的差错上报机制的补充,将硬件差错信息与系统固件紧密结合,是固件传递 RAS 差错到操作系统的标准接口。APEI 允许操作系统和固件以互补的方式共同完成硬件差错处理任务。硬件制造商可以决定是固件还是操作系统拥有关键的硬件故障来源。硬件故障来源指的是任何可以向操作系统报告存在差错条件的硬件部件,例如处理器的机器检查异常、硬件模块上报差错消息的信号、PCI Express 总线根端口的差错中断以及 I/O 设备的差错信号等。APEI 也允许固件在必要时将硬件差错来源的控制权转移给操作系统。

APEI 接口由四张独立表格构成:

（1）硬件差错来源表（Hardware Error Source Table，HEST）：用于固件在运行时向操作系统报告原始硬件差错来源的信息。

（2）引导差错记录表（Boot Error Record Table，BERT）：BERT 用于报告上次引导时未处理的差错。操作系统在引导时将查询已存在的引导差错记录，固件则通过通用平台差错记录（Common Platform Error Record，CPER）格式上报引导差错来源（CPER 格式定义在 UEFI 规范附录中）。通常通过 BERT 上报的是引起系统崩溃的严重错误。

（3）差错记录序列化表（Error Record Serialization Table，ERST）：用于向持久化存储机制保存并从中检索硬件差错信息。

（4）差错注入表（Error Injection Table，EINJ）：用于支持操作系统通过注入硬件差错的方式测试其差错处理机制。

在 ACPI 规范的 6.1 及以后的版本中，规范了标准化的 ARMv8-A 处理器支持固件优先方式的差错处理与上报机制，包括在硬件差错来源表（HEST）中加入了 ARM 定义的 SEA（同步外部中止）和 SEI（系统错误中断）告知类型。

除了通过 UEFI 论坛发布的标准 ACPI 规范支持固件优先的差错处理策略外，ARM 公司还在其发布的另外一份规范文件《ARMv8 RAS 扩展 ACPI 1.0，平台设计文件（ACPI for the ARMv8 RAS Extensions 1.0，Platform Design Document）》中定义了固件向操作系统报告差错信息的接口。在这个规范中，ARM 定义了一个 ACPI 表格，即 ARM 差错来源表（Arm Error Source Table，AEST），实现 RAS 扩展的系统可以通过 ACPI 扩展定义的接口完成内核优先的 RAS 故障处理。

此外，ARM 公司还专门定义了软件授权异常接口（Software Delegated Exception Interface，SDEI）规范平台设计文档（SDEI Platform Design Document），支持更灵活地用软件的方法定义高优先级中断。这一接口也被 ACPI 规范接受。

3．ARMv8-A 的性能监视器扩展

在 ARMv8-A 架构中，PMU（Performance Monitor Unit，性能监视器）扩展是一个可选的扩展功能。但对服务器应用而言，性能监视又是一个非常重要的功能。在 ARMv8-A 架构规范中，ARM 强烈建议实现对性能监视器架构版本 3（PMUv3）的支持。

PMUv3 架构的性能监视器是非侵入式的调试部件。非侵入式调试仅仅观察数据流与指令流，而通过性能监视扩展定义的系统寄存器可以访问 PMU，以获得处理单元运行的相关信息。

PMU 需提供满足一定精度并且在统计效果上有效的计数信息。虽然在常规情况下计数器必须确保计数精准，但出于实现成本的原因，允许在一定程度上放弃更高的计数精度。例如，在改变安全状态或者出现其他边界条件时，降低计数精度是可以接受的。

1）时钟周期计数器

PMU 提供了一个 64 位的时钟周期计数器（Cycle Counter），该计数器类似于某些处理器架构中的时间戳计数器（Timer Stamp Counter），其功能是对硬件处理器时钟计数，以测量系统运行时间。对于仅仅对处理单元时钟计数的计数器，如果处理单元支持多线程，则只有当前活跃的处理单元的时钟才会被计数；而 PMU 的时钟周期计数器是对硬件处理器时钟计数，会跨越所有处理单元持续计数。

2）事件计数器

PMU 架构还定义了若干 32 位或 64 位的事件计数器，ARMv8 架构下最多可以使用 31 个事件计数器。每个事件计数器可以对特定事件的发生次数进行计数。PMU架构通过 16 位的事件编号（Event Numbers）标识事件。

事件计数器可以计数的事件是可编程的，可以被计数的事件包括：

（1）架构与微架构事件（Architectural and Microarchitectural Events）。这类事件通常是在多种微架构间保持一致的普通事件，PMU 规范指定了这些事件必须使用的事件编号。

（2）实现定义的事件。PMU 规范为实现定义的事件预留了事件编号。

表 2.2 显示了在 ARMv8-A 架构规范中定义的 PMU 事件编号空间。

表 2.2　PMU 事件编号空间分配

版　　本	事　件　编　号	空　间　分　配
ARMv8 所有版本	0x0000～0x003F	普通架构和微架构事件
	0x0040～0x00BF	ARM 建议的普通架构和微架构事件。 与普通架构和微架构事件相比，ARM 对此类编号的定义并不严格，此类编号的使用由实现定义。实现可以为了更好地匹配实现的实际情况而修改此类定义，也可以不使用这类编号的部分或全部
	0x00C0～0x03FF	实现定义的事件
	0x0400～0x3FFF	实现定义的事件
ARMv8.1 以后	0x4000～0x403F	普通架构和微架构事件
	0x4040～0x40BF	ARM 建议的普通架构和微架构事件
	0x40C0～0x7FFF	实现定义的事件
	0x8000～0x80FF	普通架构和微架构 SVE（Scalable Vector Extension，可伸缩向量扩展）事件
	0x8100～0xBFFF	保留
	0xC000～0xC0BF	保留
	0xC0C0～0xFFFF	实现定义的事件

表 2.3 给出了 PMU 架构定义的前十个普通架构和微架构事件编号及其事件助记符与功能简要说明,从中可以看出 PMU 记录系统事件的详尽程度。完整的事件编号定义在 ARMv8-A 架构规范 D7.10.3 节的表 D7-7 中。

如果处理器实现了 EL2 异常等级,则事件计数器被划分为两个子集:一个子集包含可以被客户操作系统在所有异常等级使用的事件计数器,另一个子集包含可以被虚拟机管理器在 EL2 和 EL3 异常等级使用的事件计数器。

PMU 架构也允许在特定情况下改变非侵入等级,此时允许事件计数器影响系统的性能或者处理单元的行为。

表 2.3 PMU 普通架构和微架构事件编号(部分)

事件编号	事件类型	事件助记符	说 明
0x0000	架构	SW_INCR	软件递增事件,当写入 PMU 软件递增寄存器(PMSWINC)时计数
0x0001	微架构	L1I_CACHE_REFILL	第一级指令 Cache 重填充(Refill)
0x0002	微架构	L1I_TLB_REFILL	可归因的(Attributable)第一级指令 TLB 重填充
0x0003	微架构	L1D_CACHE_REFILL	第一级数据 Cache 重填充
0x0004	微架构	L1D_CACHE	第一级数据 Cache 访问
0x0005	微架构	L1D_TLB_REFILL	可归因的第一级数据 TLB 重填充
0x0006	架构	LD_RETIRED	加载(执行存储器读指令)
0x0007	架构	ST_RETIRED	存储(执行存储器写指令)
0x0008	架构	INST_RETIRED	对每条执行的指令计数
0x0009	架构	EXC_TAKEN	每次发生异常时计数
0x000A	架构	EXC_RETURN	对每次执行异常返回指令计数

3) 计数器控制接口

PMU 规范定义了对计数器的控制机制,包括使能和复位计数器、标识计数器溢出,以及使能计数器溢出中断。监控软件可以分别使能周期计数器和事件计数器。

除了通过系统寄存器接口访问 PMU 扩展的寄存器外,PMU 架构还定义了外部调试接口,可以通过可选的存储器映射方式访问该接口。

操作系统可以通过系统寄存器访问上述计数器,也可以授权应用软件自行访问这些计数器,以便应用软件在无须操作系统支持的情况下自行监视并优化其性能。

## 第 3 章

鲲鹏处理器片上系统架构

处理器体系结构是计算机系统运行的基石,系统的功能和性能乃至生态环境在很大程度上受到处理器体系结构的影响。虽然计算机系统的分层架构可以尽量向高层软件屏蔽底层硬件的细节,令应用程序员在某种程度上可以忽略处理器组织与体系结构的详情,但是要充分利用计算机系统硬件提供的功能和性能支持设计和运行高效、高性能的软件,无论是固件设计者、系统程序员,还是应用程序员和服务器管理员,都需要理解处理器体系结构。本章首先介绍鲲鹏 920 处理器片上系统的整体架构与兼容 ARMv8-A 架构的 TaiShan V110 处理器内核的组织结构,然后讨论支持鲲鹏处理器的服务器特性的组织方式与管理架构,以及与鲲鹏 920 系统的设备与输入/输出有关的部件结构,最后聚焦鲲鹏处理器的应用场景——基于鲲鹏 920 处理器片上系统的 TaiShan 服务器的组织与体系结构。

3.1 鲲鹏处理器片上系统与 TaiShan 处理器内核架构

3.1.1 鲲鹏处理器片上系统概况

1. 鲲鹏处理器片上系统与鲲鹏芯片家族

华为公司从 2004 年开始基于 ARM 技术自研芯片。至 2019 年底,华为自主研发的处理器系列产品已经覆盖"算、存、传、管、智(计算、存储、传输、管理、人工智能)"等五个应用领域。

鲲鹏处理器是基于 ARM 架构的企业级处理器产品。在通用计算处理器领域,华为公司 2014 年发布了第一颗基于 ARM 的 64 位 CPU 鲲鹏 912 处理器;2016 年发布的鲲鹏 916 处理器是业界第一颗支持多路互连的 ARM 处理器;2019 年 1 月发布的第三代鲲鹏 920 处理器(器件内部型号为 Hi162x)则是业界第一颗采用 7nm 工艺的数据中心级 ARM 架构处理器。图 3.1 给出了华为鲲鹏处理器芯片家族的演化路线图。

在 2019 年以前,华为海思的通用处理器产品中集成的是 ARM 公司设计的 Cortex-A57、Cortex-A72 等处理器内核。而 2019 年发布的鲲鹏 920 处理器片上系统(Hi1620 系列)集成的 TaiShan V110 处理器内核则是华为海思自研的高性能、低功耗的 ARMv8.2-A 架构的实现实例,支持 ARMv8.1 和 ARMv8.2 扩展。

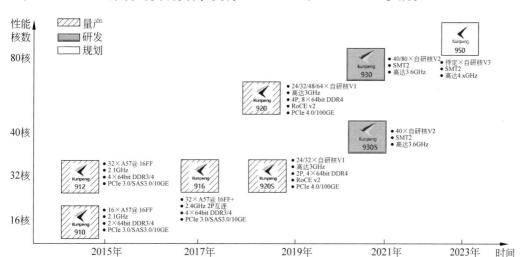

图 3.1　华为鲲鹏处理器芯片家族的演化路线图

广义而言,鲲鹏芯片是华为海思自研的芯片家族的总称。其中除了鲲鹏系列处理器芯片外,还有昇腾(Ascend)人工智能(Artificial Intelligence,AI)芯片、固态硬盘(Solid State Drive,SSD)控制芯片、智能融合网络芯片及智能管理芯片等,形成一个强大的支持计算、存储、传输、管理和人工智能的芯片家族。图 3.2 显示了鲲鹏芯片家族"算、存、传、管、智"五个产品系列及其应用场景的概况。

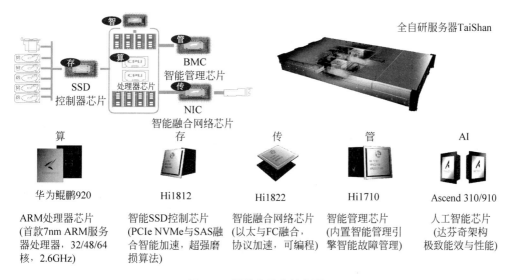

图 3.2　鲲鹏芯片家族概况

2. 鲲鹏 920 处理器片上系统的组成部件

鲲鹏 920 系列是华为自主设计的高性能服务处理器片上系统。每个鲲鹏 920 处理器片上系统集成最多 64 个自研处理器内核,其典型主频为 2.6GHz。处理器内核的指令集兼容 ARMv8.2,支持 ARMv8.2-A 体系结构的所有强制(Mandatory)要求的特性,并且实现了 ARMv8.3、ARMv8.4 和 ARMv8.5 的部分特性,例如 ARMv8.3-JSConv、ARMv8.4-MPAM 和 ARMv8.5-SSBS 等。鲲鹏 920 处理器片上系统采用三级 Cache 结构,每个处理器内核集成 64KB 的 L1 I Cache(L1 指令 Cache)和 64KB 的 L1 D Cache(L1 数据 Cache),每核独享 512KB L2 Cache,处理器还配置了 L3 Cache,平均每核容量为 1MB。

鲲鹏 920 处理器片上系统内置 8 个 DDR4(Double Data Rate 4,第 4 代双数据率)SDRAM(Synchronous Dynamic Random-Access Memory,同步动态随机存取存储器)控制器,最高数据传输率可达 2933MT/s(Mega-transfer per Second,每秒百万次传输次数)。

鲲鹏 920 处理器片上系统集成了 PCI Express 控制器,支持×16、×8、×4、×2、×1 PCI Express 4.0,并向下兼容 PCI Express 3.0/2.0/1.0。

鲲鹏 920 芯片还是世界上第一款支持 CCIX Cache 一致性接口(Cache Coherency Interface)的处理器。CCIX 是 AMD、ARM、华为、IBM、高通、Mellanox 及赛灵思(Xilinx)等七家公司组建的 CCIX 联盟制定的接口标准,该接口的目标是实现加速器芯片互连。通过 CCIX 接口可以实现 CPU 与 APU(Accelerated Processing Unit,加速处理器)、FPGA、网络交换部件、视频处理器等多种加速器的紧耦合互连。

鲲鹏 920 处理器片上系统内置 16 个 SAS(Serial Attached SCSI,串行接口 SCSI)/SATA①3.0 控制器,以及 2 个 RoCE(RDMA over Converged Ethernet,聚合以太网上的远程直接内存访问)v2 引擎,支持 25GE/50GE/100GE 标准网络接口控制器。

鲲鹏 920 处理器片上系统集高性能、高吞吐率、高集成度和高能效于一身,把通用处理器计算推向新高度。

图 3.3 给出了鲲鹏 920 处理器片上系统的基本组成示意图,从图 3.3 中可以了解鲲鹏处理器系统的整体组成结构。图 3.3 的正中是由一致性互连总线包围起来的处理器内核组合,这种架构最多可以配置 64 个 TaiShan V110 处理器内核,这些处理器内核通过分组的方式组织。

除了众多处理器内核之外,鲲鹏处理器片上系统还集成了多种系统控制器和核心外设控制器,例如 DDR 控制器、以太网接口、PCI Express 扩展接口等。

3. 鲲鹏 920 处理器片上系统的特征

鲲鹏 920 处理器片上系统的主要亮点可以概括如下。

---

① SATA 即 Serial Advanced Technology Attachment,串行高级技术附件。

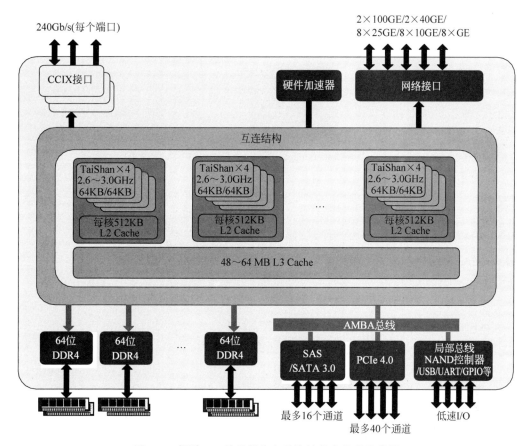

图 3.3　鲲鹏 920 处理器片上系统的基本组成示意图

1）高性能

鲲鹏 920 处理器片上系统是华为海思全自研的 CPU 内核，在兼容 ARMv8-A 指令集的基础上，鲲鹏芯片集成了诸多革命性的改变。面对计算子系统的单核算力问题，鲲鹏 920 处理器片上系统针对每个核进行了优化设计，采用多发射、乱序执行、优化分支预测等技术，算力提升 50%。鲲鹏 920 处理器片上系统支持 2 路和 4 路处理器片间互连，通过提升运算单元数量、改进内存子系统架构等一系列 64 位 ARM 架构的诸多精巧设计，大幅提升了处理器的性能。鲲鹏 920 处理器片上系统还内置了多种自研的硬件加速引擎，如内置加密算法加速引擎、SSL（Secure Sockets Layer，安全套接字层）加速引擎、压缩/解压缩加速引擎等。

以运行在 2.6GHz 的 64 核鲲鹏 920-6426 处理器为例，该芯片运行业界标准的 SPECint_rate_base2006 Benchmark 评估程序得分超过 930，比同档次的业界主流 CPU 性能高出 25%，创造了计算性能新纪录。

2）高吞吐率

鲲鹏 920 处理器片上系统是业界首款基于 7nm 工艺的数据中心 ARM 处理器，采用业界领先的 CoWoS(Chip on Wafer on Substrate，基底晶圆芯片）封装技术，实现多晶片(Die)合封，不仅可以提升器件生产制造的良率，有效控制每个晶片的面积，降低整体成本，而且这种"乐高架构"的组合方式更加灵活。例如，鲲鹏 920 处理器片上系统的处理器部件和 I/O 部件是独立分布在不同的晶片上的，当处理器单独升级时可以保留上一代的 I/O 部件，其中一个原因就是二者的生命周期不同。

通过联合优化设计，鲲鹏 920 攻克了芯片超大封装可靠性及单板可靠性难题，成功将 DDR4 的通道数从当前主流的 6 通道提升到 8 通道，带来 46% 的内存带宽提升，同时容量也可按需提高。DDR4 的典型主频从 2666MHz 提升至 2933MHz，保证了鲲鹏 920 超强算力的高效输出。

鲲鹏 920 处理器片上系统还集成 PCI Express 4.0、CCIX 等高速接口，单槽位接口速率从 8Gb/s 提升至 16Gb/s，为业界主流速率的两倍，使得鲲鹏 920 可以更高效地和外设或其他异构计算单元通信，有效提升存储及各类加速器的性能，I/O 总带宽提升 66%。

鲲鹏 920 处理器片上系统还集成了 2 个 100Gb/s RoCE 端口，网络接口速率从主流的 25GE 标准提升到 100GE 标准，网络带宽提升 4 倍。

3）高集成度

与英特尔公司的 Intel 64 系列处理器的组织结构不同，鲲鹏 920 处理器片上系统不仅包含了通用计算资源，还同时集成了南桥、RoCE 网卡和 SAS 存储控制器等 3 种芯片，构成了功能完整的片上系统。单颗芯片实现了传统上需要 4 颗芯片实现的功能，大幅度提升了系统的集成度，同时释放出更多槽位用于扩展更多功能。

4）高能效

大数据和人工智能的应用带动了云计算的兴起，使计算资源的需求大幅度提升，数据中心的规模越来越大，总功耗也越来越高。以往在移动计算应用场景中出尽风头的 ARM 架构处理器在服务器市场也体现出明显的功耗优势。鲲鹏 920 处理器片上系统的能效比超过主流处理器 30%，48 核的鲲鹏 920-4826 处理器的单位功耗 SPECint 性能测评分高达 5.03。

4. 鲲鹏 920 处理器片上系统的逻辑结构

图 3.4 给出了鲲鹏 920(Hi162x)系列处理器芯片的逻辑结构示意图。

在鲲鹏处理器逻辑架构中，连接片上系统内各个组成部件的是 Cache 协议一致性片上互连总线。片上总线提供了各个处理器内核、设备和其他部件对系统存储器地址空间的一致性访问通道。各个总线主控者通过总线访问存储器中的数据或者设备接口内的寄存器，设备发出的中断请求也通过总线传递给处理器内核。

处理器内核是鲲鹏处理器芯片的核心。不同版本的鲲鹏处理器内置了 24～64 个高性能、低功耗的 TaiShan V110 处理器内核。

鲲鹏处理器系统的存储系统由多级片内 Cache、片外 DDR SDRAM 存储器和外部存储设备组成。鲲鹏处理器片上系统内集成了一至三级 Cache 及其相关的管理逻辑和 DDR 控制器,在存储管理单元的配合下可以实现高性价比的多级存储系统。

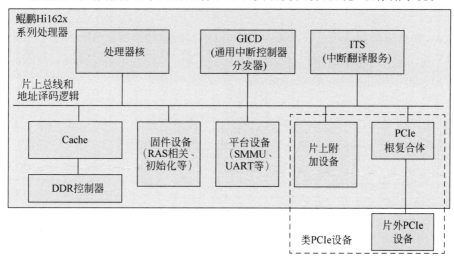

图 3.4　鲲鹏处理器芯片的逻辑结构示意图

除了处理器内核和存储系统外,鲲鹏处理器片上系统还集成了大量外设资源。片上总线上还连接了 GICD(Generic Interrupt Controller Distributor,通用中断控制器分发器)和 ITS(中断翻译服务)部件。

3.1.2　TaiShan V110 处理器内核微架构

1. TaiShan V110 处理器内核的特性

处理器内核(Core)是鲲鹏处理器的最基本的计算单元,通常是由运算器和控制器组成的可以执行指令的处理器的核心组件。TaiShan(泰山)V110 处理器内核完整实现了 ARMv8-A 架构规范,支持 ARMv8-A 架构规范的相关特性。

ARMv8-A 架构定义了处理器的功能规范,但并未限定处理器如何设计与实现,ARM 规范给出的功能结构中也包括一些可选的功能和可选的功能扩展,处理器内核可以根据需要有选择地实现这些可选特性。TaiShan V110 处理器内核在兼容 ARMv8-A 架构的基础上融合了华为海思的先进处理器技术。

TaiShan V110 处理器内核的特性概括如下。

1) 执行部件特性

(1) 执行状态:支持 AArch64 执行状态,但不支持 AArch32 执行状态。

(2) 异常等级:支持 EL0、EL1、EL2 和 EL3 全部四个异常等级。

117

（3）指令集：支持 A64 指令集，不支持 T32EE(ThumbEE)指令集。

（4）安全状态：支持安全状态与非安全状态。

（5）流水线：支持超标量和可变长、乱序指令流水线。

（6）分支预测机制：支持提前分支预测器，集成了分支目标缓冲器（Branch Target Buffer, BTB)、全局历史缓存(Global History Buffer, GHB) RAM (Random-Access Memory, 随机存取存储器)、返回堆栈、循环预测器及间接预测器等功能。

2）片内 Cache 和 TLB 特性

（1）TLB(Translation Lookaside Buffer, 转换后援缓冲器)：由分离的 L1 I TLB、L1 D TLB 和统一的 L2 TLB 组成的两级 TLB 系统，含本地支持可变页长度的 48 表项全相联 L1 I TLB，本地支持可变页长度的 32 表项全相联 L1 D TLB 和每个处理器内核共享的 1152 表项的 4 路组相联统一 L2 TLB。

（2）片内 Cache：两级片内 Cache，包括固定大小为 64KB 的 L1 I Cache 和 64KB 的 L1 D Cache，再加上每个处理器内核私有的 8 路 512KB L2 Cache。L1 Cache 和 L2 Cache 行大小均为 64B(字节)。

（3）Cache 和 TLB 差错校验：L1 D Cache 和 L2 Cache 支持 SECDED(Single Error Correction- Double Error Detection, 单二进制位纠错-双二进制位检错)差错校验机制；L1 D Cache 和 L2 Cache 支持 ECC(Error Correction Code, 纠错码)保护；L1 I Cache 和 L2 TLB 支持奇偶校验保护。

3）总线和互连规范

TaiShan V110 处理器内核的内外部互连遵从一系列开放的总线标准，这些标准定义在**先进微控制器总线架构**(Advanced Microcontroller Bus Architecture, AMBA)规范协议族中，主要关联两个协议：其一是 AMBA 版本 5 的一致性集线器接口(Coherent Hub Interface, CHI)体系结构规范的 CHI-E 协议(AMBA CHI Architecture Specification, Issue E)，该协议定义了全一致性处理器互连与高性能互连接口；其二是定义先进外设总线(Advanced Peripheral Bus, APB)的 AMBA 3 APB 协议。

4）调试与系统监测特性

TaiShan V110 处理器内核实现了 ARMv8 规范的调试架构，遵从 ARM 公司推出的片上系统调试及性能、监视和优化的 CoreSight 基础架构。处理器内核支持 PMUv3 架构、多处理器间调试的交叉触发接口(Cross Trigger Interface, CTI)及 AMBA 3 先进跟踪总线(Advanced Trace Bus, ATB)协议等规范。

5）系统设备和处理器接口

TaiShan V110 处理器内核支持 ARM 通用定时器架构(ARM Generic Timer Architecture)和通用中断控制器 GICv3 架构(仅含通用中断控制器 CPU 接口)，因而片内集成了符合 ARM 规范的通用定时器和通用中断控制器。

2．TaiShan V110 处理器内核的功能结构

图 3.5 为 TaiShan V110 处理器内核的顶层功能图，TaiShan V110 处理器内核集成了处理器及其私有的 L2 Cache。处理器内核由以下部件组成：取指（Instruction Fetch）部件、指令译码（Instruction Decode）部件、指令分发（Instruction Dispatch）部件、整数执行（Integer Execute）部件、加载/存储单元（Load/Store Unit）、第二级存储系统（L2 Memory System）、增强的 SIMD 与浮点运算单元（Advanced SIMD and Floating-Point Unit）、通用中断控制器 CPU 接口（GIC CPU Interface）、通用定时器（Generic Timer）、PMU 及调试（Debug）与跟踪（Trace）部件等。

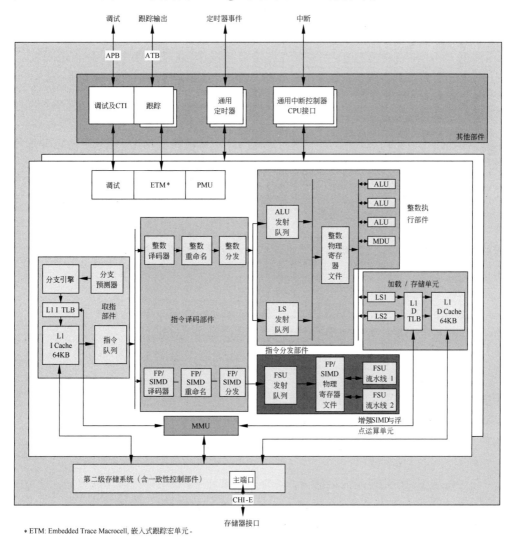

＊ETM: Embedded Trace Macrocell，嵌入式跟踪宏单元。

图 3.5　TaiShan V110 处理器内核的顶层功能图

1）取指部件

取指部件负责从 L1 I Cache 取出指令并向指令译码部件发送指令,每个周期最多发送 4 条指令。鲲鹏 920 的取指部件支持动态分支预测和静态分支预测。

取指部件集成了 64KB 的 4 路组相联 L1 I Cache,Cache 行大小为 64B,其数据 RAM 和标记 RAM 每 8 个二进制位含 1 位奇偶校验保护位。取指部件还包含一个 32 表项的全相联 L1 I TLB(转换后援缓冲器),页大小支持 4KB、16KB、64KB、2MB、32MB、512MB 和 1GB。两级动态预测器内置分支目标缓冲器(BTB),支持高速目标地址生成。静态分支预测器、间接预测器和返回堆栈也是取指部件的组成部件。

2）指令译码部件

指令译码部件负责 A64 指令集的译码,支持 A64 指令集中的增强 SIMD 及浮点指令集。指令译码部件也负责完成寄存器重命名操作,通过消除写后写(Write-After-Write,WAW)和写后读(Write-After-Read,WAR)冒险支持指令的乱序执行。

3）指令分发部件

指令分发部件控制译码后的指令被分发至执行单元的指令流水线的时间,以及返回结果被放弃的时间。指令分发部件包含了 ARM 处理器内核的众多寄存器,如通用寄存器文件、增强 SIMD 及浮点寄存器文件和 AArch64 状态下的系统寄存器等。

4）整数执行部件

整数执行部件包含三条算术逻辑运算单元(Arithmetic Logical Unit,ALU)流水线和一条整数乘除运算单元(Multiplication/Division Unit,MDU)流水线,支持整数乘加运算,也包含交互式整数除法硬件电路、分支与指令条件码解析逻辑及结果转发与比较器逻辑电路等。

5）加载/存储单元

加载/存储(Load/Store,LS)单元负责执行加载和存储指令,也包含了 L1 D Cache 的相关部件,并为来自 L2 存储系统的存储器一致性请求提供服务。

其中,L1 D Cache 容量为 64KB,采用 4 路组相联机制,Cache 行大小为 64B,每 32 位实现差错修正码(Error Correction Code,ECC)保护。加载/存储单元也包含一个 32 表项的全相联 L1 D TLB,页大小支持 4KB、16KB、64KB、2MB、32MB、512MB 和 1GB。该部件支持通过自动硬件预取器生成针对 L1 D Cache 和 L2 Cache 的数据预取请求。

6）第二级存储系统

TaiShan V110 处理器内核的第二级存储系统在 L1 I Cache 和 L1 D Cache 缺失时为每个处理器内核提供服务,并管理 AMBA 5 CHI-E 主接口上的服务请求。

第二级存储系统包含 512KB 的 L2 Cache,支持 8 路组相联操作,每 64 位实现数据 ECC 保护。

第二级存储系统中还保存了每个处理器内核的 L1 Cache 的标记 RAM 的副本,用于处理监听请求。

每个处理器包含 1152 个表项的 4 路组相联 L2 TLB。

第二级存储系统还集成了一个自动硬件预取器,支持可编程的取指距离(Programmable Instruction Fetch Distance)。

7)增强 SIMD 与浮点运算单元

增强 SIMD 与浮点运算单元用于支持 ARMv8-A 架构的增强 SIMD 与浮点运算类指令的执行。此外,该执行单元也可用于支持可选的加密引擎。

8)通用中断控制器 CPU 接口

通用中断控制器(GIC)CPU 接口负责向处理器发送中断请求。

9)通用定时器

通用定时器可以为事件调度提供支持,并可以触发中断。

10)PMU

PMU(性能监视器)为调优系统性能提供支持。PMU 部件可以监视 ARMv8-A 架构定义的事件以及鲲鹏自定义的事件。软件可以通过 PMU 获取诸如 L1 D Cache 缺失率等 PMU 事件的性能信息。

11)调试与跟踪部件

通过 TaiShan V110 的调试与跟踪部件可以支持 ARMv8 的调试架构,例如通过 AMBA 先进外设总线(Advanced Peripheral Bus,APB)的从接口访问调试寄存器。调试与跟踪部件中也集成了基于 ARM PMUv3 架构的 PMU 和用于处理器内核调试的交叉触发接口。TaiShan V110 仅支持指令跟踪,不支持数据跟踪。

3.1.3　鲲鹏 920 处理器片上系统的逻辑结构

通常所说的鲲鹏处理器芯片不仅仅包含传统 CPU 的处理器内核部分,而是由多种部件组合而成的片上系统,有时简称为芯片(Chip)。一个鲲鹏芯片包含多个晶片,在鲲鹏 920 系统的电路板上占据一个槽位(Socket)。

图 3.6 给出了鲲鹏处理器片上系统的物理组成部件的简化逻辑示意图。从图 3.6 中可以看出,鲲鹏处理器系统由若干处理器内核集群(CCL)、I/O 集群(ICL)等部件通过片上总线互连而成。支持 Cache 一致性的片上总线连接了处理器片上系统上的各个部件,每个核、集群和其他部件对系统存储器地址空间、集群及其他可寻址部件(如其他设备中的寄存器)的一致性访问均通过该总线进行。每个设备也通过该总线向处理器提交中断请求。

1.处理器内核集群

在鲲鹏处理器片上系统中,将若干处理器内核及其相关附属硬件组合成**集群**

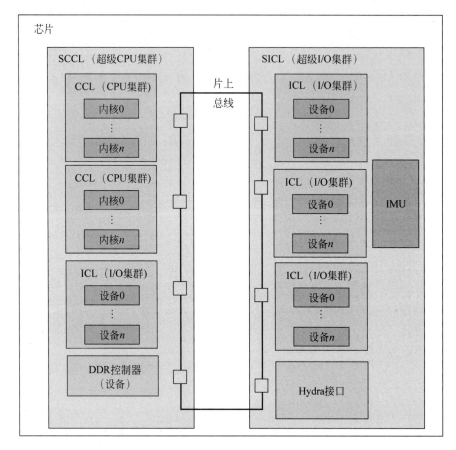

图 3.6　鲲鹏处理器片上系统的组成示意图

（Cluster），作为共享资源的部件。此处的集群是指设备组织的物理形态，也即由多台设备或多套部件采用物理集中、统一管理的方式构成的计算系统。

例如，鲲鹏 920 处理器片上系统中的处理器内核被分组为**内核集群**（Core CLuster，CCL），也称 CPU 集群（CPU CLuster）。每个内核集群包含四个处理器内核及其相应的 L1 Cache，以及每个处理器内核私有的 L2 Cache。这个组合结构有时也被称为 TaiShan 组合（TaiShan Hierarchy）。

在鲲鹏 920 处理器片上系统中，所有的内核集群都支持全一致性。每个内核集群共享同一个系统总线接口，每个集群的 Cache 中的最新数据可以被总线上的其他功能单元一致性地访问。

图 3.7 显示了鲲鹏 920 处理器 CCL 的组成。

2. I/O 集群

I/O 集群（I/O CLusters，ICL）由若干设备构成，这些设备或者物理位置相近、共享同一个系统总线接口和内部接口,或者逻辑上具有相关性。

一个典型的鲲鹏 I/O 集群通常包含以下部件:

(1) 多种设备(Device)。此处的设备指的是处理器内核以外的物理组件,例如 I/O 部件、片上加速器、DDR 控制器和管理设备等。鲲鹏 920 处理器片上系统上的每个设备都被赋予一个唯一的设备标识(Device ID)。

(2) 一个系统总线接口。

(3) 一个可选的系统存储管理单元(SMMU),为设备提供地址转换和地址保护等功能。

(4) 用于初始化和常规配置的系统控制/子系统控制部件。该部件主要由固件(Firmware)使用。

(5) 分发器(Dispatch)部件。该部件的功能是对物理地址(Physical Addresses,PA)译码,以便每个设备访问设备寄存器空间。

(6) 若干调度器(Scheduler)。可选的调度器的功能是在存在大量设备时汇聚这些设备的访存流量。

图 3.8 显示了鲲鹏处理器 I/O 集群的组成示意图。

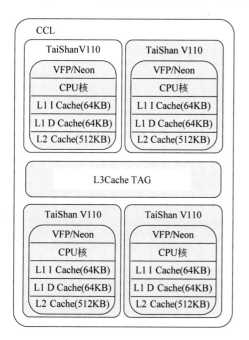

图 3.7 鲲鹏处理器 CCL 的组成示意图

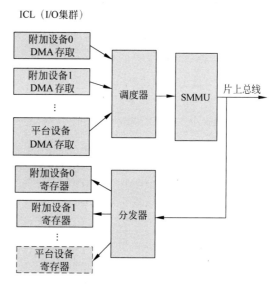

图 3.8 鲲鹏处理器 I/O 集群的组成示意图

一个特定的 I/O 集群可以支持 DMA 方式,也可以不支持 DMA,但是每个设备都有一个可以通过程序访问的寄存器。支持 DMA 方式的设备会向系统地址空间主动发出读写操作请求,并向调度器发出汇聚这些读写操作的请求。系统存储管理单元处理这一请求后将使用物理地址访问总线。

访问设备寄存器的地址是从片上总线分发到设备上的物理地址。

3. 超级内核集群

更进一步,物理位置接近并共享其他资源的多个内核集群则组成**超级内核集群**(Super Core CLuster,SCCL)。一个超级内核集群可能会包含一组 L3 Cache、若干 DDR 控制器和一个 I/O 集群。

图 3.9 显示了鲲鹏处理器超级内核集群的组成结构。

鲲鹏 920 处理器片上系统的每个超级内核集群包含 6 个内核集群、2 个 I/O 集群和 4 个 DDR 控制器。

每个超级内核集群封装成一个 CPU 晶片。每个晶片上集成了 4 个 72 位(64 位数据加 8 位 ECC)、数据传输率最高为 3200MT/s 的高速 DDR4 通道,单晶片可支持最多 $512GB \times 4$ 的 DDR 存储空间。

L3 Cache 在物理上被分为两部分: L3 Cache TAG 和 L3 Cache DATA。L3 Cache TAG 集成在每个内核集群中,以降低监听延迟。L3 Cache DATA 则直接连接片上总线。

Hydra 根代理(Hydra Home Agent,HHA)是处理多芯片系统 Cache 一致性协议的模块。

POE_ICL 是系统配置的硬件加速器,一般可以用作分组顺序整理器、消息队列、消息分发或者实现某个处理器内核的特定任务等。

此外,每个超级内核集群在物理上还配置了一个**通用中断控制器分发器**(GICD)模块,兼容 ARM 的 GICv4 规范。当单芯片或多芯片系统中有多个超级内核集群时,只有一个 GICD 对系统软件可见。

4. 超级 I/O 集群

超级 I/O 集群(Super I/O CLuster,SICL)由物理位置接近的若干个 I/O 集群和一个 Hydra 接口部件组成,提供 I/O 接口和加速及管理功能。在需要时,一个超级 I/O 集群也可以包含一个内核集群。超级 I/O 集群提供了 PCI Express 接口和 Hydra 接口,是系统必备的集群。

鲲鹏 920 处理器片上系统的超级 I/O 集群由 4 个 I/O 集群、一个 Hydra 接口模块和一个独立的**智能管理单元**(Intelligent Management Unit,IMU)组成。图 3.10 给出了鲲鹏 920 处理器片上系统超级 I/O 集群的组成示意图。

智能管理单元是负责整个芯片管理的部件,该部件完全独立于鲲鹏处理器的计算应用系统。

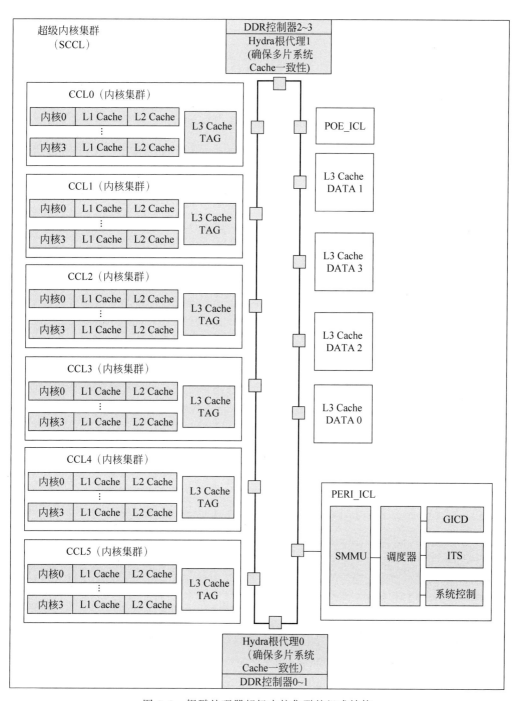

图 3.9　鲲鹏处理器超级内核集群的组成结构

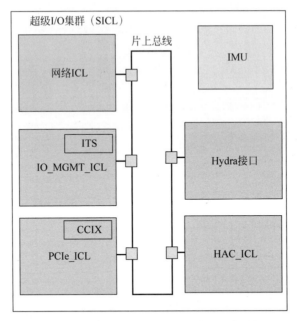

图 3.10　鲲鹏处理器超级 I/O 集群的组成示意图

　　PCI Express 总线、以太网接口、外存储器接口控制器以及 Hydra 接口都使用高速串行通信信道,因此,在超级 I/O 集群部件中配置了若干 SERDES(SERializer/DESerializer,串行器/解串器)宏单元,用于支持发送端的并/串转换和接收端的串/并转换操作。

　　网络 I/O 集群(网络 ICL)部件包含片上以太网接口控制器,支持 100Gb/s、50Gb/s、25Gb/s 和 10Gb/s 等各种速率的接口,并支持 RoCE 和 RoCEv2 功能。

　　PCI Express I/O 集群(PCIe_ICL)则实现 PCI Express 总线的根复合体(Root Complex)功能。该部件支持 PCI Express 4.0 规范,其根端口的最大数量是 20。PCI Express I/O 集群中还包含了支持加速器 Cache 一致性互连功能的 CCIX 部件。

　　Hydra 接口是支持多片片上系统互连的可扩展高带宽、低延迟物理接口。Hydra 接口可以在多芯片系统之间提供统一地址空间。Hydra 片间总线遵从的 Hydra 协议是华为海思定义的支持在多芯片系统之间保持 Cache 一致性的规范。每个 Hydra 接口最多支持 4 个处理器。

　　HAC_ICL 是一个组合部件,集成了华为自研的硬件安全加速引擎、压缩/解压缩加速引擎等多种海思加速控制器(Hisilicon Accelerate Controller,HAC)及外存储器主机控制器等部件。

　　IO_MGMT_ICL 也是一个组合部件,集成了 USB 主机控制器、高性能 RSA 加速引擎等 I/O 部件。

IMU 是智能管理单元,实现鲲鹏 920 系统的管理功能。

由于 Hydra 接口及 PCI Express、千兆以太网接口(GE)和万兆以太网接口(XGE)等所有高速 I/O 部件都集成在超级 I/O 集群上,故所有处理器卡都需包含一个超级 I/O 集群。

超级内核集群和超级 I/O 集群被统称为**超级集群**(Super CLuster,SCL),并由 SCL ID 标识。

鲲鹏 920 处理器片上系统上可以包含一个或多个超级内核集群,以及一个或多个超级 I/O 集群。

5. 鲲鹏 920 系统的部件互连

在鲲鹏 920 处理器片上系统内,内存储系统和连接处理器及各种设备的互连网络被合称为**计算子系统**(Computing Subsystem)。其中,互连网络将处理器、内存储系统和设备相互连接。按照层次架构,一个超级集群内的各个子系统通过环总线(Ring Bus)互连互通,而多个超级集群之间则由**超级集群链路层连接器**(SCL Link Layer Connector,SLLC)提供互连专用通道,在多片片上系统之间则通过 Hydra 接口实现互连。

互连网络按照功能可划分为以下部分。

1) 片上网络

片上网络(On-chip Network)负责芯片内部互连,用于将系统内的各个内核集群、Cache、DDR 控制器及 I/O 集群内部的各种设备互连在一起,并高效完成各部件之间的通信。

片上网络由环总线、超级集群链路层连接器、调度器(Scheduler)和分发器(Dispatch)等模块组成,在链路层实现片上各部件之间的信息传输。调度器和分发器则是如图 3.8 所示的 I/O 集群的组成部件。

环总线是鲲鹏处理器片上系统内部连接各个设备并为设备提供交互访问控制的总线模块。环总线通过多个名为交叉站(Cross Station,CS)的节点互连而成,每个交叉站的主要功能是保证片上系统内部各个设备之间的传输通道按照一定的顺序正确且高效地互连互通。因此,环总线需要保证数据通路不能有任何传输错误,而且环总线在系统上电后无须配置即可工作。

交叉站可以连接处理器内核、L3 Cache、Hydra 根代理(HHA)等不同设备。各个设备之间的数据传输通常都要经过环总线完成。只有设备私有接口的对外交互通过专线完成,例如通用中断控制器的中断上报、加速器之间的私有通信等。

超级集群链路层连接器负责连接多个超级集群的环总线通路,将一个超级集群的环总线数据按照约定的路由传输至另一个超级集群的环总线中。由于超级集群内部的数据交互流量要大于超级集群环之间的流量,故超级集群链路层连接器的最高带宽一般小于环总线能够提供的最高带宽,而且超级集群内部的环总线的数据线宽度往往更高,因而超级集群链路层连接器还需要将数据进行分组打包并压缩后才进行传输。

调度器是负责将I/O集群内部的多个功能相关设备的访问请求有序传递至系统的组件。调度器对各设备的访问请求进行传输调度并汇聚传输流量,然后再经由系统存储管理单元接入环总线的交叉站节点,将数据流量引入片上系统的其他部件。调度器还可以调整设备下发命令的服务质量,也可以对设备流量进行限制。

I/O集群与环总线通过单一接口互连,故I/O集群在收到来自鲲鹏处理器片上系统内其他设备的访问请求时,需要将收到的访问请求进行分发。和调度器的功能相对应,分发器将从环总线收到的访问请求分发至正确的设备进行处理。同时分发器还可以通过内部的数据缓冲器平滑高速访问和低速设备之间的速率差异。

2) Hydra 接口

Hydra 接口是支持片间扩展的华为私有高性能接口,支持多片鲲鹏处理器片上系统在单一电路板上集成,并实现多芯片间的数据一致性高效互连互通。Hydra 接口主要由协议适配器(Protocol Adapter,PA)和 Hydra 接口链路层控制器(Hydra Link Layer Control,HLLC)两类模块构成,而数据一致性功能则在主存系统中实现。

PA 模块主要完成 ARM 架构 CHI 协议和 Hydra 协议之间的适配功能。CHI 协议即 ARM 架构的 AMBA 一致性集线器接口协议,是超级集群使用的总线协议。CHI 协议除了定义片内的读写访问规范外,还定义了片内数据一致性的维护规则。而 Hydra 协议则完成片间数据一致性的维护。

PA 模块通过实现下面的功能完成两个协议之间的适配:CHI 和 Hydra 之间数据格式的转换;片间发送侧请求缓冲区管理;片间接收侧地址相关性检测;片间数据一致性处理;与环总线侧/HLLC 侧之间的流控处理;片间流量统计功能等。

Hydra 接口采用高速总线常用的高速 SERDES 通道实现片间互连,以获得高带宽、低延时的片间访问性能。HLLC 则是介于 PA 和 SERDES 总线之间的 Hydra 接口链路层控制器,完成 Hydra 协议数据在 SERDES 物理通道上的数据格式适配。在片间发送侧,HLLC 主要完成 Hydra 协议中各逻辑通道的数据调度和 CRC(循环冗余校验)嵌入等功能。在片间接收侧,HLLC 主要完成 CRC 校验和 Hydra 协议中各逻辑通道的数据分发功能。

3) 映射与译码组件

为了保证各个内核集群与设备之间的互访可以正确通达,需要识别各访问目的地。由分布在互连系统各个节点上的地址译码器组成的映射与译码(Mapping and Decode)组件负责根据访问的属性和地址识别传输目的地,并产生正确的目标标识(TgtID)用于片上网络的路由判断,以保证将访问请求传输至正确的目的地。

鲲鹏架构是一个组织灵活的多级复杂系统,系统内的寻址译码逻辑被切分成 3 个层次,以便将整个物理地址空间逐级分配至对应的访问空间。地址译码功能集成在系统各层级的汇聚处:一级译码集成在访问请求进入环总线接口之前,译码结果可以指示正确的环总线端口;二级译码集成在各个 I/O 集群的分发器内,译码结果可以指示 I/O 集群内正确的分发器出口;三级译码则集成在使用了共享总线的分发器出口处,译码结果指示多个设备共享一个分发器出口时具体的设备选择。

4) 系统存储管理单元

系统存储管理单元按照 ARM 系统存储管理单元规范工作,将设备虚拟地址或中间物理地址转换为系统物理地址,同时完成访问顺序、可缓存性和可共享性等属性的配置。

鲲鹏的系统存储管理单元部件可实现对 48 位物理地址空间的访问,并可同时处理来自多个设备的事务,根据事务的数据流标识(StreamID)使用不同的一级页表和二级页表进行地址和属性转换。

当设备不使用虚拟化功能或直接发出访问的物理地址时,系统存储管理单元可以被旁路,此时系统存储管理单元仅作为普通的数据通路,进入片内互连网络。

5) 中断系统

中断系统负责将设备的中断请求上报至指定的处理器内核,或者将中断请求在多个处理器内核之间传递。中断系统包括通用中断控制器(GIC)和中断翻译服务(ITS)部件等模块。

鲲鹏 920 系统的通用中断控制器遵循 ARM 的通用中断控制器规范,实现 SGI、PPI、SPI 及 LPI 中断的管理、中断路由和优先级配置等功能,也支持 ARMv8 的 AArch64 安全化扩展和 ARMv8 的 AArch64 虚拟化扩展。

鲲鹏的超级中断翻译服务部件(Hyper Interrupt Translation Service)实现 LPI 中断重定向服务,将 LPI 中断请求路由到不同的处理器内核内,并且支持动态配置中断请求和处理器内核的路由关系。

图 3.11 显示了鲲鹏处理器计算子系统的逻辑框架,可以从中看出互连系统的拓扑结构。

3.1.4　鲲鹏 920 处理器片上系统的内存储系统

1. 鲲鹏 920 处理器存储系统的层次结构

鲲鹏 920 处理器片上系统的内存储系统也是由多级高速缓冲存储器 Cache 和主存构成的。鲲鹏 920 处理器片上系统从单超级内核集群角度看到的内存储器逻辑结构与图 1.6(d)所示的片内共享 L3 Cache 架构的多核处理器存储组织结构相似。图 3.12 给出了鲲鹏 920 处理器片上系统的内存储系统的组成示意图。

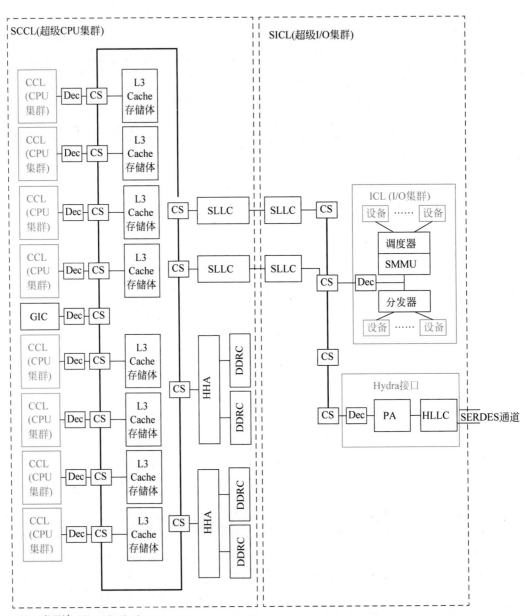

CS：交叉站（Cross Station）；
Dec：映射与译码（Mapping and Decode）；
DDRC：DDR控制器；
SERDES：串行器/解串器。

图 3.11　鲲鹏处理器计算子系统的逻辑框架

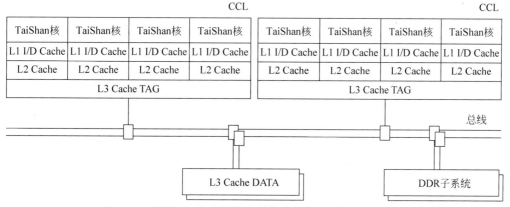

图 3.12　鲲鹏 920 处理器片上系统的内存储系统组成示意图

其中,Cache 包括每个处理器内核私有的 L1 Cache 和 L2 Cache,以及每个超级内核集群配置的共享 L3 Cache。每一个处理器内核集成了私有的 64KB L1 I Cache(L1 指令 Cache)、64KB L1 D Cache(L1 数据 Cache)以及 512KB L2 Cache。L3 Cache 则是系统级片上三级高速缓存。L3 Cache DATA(数据块)处在内核集群之外,而 L3 Cache TAG(标记块)则集成在每个内核集群中,以降低监听延迟。

2. 鲲鹏 920 处理器片上系统的 L3 Cache

L3 Cache 是系统级片上三级高速缓存,该 Cache 被 CPU、各种加速器和 I/O 设备共用。鲲鹏 920 系统的 L3 Cache 也是系统的最末级 Cache(Last Level Cache,LLC)。

L3 Cache 由 L3 Cache TAG 和 L3 Cache DATA 两部分组成:L3 Cache TAG 是 L3 Cache 的协议处理模块;L3 Cache DATA 是 L3 Cache 的数据存储区,用于缓存主存数据。

在系统启动期间(L3 Cache TAG 还没有被使用之前),L3 Cache DATA 的全部存储空间都可以被当作一块 SRAM(Static Random-Access Memory,静态随机存取存储器)使用,存放系统所需的与启动相关的内容,配合完成系统启动。L3 Cache DATA 中有 256KB 存储空间,在任何时候都可以被当作 SRAM 使用,且支持安全地址空间的隔离。

L3 Cache 采用组相连结构,固定使用写回(Write-Back)策略,并支持随机替换、DRRIP(Dynamic Re-Reference Interval Prediction,动态重引用区间预测)和 PLRU(Pseudo Least Recently Used,伪最近最少使用)三种替换算法,其 Cache 行(Line)大小固定为 128 字节(32 字)。

图 3.13 给出了鲲鹏 920 处理器片上系统 L3 Cache 的组成与操作流程示意图,从图中可以看

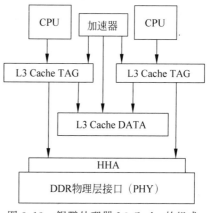

图 3.13　鲲鹏处理器 L3 Cache 的组成与操作示意图

出访问主存和 Cache 时的系统数据流。

当各处理器内核集群或加速器欲读取主存 DDR 存储器的可缓存(Cacheable)地址空间时,读写请求首先到达 L3 Cache TAG。

如果检索 L3 Cache TAG 时地址命中,则向 L3 Cache DATA 发出读操作请求,并从中获取数据;

如果检索 L3 Cache TAG 的结果是数据缺失并且被访问的数据是存储在主存中的,则会向 DDR 存储器发出读数据请求,并从 DDR 存储器读回数据。数据被返回请求数据的处理器内核或者加速器,同时将在 L3 Cache 中为该数据分配空间并将数据写入 L3 Cache DATA 中。

L3 Cache 是片上一致性 Cache,鲲鹏 920 处理器片上系统支持硬件维护的 Cache 一致性,所以系统可以像对称多处理器系统一样运行。

维护 Cache 一致性包含三个层次:

(1)维护内核集群内 L2 Cache 之间的 Cache 一致性;

(2)维护各个设备和 L3 Cache 分区之间的一致性;

(3)维护片间 Cache 一致性,处理 Hydra 接口的一致性请求,完成 Hydra 协议的一致性维护。

3. 鲲鹏 920 处理器片上系统的主存系统

鲲鹏 920 系统的主存则主要是片外以 DDR SDRAM 为主的大容量存储器。在鲲鹏架构中,鲲鹏 920 系统的主存储系统的组成部件主要包括 Hydra 根代理(HHA)、DDR SDRAM 控制器(DDR SDRAM Controller,DDRC)和片外 DDR 存储器颗粒或 DDR DIMM(Dual-Inline-Memory-Modules,双列直插存储模块)内存条。

图 3.14 为鲲鹏 920 处理器片上系统主存储器的系统组成示意图。

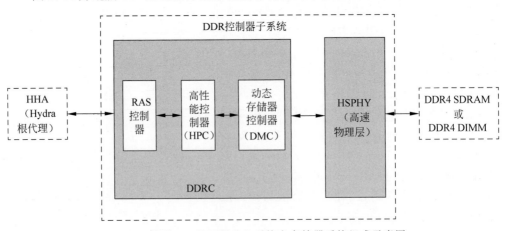

图 3.14　鲲鹏 920 处理器片上系统主存储器系统组成示意图

在鲲鹏处理器架构中,由主存系统负责片内和片间数据一致性的管理维护,以此实现高效的对称多处理器系统。在图 3.14 中,Hydra 根代理(HHA)基于华为自定义的维护多集群之间数据一致性的协议标准 HCCS(Huawei Cache Coherency System,华为 Cache 一致性系统)协议,是负责维护晶片间以及 Socket 间数据一致性的模块。如前所述,Hydra 协议可实现多个 L3 Cache 之间或设备与 L3 Cache 之间的 MESI(Modified Exclusive Shared or Invalid,修正的排他共享或失效)协议一致性。Hydra 根代理位于 DDR 控制器与片上总线的环总线之间,为系统提供 DDR 访问通路,支持高带宽低延迟的 DDR 读写访问。

在鲲鹏的多级架构中,多个超级内核集群和超级 I/O 集群互连组成一颗片上系统,HHA 作为基于 Hydra 协议的多个超级内核集群和超级 I/O 集群的根代理维护同一芯片内的多个超级内核集群和超级 I/O 集群之间的数据一致性。

多颗片上系统还可互连组成一个更大的数据一致性系统,每颗芯片内包含一至两个超级内核集群和超级 I/O 集群。HHA 作为多芯片数据一致性系统的根代理,维护多芯片系统内所有超级内核集群和超级 I/O 集群的数据一致性。Hydra 根代理最大支持四个芯片的数据一致性互连,组成高性能的支持数据一致性的 CC-NUMA 计算节点。

DDR SDRAM 存储器是鲲鹏 920 系统在运行过程中的数据存储中心。DDR SDRAM 控制器(DDR SDRAM Controller,DDRC)实现对 DDR SDRAM 的存取控制,完成片上网络传输的访问请求到 DDR SDRAM 的时序转换,并配合系统的服务质量管理机制对访问请求进行流量管理。

华为鲲鹏 920 处理器片上系统包括 8 个 DDR 控制器子系统,对应 8 个独立的 DDR 通道。鲲鹏系统中的 DDR 控制器支持 DDR3 SDRAM 和 DDR4 SDRAM 的颗粒或 DIMM 内存条。鲲鹏 920 处理器的每个 DDR 控制器子系统支持最多 2 个 DIMM 内存插槽,每个 DIMM 插槽支持最多 4 个物理存储体。

鲲鹏 920 处理器片上系统的读写访问经过 DDR 控制器子系统的地址译码、调度、协议转换、接口时序处理等步骤,与符合 JEDEC 标准 JESD79-4B 协议的片外 DDR4 SDRAM 颗粒或 DDR4 DIMM 内存条通信。

4. 鲲鹏 920 处理器片上系统的 DDR 控制器

如图 3.14 所示,华为鲲鹏 920 处理器的每个 DDR 控制器子系统包括 RASC(RAS Controller,RAS 控制器)、HPC(High Performance Controller,高性能控制器)、DMC(Dynamic Memory Controller,动态存储器控制器)和 HSPHY(High-Speed PHY,高速物理层)四个模块。

鲲鹏 920 处理器片上系统支持 ARMv8-A 架构的可靠性、可用性和可服务性(Reliability, Availability and Serviceability,RAS)特性,RAS 控制器即用于实现 DDR

控制器子系统的 RAS 特性。华为鲲鹏 920 的每个 DDR 通道数据位宽为 72 位,其中有效数据占 64 位,可选的校验数据占 8 位。RAS 控制器使用 DDR 接口数据总线的 8 位校验数据。

高性能控制器用于对系统访问进行高效率、高服务质量的调度。

动态存储器控制器完成系统地址到 DDR SDRAM 物理地址的转换,以便使该访问符合 DDR4 协议(JESD79-4B)规范,并通过 DFI 协议(DFI 4.0)将访问请求发送到 HSPHY。

高速物理层通过 I/O 与片外 DDR4 SDRAM 或 DDR4 DIMM 连接,将 DFI 协议转换为 DDR4 协议,并通过对接口时序的微调和对接口特性的校准实现采样窗口的最大化。

5. 鲲鹏 920 处理器片上系统的 NUMA 架构

鲲鹏 920 处理器片上系统支持非统一内存访问(Non-Uniform Memory Access,NUMA)架构。多个处理器内核组合成一个节点(Node),每个节点相当于一个对称多处理器(SMP)。一个鲲鹏 920 处理器片上系统内部的各个节点之间通过片上网络实现互连通信,不同的鲲鹏芯片之间则通过 Hydra 接口实现高带宽、低时延的片间互连通信。在 NUMA 架构下,整个内存空间在物理上是分布式架构,所有内存的集合就是整个系统的全局内存。

在鲲鹏 920 处理器片上系统内,每个处理器内核访问内存的时间延迟取决于内存相对于处理器的位置,访问本地节点内的本地内存更快。鲲鹏 920 处理器片上系统的这种 NUMA 架构既能够实现高性能,又能够解决对称多处理器架构下的总线瓶颈问题对处理器内核数的制约,提供更强的多核扩展能力,以及更强大、更灵活的计算能力。

每个鲲鹏处理器内核既可以访问自己私有的 L1 Cache 和 L2 Cache,也可以访问同一超级内核集群内的共享 L3 Cache,还可以访问其他超级内核集群上的 L3 Cache 或者片外 DDR 主存储器。显然,处理器访问存储器的延迟受被命中的存储器的速度影响,而数据读写双方的物理距离也影响访问延迟。

图 3.15 显示了鲲鹏 920 处理器片上系统的内存储系统的层次结构及其访存速度差异。图 3.15 中的标号①～⑥是 6 种典型的内存访问路径。访存延迟从低到高依次为:

① 访问处理器内核私有的 L1 Cache;

② 访问处理器内核私有的 L2 Cache;

③ 访问同一超级内核集群内部的共享 L3 Cache DATA;

④ 访问同一芯片上其他超级内核集群内的共享 L3 Cache DATA;

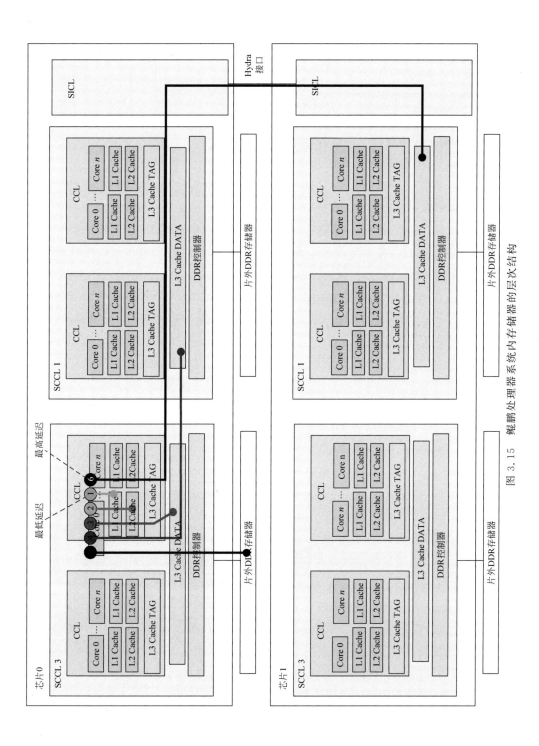

图 3.15　鲲鹏处理器系统内存储器的层次结构

⑤ 访问片外 DDR 存储器；

⑥ 访问其他芯片上某超级内核集群内的共享 L3 Cache DATA。

实际上，L3 Cache 被划分为多个分区，每个分区与某一个特定的内核集群距离更近，该内核集群访问该分区的延迟更低。因此，虽然 L3 Cache 整体上是被某个超级内核集群内部的所有处理器内核共享的，但是访问不同位置的 L3 Cache 的延迟会有稍许差异。

6. 鲲鹏 920 处理器片上系统的地址映射与变换

TaiShan V110 处理器支持 48 位的虚拟地址和 48 位的物理地址。

如果某个内核集群或者 I/O 集群欲访问物理存储器空间，访问方式将严格遵从 ARMv8-A 体系结构规范。内核集群访问的存储器地址将根据存储管理单元中的页表（Page Table，也即地址变换表）确定。而 I/O 集群访问的存储器地址将根据系统存储管理单元中的页表或者数据源确定。系统存储管理单元中的页表可以由硬件自动同步于内核集群中的存储管理单元，但也可以独立配置。

鲲鹏 920 处理器片上系统的系统存储管理单元是 ARMv8-A 架构下为实现虚拟化扩展（Virtualization Extensions）而提供的一个重要组件，可以应用于设备（I/O 及加速引擎）的虚拟化。

在 AArch64 模式下，系统存储管理单元可实现对 48 位物理地址空间的访问。在多个客户操作系统（Guest OS）被一个虚拟机管理器（Hypervisor）管理的虚拟化系统中，系统存储管理单元主要支持虚拟地址（VA）到中间物理地址（IPA）的转换，以及中间物理地址（IPA）到物理地址（PA）的转换。

设备发送给调度器并传送给系统存储管理单元的地址可以是虚拟地址、中间物理地址或物理地址。如果 DMA 控制器发出的访存地址不是物理地址，则由设备根据 StreamID 识别正确的地址空间，并由系统存储管理单元将地址转换为最终的物理地址。

在片上网络中，每一个节点都有一个固定的节点标识（NodeID）用于传输路由。在传输过程中，可以通过命令自带的源节点标识 SrcID（Source NodeID）以及经过译码后的目标节点标识 TgtID（Target NodeID）进行路由判断，并通过总线将命令送至正确的目标节点。

鲲鹏 920 处理器片上系统的地址映射过程可以结合图 3.11 描述如下：当鲲鹏 920 处理器片上系统发出命令时，将给出一个虚拟地址，该地址由内部存储管理单元查询后转换为 48 位物理地址。存储管理单元在地址变换的同时也确定了该命令的可缓存性、可共享性等操作属性。命令中的地址和属性被更新后，命令将进入系统的映射与译码逻辑。在此，对物理地址和操作属性进行判断后将生成用于整个芯片路由的目标节点标识字段。至此,处理器发出的命令已经具有完整信息,可以发送至期望的目标节点。

　　I/O 集群中的主设备发出的命令和处理器发出的命令的处理过程类似,只是存储管理单元换成了系统存储管理单元。系统存储管理单元模块将虚拟地址转换成 48 位物理地址并更新各操作属性。I/O 集群中集成的映射与译码部件再将物理地址和操作属性信息译码成系统的目标节点标识 TgtID,并与 I/O 集群自身的源节点标识 SrcID 信息一起决定系统路由,命令通过总线系统最终路由至正确的目标节点。

　　无论是处理器还是 I/O 集群主设备,经由译码器译码后的目标节点标识都是唯一确定的,可以是 Cache 存储器对应的节点标识,也可以是 DDR 控制器对应的节点标识。如果是跨超级内核集群的命令,则目标节点标识为另一组超级内核集群或超级 I/O 集群上的对应节点标识;如果是跨片上系统的命令,则目标节点标识为另一个鲲鹏处理器片上系统的节点标识。节点标识中包含了 2 位的晶片(即超级内核集群或超级 I/O 集群)编号(DieID)信息,以及 2 位的 Socket 编号(即片上系统编号)(SktID)信息。跨超级内核集群的命令会经过超级集群链路层连接器传输至另一个超级内核集群;而跨 Socket 操作则路由至协议适配器(PA)模块进行处理。

3.2　鲲鹏 920 处理器片上系统的组织与管理

3.2.1　鲲鹏 920 处理器片上系统的配置

表 3.1 给出了鲲鹏 920 处理器片上系统系列产品的配置明细。

表 3.1　鲲鹏 920 处理器片上系统产品配置

芯片系列	华为鲲鹏 920 7265/7260/5255/5250	华为鲲鹏 920 5220/3210
计算资源	√ 兼容 ARMv8.2 架构的 48/64 个 TaiShan V110 处理器核 √ 单核支持 512KB L2 Cache √ 单核支持 1MB L3 Cache	√ 兼容 ARMv8.2 架构的 24/32 个 TaiShan V110 处理器核 √ 单核支持 512KB L2 Cache √ 单核支持 1MB L3 Cache
内存储器	√ 8 个 DDR 控制器	√ 4 个 DDR 控制器
网络	√ 2×100GE √ 4×25GE √ 2×50GE √ 支持 RoCEv2 及 SR-IOV[①]	√ 2×100GE √ 4×25GE √ 2×50GE √ 支持 RoCEv2 及 SR-IOV

---

　　①　SR-IOV:单根输入/输出虚拟化。

续表

芯片系列	华为鲲鹏 920 7265/7260/5255/5250	华为鲲鹏 920 5220/3210
外存储器接口	√ 2 端口 AHCI[①] 接口 SATA 控制器 √ ×8 SAS 3.0 控制器,支持 STP[②]	√ 2 端口 AHCI 接口 SATA 控制器 √ ×8 SAS 3.0 控制器,支持 STP
PCI Express 接口	√ 40 个 PCI Express 4.0 通道(Lanes) √ 最多 20 个根端口 √ 支持×16 端口 √ 支持端到端传输和 ATS(地址转换服务) √ 支持 CCIX	√ 40 个 PCI Express 4.0 通道(Lanes) √ 最多 20 个根端口 √ 支持×16 端口 √ 支持端到端传输和 ATS √ 支持 CCIX
平台特色	√ 最多支持 4P 多芯片系统 √ 内置维护引擎 √ 按照 PCI 拓扑组织片上扩展设备	√ 内置维护引擎 √ 按照 PCI 拓扑组织片上扩展设备
加速器	√ 压缩/解压缩引擎 √ 安全算法引擎 √ RSA 算法引擎	√ 压缩/解压缩引擎 √ 安全算法引擎 √ RSA 算法引擎

图 3.16 给出了华为鲲鹏 920 7265/7260/5255/5250/5245/5240/5235/5230 组件的简化结构图。该器件内置了两个超级内核集群(SCCL)和一个超级 I/O 集群(SICL)共三个晶片。每个超级内核集群内包含 CCL0~CCL5 共 6 个内核集群,构成一个 CPU 晶片,而每个内核集群内集成了 4 个 TaiShan V110 处理器内核。整个处理器采用 CoWoS 封装,故可通过多晶片合封技术(SMIO/TSV/FP)合封成有 48 个处理器内核的对称多处理器系统,各个晶片之间的双向带宽高达 300GB/s 以上。如果将每个超级内核集群内包含的内核集群的个数增加到 8 个,则整个处理器可以集成 64 个处理器内核。

图 3.17 给出了鲲鹏 920 处理器片上系统多晶片合封技术示意图。鲲鹏 920 处理器片上系统芯片由 2 个 CPU 晶片和一个 I/O 晶片封装而成,每个 CPU 晶片有 24 核和 32 核两种规格。

图 3.18 给出了另一个鲲鹏处理器子系列——华为鲲鹏 920 5220/3210 器件的简化结构图。该器件内置了一个超级内核集群和一个超级 I/O 集群,每个超级内核集群内包含 CCL0~CCL5 共 6 个内核集群,而每个内核集群内集成了 4 个 TaiShan V110 处理器内核,故整个处理器共有 24 个处理器内核。同样,如果将每个超级内核集群内包含的内核集群的个数增加到 8 个,则整个处理器可以集成 32 个处理器内核。

①　AHCI(Advanced Host Controller Interface,高级主机控制器接口)。

②　STP(Serial ATA Tunneling Protocol,串行 ATA 隧道协议)。

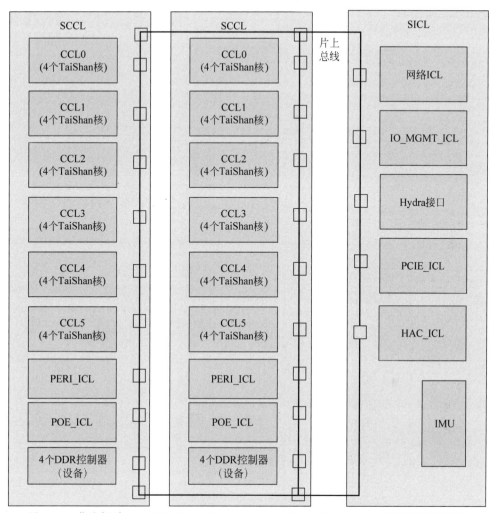

图 3.16　华为鲲鹏 920 7265/7260/5255/5250/5245/5240/5235/5230 组件的简化结构图

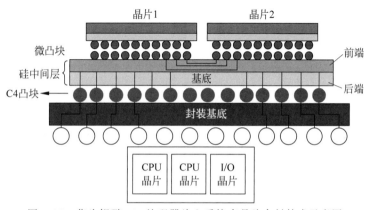

图 3.17　华为鲲鹏 920 处理器片上系统多晶片合封技术示意图

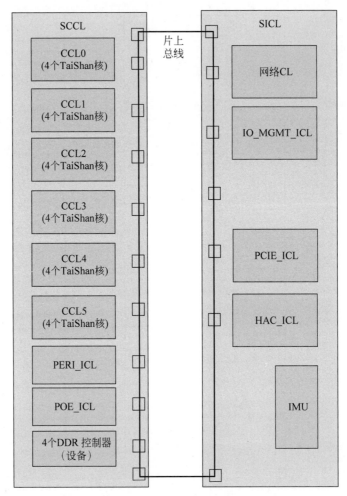

图 3.18　华为鲲鹏 920 5220/3210 器件的简化结构图

表 3.2 列出了三种用于服务器产品的鲲鹏 920 处理器片上系统的型号及其主要参数。

表 3.2　鲲鹏 920 处理器片上系统产品的型号及其参数

芯片型号	超级内核集群数量	单个超级内核集群中的内核集群数量	单个内核集群中内核数量	内核总数	ARM 架构版本
华为鲲鹏 920 3210	1	6	4	24	ARMv8.2
华为鲲鹏 920 5220	1	8	4	32	ARMv8.2
华为鲲鹏 920 5255/5250	2	6	4	48	ARMv8.2
华为鲲鹏 920 7260/7265	2	8	4	64	ARMv8.2

3.2.2　鲲鹏处理器多芯片系统

1. 鲲鹏 2P 多芯片系统

鲲鹏 920 处理器片上系统架构有非常好的可扩展性。多个鲲鹏 920 处理器片上系统芯片可以通过 Hydra 接口互连,组成**多芯片系统**(Multi-chip System)。

图 3.19 为由 2 个鲲鹏处理器片上系统组成的标准 2P(即有 2 个 CPU 槽位)服务器处理器多芯片系统的结构。图 3.19 中,每个单片系统均由两个超级内核集群和一个超级 I/O 集群组成。两个单片系统之间通过×16 Hydra 片间 Cache 一致性接口互连,片间通信带宽可高达 480Gb/s。

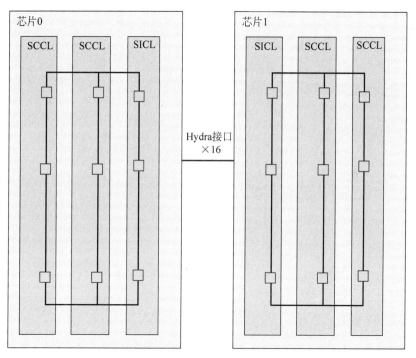

图 3.19　2 个鲲鹏处理器片上系统组成的多芯片系统结构

在多芯片构成的对称多处理器系统中存在多个超级 I/O 集群。其中,PCI Express、以太网、HAC_ICL 和 IO_MGMT_ICL 等 I/O 集群可以并行工作,类似多个并行工作实例。但只有芯片 0 上的智能管理单元对基于多芯片系统架构的 Cache 一致性对称多处理器系统可见,其他芯片上的智能管理单元被系统隐藏。

图 3.20 同样是由 2 个鲲鹏处理器片上系统组成的服务器处理器多芯片系统,但是增加了 PCI Express 扩展功能。系统由两个处理器芯片和一个 I/O 桥(I/O Bridge)芯片构成。用于 I/O 扩展的 I/O 桥芯片的主要功能就是扩展 PCI Express 总线。三

个单片系统之间通过 Hydra 片间 Cache 一致性接口互连总线实现互连。I/O 桥通过地址配置可以区分两个处理器的 DDR 主存空间。

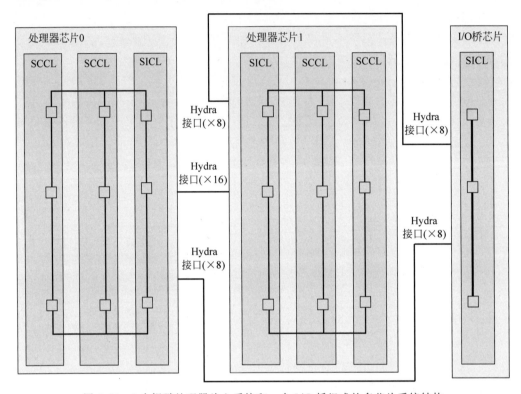

图 3.20　2 个鲲鹏处理器片上系统和一个 I/O 桥组成的多芯片系统结构

图 3.21 显示了鲲鹏 920 处理器片上系统系列使用的 I/O 桥的组成。

表 3.3 给出了鲲鹏 920 处理器片上系统的 I/O 桥配置明细。

2. 鲲鹏 4P 多芯片系统

鲲鹏多芯片处理器的组合方式灵活多样,可以根据实际需要自由配置。图 3.22 给出了由 4 个处理器片上系统组成的标准 4P 服务器处理器多芯片系统的结构框图。图 3.22(a) 显示了鲲鹏处理器多芯片系统互连与存储器架构,图 3.22(b) 显示了各个超级集群之间的逻辑连接关系。图 3.22 中,每个单片系统均由两个超级内核集群和一个超级 I/O 集群组成。四个单片系统之间通过 ×8 Hydra 片间 Cache 一致性接口互连,片间通信带宽可达到 240Gb/s。由于华为鲲鹏 920 的 7265/7260/5255/5250/5245/5240/5235/5230 处理器只能为 Hydra 接口提供 24 通道的 SERDES 通道,因此这个系统中已经没有多余的 Hydra 接口了,故此 4P 系统不支持通过 I/O 扩展方式扩展 PCI Express 总线。

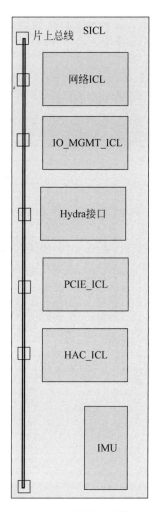

图 3.21　鲲鹏 920 处理器片上系统 I/O 桥的组成

表 3.3　鲲鹏 920 处理器片上系统的 I/O 桥配置

部件名称	鲲鹏 920 处理器片上系统 I/O 桥
部件功能	该部件不能单独安装到 PCB 板上,仅配合 I/O 扩展部件与鲲鹏 920 系列处理器使用,主要用于 PCI Express 端口的扩展
网络	√ 8 XGE/GE 端口 √ 支持 RoCEv2 及 SR-IOV
外存储器接口	√ 2 端口 AHCI接口 SATA 控制器 √ ×8 SAS 3.0 控制器,支持 STP

PCI Express 接口	√ 40 个 PCI Express 4.0 通道(Lanes) √ 最多 20 个根端口 √ 支持×16 端口 √ 支持 ATS
平台特色	√ 两路×8 或一路×16 通道 Hydra 接口,用于与 CPU 交互 √ 内置维护引擎 √ 按照 PCI 拓扑组织片上扩展设备

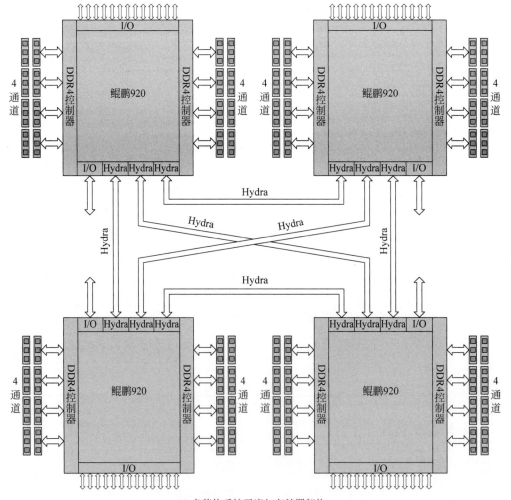

(a) 多芯片系统互连与存储器架构

图 3.22 4 个鲲鹏处理器片上系统组成的多芯片系统结构

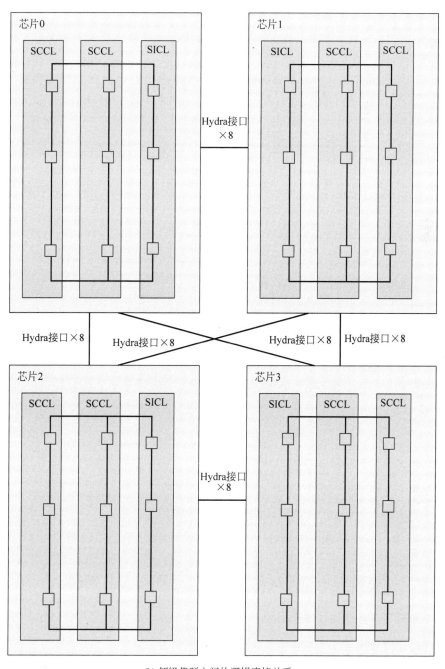

(b) 超级集群之间的逻辑连接关系

图 3.22 （续）

3. 单鲲鹏 920 处理器片上系统和 I/O 桥组成的多芯片系统

图 3.23 给出了由 1 个鲲鹏处理器片上系统和 1 个 I/O 桥组成的服务器处理器多芯片系统的结构框图。在该系统内,一个芯片是包含一个超级内核集群和一个超级 I/O 集群的华为鲲鹏 920 5220/3210 芯片,另一个是用于 I/O 扩展的华为鲲鹏 920 的 I/O 桥片。两个芯片之间通过 Hydra 接口互连。如果不需要额外的 PCI Express 端口扩展,I/O 桥芯片可以不使用,由单片鲲鹏处理器片上系统独立构成计算单元。

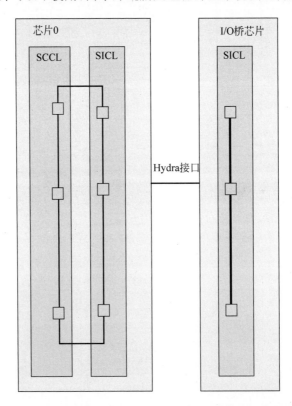

图 3.23　1 个鲲鹏处理器片上系统和 1 个 I/O 桥组成的多芯片系统结构

3.2.3　鲲鹏 920 处理器片上系统的管理与安全架构

1. 鲲鹏 920 系统的管理子系统

智能管理单元(IMU)是华为鲲鹏 920 系统内相对独立的子系统,实现鲲鹏 920 系统的管理功能。

智能管理单元子系统由独立的 64 位 RISC 处理器内核管理,与鲲鹏多处理器系统的计算子系统完全独立。这种独立性意味着无论其他子系统发生何种异常,智能管理单元本身的代码空间、数据空间、外设、时钟、复位电路都不受这些异常的影响,逻辑上仍可以正常工作。智能管理单元子系统的处理器支持 ARMv8-A 指令集架构,也集成了与 ARM SBSA 规范兼容的 UART(Universal Asynchronous Receiver/Transmitter,通用异步收发器)控制器、看门狗定时器、I^2C(Inter-Integrated Circuit,集成电路间)互连控制器等必要外部设备,以及符合 GICv3 标准的通用中断控制器。

智能管理单元子系统的片上存储器保存着智能管理单元处理器内核私有的基础管理固件代码,并为处理器内核提供数据存储空间。独立的片上存储器的私有属性可以确保智能管理单元在其他子系统异常时仍能够正常工作,其存储空间也禁止应用处理器访问。

此外,在智能管理单元子系统和其他子系统之间还设置了系统隔离墙。系统隔离墙为智能管理单元子系统访问其外部空间提供安全通道,确保智能管理单元的处理器不会因系统异常而阻塞。

智能管理单元子系统的 I^2C 接口连通其他处理器以及 BMC(主板管理控制器),并作为访问其他处理器的后备通信信道。当多芯片系统中的芯片间高速互连通道失效时,I^2C 接口可以充当带外通道,供智能管理单元获取其他处理器的相关信息。

图 3.24 给出了鲲鹏 920 处理器片上系统的智能管理单元(IMU)架构。

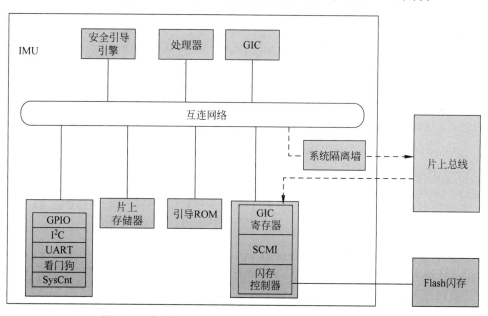

图 3.24　鲲鹏 920 处理器片上系统的智能管理单元架构

智能管理单元子系统主要实现下面三个核心功能:

(1)通过智能平台管理总线(Intelligent Platform Management Bus,IPMB)协议

在鲲鹏 920 处理器片上系统与 BMC 等外部管理芯片之间进行信息交互。

（2）与应用处理器实现交互。智能管理单元通过系统控制与管理接口（System Control and Management Interface，SCMI）与应用处理器通信，实现对应用处理器的全面管理，例如电源管理、热管理、状态和事件管理等。智能管理单元也可以通过共享存储器与应用处理器按照 ACPI 平台差错接口（ACPI Platform Error Interfaces，APEI）规范共享数据。

（3）可配置的安全引导功能。智能管理单元负责对智能管理单元固件、UEFI 固件和可信固件等引导代码的验证，以确保代码的安全性和完整性。

2．鲲鹏 920 处理器片上系统的安全架构

鲲鹏 920 处理器片上系统的安全架构基于 ARM 的信任区（Trust Zone）机制，包含安全引导功能和安全调试等功能。

鲲鹏 920 处理器片上系统通过多种部件和机制支撑其安全架构。鲲鹏安全机制的核心部件就是实现了 ARMv8-A 架构 EL3 异常等级的可信 CPU。鲲鹏 920 处理器片上系统也配置了带安全标志的 Cache，每个 Cache 行会根据其所属的安全状态设置非安全标志 NS（Non-Secure Flag），对不属于安全状态的 Cache 行的读、写和修改操作都将被禁止。

智能管理单元子系统是安全引导机制的第一级处理单元。智能管理单元独立配备的 64 位 ARMv8-A 处理器内核首先对其引导加载的智能管理单元固件、BIOS 和操作系统映像进行校验，然后才开始运行。智能管理单元的引导 ROM（Boot ROM）中存储着引导 ROM 安全引导代码（BootROM Security Boot Code，BSBC）。智能管理单元也负责验证已撤销的子密钥 ID 掩码签名（Revoked Sub-Key ID Mask Signature），并在通过签名验证后将其写入 eFUSE 存储器。

在晶片间和芯片间数据一致性互连架构上，鲲鹏 920 处理器片上系统配置了支持可信区域映射的 Hydra 根代理（HHA），通过其物理隔离机制确保系统安全。Hydra 根代理支持最多 8 个安全区域，每个区域通过一组安全寄存器配置。只有在安全状态下才能访问安全区域；非安全状态下读取安全区域将返回 0 值，而非安全状态下向安全区域的写操作将被忽略。

鲲鹏 920 处理器片上系统的系统部件也提供加强的安全机制。例如系统存储管理单元（SMMU）会旁路（Bypass）主设备的安全访问，鲲鹏 920 系统也配置了可信通用定时器和可信看门狗定时器。鲲鹏 920 处理器片上系统的通用中断控制器（GIC）可以区分应在非安全的 EL1/EL2 异常等级、安全的 EL1 异常等级和安全的 EL3 异常等级处理的中断请求。中断控制器也支持生成、分发和转发安全组 1 的中断请求，以便将其直接传递给 EL1 异常等级的安全操作系统。

鲲鹏 920 处理器片上系统在功能部件之外扩展了多个专门用于安全机制的部件。

图 3.25 给出了配置智能管理单元的鲲鹏 920 处理器片上系统单 CPU 晶片的安全架构。

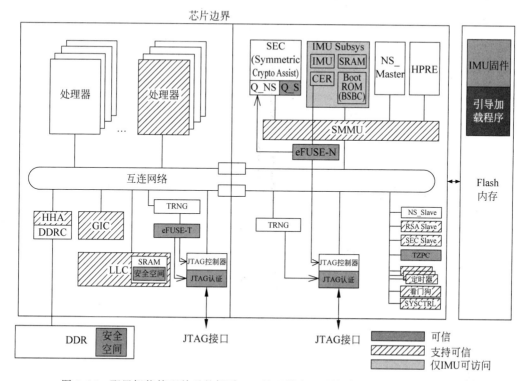

图 3.25　配置智能管理单元的鲲鹏 920 处理器片上系统单 CPU 晶片的安全架构

　　鲲鹏 920 处理器片上系统专门配置了 256KB 的可信 SRAM。在可信 SRAM 中，可以通过安全寄存器配置安全区域，该区域可以确保安全。只有在安全状态下才能访问安全区域；在非安全状态下读取安全区域将返回 0 值，而在非安全状态下向安全区域的写操作将被忽略。

　　真随机数的硬件单元(True Random Number Generator,TRNG)是鲲鹏支持安全架构的另一个部件。鲲鹏 920 处理器片上系统通过 TRNG 支持硬件实现的非确定性随机数发生器(Non-deterministic Random Bit Generator,NRBG),并与确定性随机数发生器(Deterministic Random Bit Generator,DRBG)协同工作。

　　可信熔丝(Trusted Fuse,即 eFUSE-T)是独立的存储器部件,用于密钥、密钥哈希和安全控制位的非易失存储。eFUSE-T 用于应用处理器系统。

　　信任区外设控制(TrustZone Peripheral Control,TZPC)部件用于配置定时器的安全状态,可以在安全状态下配置定时器为安全设备或非安全设备。只能在安全状态下访问信任区外设控制。

　　鲲鹏 920 处理器片上系统的安全调试机制通过 JTAG 身份认证实现。在默认状态下,JTAG 接口在复位之后处于锁定状态,通过存储在 eFUSE 存储器中的身份认证根密钥(Root Of AUThentication Key,ROTAUK)可以在通过身份验证之后开启 JTAG 接口。

此外,鲲鹏 920 系统支持的硬件加速器可以实现 SEC 和 HPRE(High Performance RSA Engine,高性能 RSA 引擎)等通用的高性能安全算法,为鲲鹏 920 系统的安全架构提供了强有力的支撑。鲲鹏 920 处理器片上系统配置的两种高性能加密引擎可以支持多种加密算法:SEC 引擎(SECurity Engine,安全引擎)支持 AES、DES、3DES、SHA-1、SIIA-2、MD5、HMAC 等算法的硬件加速,而 HPRE 则支持 RSA 和 DH 算法的硬件加速。

3.2.4 鲲鹏 920 处理器片上系统的 PMU

鲲鹏 920 处理器片上系统为了便于软件的性能调试,提供了处理器内核之外的 PMU(性能监视器)。除了处理器内核内置 PMU(Incore PMU)外,PMU 还分布在 L3 Cache(LLC)、Hydra 根代理(HHA)和 DDRC(DDR 控制器)等处理器内核之外的部件中,统称为非处理器内核(Uncore)PMU。

图 3.26 显示了鲲鹏 920 系统与 PMU 相关的各个部件。图 3.26 中,MBIGEN 为消息中断发生器(Message Based Interrupt GENerator),其主要功能是将外设通过信号线提交的中断请求转换为总线 MBI 消息发送给中断控制器。

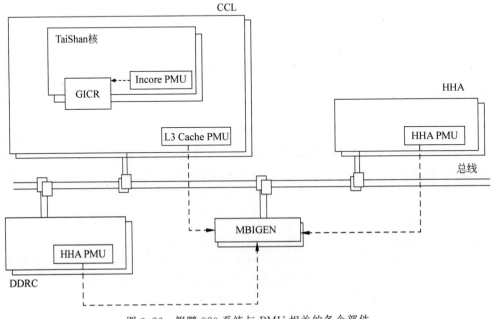

图 3.26 鲲鹏 920 系统与 PMU 相关的各个部件

1. 部件编号

华为鲲鹏 920 处理器片上系统由两个 CPU 晶片和一个 I/O 晶片封装而成。

其中,CPU 晶片命名为 TOTEM(图腾),每个芯片的两个 TOTEM 分别称为 TOTEMA 和 TOTEMB,TOTEM 有 24 核和 32 核两种规格。I/O 晶片命名为 NIMBUS(光环)。每个晶片有不同的晶片标识(DieID)。不同 TOTEM 的 Uncore PMU 事件用 DieID 进行区分:主片的 TOTEMA 的 DieID 为 1;主片的 TOTEMB 的 DieID 为 3;从片的 TOTEMA 的 DieID 为 5(主片的 TOTEMA 的 DieID 加 4);从片的 TOTEMB 的 DieID 为 7(主片的 TOTEMB 的 DieID 加 4)。图 3.27 描述了鲲鹏 920 系统的一个 CPU 晶片上的 Uncore PMU 功能相关部件。

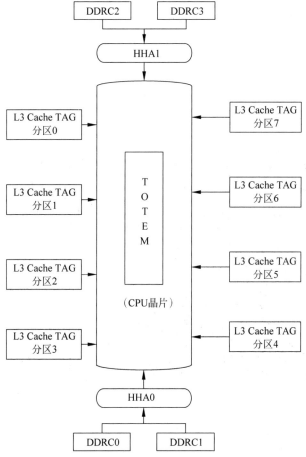

图 3.27　鲲鹏 920 系统的一个 CPU 晶片上的 Uncore PMU 功能相关部件

鲲鹏 920 处理器片上系统的每个 TOTEM 都配置了四个 DDRC(DDR 控制器)和两个 Hydra 根代理 HHA 模块,前者编号为 DDRC0～DDRC3,后者编号为 HHA0

和 HHA1。

而末级 Cache L3 的编号架构有所不同：由于鲲鹏 920 处理器片上系统的一个处理器内核集群中有四个处理器内核，共享一个 L3 Cache TAG(LLC Tag)分区，所以 32 核的版本会有 8 个 L3 Cache TAG 分区，编号为 L3C0～L3C7；24 核的版本会有 6 个 L3 Cache TAG 分区，编号为 L3C0～L3C5。

32 核版本和 24 核版本的 ACPI 表也会有差异。对于多芯片互连的鲲鹏 920 系统，若 1P 的芯片只有 48 核，则 2P 互连系统就只有 96 核；若 1P 的芯片有 64 核，则 2P 互连系统共有 128 核。故而两者的 ACPI 表不同，Uncore PMU 的驱动程序会根据 ACPI 节点来探查(Probe)，所以 BIOS 一定要使用正确的 ACPI 表。

2. 处理器内核 PMU 事件

如第 2 章所述，在 ARMv8-A 架构规范中定义了两类事件计数器：普通架构与微架构事件计数器和实现定义的事件计数器。

在鲲鹏 920 系统中，借助 Linux 操作系统的性能分析工具 perf 可以列出鲲鹏 920 实现的内核架构与微架构事件计数器。

执行 perf list|grep armv8 命令，可以列出所有能够触发 perf 采样点的事件，如图 3.28 所示。

```
[root@node1 ~]# perf list | grep armv8
  armv8_pmuv3_0/br_mis_pred/                [Kernel PMU event]
  armv8_pmuv3_0/br_mis_pred_retired/        [Kernel PMU event]
  armv8_pmuv3_0/br_pred/                     [Kernel PMU event]
  armv8_pmuv3_0/br_retired/                  [Kernel PMU event]
  armv8_pmuv3_0/br_return_retired/          [Kernel PMU event]
  armv8_pmuv3_0/bus_access/                  [Kernel PMU event]
  armv8_pmuv3_0/bus_cycles/                  [Kernel PMU event]
  armv8_pmuv3_0/cid_write_retired/          [Kernel PMU event]
  armv8_pmuv3_0/cpu_cycles/                  [Kernel PMU event]
  armv8_pmuv3_0/dtlb_walk/                   [Kernel PMU event]
  armv8_pmuv3_0/exc_return/                  [Kernel PMU event]
  armv8_pmuv3_0/exc_taken/                   [Kernel PMU event]
  armv8_pmuv3_0/inst_retired/               [Kernel PMU event]
  armv8_pmuv3_0/inst_spec/                   [Kernel PMU event]
```

图 3.28　触发 perf 采样点的事件

此外，鲲鹏 920 还定义了上百个自定义 PMU 事件，通过这些事件计数器支持系统性能调试。表 3.4 给出了部分鲲鹏 920 自定义 PMU 事件的编号、名称及其含义，相应的事件也已经上传到 Linux 社区，事件列表的链接如下：https://git.kernel.org/pub/scm/linux/kernel/git/torvalds/linux.git/tree/tools/perf/pmu-events/arch/arm64/hisilicon/hip08/core-imp-def.json。

表 3.4　部分鲲鹏 920 系统的自定义 PMU 事件

类别	事件编号	事件名称	描述
ARM 建议的普通架构和微架构事件	0x0040	L1D_CACHE_RD	第 1 级数据 Cache 访问,读操作
	0x0041	L1D_CACHE_WR	第 1 级数据 Cache 访问,写操作
	0x0042	L1D_CACHE_REFILL_RD	第 1 级数据 Cache 重填充,读操作
	0x0043	L1D_CACHE_REFILL_WR	第 1 级数据 Cache 重填充,写操作
	0x0046	L1D_CACHE_WB_VICTIM	第 1 级数据 Cache 写回,被动(Victim);类似第 1 级数据 Cache 写回(L1D_CACHE_WB),但该计数器仅对由处理单元访问引起的 Cache 行被分配导致的写回操作计数
	0x0047	L1D_CACHE_WB_CLEAN	第 1 级数据 Cache 写回,清洗及一致性操作;类似第 1 级数据 Cache 写回(L1D_CACHE_WB),但该计数器仅对由其他处理单元的一致性操作引起的写回操作或执行 Cache 维护指令导致的写回操作计数
	0x0048	L1D_CACHE_INVAL	使第 1 级数据 Cache 失效(Invalidate);对第 1 级 Cache 的所有使 Cache 行失效行为计数,但不记录使 Cache 行失效的重填充事件
	0x004C	L1D_TLB_REFILL_RD	第 1 级数据 TLB 重填充,读操作
	0x004D	L1D_TLB_REFILL_WR	第 1 级数据 TLB 重填充,写操作
	0x004E	L1D_TLB_RD	第 1 级数据或统一 TLB 访问,读操作
	0x004F	L1D_TLB_WR	第 1 级数据或统一 TLB 访问,写操作
	0x0050	L2D_CACHE_RD	第 2 级数据 Cache 访问,读操作
	0x0051	L2D_CACHE_WR	第 2 级数据 Cache 访问,写操作
	0x0052	L2D_CACHE_REFILL_RD	第 2 级数据 Cache 重填充,读操作
	0x0053	L2D_CACHE_REFILL_WR	第 2 级数据 Cache 重填充,写操作
	0x0056	L2D_CACHE_WB_VICTIM	第 2 级数据 Cache 写回,被动(Victim)
	0x0057	L2D_CACHE_WB_CLEAN	第 2 级数据 Cache 写回,清洗及一致性操作
	0x0058	L2D_CACHE_INVAL	使第 2 级数据 Cache 失效(Invalidate)
实现定义的事件	0x102e	L1I_CACHE_PRF	第 1 级指令 Cache 预取访问计数
	0x102f	L1I_CACHE_PRF_REFILL	预取访问导致的第 1 级指令 Cache 缺失计数
	0x1043	IQ_IS_EMPTY	指令队列为空
	0x1044	IF_IS_STALL	取指令停顿(Stall)周期
	0x2014	FETCH_BUBBLE	可以接收指令但无法发送指令
	0x6013	PRF_REQ	LSU 的预取请求
	0x6014	HIT_ON_PRF	预取数据命中
	0x7001	EXE_STALL_CYCLE	发射微操作次数小于 4 的周期

类别	事件编号	事件名称	描　　述
实现定义的事件	0x7004	MEM_STALL_ANYLOAD	未发射任何微操作,同时未确定任何加载操作
	0x7006	MEM_STALL_L1MISS	未发射任何微操作,同时存在访问 L1 Cache 缺失且等待重填充数据的加载操作
	0x7007	MEM_STALL_L2MISS	未发射任何微操作,同时存在访问 L1 Cache 和 L2 Cache 均缺失且等待从 L3 Cache 重填充数据的加载操作

3. 非处理器内核 PMU 事件

1) L3 Cache PMU 事件

每个 L3 Cache 有 8 个 48 位的计数器用于统计事件,当事件计数器溢出时会通过中断上报由驱动程序进行处理。

由于 L3 Cache 采用双管道(Pipeline)架构,也即 CPU 下发一条命令后,两条管道(cpipe 和 spipe)都会查询,所以在计算命中率时,分母选择其中一个即可。两条管道中任何一条命中即算命中,一般选择 spipe 管道。

例如,计算命中率可以使用以下公式:

命中率＝(CPU 下发读操作在 cpipe 命中的次数＋CPU 下发读操作在 spipe 命中的次数)/
　　　CPU 下发读操作查询 spipe 的次数

又如计算带宽:

带宽＝CPU 下发读操作查询 spipe 的次数×64 字节(CPU 的 Cache 行大小)

L3 Cache 的部分事件也放到了 Linux 的 perf 驱动程序中,可以通过以下链接访问:
https://git. kernel. org/pub/scm/linux/kernel/git/torvalds/linux. git/tree/drivers/perf/hisilicon/hisi_uncore_l3c_pmu. c(280～294 行)。

2) Hydra 根代理 PMU 事件

每个 Hydra 根代理(HHA)也有 8 个 48 位的计数器用于统计事件,当事件溢出时会通过中断上报驱动程序进行处理。Hydra 根代理的事件统计主要统计跨片操作次数、跨晶片事件数量以及来自 CCIX 的操作次数等其他事件,可以通过以下链接访问其驱动程序: https://git. kernel. org/pub/scm/linux/kernel/git/torvalds/linux. git/tree/drivers/perf/hisilicon/hisi_uncore_hha_pmu. c(277～304 行)。

3) DDR 控制器 PMU 事件

DDR 控制器(DDRC)PMU 的模型设计比较特别,每个统计计数器只能统计固定用途的事件。鲲鹏 920 系统支持统计 8 个事件,如表 3.5 所示。

表 3.5　鲲鹏 920 处理器片上系统 DDR 控制器 PMU 事件

事 件 名 称	描　　　述
DDRC_HIS_FLUX_WR	DDR 控制器所有写命令流量统计[动态存储器控制器(DMC)位宽为 256 位]
DDRC_HIS_FLUX_RD	DDR 控制器所有读命令流量统计[动态存储器控制器(DMC)位宽为 256 位]
DDRC_HIS_FLUX_WCMD	DDR 控制器所有写命令数目
DDRC_HIS_FLUX_RCMD	DDR 控制器所有读命令数目
DDRC_HIS_PRE_CMD	DDR 控制器所有统计的预充电(Precharge)命令个数
DDRC_HIS_ACT_CMD	DDR 控制器所有统计的激活(Active)命令个数
DDRC_HIS_BNK_CHG	DDR 控制器所有统计的存储体(Bank)切换次数
DDRC_HIS_RNK_CHG	DDR 控制器所有统计的读写命令片选切换次数

3.3　鲲鹏 920 处理器片上系统的设备与输入/输出

鲲鹏 920 处理器片上系统中的设备是指除内核外的物理部件,包括 I/O 集群、片上加速设备及管理设备等。作为一款应用于 ICT 领域的服务器处理器片上系统,鲲鹏片内已经集成了大量设备,通过 PCI Express 总线还可在系统中扩展片外附加设备。

鲲鹏 920 采用 PCI Express 系统拓扑作为基本的设备管理机制。

鲲鹏 920 处理器片上系统通过 PCI Express 总线连接多种片上和片外外部设备。鲲鹏 920 处理器片上系统的每个 PCIe_ICL 都是一个主桥。由于一个完整的鲲鹏 920 片上系统最多支持由 4 片鲲鹏处理器片上系统构成的对称多处理器(SMP)系统,故 4 个 PCI Express 根端口对应 4 个主桥。无论是单芯片架构还是多芯片互连架构,整个对称多处理器系统都共享一个 PCI Express ECAM(Enhanced Configuration Access Mechanism,增强配置访问机制)空间,所有这些主桥都位于统一的 PCI 总线域(PCI Segment)内。

3.3.1　鲲鹏 920 处理器片上系统的输入/输出概述

1. 鲲鹏 920 处理器片上系统的片上设备

结合图 3.4 和图 3.8 可以看到鲲鹏处理器片上系统有以下三类片上设备。

1) 固件设备

作为服务器处理器,鲲鹏 920 处理器片上系统需要支持多种功能模式和系统参数配置,并在系统上电启动时支持引导加载初始化操作。固件设备(Firmware Devices)

通常设置了固定的存储器地址,并且预定义了共享外设中断(Shared Peripheral Interrupt,SPI)。DDR存储器初始化、系统地址译码和串行器/解串器(SERDES)部件初始化等功能都需要有固件设备支持。

基本输入/输出系统(BIOS)和UEFI(统一扩展固件接口)的运行时服务需要访问固件设备中的寄存器,但操作系统和驱动程序一般不需直接访问这些寄存器。

固件设备的工作不依赖于平台设备或片上附加设备。

2)平台设备

鲲鹏920处理器片上系统设计了一系列为系统服务的标准设备,统称为平台设备(Platform Devices)。鲲鹏的平台设备既包括管理系统所必需的系统设备控制器,例如系统存储管理单元(SMMU)、通用中断控制器(GIC)和看门狗定时器等,也包括大多数系统都需要用到的对外通信接口,例如UART等。

统一的标准可以为硬件和软件开发提供规范,这对需要支持多种不同操作系统和不同厂商的硬件配件的服务器处理器而言尤其重要。ARM为其64位处理器应用于服务器建立了完整的生态环境,并定义了一系列服务器处理器规范。鲲鹏920处理器片上系统完全符合相关规范,如ARM服务器基础系统架构(SBSA)规范,ARM可靠性、可用性和可服务性(RAS)规范等。

遵从标准的平台设备可以使用标准驱动程序,并可实现不同版本、不同供应商的芯片的兼容。

3)片上附加设备

附加设备(Add-on Devices)是指ARM SBSA规范定义的通用平台设备以外的功能设备。其中,片上附加设备(Add-on On-chip Devices)指的是片上系统内可以被类似功能的设备替换的部件,通常使用设备提供商设计的驱动程序。这类设备一般负责实现系统与外部互连通信,例如网络接口卡控制器和USB控制器等。

从程序员角度看,大多数片上附加设备按照标准PCI设备的模式工作,因而也具有下面这些特征:

(1)设备可以像片外PCI设备一样被固件或操作系统通过枚举方式检索到;

(2)可以在PCI Express框架下为这些设备分配存储器地址和中断号;

(3)这些设备的复位功能和电源管理机制也与PCI设备相同;

(4)设备的虚拟化特性完全满足PCI Express的SR-IOV(Single Root I/O Virtualization,单根输入/输出虚拟化)规范。

2. 虚拟PCI Express总线

鲲鹏920处理器片上系统利用**虚拟PCI Express总线**(Virtual PCI Express Bus,VPB)机制管理片上设备。对鲲鹏处理器内核而言,处理器片上系统的片上设备就是PCI Express总线上设备。通过PCI Express标准的枚举流程,片上设备可以被映射为 PCI Express 总线的端点（Endpoints），并且通过 PCI Express 总线的 ECAM 进行配置。

虚拟 PCI Express 总线在事务层之上实现设备虚拟。可以通过标准的 PCI Express 总线根复合体拓扑发现机制建立给定的虚拟 PCI Express 总线的拓扑结构。

虚拟 PCI Express 总线不支持对主机的 ATS（地址变换服务），但虚拟 PCI Express 总线管理的设备支持系统存储管理单元标准的虚拟地址变换。虚拟 PCI Express 总线设备的总线、设备和功能单元标识（Bus，Device and Function ID）被映射为系统存储管理单元的数据流标识（SMMU Stream ID）。

虚拟 PCI Express 总线的系统存储管理单元支持一级变换和二级变换，从 VPB 设备发起的所有地址操作（包括写 MSI-X 和 MSI 地址在内）都通过某个系统存储管理单元部件进行，地址操作被翻译为相应的旁路、一级变换和二级变换操作。

如果将一个物理 PCI Express 根复合体连接至虚拟 PCI Express 总线，则该根复合体被当作虚拟 PCI Express 总线的一个设备，其 ATS 由虚拟 PCI Express 总线的系统存储管理单元的 ATS 端口承担。

3. 鲲鹏 920 处理器片上系统的设备存储器访问顺序

在 ARMv8 架构中，当访问具有非重排序属性（nR）的设备类型存储器时，对同一存储块内的访问在目标设备上的感知顺序应与程序顺序相同。

而对鲲鹏 920 处理器片上系统的 PCI Express 根端口而言，每个 PCI Express 根端口都占据设备存储器块空间。故此，对同一个 PCI Express 根端口的非重排序访问顺序与程序顺序相同，但不能保证对不同根端口的访问顺序一致，除非显式使用内存屏障机制。

类似地，对华为鲲鹏 920 的片上设备而言，每个设备都占据一个独立的设备存储器顺序块，因而对同一个设备的非重排序访问顺序与程序顺序相同，但不能保证对不同设备的访问顺序一致，除非显式使用内存屏障机制。

华为鲲鹏 920 仅支持输入（Inbound）方向的原子操作（Atomic Operations），不支持输出（Outbound）方向的原子操作，即鲲鹏 920 处理器片上系统不能通过 CPU 原子命令向 PCI Express 外部的设备发起原子操作。

4. PCI Express 地址空间和鲲鹏处理器内核地址空间的映射关系

在 ARMv8 架构下，PCI Express 设备的配置空间、内存地址空间和 I/O 地址空间都被映射到全局内存地址空间上。其中，对配置空间的访问就是对 ECAM 空间的内存访问。主桥利用地址变换单元（Address Translation Unit，ATU）将处理器系统的访问操作转换为 PCI Express 内存和 I/O 访问。表 3.6 给出了 PCI Express 地址空间和鲲鹏 920 处理器片上系统 ARM 存储器地址空间的映射关系与存储器类型设置。

表 3.6　PCI Express 地址空间和鲲鹏 920 处理器片上系统 ARM 存储器
地址空间的映射关系与存储器类型设置

PCI Express 目标地址空间	PCI Express 请求	推荐使用的 ARM 存储器类型	PCI Express 控制器的转换机制
PCI Express 配置空间	配置空间读；配置空间写	设备-nGnRnE (Device-nGnRnE)	通过系统基内存地址标识 ECAM 访问；通过 PCI 总线范围过滤配置空间访问
I/O 空间	I/O 读；I/O 写	设备-nGnRnE (Device-nGnRnE)	地址变换单元(ATU)表项
64 位可预取内存地址空间	用于寄存器：内存读；内存写	设备-nGnRE (Device-nGnRE)	地址变换单元表项
64 位可预取内存地址空间	用于内存空间扩展；内存读；内存写	设备-nGRE (Device-nGRE) 设备-GRE (Device-GRE) 常规-不可缓存 (Normal Non-Cacheable)	地址变换单元表项
32 位可预取内存地址空间	用于寄存器：内存读；内存写	设备-nRE (Device-nRE)	地址变换单元表项可将 32 位 PCI Express 地址映射到 ARM 内存中大于 4GB 的地址空间
32 位可预取内存地址空间	用于内存空间扩展；内存读；内存写	设备-nGRE (Device-nGRE) 设备-GRE (Device-GRE) 常规-不可缓存 (Normal Non-Cacheable)	地址变换单元表项可将 32 位 PCI Express 地址映射到 ARM 内存中大于 4GB 的地址空间
32 位不可预取内存地址空间	内存读；内存写	设备-nGnRE (Device-nGnRE)	地址变换单元表项

　　华为公司强烈建议将 PCI Express 存储器映射方式的寄存器(MMIO)地址空间的存储器类型属性配置为"设备-不可聚合-不可重排序(Device-nGnRE)"，因为这种存储器类型能够让鲲鹏 920 处理器片上系统保证读写访问的执行顺序，程序员可以通过发出一次读请求来清空(Flush)PCI Express 系统中的公告写(Posted Write)操作的数据。不过，如果对访存性能非常敏感，当然可以不将 MMIO 空间配置为设备属性，并且当设备的 MMIO 空间为可预取属性时，可以使用"常规-不可缓存(Normal-nonCacheable)"属性。

　　而当 PCI Express 存储器空间被配置为"设备-可重排序(Device-Reorder)"或"常规-不可缓存"属性时，程序员应使用内存屏障保证访存指令的执行顺序。

　　当 PCI Express 配置空间和 I/O 空间被配置为"设备-提前响应写操作(Device-E)"属

性时,则无法保证 PCI Express 配置写和 I/O 写操作能正常操作,因为在 ARM 存储器空间执行提前响应写操作时,在 PCI Express 域无法对配置写和 I/O 写执行清空操作。

5. 鲲鹏 920 处理器片上系统 StreamID 和 DeviceID 映射

在 ARM 架构中有两种与外设相关的标识:StreamID(数据流标识)是系统存储管理单元用于检索地址转换表的索引;而 DeviceID(设备标识)则是 ARM 通用中断控制器架构中的中断翻译服务 ITS(部件)用于检索中断翻译表的索引。

而在 PCI Express 的系统架构中也有两种标识:RequesterID(请求者标识)和 PASID(Process Address Space ID,进程地址空间标识)。PASID 是某个请求者标识的进程地址空间标识,通常与内核中的不同进程的地址空间相关。这两个标识组合起来可以唯一确定与某个 PCI Express 业务有关的地址空间。

在鲲鹏 920 处理器片上系统中,所有与系统存储管理单元或 ITS 协同工作的设备都被分配了唯一的 RequesterID。无论是单芯片系统还是多芯片系统,系统中的所有 RequesterID 都按照 16 位分配。对于多数具有标准 PCI Express 头的设备,其 RequesterID 由 PCI 枚举软件按标准流程分配。而没有标准 PCI 头的设备,则在系统启动时用每个芯片保留的 PCI 总线为其接分配 RequesterID。

图 3.29 描述了华为鲲鹏 920 处理器片上系统对 StreamID 和 DeviceID 的映射方式。设备的 RequesterID、系统存储管理单元的 StreamID 和 ITS 的 DeviceID 都是相同的,且在整个数据传输路径中保持唯一性。设备的 PASID 被映射为系统存储管理单元的 SubstreamID,用于对第一级变换表进行索引。

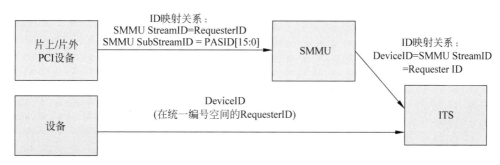

图 3.29　华为鲲鹏 920 处理器片上系统 StreamID 和 DeviceID 映射

6. 鲲鹏 920 处理器片上系统的 PCI Express 中断机制

鲲鹏 920 处理器片上系统支持 PCI Express 总线规范定义的 PCI INTx 仿真和消息信号 MSI/MSI-X 这两种中断请求方式。图 3.30 显示了华为鲲鹏 920 处理器片上系统的中断映射关系,以及 4 个鲲鹏 920 处理器片上系统组成的对称多处理器系统的完整配置,当实际的系统中处理器的数量少于 4 个时,只需去掉相应处理器的主桥,中断映射机制则保持不变。

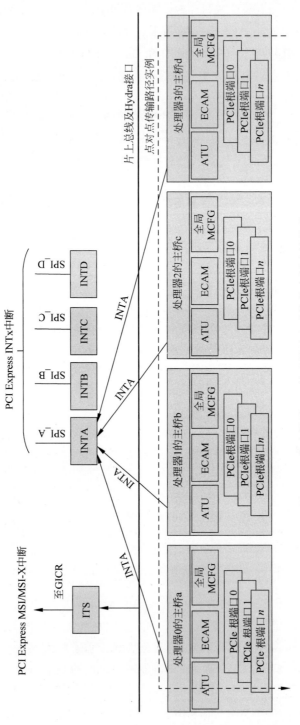

图 3.30 华为鲲鹏 920 处理器片上系统的中断映射关系

对使用 PCI Express INTx 中断信号线提出中断请求的设备,鲲鹏 920 片上系统把 PCI Express 的 INTx 中断请求聚合为 4 个 ARM SPI 中断,即 SPI_A、SPI_B、SPI_C 和 SPI_D。这种映射是针对整个 PCI Express 总线域的统一 ECAM 空间完成的,并非每个根端口都有 4 个 SPI 中断。

而采用消息信号中断方式(MSI/MSI-X)时,MSI/MSI-X 消息则通过鲲鹏 920 系统的片上总线及 Hydra 接口传递至鲲鹏 920 处理器片上系统的片上平台设备 ITS(中断翻译服务)部件,再由 ITS 部件将 MSI/MSI-X 设备中断消息翻译为鲲鹏 920 处理器片上系统的 LPI,并路由至不同的通用中断控制器转发器(GICR)。其中,Device ID 的映射关系显示在图 3.29 中。

3.3.2　鲲鹏 920 处理器片上系统的 PCI Express 控制器

华为鲲鹏 920 通过 PCI Express 控制器实现互连功能。鲲鹏 920 系统的 PCI Express 控制器兼容 PCI Express 规范 V4.0,支持 16GT/s 数据传输率。华为鲲鹏 920 的 PCI Express 控制器片内包含多个根端口的逻辑电路,每个根端口对软件而言都是一个虚拟的 PCI-PCI 桥。板上实际的物理端口数量可能会少于芯片可以支持的最大端口数,此时 BIOS 会初始化控制器,以屏蔽不存在的根端口。

PCI Express 控制器可以灵活配置。例如,×16 链路的 PCI Express 控制器可以被配置为单个根端口,此时系统中只有一个桥;也可以把×16 链路的 PCI Express 控制器配置为 4 个×4 的根端口,此时系统中有四个桥。

为支持 PCI Express 的热插拔功能,鲲鹏 920 片上配置了 I²C 总线用于获取 PCI Express 插槽的硬件状态,并将该状态信息同步至根端口指示器。PCI Express 的软件用户接口完全兼容 PCI Express 标准,但 I²C 总线的状态收集协议遵从鲲鹏 920 私有的时序。

PCI Express 控制器通过 AMBA 总线与系统总线相连。

图 3.31 显示了鲲鹏 920 处理器片上系统的 PCI Express 控制器系统架构。

1. 鲲鹏 920 PCI Express 控制器的内部结构

鲲鹏 920 处理器片上系统的 PCI Express 控制器的完整内部结构如图 3.32 所示。该模块由一个寄存器接口、一个应用层实体、3 个 PCI Express 核和 3 个物理编码子层(PCS)实体组成。一个实际使用的鲲鹏 PCI Express 控制器可能只包含该视图的子集。

1) PCI Express 核

PCI Express 核(PCI Express Core)是 PCI Express 模块内扩展 PCI Express 链路的部件,每个 PCI Express 核包含最多 8 个 PCI Express 端口。鲲鹏的 PCI Express 控制器模块最多包含 3 个 PCI Express 核,支持最多 40 条 PCI Express 通道(Lanes)。3

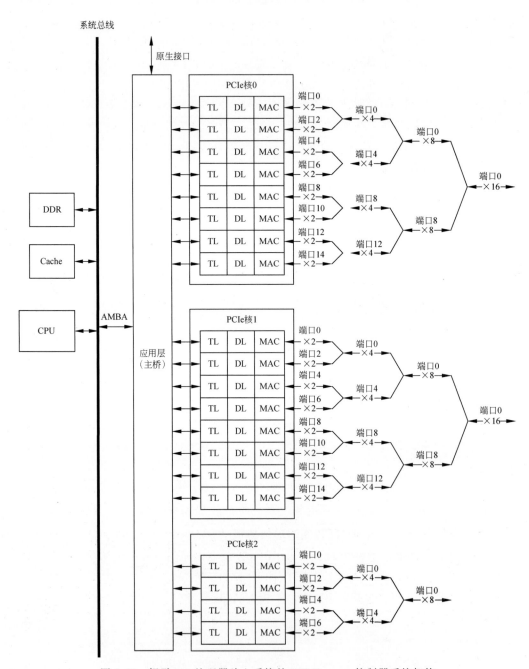

图 3.31 鲲鹏 920 处理器片上系统的 PCI Express 控制器系统架构

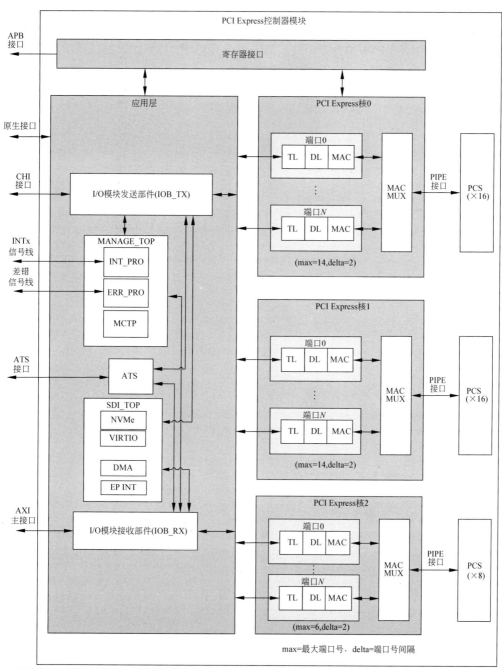

* AXI: Advanced eXtensible Interface，高级可扩展接口。

图 3.32　鲲鹏 920 处理器片上系统 PCI Express 控制器内部结构图

个 PCI Express 核中,两个为×16 PCI Express Gen4 接口,1 个为×8 PCI Express Gen4 接口。3 个 PCI Express 核都可以作为根端口(Root Port,RP)运行,而 PCI Express 核 1 还可以作为端点端口(Endpoint Port,EP)运行。PCI Express 核 0 和 PCI Express 核 1 可以支持最多 8 个端口,端口号为 0、2、4、6、8、10、12、14,即最大端口号 $max=14$,端口号间隔 $delta=2$;而 PCI Express 核 2 可以支持最多 4 个端口,端口号为 0、2、4、6,即最大端口号 $max=6$,端口号间隔 $delta=2$。

PCI Express 端口则由一个事务层(Transaction Layer,TL)实体、一个数据链路层(Data Link Layer,DL)实体和一个介质访问控制层(Media Access Control Layer)实体组成,实现 PCI Express 数据链路层和事务层的基本功能及物理层的部分功能。

事务层根据信用值(Credit)组装 TLP(事务层分组)并将其发送至数据链路层。相反,事务层对接收到的 TLP 进行解析,并向远程设备返回信用值。

数据链路层是事务层和物理层之间的媒介,其核心功能是负责链路上两个模块之间的可靠传输。

2) PCI Express 物理层

PCI Express 物理层功能由介质访问控制层和 PCS(Physical Coding Sub-layer,物理编码子层)共同实现。介质访问控制层功能在 PCI Express 核中实现,其主要功能是实现链路训练与状况状态机(Link Traning and Status State Machine,LTSSM)。每个 PCI Express 核内的介质访问控制层实体和各个端口共享的介质访问控制层多路开关(MAC_MUX)与 PCI Express 核之外的 PCS 实体一起实现 PCI Express 总线的物理层功能。MAC_MUX 实现介质访问控制层与 PCS 之间的连接,二者之间的接口即 PCI Express 物理层接口 PIPE(Physical Interface for PCI Express)。

PCS 是 PCI Express PHY 的数字部分,实现 8b/10b 编码与解码、128b/130b 编码与解码、时钟容差补偿机制、功耗变更、速率变更、符号锁定及数据块对齐等功能。鲲鹏 PCI Express 控制器的 3 个 PCI Express 核都支持 Gen4(16Gb/s)、Gen3(8Gb/s)、Gen2(5Gb/s) 和 Gen1(2.5Gb/s) 四种速率,且支持在 16Gb/s、8Gb/s、5Gb/s 和 2.5Gb/s 之间的动态速率切换。

3) PCI Express 应用层

鲲鹏的 PCI Express 应用层(Application Layer,AP)实体实现与特定应用有关的 PCI Express 事务传输。应用层实体包含如下多个部件。

(1) I/O 模块发送部件(IOB_TX):鲲鹏 920 处理器内核将操作请求通过 CHI 总线发送至 PCI Express 控制器,PCI Express 应用层收到该操作请求后,由 IOB_TX 生成 PCI Express 事务并通过 PCI Express 核发送给远端设备。

(2) I/O 模块接收部件(IOB_RX):接收远端设备发送的分组并通过 AMBA 总线将报文传输到本地存储器。

(3) SDI_TOP(SDI 顶层模块):鲲鹏的 PCI Express 控制器支持软件定义基础设施(Software Defined Infrastructure,SDI),SDI_TOP 模块又包含多个功能组件:

- DMA 控制器：支持在端点模式和根复合体模式下使用。当 PCI Express 总线工作在端点模式时，DMA 控制器负责在本地存储器和远程存储器之间传输数据；当 PCI Express 总线工作在根复合体模式时，DMA 控制器在本地存储器和本地存储器之间传输数据。
- 端点中断(EP INT)组件：用于实现端点中断处理，支持端点采用 INTx 中断、MSI 中断和 MSI-X 中断三种方式。
- NVMe 组件：用于实现支持非易失性存储器控制器接口的 NVMe(Non-Volatile Memory Express)协议。
- VIRTIO 组件：用于实现 I/O 设备半虚拟化抽象接口的 VIRTIO 规范。

(4) MANAGE_TOP(管理顶层模块)：实现系统管理相关功能，包含三个组件：

- MCTP 组件：用于在总线所有者和 MCTP(Management Component Transport Protocol，管理组件传输协议)设备之间传送 MCTP 分组。MCTP 分组通过 PCI Express 类型 1 VDM(Vendor-Defined Type)传输。
- INT_PRO(中断处理组件)：当 PCI Express 总线工作在根复合体模式时，INT_PRO 负责接收 INTx 消息并上报给系统；当 PCI Express 总线工作在端点模式时，INT_PRO 负责产生 INTx 中断并发送至相应端口。除了 PCI Express 中断之外，INT_PRO 还负责处理应用层本地中断。
- ERR_PRO(错误处理组件)：用于接收错误消息并上报给系统，仅在 PCI Express 总线工作于根复合体模式时使用。

(5) ATS 模块：ATS 模块通过 AXI 主接口将地址变换请求和页面请求传送给系统存储管理单元。系统存储管理单元可以通过 ATS 接口将地址失效请求(Address Invalidate Request)传递给 ATS，ATS 会进一步为远端设备生成地址失效请求。当远端设备返回地址失效响应时，ATS 模块再将相应的响应返回系统存储管理单元。

(6) 寄存器接口(REG_IF)：本地鲲鹏处理器内核可以经 APB 接口通过寄存器接口访问 PCI Express 模块的私有寄存器。

2. 鲲鹏 920 PCI Express 控制器的工作模式

鲲鹏 920 使用的 PCI Express 控制器模块可以支持 PCI Express 根复合体和端点两种工作模式。

当 PCI Express 控制器作为根复合体工作时，其三个 PCI Express 核中的 PCI Express 端口构成 PCI Express 拓扑中的根端口。图 3.33 显示了鲲鹏 920 处理器片上系统的 PCI Express 控制器的根复合体工作模式。在根复合体工作模式下，PCI Express 核 0 和 PCI Express 核 1 可以分别被分叉为 1 个(×16)、2 个(×8)、4 个(×4)或 8 个(×2)端口。

图 3.34 显示了鲲鹏 920 处理器片上系统的 PCI Express 控制器的端点工作模式。当华为鲲鹏 920 的 PCI Express 控制器处于端点(EP)模式时，PCI Express 控制器作为标准的端点设备连接到外部 CPU。此时，PCI Express 控制器具备完整的端点配置空间和

中断机制。华为鲲鹏 920 的所有功能都可以用作单个 PCI Express 端点设备的扩展功能。鲲鹏 920 处理器片上系统上可以运行不同的应用,为端点设备提供不同的功能。

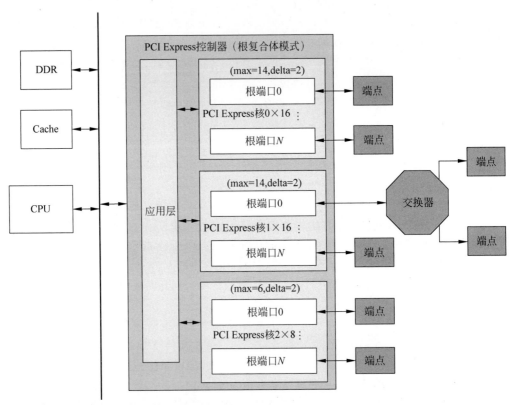

max=最大端口号
delta=端口号间隔

图 3.33　鲲鹏 920 处理器片上系统 PCI Express 控制器的根复合体模式

PCI Express 控制器作为端点工作时,仅 PCI Express 核 1 可以作为端点端口,PCI Express 核 0 和 PCI Express 核 2 不可用。PCI Express 核 1 可以被分叉为端点模式的 1 个 ×8 端口或者 1 个 ×16 端口。×16 端口可以降级为 ×8、×4 或 ×2 端口,×8 端口可以降级为 ×4 或 ×2 端口。

当 PCI Express 核 1 的端口 0 作为端点时,PCI Express 核 1 上只能有一个端口 0 存在,端口 2、端口 4 和端口 6 都不可用。

PCI Express 核 1 只提供外部根复合体可见的端点寄存器。当 PCI Express 核 1 工作于端点模式时,其 0、2、4、6、8、10、12 和 14 这 8 个端口都不能被本地 CPU 枚举到,因而本地 CPU 看不到这些 PCI Express 设备,但本地 CPU 仍可枚举到片上其他的 PCI Express 化设备。

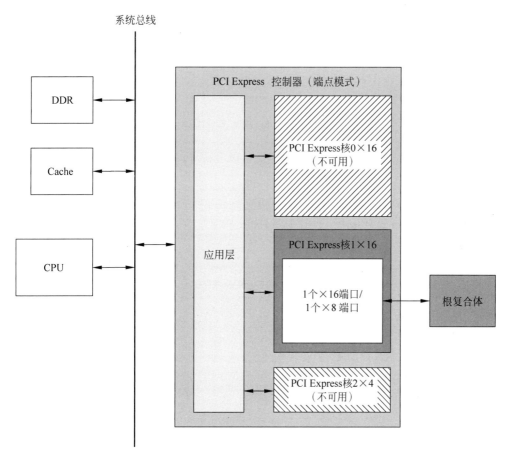

图 3.34　鲲鹏 920 处理器片上系统 PCI Express 控制器的端点工作模式

3. 鲲鹏 920 PCI Express 控制器的端到端传输

鲲鹏 920 处理器片上系统支持在所有 PCI Express 根端口之间进行端到端（Peer to Peer）传输。当启用端到端传输功能时，从软件的逻辑视图中可以看到，所有的 PCI Express 设备都挂接到一条单一的共享 PCI 总线上；这些 PCI Express 设备共享一个公共地址空间，并且可以互相传输数据。主桥将分发这些点到点业务量，每个根复合体都能感知到整个系统中的主桥存储器和总线范围的相关信息。

端到端传输仅在根复合体模式下可用。端到端传输支持内存读/写请求、消息和完成（Completion）三种类型的 TLP（事务层分组）。

根据端到端传输的两个端口是否处在同一个集群上，可以把端到端传输分为本地端到端传输和远程端到端传输两种事务。

在本地端到端传输中，从一个 PCI Express 端口发起的事务被路由到同一个芯片（即同一个 Socket）上的不同 PCI Express 端口。同一个集群上的任意 PCI Express 端口之间都可以进行本地端到端传输。

而远程端到端传输则是指从一个 PCI Express 端口发起的事务被路由到另一个芯片上的 PCI Express 端口的方式。任意 PCI Express 端口之间都可以进行端到端传输。鲲鹏 920 片上系统的 PCI Express 控制器最多支持在 4 个集群之间进行远程端到端传输。

图 3.35 显示的是鲲鹏 920 处理器片上系统 PCI Express 控制器的本地端到端传输实例。图 3.35 中，端点 EP0 与 PCI Express 核 0 的 PCI Express 根端口 0 相连，端点 EP1 则与 PCI Express 核 0 的 PCI Express 根端口 N 相连。设 EP0 欲发送一个 TLP 给 EP1。PCI Express 端口 0 在收到分组后，将通过应用层转发该分组至系统总线。进一步，系统总线将分组转发给 PCI Express 应用层，然后应用层将解码请求者标识（Requester ID），并将分组路由至目标 PCI Express 端口 N，最终分组被发送至 EP1。

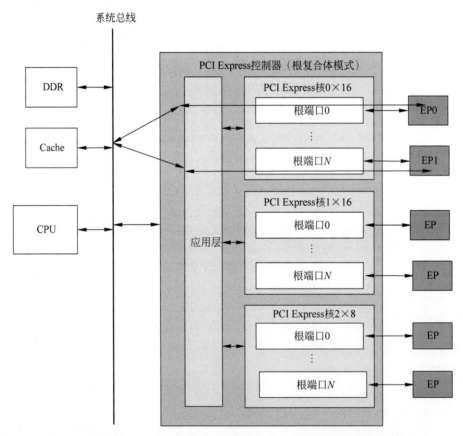

图 3.35　鲲鹏 920 处理器片上系统 PCI Express 控制器的本地端到端传输

图 3.36 显示了鲲鹏 920 处理器片上系统 PCI Express 控制器的远程端到端传输实例。端点 EP0 与位于芯片 0 中的 PCI Express 核 0 的 PCI Express 根端口 0 相连，

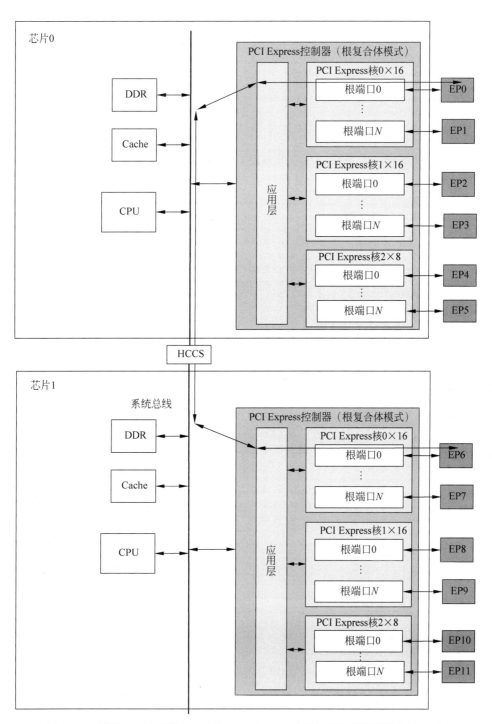

图 3.36　鲲鹏 920 处理器片上系统 PCI Express 控制器的远程端到端传输实例

端点 EP6 与位于芯片 1 中的 PCI Express 核 0 的 PCI Express 根端口 0 相连。仍然假设 EP0 欲发送一个 TLP 给 EP6。PCI Express 根端口 0 收到报文后将其通过应用层转发至系统总线。系统总线通过华为 Cache 一致性系统（HCCS）接口将报文转发给芯片 1。芯片 1 的应用层收到该分组后，将解码请求者标识，并将分组路由至目标 PCI Express 根端口 0,最终分组被发送至 EP6。

3.3.3　鲲鹏 920 处理器片上系统的平台设备

1. 鲲鹏处理器片上系统的平台设备配置

鲲鹏处理器片上系统内置的平台设备是保证鲲鹏 920 系统正常工作的标准设备。表 3.7 给出了鲲鹏 920 处理器片上系统的平台设备配置。这些设备完全遵从 ARM 生态环境定义的编程接口规范。系统固件负责向操作系统提供这些设备的信息,操作系统则通过通用软件架构驱动这些设备。

表 3.7　鲲鹏 920 处理器片上系统的平台设备配置

平台设备	功　　能	数　　量	兼容的架构版本
系统存储管理单元（SMMU）	具有地址变换和存储访问保护功能。在 PCI Express I/O 集群中配置的系统存储管理单元还支持 ATS/PRI 虚拟化功能	每个 I/O 集群配置一个私有的系统存储管理单元部件	ARM 系统存储管理单元 v3 规范
中断翻译服务（ITS）部件	将 MSI/MSI-X 设备中断翻译为系统 LPI 并路由至不同的通用中断控制器转发器（GICR）	每个芯片配置了三个 ITS 部件	ARM 通用中断控制器架构规范版本 4
通用中断控制器分发器（GICD）	实现 ARM 通用中断控制器中断分发器（Interrupt Distributer)功能	从软件的角度看,全系统只有一个 GICD,物理上由分布在每个晶片上的 GICD 组合而成	ARM 通用中断控制器架构规范版本 4
通用看门狗 Watchdog	实现看门狗定时器功能	对称多处理器系统只会看到一个看门狗	ARM 服务器基础系统架构（SBSA）规范版本 3.0
通用异步收发器(UART)	实现通用异步收发器接口功能	每个芯片配置一个物理 UART 接口软件可见的 UART 接口数量由固件定义	ARM 服务器基础系统架构规范版本 3.0
智能管理单元消息通道	在应用(AP)和智能管理单元(IMU)之间交换信息	配置一组智能管理单元消息通道	ARM 计算子系统 SCP 消息接口协议版本 1.2

2. 鲲鹏 920 处理器片上系统的系统存储管理单元（SMMU）

鲲鹏 920 处理器片上系统的每个 I/O 集群中配置了一个私有的系统存储管理单元（SMMU），以支持 ARM 架构下的虚拟化扩展（Virtualization Extensions），用于 I/O 设备及加速引擎的虚拟化。系统存储管理单元实现了 ARM 系统存储管理单元 v3 规范。

图 3.37 给出了鲲鹏 920 系统的系统存储管理单元架构示意图。结合图 3.8 和图 3.37 可以看出，鲲鹏 920 处理器片上系统的系统存储管理单元实现调度器和环总线之间的跨接和地址转换，完成设备实际对环总线的接入。系统存储管理单元和调度器之间采用同步接口连接，二者之间的接口兼容 ARM 公司提出的 AMBA（Advanced Microcontroller Bus Architecture，先进微控制器总线架构）中的 AXI4 规范。系统存储管理单元与分发器及环总线接入模块之间也都是通过同步接口互连。系统存储管理单元和环总线之间采用 CHI-E 的 RN-D 接口，系统存储管理单元与处理器之间的配置接口采用 APB3 兼容接口和 DJTAG 接口。

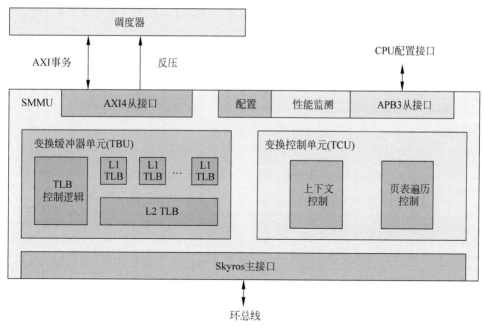

图 3.37　鲲鹏 920 系统的系统存储管理单元架构示意图

鲲鹏 920 系统的系统存储管理单元可以和存储管理单元使用相同的页表，也可以使用自建的页表。系统存储管理单元支持 AArch64 执行状态下的 ARMv8-A 长页表格式。在 ARMv8-A 的 AArch64 模式下可实现对 48 位物理地址空间的访问。AArch64 执行状态下支持 4KB、16KB 和 64KB 三种最小页表颗粒度。

鲲鹏 920 系统的系统存储管理单元可以同时处理来自多个设备的事务,并且根据这些事务的数据流标识(StreamID)使用不同的第一级(Stage1)页表和第二级(Stage2)页表进行地址和属性变换。系统存储管理单元支持第一级的虚拟地址到中间物理地址的地址变换、第二级中间物理地址到物理地址的地址变换,以及第一级+第二级的虚拟地址到物理地址变换。第一级支持最大 64 位虚拟地址对 48 位中间物理地址空间的地址变换;第二级支持最大 48 位中间物理地址对 48 位物理地址空间的地址变换。两级变换可以单独或同时使用:当系统只存在一个操作系统时,可以只使用第一级变换,不需要用第二级进行虚拟化;而在只使用第二级变换的场景中,虚拟地址到中间物理地址的地址变换和管理由操作系统负责,虚拟机管理器(Hypervisor)管理第二级变换,完成各个操作系统所属的中间地址到物理地址的转换;如果操作系统需要通过系统存储管理单元的第一级变换完成各个设备的虚拟地址到中间物理地址的地址转换,且仍然由虚拟机管理器完成各操作系统的中间地址到物理地址的转换,则需要同时开启系统存储管理单元的第一级变换和第二级变换。

系统存储管理单元还提供了分布式的最大 16 组 32 个表项全相联 L1 TLB 和统一的 2048 个表项 4 路组相联 L2 TLB。L1 TLB 被每个上一级调度器接入的主设备独享,两级 TLB 采用互斥(Exclusive)策略。TLB 页表颗粒度包括 4KB、2MB、1GB、16KB、32MB 以及 64KB、512MB 等多种。

3. 鲲鹏 920 处理器片上系统的通用中断控制器(GIC)

鲲鹏 920 系统使用的**超级中断控制器**(Hyper Interrupt Controller)是基于 ARM 通用中断控制器(GIC)规范版本 v3 的全局中断管理部件。

如图 3.38 所示,鲲鹏 920 系统的通用中断控制器部件由通用中断控制器分发器(GICD,GIC Distributer)、中断翻译服务(ITS)部件、通用中断控制器转发器(GICR,GIC Redistributer)、CPU 接口部件(CPUIF,CPU Interface)和通用中断控制器处理器接口(GICC,GIC CPU Interface)部件等 5 部分组成。从图 3.38 中可以看出,鲲鹏的超级中断控制器是由系统中分布的多个部件组成的逻辑部件。其中,GICR、CPUIF 及GICC 三种部件与处理器内核一一对应,因而其数量与系统中的处理器内核的数量一致。而 ITS 和 GICD 这两种部件采用对等分布式架构(Symmetric Distributed Architecture,SDA),一个系统根据需要可以有多个 ITS 和 GICD,每个部件之间是对等关系,协作完成相应的功能。

通用中断控制器各组件之间有多种连接和传递中断的方式,多组 ITS 和 GICD 之间连接对应关系如图 3.38(a)所示,部件之间的可通达性如图 3.38(b)所示。注意图 3.38 描述的是抽象的通用中断控制器组成结构及相互关系,在鲲鹏 920 处理器片上系统芯片中,设备与各个 ITS 和 GICD 的连接逻辑是固定的。鲲鹏 920 处理器片上系统的每个芯片配置一个 ITS 部件,设置在超级 I/O 集群中;而每个晶片上配置了一个 GICD 部件,系统中的所有 GICD 构成一个逻辑上的单一 GICD 部件,故从软件的角度看,全系统只有一个 GICD。

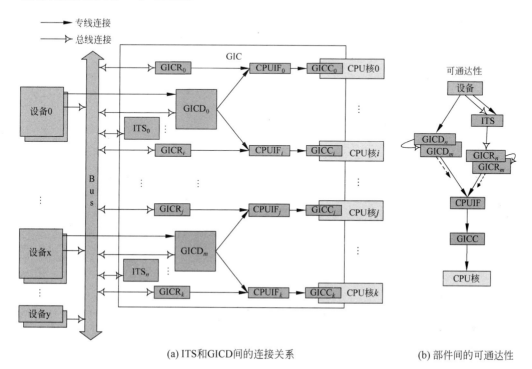

(a) ITS和GICD间的连接关系　　　　　　(b) 部件间的可通达性

图 3.38　鲲鹏 920 系统的通用中断控制器架构示意图

构成通用中断控制器的所有组件之间通过两种方式相互连接。图 3.38 中,实心箭头代表的连接关系为专线连接(Wire Connection),意味着两个组件通过物理硬连线或 AXI 的流式(Stream)总线一对一互连,逻辑上要求相互连接的组件必须位于同一个超级内核集群或者超级 I/O 集群内部。例如,由于 GICD 与设备和 CPUIF 之间都是通过专线连接,所以与每一个 GICD 直接相连的设备、CPUIF 及其后对应的 GICC 和处理器内核都必须位于同一个超级内核集群之内。

空心箭头代表的连接关系为总线连接(Bus Connection)。总线连接意味着凡是接入总线的部件就连通性而言都可以相互交换消息,没有物理位置的限制。但是,由于部件属性及功能的限制,通过总线互连的部件之间在逻辑上仍有限制,例如有些部件之间只能单向传递消息,有些部件之间不能直接交互。表 3.8 给出了各部件通过总线传递消息的通达关系。

表 3.8　鲲鹏 920 系统通用中断控制器各部件通过总线传递消息的通达关系

源	目　标		
	ITS	GICR	GICD
设备	√	×	√
ITS	×	√	×
GICR	×	√	×
GICD	×	×	√

注：√表示可通达；×表示不可通达。

鲲鹏超级中断控制器各个部件的功能概述如下。

1) 设备

这里的设备指能够产生中断请求的外围设备。设备产生的中断请求通过专线连接或消息中断(MBI)方式上报到 ITS 或 GICD。

2) GICD

GICD(通用中断控制器分发器)的功能定义在 ARM 通用中断控制器规范中。

外部设备通过专线连接方式连接到 GICD 模块，并以 WBI(Wire Based Interrupt，基于硬连接的中断)方式向 GICD 直接发送 PPI/SPI 请求。GICD 也负责接收处理器内核通过内部总线下发的 SGI 请求，并根据中断的路由配置信息把中断分发到与之相连的合适的 CPUIF 进行后继处理。GICD 模块也可以由软件配置，利用总线在系统中所有 GICD 之间相互转发和接收 MBI 中断请求。

与如图 2.7 所示的 ARMv8-A 通用中断控制器架构不同的是，鲲鹏超级中断控制器的 GICD 采用对等分布式架构，系统中可以有一个或多个对等的 GICD，其中单个 GICD 的中断处理流程与通用中断控制器规范中定义的 GICD 处理流程一致，而分布式的多个 GICD 之间的中断传递的流程由华为公司自定义。

3) ITS

ITS(中断翻译服务)部件的功能定义在 ARM 通用中断控制器规范中。该部件主要负责接收各种 MBI 型的 LPI，例如 PCI Express 总线通过总线连接发出的 MSI。

可以通过软件动态修改 ITS 模块的路由配置，将中断路由到系统中任意一个 GICR。ITS 依据中断路由配置信息，将中断以 MBI 方式重定向到合适的 GICR 进行后继处理。

4) GICR

GICR(通用中断控制器转发器)的功能定义在 ARM 通用中断控制器规范中。GICR 主要负责接收任何一个 ITS 上报的 MBI 请求，并将其转发给与之相连的 CPUIF，或通过软件配置利用总线连接在多个 GICR 之间转发该请求，从而完成中断的清除、转移等操作。GICR 接收 ITS 发送的命令(分为物理中断和虚拟中断命令)。

5) CPUIF 和 GICC

对比图 2.7，可以发现鲲鹏超级中断控制器的 CPU 接口被分为 CPUIF 和 GICC

两部分。

其中,CPUIF 的主要功能是接收 GICR 或 GICD 上报的中断请求,并依据软件配置信息调度出优先级最高的中断请求,将其转换为处理器内核接口要求的格式,上报到对应处理器内核的 GICC。CPUIF 也会接收处理器内核通过 GICC 下发的 SGI 请求,并通过内部总线转发到 GICD。CPUIF 与 GICC 之间交互命令的格式为 AXI Stream 命令格式。

而 GICC 则负责接收 CPUIF 上报的中断请求,通过 IRQ 或 FIQ 交由相应的处理器内核执行对应的中断处理程序,并提供软件应答中断的相关接口。GICC 还提供给软件 SGI 接口,并转发处理器内核产生的 SGI 请求到 CPUIF。

鲲鹏超级中断控制器也支持 ARMv8-A 架构 AArch64 执行状态的安全化扩展和虚拟化扩展。

3.3.4　鲲鹏 920 处理器片上系统的附加设备

1. 鲲鹏 920 处理器片上系统的附加设备拓扑

鲲鹏 920 处理器片上系统的附加设备包括片上附加设备和片外附加设备,片外附加设备通过 PCI Express 总线接口与鲲鹏 920 处理器片上系统连接。与片上附加设备相同,片外附加设备也采用 PCI 拓扑方式组织,并遵循 PCI Express 框架规范。

图 3.39(a)、(b)给出了华为鲲鹏 920 处理器片上系统启动时的默认附加设备拓扑架构,BIOS 也可以改变默认拓扑配置。图 3.39(a)、(b)可以拼接为一张完整的拓扑图。其中,图 3.39(a)给出了芯片编号为 0 和 1 的两个子系统的拓扑,而图 3.39(b)显示的是芯片编号为 2 和 3 的两个子系统的拓扑,这四个子系统通过鲲鹏 920 的系统总线译码器相互关联,共同构成了鲲鹏 920 系统附加设备的完整拓扑。

鲲鹏 920 系统中的所有设备都处于 PCI 总线编号 0～256。鲲鹏的片上总线通过芯片 ID 和 SCL ID 调整默认的地址译码逻辑。图 3.39 同时给出了默认的总线编号和地址范围分配关系。无论系统中实际配置了多少芯片,默认的总线编号和地址范围的分配关系都保持不变。也就是说,在单芯片系统和四芯片系统中,分配给芯片 0 的默认总线编号和地址范围都相同。但是如果有特殊的要求,固件可以改变这种默认配置。

受芯片物理设计和系统译码机制的限制,鲲鹏 920 系统的每个超级集群中都包含多个主桥。这些主桥可以被 ACPI(高级配置与电源接口)表描述,但是只有真正在 PCB 上被物理使用的设备才能被 ACPI 表描述。例如,如果 PCB 只用到了芯片 1 的网络 I/O 集群上的网络接口控制器,则芯片 0 的网络 I/O 集群就不能在 ACPI 表中描述,芯片 0 的网络功能对软件而言也是不可见的。

如果片上附加设备不支持虚拟化,则这类设备作为集成端点连接至主桥,例如

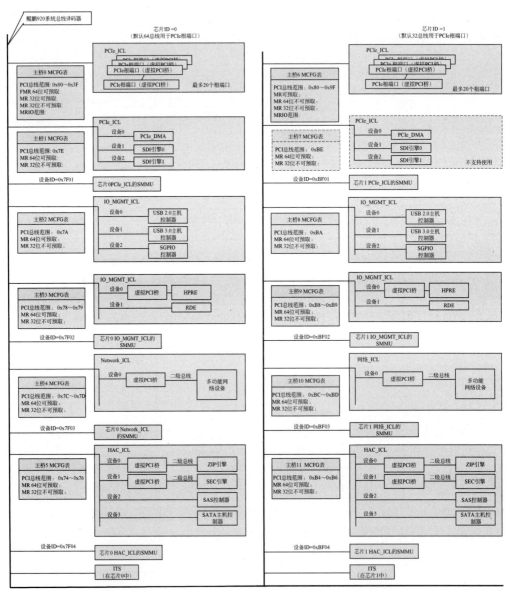

注：MR代表存储器地址范围（Memory address Range）。

(a) 华为鲲鹏920处理器片上系统的附加设备拓扑1

图 3.39 华为鲲鹏 920 处理器片上系统的附加设备拓扑架构

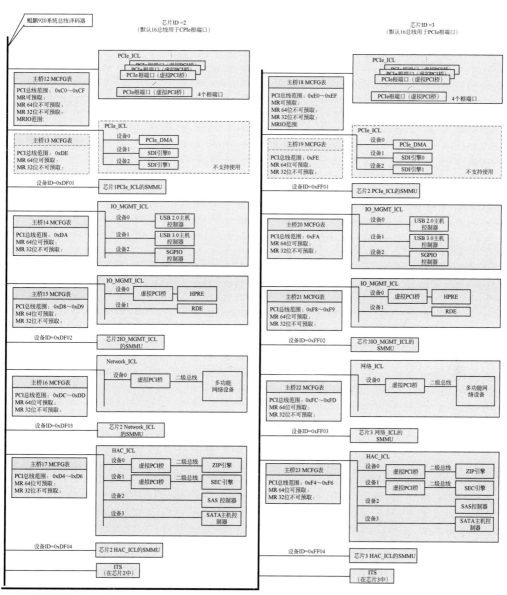

注：MR代表存储器地址范围（Memory address Range）。

(b) 华为鲲鹏920处理器片上系统的附加设备拓扑2

图 3.39　（续）

图 3.39 中 IO_MGMT_ICL 上的 USB 主机控制器。而支持虚拟化的附加设备则通过虚拟 PCI 至 PCI 桥连接至主桥，以便获取更多的 PCI 功能。某些片上设备可能在特定的 PCB 上并未使用，此时固件可以将这些设备的 PCI 头中的厂商 ID 配置为 0xffff，从而对高层软件隐藏这些冗余的设备。

2. 鲲鹏 920 处理器片上系统的网络子系统

华为鲲鹏 920 处理器片上系统通过附加网络设备提供高带宽的以太网通信能力。鲲鹏 920 处理器片上系统的网络子系统即网络 I/O 集群，负责控制以太网帧的发送和接收，除了支持常规的以太网通信外，还支持基于融合以太网（Converged Ethernet）架构的 **远程直接存储器访问**（Remote Direct Memory Access，RDMA）协议 RoCE（RDMA over Converged Ethernet）V1 和 RoCE V2。

华为鲲鹏 920 处理器片上系统的网络子系统由网络接口控制器（Network Interface Controller，NIC）和附加的 RoCEE 两部分构成。网络接口控制器实现常规以太网通信功能；RoCEE 即 RoCE 引擎（RDMA over Converged Ethernet Engine），支持远程 DMA 操作。

华为鲲鹏 920 处理器片上系统的网络接口控制器支持的最大线速为 100Gb/s，可以通过 Linux 操作系统下强大的网络管理工具 ethtool 实现性能调优，也支持微软的网络协议栈。

华为鲲鹏 920 处理器的网络接口控制器包括多个 1Gb/s 至 100Gb/s 速率的以太网控制器，是完整的以太网控制器引擎，可以在 RoCE 引擎关闭的情况下单独工作。网络 I/O 集群支持二层 DCB（Data Center Bridging，数据中心桥接）、MAC（介质访问控制器）地址表、多播表、VLAN（Virtual Local Area Network，虚拟局域网）过滤表、流表、中断及 PCI Express 化等功能。

从程序员角度看，网络 I/O 集群兼容 PCI Express 系统架构。网络 I/O 集群包含标准 PCI Express 配置空间，可以通过 PCI ECAM 机制访问，并支持 BIOS 枚举功能。网络 I/O 集群支持虚拟化功能时遵从 SR-IOV 规范。鲲鹏网络 I/O 集群支持 256 个 PCI 功能单元，这些功能单元可以是虚拟功能单元（Virtual Function，VF），也可以是物理功能单元（Physical Function，PF）。每个 PCI 功能都有独立的任务和配置空间，用于处理服务数据并配置硬件。所有这些功能都按照 PCI Express 框架下的附加设备组织，并且与 PCI Express 总线外接的扩展网络接口卡置于同一框架下管理。鲲鹏的通用网络接口卡功能与 RDMA 逻辑集成在同一个 PCI Express 功能中，不占用额外的 PCI 功能编号。

华为鲲鹏 920 处理器片上系统的网络 I/O 集群有四种对外可见的接口：

（1）PCI Express 接口：网络 I/O 集群内部嵌入了 PCI Express 化（将设备虚拟为 PCI Express 设备）的接口功能模块，网络 I/O 集群通过内部 PCI Express 端点接入处理器片上总线，对软件以 PCI Express 设备的形式呈现，最多支持 8 个物理功能单元。

（2）ARM 总线/DJTAG 接口：用于加载初始化信息和调试使用。

（3）RMII：鲲鹏 920 提供一个独立于 MAC 的精简介质独立接口（Reduced Media-Independent Interface，RMII），将网络 I/O 集群与管理控制器（Management Controller，MC）连接。网络 I/O 集群的网络控制器边带接口（Network Controller Sideband Interface，NC-SI）通过 RMII 与华为的主板管理控制器（BMC）芯片 Hi1710 相连，管理控制器则可通过 RMII 收发控制分组，从而实现对网卡的管理。

（4）10 条 SERDES 信号线：网卡内集成的多速率以太网介质访问控制器（Media Access Controller，MAC）通过 SERDES 接口与其他芯片互连。若 SERDES 连接物理层 PHY 芯片，则接口类型为电口；若 SERDES 连接光模块，则接口类型为光口；SERDES 也可以通过背板互连。

图 3.40 给出了鲲鹏 920 处理器片上系统的网络 I/O 集群外部接口描述。

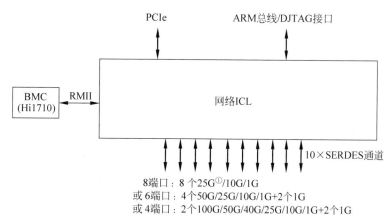

图 3.40　鲲鹏 920 处理器片上系统的网络 I/O 集群外部接口

华为鲲鹏 920 网络子系统基于共享内存架构，其内部架构如图 3.41 所示。

图 3.41 的左边显示了网络接口控制器的结构。网络接口控制器的核心是 NIC 引擎，向软件提供收发接口，完成收发处理流程。在发送方向，软件通过设置发送队列指针分配发送任务，NIC 引擎根据发送描述符给出的信息从主机内存中取出发送分组数据处理，并传输分组。在接收方向，NIC 引擎负责接收分组，并将分组写入主机内存。NIC 引擎也负责向软件提出中断请求并上报队列指针状态。

发送调度器根据流量分类（Traffic Class，TC）的带宽限制或 PCI 物理功能单元/虚拟功能单元的带宽限制对发送报文进行调度，协调实现主机、虚拟功能单元、流量分类和队列之间的发送安排。NIC 引擎根据调度结果从调度队列中读取发送任务。

————————
①　G 表示 Gb/s。

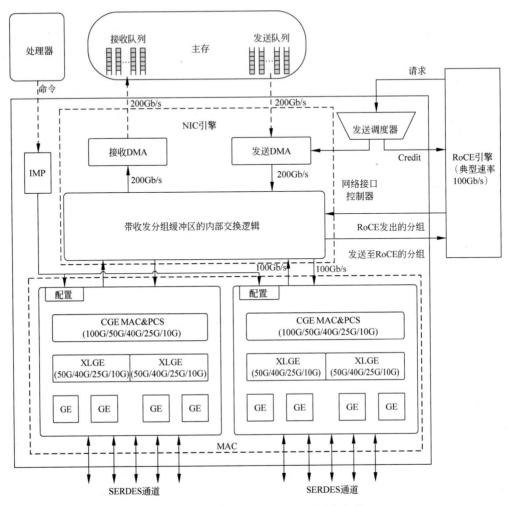

图 3.41 华为鲲鹏 920 网络子系统内部架构

带收发分组缓冲区的内部交换逻辑 (Internal Switch with TX/RX Packet Buffers) 集成了存储交换单元 (Storage Switch Unit, SSU), 实现分组的缓冲、存储和交换。发送 DMA 部件 TxDMA 用于将分组送入分组队列, 而接收 DMA 部件 RxDMA 则负责从处理器主存中加载分组至分组队列。

集成管理处理器 (Integrated Management Processor, IMP) 是一种内嵌的管理处理器, 负责命令通道的管理和网络控制器边带接口 NC-SI 功能。集成管理处理器负责解析读写命令, 配置硬件或读取硬件配置。集成管理处理器还负责响应主板管理控制器 (BMC) 的配置请求。

网络接口控制器的 MAC 支持以太网帧的发送和接收, 实现 CRC 计算和校验、流量控制、参数自动协商、训练等功能。MAC 模块还定义了一系列"MAC CMD"命令，用于指定工作模式。

图 3.41 的左下部即为通过 SERDES 接口与外部链路连接的 MAC 模块，鲲鹏 920 的网络接口卡配置了 8 个 MAC，连接外部 10 条 SERDES 通道。华为鲲鹏 920 的所有 MAC 都支持三种端口速率模式：CGE、LGE 和 GE。CGE 模式支持 100Gb/s 速率；LGE 模式支持 50Gb/s、40Gb/s、25Gb/s 和 10Gb/s 速率；GE 模式支持 1000Mb/s、100Mb/s 和 10Mb/s 速率。这些 MAC 可以灵活配置组合。由于每个 50GE/40GE 的 MAC 可以被配置为 1 个 XLGE MAC 或者 4 个 XGE MAC，因此，每个网络 I/O 集群可以支持下列配置组合：

(1) 配置 1：2 个 100G/50G/40G/25G/10G/1G[①]MAC＋2 个 1G MAC；

(2) 配置 2：4 个 50G/25G/10G/1G MAC＋2 个 1G MAC；

(3) 配置 3：8 个 25G/10G/1G MAC。

图 3.42 给出了鲲鹏网络接口卡的网络接口速率配置组合。

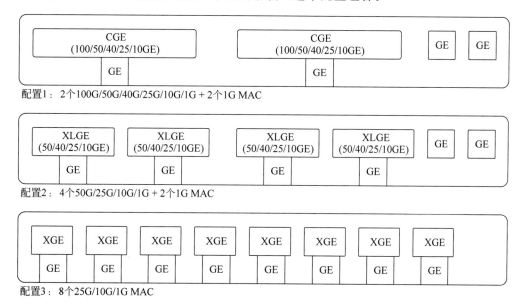

图 3.42　鲲鹏网络接口卡的网络接口速率配置

基于 RoCE 协议的 RoCEE 通过硬件实现传输层和网络层的 RDMA 功能，用于卸载鲲鹏 920 处理器片上系统的负荷。华为鲲鹏 920 片上系统的 RDMA 的目标延迟低于 600ns。RoCEE 需要与网络 I/O 集群协同工作：RoCEE 的二层处理，包括融合以太功能，由网络 I/O 集群完成；在软件层，也需要先初始化网络 I/O 集群后再初始化

①　G 表示 Gb/s。

RoCEE,才能正常调用 RoCEE 的功能。

3. 鲲鹏 920 处理器片上系统的外存储子系统

鲲鹏 920 处理器片上系统的外存储子系统借助鲲鹏 920 系统内置的 SAS(串行连接 SCSI,Serial Attached SCSI)控制器和 SATA 控制器连接外部存储设备。

鲲鹏 920 系统的 SAS 控制器是主机和外存设备之间交互的接口控制器。SAS 控制器在系统内部通过片内总线与处理器交互,接收 SAS 发起者(SAS Initiator)和 SATA 主机应用层发出的 SAS/SATA 命令;在对外接口侧,SAS 控制器通过片内 SERDES 驱动的模拟差分信号线对与远端 SAS/SATA 设备交换数据。

SAS 控制器遵循 SAS 3.0 和 SATA 3.0 协议,实现 SAS 协议定义的传输层、链路层、端口层(Port Layer)和物理层(PHY Layer)功能,以及 SATA 协议定义的传输层、链路层和物理层功能。

图 3.43 显示了鲲鹏 920 片内 SAS 控制器的配置与连接关系。华为鲲鹏 920 处理器片上系统在 HAC_ICL 中配置了两个 SAS 控制器,每个 SAS 控制器支持 8 个 SAS 物理层(PHY),对外提供 8 个 SERDES 差分线对的模拟接口。

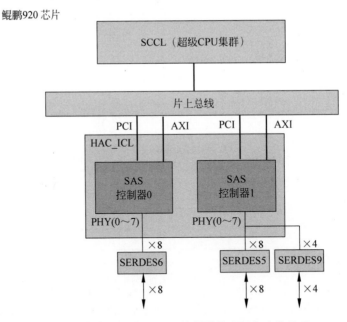

图 3.43　鲲鹏 920 片内 SAS 控制器的配置与连接关系

SAS 控制器支持宽端口(Wide Port)模式,每个端口的物理层个数可配置为 2～8 个。一个 SAS 控制器可以配置多个宽端口,例如 4 个×2 宽端口、2 个×4 宽端口或 1 个×8 宽端口。

SAS 控制器可支持最多 8 个窄端口(Narrow Port),与每个物理层相关联的 SAS 通道(SAS Channel)都可以被配置为窄端口模式。

实际使用的端口个数通过配置每个 SAS 通道内部的物理层 SAS 地址确定。

图 3.44 显示了鲲鹏 920 的片内 SAS 控制器结构。SAS 控制器内部包含如下模块。

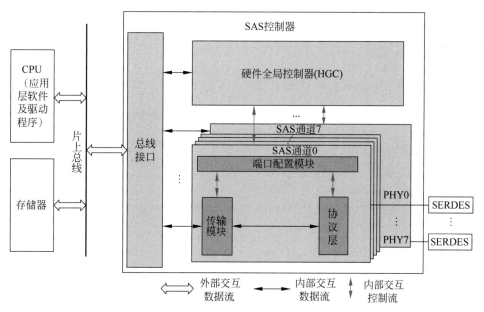

图 3.44　鲲鹏 920 的片内 SAS 控制器结构

1) 硬件全局控制器模块

硬件全局控制器(Hardware Global Controller,HGC)模块是软硬件之间的交互接口,负责接收并解析软件下发的 I/O 命令,并集中管理和调度多重 I/O 请求,控制各 SAS 通道与目标设备之间的 I/O 交互操作。

2) SAS 通道

SAS 通道是实现 SAS 和 SATA 协议的传输层、链路层和物理层功能的模块,负责完成 SSP/SMP/STP/SATA 帧的收发。一个 SAS 通道与一个 SERDES 通道互连。

SAS 通道内部包含三个子模块:端口配置模块负责接收软件对寄存器的配置和查询请求;协议层实现 SAS 和 SATA 协议中定义的端口层、链路层和物理层功能;传输模块实现传输层部分功能并管理 SAS 控制器和存储器之间的数据读、写和传输操作。

SAS 物理层功能由 SAS 控制器片内的协议层和片外的 SERDES 模块共同实现,协议层实现物理层的数字处理功能。片外 SERDES 模块实现模拟处理,即在发送方向实现并/串转换及差分数据输出,在接收方向实现串/并转换及时钟与数据恢复。

3）总线接口

总线接口在系统侧实现 SAS 控制器与片内总线交互,包括控制通道接口和数据通道接口。软件通过控制通道接口配置 SAS 控制器的初始化参数,配置或查询内部寄存器。数据通道接口用于传输与 I/O 相关的命令和数据。

除了 SAS 控制器外,鲲鹏 920 片上系统还配置了 SATA 主机(SATA Host, SATAH)控制器。SATA 主机控制器遵循串行 ATA 国际组织的《串行 ATA 版本 3.0(Serial ATA Revision 3.0)》规范和《串行 ATA 高级主机控制器接口(AHCI)版本 1.3[Serial ATA Advanced Host Controller Interface（AHCI）1.3]》规范。

鲲鹏 920 片上系统的 SATA 控制器是一个配置两个 SATA 端口的 SATA 主机总线适配器(Host Bus Adapter,HBA),实现 AHCI 规范下系统存储器和串行 ATA 设备之间的通信。

图 3.45 显示了鲲鹏 920 的 SATA 主机控制器结构。

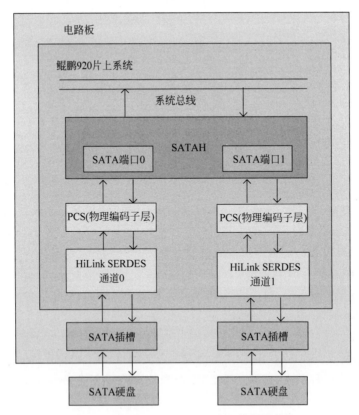

图 3.45　鲲鹏 920 的 SATA 主机控制器结构

3.4　基于鲲鹏 920 处理器片上系统的 TaiShan 服务器

　　TaiShan 服务器是华为公司的新一代数据中心服务器,基于海思鲲鹏系列服务器处理器,适合为大数据、分布式存储、原生应用、高性能计算和数据库等应用高效加速,旨在满足数据中心多样性计算与绿色计算的需求。

　　目前,TaiShan 服务器家族有两个产品系列:TaiShan 100 系列服务器是基于鲲鹏 916 处理器的产品;TaiShan 200 系列服务器是基于最新的鲲鹏 920 处理器片上系统,包含 2280E 边缘型、1280 高密型、2280 均衡型、2480 高性能型、5280 存储型和 X6000 节点高密型等多个产品型号。

3.4.1　TaiShan 200 服务器的组成与逻辑结构

　　表 3.9 列出了 TaiShan 200 系列部分服务器产品的核心参数。从表 3.9 中可以看出,TaiShan 系列很好地利用了鲲鹏 920 处理器片上系统优良的可扩展性,系统架构组织灵活。1U 机架服务器最多可以配置 128 个 2.6GHz 主频的处理器内核,节点型服务器可以组合成更高密度的计算系统。

表 3.9　TaiShan 200 系列部分服务器产品的核心参数

产品系列	TaiShan 200				
产品型号	1280 高密型	2180 均衡型	2280 均衡型	5280 存储型	X6000 节点高密型
产品形态	1U 双路机架	2U 单路机架	2U 双路机架	4U 双路机架	2U 4 节点高密型 4 个 XA320 节点
处理器数量	2 个鲲鹏 920	1 个鲲鹏 920	2 个鲲鹏 920	2 个鲲鹏 920	每个节点 2 个鲲鹏 920
内存插槽数量 (DDR4-2933)	32 个	16 个	32 个	32 个	每个节点 16 个
本地存储	若干 SAS/SATA HDD 硬盘、NVMe SSD 硬盘、SAS/SATA SSD 硬盘(参数略)				
RAID 支持	支持 RAID 0, 1, 5, 6, 10, 50, 60,支持超级电容掉电保护				
PCI Express 扩展	PCI Express 4.0×16 和(或)PCI Express 4.0×8 标准插槽(参数略)				
板载网络	1～2 个板载网络插卡,每个插卡支持 4×GE 电口或者 4×10GE 光口或者 4×25GE 光口				2×GE 电口+1×100GE 光口
操作系统	SUSE、Ubuntu、CentOS、中标麒麟、深度、银河麒麟、凝思、泰山国心、普华、湖南麒麟等操作系统				

1. 单片鲲鹏920处理器片上系统构成的服务器系统

图3.46描述了TaiShan 200系列中的2180均衡型服务器的逻辑结构。2180均衡型服务器是2U单路均衡型机架服务器。该服务器面向互联网、分布式存储、云计算、大数据、企业业务等领域,具有高性能、大容量存储、低能耗、易管理、易部署等优点。2180单台服务器支持1个鲲鹏920处理器片上系统,最多64个处理器内核;最大支持16条DDR4 ECC内存储器,最大内存容量可达2048GB;最多可支持3个PCI Express 4.0 ×8的标准扩展槽位。

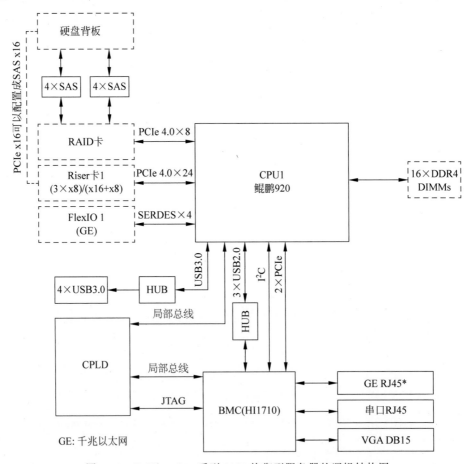

图3.46 TaiShan 200系列2180均衡型服务器的逻辑结构图

从逻辑结构图中可以看出,整个TaiShan服务器系统主要由三片集成电路及扩展卡、外部通信通道构成。其中,1颗鲲鹏920处理器片上系统芯片支持连接16个DDR4 DIMM内存条,并可通过PCI Express 4.0 ×8总线连接RAID(Redundant Arrays of Independent Disks,独立磁盘冗余阵列)控制扣卡(Xcede连接器),再引出

SAS(Serial Attached SCSI,串行连接 SCSI)信号线缆与硬盘背板连接,支持最多 14 个 3.5″(英寸)SAS/SATA HDD 硬盘或 SAS/SATA SSD 硬盘。

  TaiShan 2180 服务器的鲲鹏 920 处理器片上系统最多支持 4 个 PCI Express 4.0 接口,除了 1 个 RAID 扣卡专用的 PCI Express 扩展槽位外,另外 3 个标准 PCI Express 扩展槽位通过 Riser 卡引出。鲲鹏 920 处理器片上系统本身自带的高速 SERDES 接口扩展出灵活 I/O 卡(FlexIO)接口,支持扩展 4 个 GE 电口、4 个 10GE 光口或者 4 个 25GE 光口以太网接口。TaiShan 2180 支持服务器智能管理系统,主板上集成了华为自研的主板管理控制器芯片 Hi1710,通过 PCI Express、I²C 和 USB 等通信端口与处理器互连,可以支持 VGA、10/100/1000Mb/s RJ45 管理网口、调试串口等管理接口。处理器内置的 USB 3.0 接口通过 USB HUB 可以扩展出 4 个 USB 端口。一片 CPLD(Complex Programmable Logic Device,复杂可编程逻辑器件)用于实现简单逻辑功能。

2. 两片鲲鹏 920 处理器片上系统构成的多芯片服务器系统

  对于需要更大计算能力的服务器系统,可以通过多片鲲鹏处理器片上系统组合成更多处理器内核的系统。图 3.47 给出了另一款 TaiShan 200 系列 2280 均衡型服务器配置鲲鹏 920 7260、5250 或 5230 处理器时的逻辑结构图,从图中可以看出鲲鹏处理器架构灵活的扩展能力。2280 服务器是 2U 双路均衡型机架服务器,在保持低功耗特性的同时提供更高的计算性能,适合为大数据分析、软件定义存储、Web 等应用场景的工作负载进行高效加速。TaiShan 2280 服务器支持最多 128 个处理器内核和最多 27 个 SAS/SATA HDD 或 SSD 硬盘。

  对比图 3.46 和图 3.47 的两种服务器逻辑结构可以看出,TaiShan 2280 服务器比 TaiShan 2180 服务器增加了一颗鲲鹏 920 处理器片上系统 CPU2,与处理器 CPU1 通过两组 Hydra 总线互连(配置鲲鹏 920 5220 或 3210 处理器时只需一组 Hydra 总线),传输速率最高可达 30Gb/s,二者构成多芯片鲲鹏 920 处理器片上系统。

  RAID 控制扣卡仍通过 PCI Express 总线与 CPU1 连接,并通过 SAS 信号线缆连接至硬盘背板,通过不同的硬盘背板可支持最多 16 个 3.5″或 27 个 2.5″ SAS/SATA HDD 硬盘、SAS/SATA SSD 硬盘或 16 个 2.5″ NVMe SSD 硬盘等多种本地存储规格。

  新增的第二颗鲲鹏 920 处理器片上系统 CPU2 同样支持 16 个 DDR4 DIMM 内存条。两颗鲲鹏 920 处理器片上系统本身自带的高速 SERDES 接口可扩展出两块灵活 I/O 卡(FlexIO)接口,每块灵活 I/O 卡均支持扩展 4 个 GE 电口、4 个 10GE 光口或者 4 个 25GE 光口以太网接口。由于处理器片上系统可以连接三块 Riser 卡,故系统支持最多 8 个 PCI Express 4.0×8 或 3 个 PCI Express 4.0×16＋2 个 PCI Express 4.0×8 标准插槽。

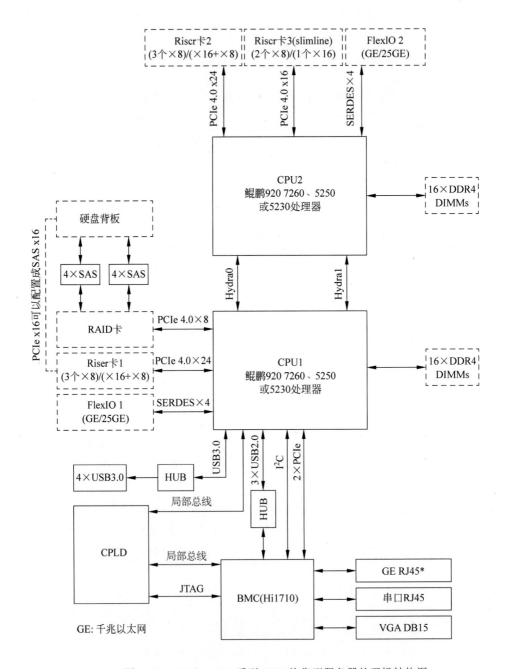

图 3.47　TaiShan 200 系列 2280 均衡型服务器的逻辑结构图

图 3.48 给出了 TaiShan 200 系列 2280 均衡型服务器配置鲲鹏 920 7260、5250 或 5230 处理器时的物理结构示意图。

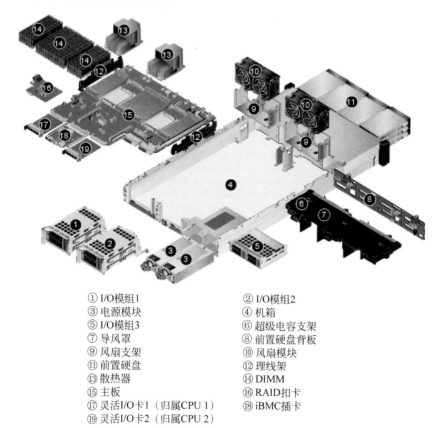

① I/O模组1　　　　　　　② I/O模组2
③ 电源模块　　　　　　　④ 机箱
⑤ I/O模组3　　　　　　　⑥ 超级电容支架
⑦ 导风罩　　　　　　　　⑧ 前置硬盘背板
⑨ 风扇支架　　　　　　　⑩ 风扇模块
⑪ 前置硬盘　　　　　　　⑫ 理线架
⑬ 散热器　　　　　　　　⑭ DIMM
⑮ 主板　　　　　　　　　⑯ RAID扣卡
⑰ 灵活I/O卡1（归属CPU 1）　⑱ iBMC插卡
⑲ 灵活I/O卡2（归属CPU 2）

图 3.48　TaiShan 200 系列 2280 均衡型服务器的物理结构示意图

表 3.10 总结了 TaiShan 200 系列 2280 均衡型服务器的规格与特色。

表 3.10　TaiShan 200 系列 2280 均衡型服务器的规格与特色

型号	2280
形态	2U 2 路
CPU	可支持 32、48、64 核配置，主频 2.6GHz，最高功率为 180W
内存	32 个 DDR4 DIMM，最高传输速率 2933MT/s，最大内存 4TB
本地存储	16×3.5″SAS/SATA HDD 硬盘； 27×2.5″SAS/SATA HDD 硬盘； 16×3.5″NVMe SSD 硬盘
RAID 支持	RAID 0/1/10/1E/5/50/6/60 等

PCI Express 扩展	最多 8 个 PCI Express 4.0×8 或 3 个 PCI Express 4.0×16＋2 个 PCI Express 4.0×8 标准插槽
板载网卡	4×GE 或 4×10GE 或 4×25GE
电源	2 个 900W 或 2000W 热插拔电源,支持 AC 220V 或 DC 240V,支持 1＋1 冗余
风扇	4 个热拔插风扇,支持 N＋1 冗余
温度范围	5～40℃
主要特点	高性能: 　鲲鹏 920 处理器片上系统,性能比肩 x86 高端型号; 　8 通道内存技术,支持 32 个 DDR4 内存插槽,最高内存容量可达 4TB; 　支持华为 Atlas 300 AI 加速卡、ES3000 V5 NVMe SSD 灵活适配: 　支持多个 I/O 模组,实现丰富的硬盘配置; 　支持板载的灵活网卡,支持 GE/10GE/25GE,实现不同网络配置 安全可靠: 　采用华为全自研计算芯片; 　整机器件实现全国产化,保障可持续供应

图 3.49 描述了 TaiShan 200 系列 2280 均衡型服务器的内部结构。

3. 节点型多芯片服务器系统

对于需要聚合更大算力的应用场景,可以把多个服务器节点通过管理板整合成服务器系统。TaiShan 200 系列 X6000 高密型服务器是 2U 4 节点的高密服务器系统,集灵活扩展、高密度、高可靠、易维护管理和高效节能等特点于一身。

图 3.50 为 TaiShan 200 系列 X6000 高密型服务器风冷整机系统结构图。

TaiShan 200 系列 X6000 服务器在 2U 高度的机架上能够容纳 4 个 XA320 或 XA320C 高密型 2 路计算节点。每个 XA320/XA320C 计算节点配置两个鲲鹏 920 处理器片上系统,每个处理器支持 48 核或 64 核,每个节点的逻辑结构与 TaiShan 200 系列 2280 均衡型服务器类似。

表 3.11 总结了 TaiShan 200 系列服务器使用的 XA320 及 XA320C 计算节点的规格。

TaiShan X6000 提供 HMM＋iBMC 的管理架构,通过管理板(HMM)实现 X6000 的机框管理,提供环境温度监控、风扇管理、电源管理和节点管理、整框的资产信息等功能。管理板通过一个汇聚模块在机框后面板提供一个汇聚网口,客户端连接到此汇聚网口后,不需要另外连接节点的 iBMC 管理网口,通过一根管理网线即可分别登录 4 个节点的 iBMC,实现整框系统带外管理对外呈现一个接口。

iBMC 智能管理系统软件是华为自主开发的具有完全自主知识产权的服务器远程管理系统,兼容服务器业界管理标准 IPMI2.0 规范,具有高可靠的硬件监控和管理功能。iBMC 实现节点的管理和用户界面的呈现,既支持服务器节点单独管理,也可通过

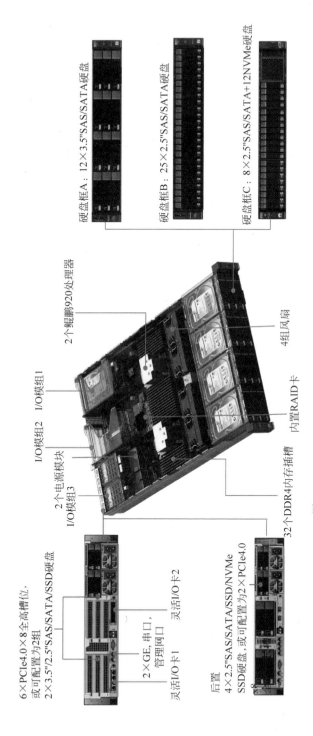

图 3.49　TaiShan 200 系列 2280 均衡型服务器的内部结构

新一代的 HMM 整机管理系统实现对整框共用部件的散热、电源、机框资产信息的管理。用户可通过节点的管理网口或机箱的汇聚网口登录到节点的 iBMC Web 用户界面。

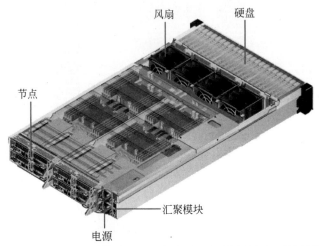

图 3.50　TaiShan 200 系列 X6000 高密型服务器风冷整机系统结构图

表 3.11　TaiShan 200 系列服务器 XA320 及 XA320C 计算节点规格

形态	XA320 计算节点	XA320C 计算节点
处理器	2 个鲲鹏 920(48 核,2.6GHz)	2 个鲲鹏 920(48 核/64 核,2.6GHz)
内存插槽	16 个 DDR4,传输速率为 2933MT/s	
硬盘数量	支持 2～6 个 2.5″SAS/SATA 硬盘	
板载网络	2×GE 电口+1×100GE 光口	
PCI Express 扩展	支持 2 个 PCI Express 半高半长的标准扩展插槽	支持 1 个 PCI Express 半高半长的标准扩展插槽
工作温度	5～35℃	
尺寸(宽×深×高)	177.9mm×545.5mm×40.5mm	

TaiShan 200 系列 X6000 高密型服务器可以针对互联网业务应用提供低能耗、易维护、快速部署、定制化的服务器解决方案,也可针对 HPC 业务应用,提供高可靠、高性能的硬件基础平台。

3.4.2　TaiShan 200 服务器的 RAS 技术

1. TaiShan 服务器的 RAS 框架

TaiShan 服务器通常工作在对计算能力要求高、实时性要求高、业务不可中断的应用场景中,这类场景对服务器基础设施的 RAS 特性有较高的要求。TaiShan 服务器在设计过程中对每个关键部件和每条关键链路都提供足够的 RAS 特性进行保护。为了保证 TaiShan 服务器的高可用性,除了采用严格的降额设计及可靠性筛选测试和信号级测试等生产制造过程中的质量保证手段外,RAS 技术在设计层面还需满足三个核心目标:

(1) 硬件部件具有高可靠性。部件可靠性高,具备一定容错机制,极少出现故障。

(2) 出现故障时能通过一系列手段保证故障不会影响系统主要功能和业务。可以对故障实现检测、纠错、预测和隔离。

(3) 对于影响系统功能的错误,能第一时间定位到具体部件并且易于维护更换,能快速恢复业务。这要求对严重错误能尽快定位,故障易于修复。

TaiShan 服务器需要实现对系统异常的检测,对检测到的故障进行搜集、分析,并在固件、操作系统和应用程序等各个层面对检测到的故障进行有针对性的处理,确保将故障的影响降到最低,以提升系统连续服务时间。图 3.51 描述了 TaiShan 服务器系统的 RAS 框架。

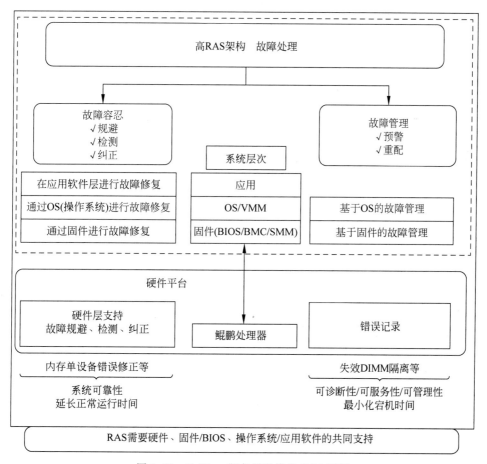

图 3.51　TaiShan 服务器系统的 RAS 框架

华为的 TaiShan 服务器具备全面的故障检测能力，能检测系统内几乎所有的基础类硬件故障及业务类硬件故障，并配置了软硬件一体的故障诊断、预测、恢复和隔离机制。基于华为最新的自研管理芯片及管理软件，TaiShan 服务器通过完全自主的带外管理系统支持远程管理，可实现设备配置、软件和固件升级、故障管理等操作的一站式服务。

2. 鲲鹏 920 处理器片上系统的 RAS 设计

作为为服务器设计的处理器，鲲鹏 920 处理器片上系统在保持高性能、低功耗优势的同时，着重强化了服务器级 RAS 设计，利用故障检测、故障纠错、故障记录、故障上报和故障修复等技术实现了全流程的 RAS 架构设计，具备了与最高端服务器处理器相当的 RAS 能力。

鲲鹏 920 处理器片上系统的处理器和主存系统与 ARM RAS 扩展规范完全兼容，并实现了该规范的全部要求。鲲鹏 920 处理器片上系统只支持固件优先模式的差错处理机制。

图 3.52 列出了鲲鹏 920 处理器片上系统的 RAS 设计要点。可以看出，鲲鹏 920 处理器片上系统在其设计的过程中，对每个关键部件和每条关键路径都提供了足够强大的 RAS 特性保护机制。

处理器系统的故障检测能力是系统 RAS 的基础。硬件确保高可靠性的核心技术即差错检测和差错纠正（Error Detection and Correction）技术，鲲鹏 920 处理器片上系统具备覆盖全模块的差错检测及纠错能力。表 3.12 列出了鲲鹏 920 处理器片上系统中主要的数据模块和总线模块采用的检错和纠错方法。

处理器系统涉及的故障可以分为三类：数据错误、总线错误和逻辑功能错误。与这三种故障相对应，鲲鹏 920 处理器片上系统的故障检测手段也分为三类：对数据模块主要使用错误修正码（Error Correction Code，ECC）和奇偶校验码（Parity）进行数据错误检错；对总线接口模块使用循环冗余校验（Cyclic Redundancy Check，CRC）方法检错；而逻辑功能模块则使用存储器内置自检（Memory Built-In Self Tests，MBIST）和超时检测等方法检错。纠错一般通过 ECC 和重试（Retry）机制来实现。

鲲鹏 920 系统的硬件提供已修复差错计数功能。处理器和存储系统的差错记录功能与 ARM RAS 扩展规范完全兼容。

3. 内存储系统的 RAS 设计

存储系统的可靠性是系统运行的保障。在鲲鹏 920 处理器片上系统中，无论是片内的各级 Cache 还是作为主存使用的 DDR SDRAM，都设计了差错检查和纠正等高可靠性的容错机制，对最容易发生错误的数据存储模块提供全面的保护。

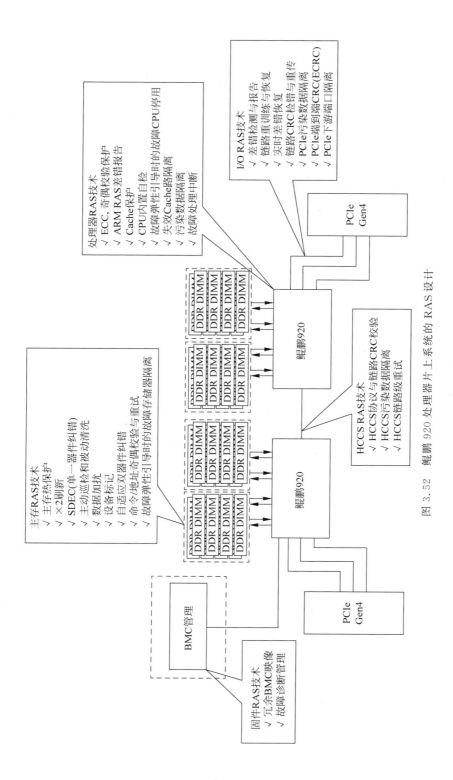

图 3.52　鲲鹏 920 处理器片上系统的 RAS 设计

表 3.12　鲲鹏 920 处理器片上系统数据模块和总线模块采用的检错和纠错方法

模 块 名 称	功 能 部 件	检错/纠错方法
Core-IFU	处理器内核取指单元 (Instruction Fetch Unit)	检错：奇偶校验[单二进制位错误检测(SED)] 纠错：作废并重新取指令行
Core-LSU(DCU)	第一级数据 Cache	检错：ECC[单二进制位纠错-双二进制位检错(SECDED)] 纠错：ECC[单二进制位纠错-双二进制位检错(SECDED)]
Core-MMU	L2 TLB Cache	检错：奇偶校验[单二进制位错误检测(SED)]
Core-L2C(MLC)	中间级 Cache (Middle Level Cache)	检错：ECC[单二进制位纠错-双二进制位检错(SECDED)] 纠错：ECC[单二进制位纠错-双二进制位检错(SECDED)]
Uncore -LLC	最末级 Cache (Last Level Cache)	检错：ECC[单二进制位纠错-双二进制位检错(SECDED)] 纠错：ECC[单二进制位纠错-双二进制位检错(SECDED)]
Uncore-HHA(HA)	Hydra 根代理 各类缓冲器	检错：ECC[单二进制位纠错-双二进制位检错(SECDED)] 纠错：ECC[单二进制位纠错-双二进制位检错(SECDED)]
Uncore-DDRC(IMC)	主存	检错：CRC+奇偶校验 纠错：重读/单一器件纠错(SDEC)
	WDB(写数据缓冲器)	检错：ECC[单二进制位纠错-双二进制位检错(SECDED)] 纠错：ECC[单二进制位纠错-双二进制位检错(SECDED)]
	RDB(读数据缓冲器)	检错：ECC[单二进制位纠错-双二进制位检错(SECDED)] 纠错：ECC[单二进制位纠错-双二进制位检错(SECDED)]
Uncore-HCCS	物理层	检错：CRC
	接收器外层模块	检错：CRC
	接收器队列	检错：ECC[单二进制位纠错-双二进制位检错(SECDED)] 纠错：ECC[单二进制位纠错-双二进制位检错(SECDED)]
	发送器缓冲器	检错：ECC[单二进制位纠错-双二进制位检错(SECDED)] 纠错：ECC[单二进制位纠错-双二进制位检错(SECDED)]

续表

模 块 名 称	功 能 部 件	检错/纠错方法
I/O-PCI Express	内部缓冲器	检错：ECC［单二进制位纠错-双二进制位检错（SECDED）］ 纠错：ECC［单二进制位纠错-双二进制位检错（SECDED）］
	协议层	检错：LCRC/ECRC（链路 CRC/端到端 CRC）
I/O-SAS	内部缓冲器	检错：ECC［单二进制位纠错-双二进制位检错（SECDED）］ 纠错：ECC［单二进制位纠错-双二进制位检错（SECDED）］
	协议层	检错：CRC
I/O-网卡 （含 RoCE 引擎）	内部缓冲器	检错：ECC［单二进制位纠错-双二进制位检错（SECDED）］ 纠错：ECC［单二进制位纠错-双二进制位检错（SECDED）］
	协议层	检错：CRC
I/O-USB	内部缓冲器	检错：ECC［单二进制位纠错-双二进制位检错（SECDED）］ 纠错：ECC［单二进制位纠错-双二进制位检错（SECDED）］
	协议层	检错：CRC

1）Cache 容错与保护机制

从表 3.12 可以看出，鲲鹏 920 处理器片上系统对各级 Cache 配备了完整的纠错和检错逻辑。对于 L1 I Cache，容错设计通过奇偶校验进行错误检测，在检测到错误时可以采用重试的方式进行纠错。对于 L2 Cache 和 L3 Cache，则通过 ECC（错误修正码）检测多二进制位错误并纠正单二进制位错误。检测到出现概率最大的单二进制位错误后会首先对数据进行纠正，然后再将修正后的正确数据传送到处理器，并将结果写回到 L2 Cache 和 L3 Cache 中，避免 ECC 错误的累积。

L1 I Cache 读操作造成的不可修正错误会使相应的 L1 I Cache 行失效。

除了在正常读写操作过程中通过完善的错误检测及纠正机制提升 Cache 的 RAS 特性外，鲲鹏 920 处理器片上系统还设计了初始化自检和 Cache 巡检等多层次的 RAS 功能。

例如，鲲鹏 920 处理器片上系统采用了故障弹性引导（Fault Resilient Boot，FRB）处理器内核停用（Core Disable）技术，在启动过程中对发生故障的处理器内核进行隔离，提高系统的可靠性和可用性。在对 CPU 进行初始化时，鲲鹏 920 处理器片上系统会首先对 L1 Cache、L2 Cache 和 L3 Cache 进行全面的检查，并将检查结果记录到相关寄存器中,必要时可以由 BIOS 根据自检结果对出错的处理器内核进行隔离。

鲲鹏 920 处理器片上系统还可以定期对 Cache 进行巡检,及时纠正其中出现的错误,从而消除绝大多数暂态错误造成的不良影响。

对于数据 Cache 读操作或数据 Cache 读分配操作造成的不可修正错误,将作为同步外部中止(Synchronous External Abort,SEA)上报。对于指令 Cache 再填充(Refill)操作造成的不可修正错误,也将报告为同步外部中止,即预取中止(Prefetch Abort)异常。

2) 主存系统的错误检测与错误纠正

鲲鹏 920 系统在存储器件内部以及命令和地址传输路径上都设计了检错与纠错机制。

鲲鹏 920 系统强化了 DDR 存储器的 RAS 机制。对于存储器件本身,常用的主存系统通常使用 ECC 纠错算法,但只能检测并纠正单二进制位错误。鲲鹏 920 处理器片上系统的 DDR 控制器支持纠错能力更为强大的单一器件纠错(Single Device Error Correction,SDEC)机制,通过对主存数据采用特殊的重排和分组机制,可以实现单个×4 DRAM 颗粒上的任意二进制位错误的检错和纠错,比传统主存使用的 ECC 纠错机制可靠性提升 4 倍以上。

鲲鹏 920 系统的 DDR 控制器支持的单通道数据接口位宽为 72 位,其中有效数据位占 64 位,可选的校验数据位占 8 位,校验算法可以选择使用 SEC DED ECC 算法或者 RAS 算法(×4/×8 SDDC① 算法、×4 FADC② 算法或×4 MADC③ 算法)。

在存储器工作过程中,还会出现一些软错误或者偶发性的错误,这些错误主要是由环境影响造成的,或者是高能粒子作用的结果,一般并不会持续发生。因此,在检测到此类错误后,将错误数据纠正后回写,就可以消除此类错误。基于此种理论,为了更好地保护主存内的数据,鲲鹏的存储系统引入了**被动清洗**(Passive Scrubbing)技术,在进行主存数据读取操作时如果检测到数据错误,会将出错数据纠正并将纠正后的正确数据回写到主存中覆盖出错误的数据。

更进一步,鲲鹏 920 的存储器控制器中还集成了一个巡检引擎,通过一种**主动清洗**(Active Scrubbing)机制对系统内所有的主存单元进行不间断的周期性巡检。主存巡检引擎可以按照 BIOS 配置的频率对系统主存进行周期性巡查,在发现主存数据中的可纠正错误时,将错误纠正并把正确数据写回主存。

被动清洗和主动清洗技术都可以有效预防在同一地址段上因可纠正错误无法被及时处理导致错误累积而产生不可纠正错误的现象。这两种技术完全是基于硬件实现的,对操作系统透明。

对于主存命令和地址传输路径上可能引起的错误,则可采用奇偶校验与重试机

---

① SDDC(Single Device Data Correction,单设备数据修正)。
② FADC(First Area Data Correction,首区域数据修正)。
③ MADC(Multi Area Data Correction,多区域数据修正)。

制。鲲鹏 920 系统的存储器控制器会对系统命令或地址生成奇偶校验码,并将校验码传输到 DDR DIMM 内存条,同时监控 DIMM 内存条的错误引脚。当在 DIMM 内存条上检测到命令或地址奇偶校验错误时,存储器控制器会进行重试以尝试恢复操作的功能。这种校验及重传机制能很好地避免链路上偶发性的错误对系统造成的不良影响。

3) 主存系统的错误预防机制

正常情况下,由于访存数据的随机性,主存数据线上的数据流分布是不均匀的,也即可能集中出现较多的 1 或较多的 0。这种集中出现的连续的 1 或连续的 0 会在数据线上形成持续的高电平或者低电平,造成能量集中,从而提高了错误出现的概率。为此,鲲鹏 920 系统采用**数据加扰**(Data Scrambling)技术将真实数据通过哈希编码机制转化为 0 和 1 分布更平滑的码流,杜绝了传输链路上持续性的能量集中现象,降低了错误发生的概率。

由于存储机制的原因,当前使用的 DRAM 内存条在高温下其存储单元的漏电流会增大,这会导致存储于其中的数据较正常温度下出错的概率成倍增大。为了保证系统在高温环境下依然具有稳定的表现,TaiShan 服务器采用特别的**主存热保护**(Memory Thermal Throttling)机制,通过分布在每根 DIMM 内存条上的温度及功率传感器对主存的温度及功率数据进行实时监控。当检测到温度过高或者功耗过大时,会采取主动降低内存运行速度的方式降低内存的负载及功耗,从而将内存条温度控制在合理的范围内。

此外,短时间内主存温度过高还会触发 X2 刷新机制,通过加快主存数据刷新频率来保证主存数据不出错。

通过主存热保护与 X2 刷新这两种技术的结合,可以有效防止因为高温问题引发的主存数据错误或主存物理损坏,使鲲鹏 920 系统能够适应更为严格的机房环境。

4) 主存系统的故障隔离机制

对于频繁出现可纠正错误的不可靠主存部件,鲲鹏 920 系统可以根据不同情况执行故障页隔离(Page Offline)、故障存储体隔离或故障内存颗粒隔离等不同粒度、不同层次的故障隔离替换操作。

TaiShan 服务器在发生主存可纠正错误后会将详细的故障信息上报到主板管理控制器。主板管理控制器收到故障消息后会根据收集到的主存历史故障信息分析故障模型。如果主存的故障模型符合故障页判定条件,则会通过高级配置和电源管理接口(ACPI)通知操作系统将故障页中的数据进行迁移,并对故障页进行标记隔离,停止使用。

当 DIMM 内存条由于器件老化等原因造成某个 DRAM 存储颗粒失效时,系统可能会持续不断地产生可纠正错误。由于此种情况是硬件故障,因此无法通过纠错写回来恢复。虽然此时由于纠错算法的存在,系统仍能正常工作,但此时系统将面临两方面的问题：一是频繁的纠错会导致系统增加额外的开销；二是会导致系统发生不可纠正错误的概率大大提高，因为在这种情况下如果同一个存储体内的其他颗粒上由于软失效也出现个别单二进制位错误，就会导致可纠正错误演变为不可纠正错误，从而导致系统挂死。因此，在出现这种由于硬件故障导致的持续性错误时，最好的措施是将出现故障的器件进行隔离，避免宕机风险。TaiShan 服务器使用**自适应双器件纠错**（Adaptive Double Device Error Correction，ADDEC）技术来解决此问题，实现**故障存储体隔离**或**故障颗粒隔离**。自适应双器件纠错技术可以使用内存条上的奇偶校验颗粒替换故障存储体（Bank）甚至故障颗粒，从而彻底隔离故障源。此外，如果是使用×4颗粒的内存条，则可在虚拟锁步（Virtual LockStep）技术的支持下，最多可以进行两次故障存储体或故障颗粒的替换操作。这种多区域的故障隔离能力在不损失系统主存容量的情况下极大提升了主存的可靠性。相对于单次故障替换，自适应双器件纠错技术支持的多颗粒或多存储体替换机制对主存可靠性的提升达到 17 倍之多。

4. 互连总线与 I/O 系统的 RAS 设计

1）HCCS 链路保护

作为晶片之间和插槽之间的互连通道，HCCS 通道可靠性的重要性不言而喻。华为 Cache 一致性系统（HCCS）链路层具备 16 位 CRC 校验和出错重传能力。CRC 机制通过检测错误确保 HCCS 传输链路上的数据的正确性：在 HCCS 链路发送端，通过特定的算法对欲传输的数据生成特定的 CRC 校验码随数据一起发送，接收端在接收到数据后会采用同样的算法计算出 CRC 校验码并与发送过来的 CRC 值进行对比。如对比 CRC 值有差异，就证明数据在传输过程中出现了错误，接收端会要求发送端重传出错的数据。这种 CRC 校验及重传机制能完全避免偶发性的错误对系统造成的影响。

2）I/O 系统故障检测与报告

鲲鹏 920 系统的 I/O 系统包括 SAS 控制器/SATA 控制器、网络接口控制器及 RoCE 引擎、海思加速控制器（HAC）、智能管理单元（IMU）和 PCI Express 根端口等多种设备与模块。

鲲鹏 920 系统的网络 I/O 集群、HAC_ICL 和 IO_MGMT_ICL 等 I/O 集群都支持 ECC 校验、CRC 校验、污染数据隔离、超时检测和差错注入等 RAS 功能。鲲鹏 920 处理器片上系统具备完备的 I/O 错误检测及上报机制，能实现对 I/O 各个功能子模块的错误检测并上报。

鲲鹏 920 系统的集成设备及加速控制器的故障记录功能兼容 PCI Express 总线规范 4.0 基线（Baseline）的相关标准。而 PCI Express 设备的差错记录则兼容 PCI Express 总线规范 4.0 的高级差错上报（Advanced Error Reporting，AER）机制，内部的非 PCI Express 端口还支持基于 ARM RAS 扩展规范的 SERR 错误检测及报告能力。在设备访问过程中出现的不可修正错误将被报告为系统错误中断（SError Interrupt，SEI）。各个模块的错误汇总之后，可以上报到全局的错误状态寄存器，并可配置成触发故障处理中断(Fault-Handling Interrupt,FHI)或同步外部中止(SEA)异常,也可以通过差错引脚通知故障管理模块。

鲲鹏 920 系统的系统存储管理单元实现了系统存储管理单元 v3 协议定义的 RAS 功能。当系统存储管理单元内部存储器发生 1 位 ECC 差错时会触发修正差错机制,并可以上报故障处理中断。当系统存储管理单元内部存储器发生 2 位及以上的 ECC 差错时会出现不可恢复的未修正差错(Unrecoverable Uncorrected Error),可以上报故障处理中断及差错恢复中断。对 DDR 存储器读写操作时产生的可恢复未修正差错(Recoverable Uncorrected Error),同样可以上报故障处理中断及差错恢复中断。

3) PCI Express 子系统的 RAS 机制

鲲鹏 920 处理器片上系统中的 PCI Express 设备同样具备多种容错功能:

(1) PCI Express 链路重新训练与恢复:当 PCI Express 的某条链路出现故障导致降级时,PCI Express 控制器能在不影响数据传输的情况下通过重新训练(Retraining)的方式进行故障恢复。

(2) 链路层 CRC 错误检测与重试:所有 PCI Express 接口都支持链路层 CRC 校验及错误重传机制,链路上偶发性的数据错误通过 CRC 校验机制可以被检测到,并能通过重传进行恢复。

(3) PCI Express 污染数据隔离(Poison Data Containment):对于 PCI Express 链路内部产生的错误数据,或者通过重传无法恢复的数据,会被打上 Poison(污染)标签并继续传输。接收端在接收到这些标记为 Poison 的数据后或者会忽略这些错误数据,或者是带上 Poison 标签继续传输,当有软件消费这些数据时可以根据具体情况进行差异化处理。

(4) PCI Express DPC 技术:当检测到某个 PCI Express 根端口有不可纠正错误发生时,PCI Express 端口可以通过 DPC(Downstream Port Containment,下游端口隔离)技术断开与错误端口相关的 PCI Express 链路,并通过重连的方式尝试进行恢复。为了保证此过程不影响操作系统下设备的正常运行,PCI Express 根端口在断开与 PCI Express 端点设备之间的链路之前会保存好 PCI Express 端点设备的上下文,并在链路恢复后恢复其上下文信息,保证系统运行不受影响。

5. 软硬件多层次协同的 RAS 机制

除了在硬件层次通过检错、纠错、重传等多种方法保证系统可靠性外,还需要固件、操作系统内核、主板管理控制器、虚拟机管理器等不同层次的软硬件部件协同配合,才能在尽量少占用系统资源的同时最大限度提升 RAS 特性。

1) 故障约束机制

对于不能通过校验和纠错或重传方法消除的故障,需要通过一定机制抑制故障造成的不良影响。TaiShan 服务器设计了一系列的故障约束(Fault Restrain)机制。

TaiShan 服务器支持**固件优先处理模式**,允许所有的错误都能够优先触发中断并由智能管理单元/可信固件(TF)先进行错误处理,从而提高处理的灵活性及实时性。

智能管理单元/可信固件可以在故障发生的第一时间将错误现场信息搜集并上报给主板管理控制器,并对不同的错误进行差异化的处理,例如触发故障隔离操作或复位故障模块等。处理完成后再视情况决定是否将错误上报给操作系统,以及以何种错误级别上报操作系统。TaiShan 服务器的这一特性可以极大提升系统错误处理的能力。

在传统的错误处理机制中,一旦在产生错误的模块或传输数据的模块中检测到不可纠正错误,将直接触发系统复位。而在 TaiShan 服务器的设备与接口控制器中引入的**污染数据隔离与差错恢复**(Poison Data Containment & Error Recovery)机制下,可基于数据的实际使用情况对不可纠正错误执行错误处理:在错误源头和传输过程中检测到不可纠正错误的模块并不会被简单复位,而是将被污染数据打上"污染(Poison)"标记并继续传输,并且在对应的故障记录寄存器中对此不可纠正的错误类型进行精细化的分类标记。

例如,鲲鹏 920 处理器片上系统的 DDR 控制器即支持符合 ARM RAS 扩展规范的 Poison 标记功能。对于在 Cache 写回操作过程中出现的不可修正错误,DDR 控制器支持将写数据标记为 Poison,并把该标记和数据一起写入 DDR SDRAM。DDR 控制器遇到携带 Poison 标记的读出数据时,会将标记和读数据一起返回给总线。当通过读数据校验发现不可纠正错误时,DDR 控制器也会将该读数据标记为 Poison,返回给总线。当 DDR 控制器内部的 SRAM 校验出现不可纠正错误时,同样会将对应的数据标记为 Poison 返回给总线。

只有当被污染数据即将被使用时才会将故障信息上报给操作系统。操作系统会根据详细的错误类型标记及具体使用数据的模块执行多样化的处理。操作系统首先会判断错误数据是否在使用,是否被某个应用程序或某个特定的线程使用,或者是否用于操作系统内核等,然后再根据不同的错误类型进行差异化处理。差异化处理方式包括忽略错误(例如显示器上某个像素点的错误)、丢弃数据、发起重传、重启出错应用程序或去掉相关的进程、触发系统复位等多种手段,从而可以有效降低因不可纠正错误导致的整个系统的崩溃,并将不可纠正错误导致的系统宕机概率降低 60% 以上。

故障风暴是指非重大(Fatal)故障以非常高的频率连续发生的现象。此类非重大故障会对故障监控系统带来很大冲击,从而间接影响系统的正常运行。为了保证故障监控的实时性,故障监控系统通常是以中断响应方式及时进行故障检测并搜集相关的故障信息。当故障风暴产生时,一方面处理器会花费大量时间尝试纠错,造成系统性能下降,甚至内部定时器策略超时导致系统异常;另一方面故障风暴引起的频繁中断处理也会耗费除 CPU 时间之外的大量系统资源,导致某些程序被长时间挂起,进而影响业务的正常运行。为了解决此问题,TaiShan 服务器针对故障中断处理设计了中断风暴抑制机制,在故障监控系统中引入了风暴判定机制,当故障被判定为故障风暴时,会屏蔽对应故障的中断触发,并通过轮询方式查询硬件的故障状态,并在判定中断风暴消除后重新打开中断,保证在及时全面搜集系统故障信息的同时使系统业务不受影响。

2）故障诊断管理系统

为应对各种不同硬件产生的类型各异的问题，TaiShan 系列服务器除了遵循 ARM RAS 扩展规范和 PCI Express 规范实现 ARM RAS 差错上报（ARM RAS Error Reporting，ARER）机制和 PCI Express 高级差错上报（AER）机制外，还整合了硬件、BIOS、iBMC 带外管理系统以及现有操作系统的故障处理机制，构建了一套完整的故障诊断管理（Fault Diagnosis Management，FDM）系统。故障诊断管理系统可以在出现故障时提供完备的故障信息搜集、故障诊断、故障定位、故障上报、故障预警和故障恢复等一系列功能，实现服务器的高可用性。

在发现电源模块、风扇模块、单板电源或时钟部件等基础类硬件的故障时，可以由服务器的带外管理系统单独处理，故障检测和处理流程一般不需要经过上层业务资源。

对于处理器、主存、PCI Express 设备以及硬盘等核心模块发生的业务硬件类故障，由于这些模块与客户的业务强相关，故这类硬件故障大部分是由 BIOS 和 iBMC 共同完成故障定位分析，有些故障还需要操作系统参与故障定位。

故障诊断管理系统的功能主要包括故障信息搜集、故障诊断及故障部件精确定位和故障预警。

（1）故障信息搜集。

故障诊断管理系统中的故障信息搜集模块通过跟踪系统的重要信号，再结合 BIOS 提供的支持，能检测系统几乎所有基础类硬件故障及业务类硬件故障。当检测到硬件问题时，会通过带内、带外相结合的故障数据收集机制实现全方位自动化的故障数据搜集并汇总到故障管理系统。

（2）故障诊断及故障部件精确定位。

故障诊断管理系统内部集成的故障诊断模块会对当前搜集到的故障信息及历史故障数据进行分析，精确定位出真正的故障部件并上报用户。

（3）故障预警。

服务器长时间运行后，虽然系统还未发生崩溃，但其内部有些部件可能已经在间歇或持续性地产生可恢复的故障/可纠正的错误（如 ECC 差错等）了。虽然这些故障暂时不影响业务，但对系统的持续运行带来了极大的风险，随时可能发生灾难性故障，导致系统宕机和业务中断。因此，如果能在部件真正失效前及早发现并采取计划内维护或热插拔等手段，则可有效避免系统计划外宕机。

为此，故障诊断管理系统中集成了专家诊断系统，能根据大量的历史监控数据对系统各个关键模块的健康状态进行评估，对系统面临的风险进行预判。故障管理系统会在数据丢失或系统发生不可纠正或灾难性错误之前进行干预，配合各种故障隔离机制提前隔离风险部件，或者以事件或告警的方式提示用户。这类事件或者告警一般包含对问题的全面描述，包括具体的风险或者故障部件、严重性分类（信息、警告、严重、危急等）、可能的故障原因和建议措施等。用户可以在获知此类消息后进行计划内系统维护，实现防患于未然，确保业务的长期稳定运行。

图 3.53 给出了 TaiShan 服务器的多层次协同 RAS 机制涉及的主要部件示意图。

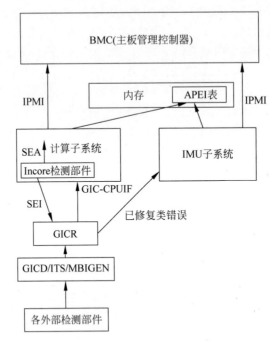

图 3.53　TaiShan 服务器的多层次协同 RAS 机制涉及的主要部件示意图

3.4.3　TaiShan 200 服务器的鲲鹏加速引擎

为了提升服务器系统的性能,TaiShan 200 系列服务器基于鲲鹏 920 处理器片上系统的硬件加速技术提供了软硬件融合的**鲲鹏加速引擎**(Kunpeng Accelerator Engine,KAE)解决方案。TaiShan 服务器的鲲鹏加速引擎支持对称加密、非对称加密和数字签名、压缩/解压缩等算法,用于加速 SSL/TLS[①] 应用和数据压缩,可以显著降低处理器的计算压力,提高处理器效率。借助加速引擎的软硬件整合解决方案,加速引擎对应用层屏蔽了其内部实现细节,用户通过 OpenSSL 或 zlib 标准接口即可以实现现有业务的快速迁移。

目前,TaiShan 200 系列服务器的加速引擎可以支持的算法和模式包括:摘要算法 SM3;对称加密算法 SM4,支持 CTR[②]/XTS[③]/CBC[④] 模式,其中 SM4-XTS 模式仅

---

① SSL(Secure Sockets Layer,安全套接层)及 TLS(Transport Layer Security,传输层安全)是为网络通信提供安全及数据完整性的一种安全协议。

② CTR(Counter,计数器);

③ XTS(XEX-based Tweaked-codebook with ciphertext Stealing,基于 XEX 密文窃取的可调整的密码本);

④ CBC(Cipher Block Chaining,加密块链接);

支持内核态使用；对称加密算法 AES，支持 ECB[①]/CTR/XTS/CBC 模式；非对称算法 RSA，支持异步模型，支持密钥大小 1024b、2048b、3072b 或 4096b；压缩/解压缩算法，支持 zlib/gzip。

1. 加速引擎的功能结构

随着异构计算架构的兴起，在通用 CPU 处理器之外增加额外的协处理器成为提升系统并行计算能力的一种有效选择。从一般意义上说，GPU、神经网络处理器（NPU）以及人工智能（AI）处理器等都可以算作是加速器的一种特殊形态。

图 3.54 描述了一种基于 PCI Express 总线的硬件加速器的功能结构示例。通常加速设备需通过系统存储管理单元（SMMU）与系统相连。根据加速设备的类型，可以将加速设备分为分离加速设备（例如 PCI Express 扩展卡附加设备）、片上集成加速设备（例如鲲鹏 920 处理器片上系统的片上平台设备以虚拟 PCI Express 设备的形式运作）和不支持共享虚拟地址（SVA）的老旧加速设备等。

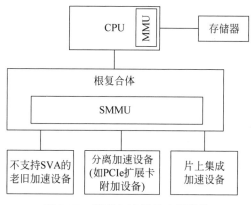

图 3.54　硬件加速器的功能结构

硬件加速器以硬件复杂度的提高换取系统性能的大幅度提升，因而在服务器应用场景中扩展硬件加速器成为越来越普遍的选择。

2. 鲲鹏 920 处理器片上系统的硬件加速器抽象模型

图 3.55 描述了鲲鹏 920 处理器片上系统的硬件加速器抽象模型。

鲲鹏 920 系列处理器片上系统上的硬件加速器通过 QM（Queue Manager，队列管理器）模块与软件进行交互。QM 模块提供了对虚拟 PCI Express 接口的管理，可以实现基于 SR-IOV 的虚拟设备管理。QM 模块管理着主存储器中的长度为 1024 的队列，软件把硬件加速任务写入主存队列中，QM 模块获取队列元素的地址后交给硬件加速器，加速器根据该地址读出具体的加速任务并处理。硬件加速器处理完任务后从 QM 模块申请写回地址并更新队列元素，然后根据硬件配置上报中断。

---

① ECB(Electronic Codebook Book，电子密码本)。

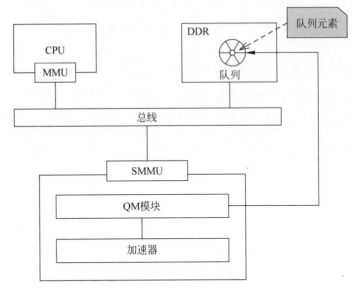

图 3.55　鲲鹏 920 处理器片上系统的硬件加速器抽象模型

　　无论加速器使用多少个实际的加速单元,进程的请求状态都存储在队列中。因而无论处理器上运行的进程和线程如何切换,都不需要保留请求状态,这和协处理单元的操作方式不同。需要注意的是,队列中保存的进程请求上下文受 QM 模块的最大资源限制,软件设计师要充分利用这种能力,尽早释放不再使用的 QM 队列。

3. TaiShan 200 服务器的鲲鹏加速引擎逻辑架构

　　图 3.56 描述了 TaiShan 200 服务器鲲鹏加速引擎的组成和逻辑架构。

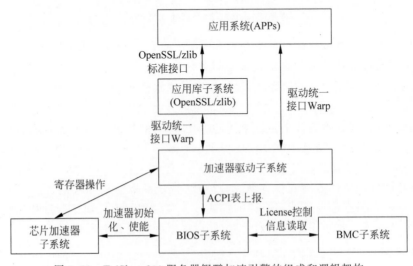

图 3.56　TaiShan 200 服务器鲲鹏加速引擎的组成和逻辑架构

芯片加速器子系统是 TaiShan 200 服务器鲲鹏加速引擎的核心,即集成在鲲鹏 920 处理器片上系统内部的硬件加速器。该子系统是加速器的硬件实现,对上层提供寄存器接口,不直接开放给客户访问。

BIOS 子系统是指 TaiShan 硬件产品自带的单板 BIOS 软件系统,主要负责根据许可证(License)权限确定应对加速器中的哪些模块进行初始化,并上报加速器 ACPI 表到加速器驱动子系统处理。

BMC 子系统即服务器 BMC 软件系统,也是 TaiShan 硬件产品自带的子系统。BMC 子系统主要负责对加速器许可证的管理。

对应用软件而言,**加速器驱动子系统**是系统功能实现的核心。加速器驱动子系统向上层软件提供各加速器模块统一的驱动接口,屏蔽底层硬件细节。

应用库子系统包括 OpenSSL 加速器引擎、zlib 替代库等,用于向上层软件提供标准接口。

应用系统(APPs)是 TaiShan 200 服务器鲲鹏加速引擎的用户系统,通过调用应用库子系统或驱动子系统实现加速器的功能。借助鲲鹏加速引擎,上层应用系统可以实现大数据应用、Web 应用以及数据加密、智能安防和分布式存储等应用场景。

为了方便应用程序使用鲲鹏硬件加速引擎,可以借助 WD[①] 加速器用户态库和 WD 加速器用户态框架(User mode ACCElerator,UACCE)。UACCE 是鲲鹏的软件工程师在 Linux 内核中加入的框架模块,公开的项目名称为 WarpDrive。UACCE 框架主要解决 CPU、加速器和用户态之间地址共享的问题。WD 加速器用户态库是配合 UACCE 使用的,两者结合起来可以让注册到 UACCE 框架的加速器硬件以用户态软件的方式访问内存,使得 CPU 和加速器两者之间可以建立基于 FIFO 的通信渠道。在用户打开一个加速器时,UACCE 框架将给该加速器分配一个队列,同时把存储管理单元(MMU)和系统存储管理单元(SMMU)的页表合并。因此,对进程而言,CPU 和加速器看到的地址空间将完全相同,进程可以根据需要把计算负载分配给加速器或者 CPU 执行。

本书 5.6 节将给出鲲鹏加速引擎安装与使用的具体流程。

---

① 　WD 即 Warp Drive,曲率驱动。

## 第 4 章

鲲鹏软件生态和构架

　　华为鲲鹏产品不仅仅局限于鲲鹏系列服务器芯片,更包含了兼容的服务器软件,以及建立在新计算架构上的完整软硬件生态和云服务生态。鲲鹏处理器作为全面兼容 ARMv8-A64 位体系结构的通用服务器芯片,支持通用的软件解决方案,华为集成 ARM+Linux 技术与生态,为鲲鹏应用开发提供了丰富的软件资源、应用迁移实践环境及开发套件。本章首先介绍鲲鹏软件生态,然后分析鲲鹏软件的构成,介绍鲲鹏服务器平台上开发软件的 3 类模式,最后详细介绍与鲲鹏平台密切相关的软件移植与性能调优问题,其中也包括了华为提供的工具套件的说明。

4.1　鲲鹏软件生态与云服务

　　依靠开放的商业模式和授权机制,ARM 公司与其合作伙伴构建了一个以 ARM 为核心的庞大的生态圈。鲲鹏作为通用的 ARMv8 处理器,是全球 ARM 生态中的重要一员,和 ARM 共享优势生态,目前已经构筑了相对完整的鲲鹏软件生态。当前鲲鹏不再仅仅局限于鲲鹏系列服务器芯片,更是包含了完整的服务器软硬件生态和全栈的云服务生态。该生态汇聚了芯片、服务器、操作系统、虚拟化容器、应用软件、云服务和多个通用水平解决方案及垂直行业解决方案等。

4.1.1　ARM 授权机制

　　在传统 PC 领域,半导体厂商的业务模式主要有两种。

　　一种是像英特尔那样,作为一家垂直的集成芯片设计和制造公司。英特尔拥有从芯片的设计到芯片的生产和销售完整的产业链。在 PC 领域,英特尔推动着 PC 平台的定义和发展,其处理器成本也最终成为设备总成本的很大一部分。

　　另一种是无晶圆厂(Fabless)模式。像 NVIDIA、AMD 那样,自己只设计芯片,物理制造则交给代工厂,如台积电、三星电子、UMC 联电、GlobalFoundries 等。无晶圆厂的半成品方式可以极大地降低成本,但设计最终还是要由代工伙伴来决定,产能、质量和时间进度或多或少不受控制。这有时会极大地影响企业将产品推向市场的能力。

移动领域与 PC/服务器领域不同,主应用处理器的成本很容易低于设备总成本的10%。ARM 公司据此形成了独特的业务模型:它不向市场出售任何芯片,相反,ARM 公司设计 IP(包括指令集架构、微处理器、图形核心、互连架构等)并将其许可给任何想使用它的客户。然后,由 ARM 的授权持有人/合作伙伴/客户决定是否可以实际制造和销售该芯片。

ARM 公司提供三种不同类型的许可证授权:POP(Processor Optimization Pack,处理器优化包/物理 IP 包)授权、处理器授权和架构/指令集授权。

POP 授权是三种授权方式中等级最低的,客户可以直接购买使用 ARM 优化过的处理器方案,适用于需要 ARM 处理器却没有能力自己实现的客户。通过 POP 授权,客户可以快速开发出产品,授权费用也较低,但是处理器类型、代工厂、工艺等都是ARM 规定好的,自由发挥的空间很小。

处理器授权是使用 ARM 设计的微处理器或 GPU 的授权。客户不能更改设计,但是可以根据需要和购买的内核进行芯片设计和实现。ARM 提供有关如何在硅片上实现设计的准则,但如何将设计变成芯片,如配置哪些模块、哪些外设、多少个核心、多少缓存、多高频率、什么工艺、谁来代工等问题,则由客户自行决定。

架构/指令集授权是等级最高的授权。ARM 向客户授权某种架构(例如 ARMv7,ARMv8),客户可以随意采用该架构并按自己的意愿设计 SoC(片上系统),如对 ARM架构进行改造,甚至可以对指令集进行扩展和缩减。ARM 会提供设计支持和一系列测试,以验证对实现的 ARM 指令集是否符合。这种授权费用很高,从某种程度上讲,在这种模式下设计出来的处理器在市场上和 ARM 公司自己设计的公版处理器会构成一定的竞争关系。在全球拥有这种授权方式的公司为数不多,都是研发实力比较强的公司,例如这些公司设计的处理器有苹果的 Swift、Cyclone、Bionic,高通的Scorpion、Krait、Kyro,华为的麒麟、鲲鹏等。

ARM 指令集的发展是开放的。获得 ARM 指令集授权的企业不单是在内核与SoC 芯片设计上拥有最大的自由度,而且可以根据市场需求对 ARM 指令集的升级换代提出修改意见,市场上成功的企业对 ARM 指令集发展的话语权将逐步增强,并实现对上层 IP 的影响,共建 ARM 的指令集发展。

正是 ARM 的这种授权模式,极大地降低了自身的研发成本和研发风险。它以风险共担、利益共享的模式,以更加民主的合作伙伴为中心的芯片供应方法,与众多授权合作伙伴一道,形成了一个以 ARM 为核心的庞大的生态圈。

4.1.2　ARM 服务器生态

依靠开放的商业模式,ARM 公司已垄断移动芯片市场,并携此进入了 PC 和服务器市场。目前,ARM 服务器的生态已经相对成熟。

在现今以云架构为主的信息技术体系中,通用服务器处理器的市场成功与否取决于指令集的统一性、芯片产品高性能和高稳定性、软硬件生态环境的开放和培育、开放的商业模式和产业合作等因素。在 PC 和服务器端,x86 平台生态系统完善,有着统一的硬件、硬件开发环境和基础设施,许多应用的开发都是在 x86 机器上进行。

在移动终端,ARM 一骑绝尘,但它在终端的差异化和碎片化也导致了一些支持和设备方面的问题,服务器芯片市场需要长期的技术投资与软硬件生态系统的广泛支持。在服务器领域,客户往往希望能够实现新系统的"开箱即用",并直接集成所选择的操作系统与应用程序。与移动应用不同,在服务器和基础设施领域为每个平台修改操作系统是不可接受的,因此一个基本的标准集对于服务器和基础设施市场尤其重要。标准允许不同产品之间在保持兼容性的同时,使各个合作伙伴能够在其中进行创新和差异化。

为实现这一目标,建设稳定的 ARM 服务器生态系统,避免碎片化,ARM 公司与合作伙伴一直在推动 ARM 服务器架构的规范化和标准化。ARM 公司已经与整条基础设施供应链的各方实现了合作,包括芯片供应商、独立固件供应商、操作系统和虚拟机管理程序供应商、OEM 厂商、ODM 厂商、独立硬件供应商和云基础设施供应商等。基于开放的 ARM 芯片 IP 授权,众多厂商共同参与了 ARM 服务器架构规范标准的制定。

在硬件架构和固件方面,ARM 与合作伙伴共同定义了 SBSA 规范中的最低硬件要求,以及 SBBR 规范中的最低固件要求,从而尽可能利用行业标准创建新的 ARM 规范,以实现互操作性。

规范要能验证才有意义,规范的验证是通过各种 ARM 合规性程序实现的,这些程序能够帮助开发人员确保其硬件完全符合 ARM 架构规范。ARM 为 SBSA 规范和 SBBR 规范验证创建了架构合规性测试包(ACS)。ACS 测试涵盖 SBSA 规范规定的硬件要求(CPU、中断、IOMMU、PCIe 等)和 SBBR 规范定义的固件要求(UEFI、ACPI 和 SMBIOS 测试)等。

2018 年,ARM 公司推出基于 ARM 架构的服务器合规认证计划——ARM ServerReady 项目,旨在帮助用户安全、合规地部署 ARM 服务器系统。ARM ServerReady 项目确保基于 ARM 的服务器可以直接使用,并提供与标准操作系统、虚拟机管理程序和软件的无缝互操作。合作伙伴可以运行 ACS 测试套件,以检查其系统是否为 ServerReady。符合 ARM ServerReady 条款和条件的兼容系统将获授 ARM ServerReady 证书。目前,ARM ServerReady 1.0 版使用 ACS 1.6 版,测试对象要符合 SBSA 3.1 版和 SBBR 1.0 版的规定。

基础软件,如操作系统、工具链(编程语言和开发工具)和云基础软件(虚拟化和容器)等在 Linaro 等开源生态社区及各 ARM 服务器厂商的努力下达到了对 ARM 服务器的完全支持。

主流的操作系统软件发行版(CentOS、OpenSuse、Ubuntu 等)都依赖统一、开放的硬件架构标准。随着 ARM64 服务器对 SBSA 规范的不断支持和完善,这些主流的商用和开源操作系统都宣布了对 ARM64 服务器的支持。

工具链也是基础软件生态的关键环节。目前主流的编译器(GCC、LLVM 等)以及编程语言(C、C++、Java、Python、Go 等)都提供了对 ARM64 位处理器架构的支持,并且在性能和稳定性方面都具备了商用能力。除此之外,ARM 公司也一直致力于拓展、开发商用工具链产品,并针对具体应用场景进行深度优化,使这些产品在性能方面具备很强的竞争力。

云基础软件主要包括虚拟化软件和容器。目前主流的开源虚拟化软件 KVM(基于内核的虚拟机)和 Xen(一款开源的 Hypervisor)都提供了对 ARM64 位处理器架构的商用支持。在容器方面,Docker 也提供了支持 ARM64 位处理器架构的商用版本,云基础软件生态已经构建。

在开源软件领域,开源的应用软件及中间件阵容庞大,覆盖目前几乎所有的主流数据中心业务场景,例如云计算服务(OpenStack、Ceph、Kubernetes 等)、大数据业务(Hadoop、Spark 等)、高性能计算业务(OpenHPC)、数据库(MySQL 等)等。以 Linaro 为首的 ARM64 开源生态社区通过构建 ERP(Enterprise Reference Platform),建立了与这些开源应用软件和中间件的协同。通过持续迭代和演进,使得 ARM64 服务器完全支持这些开源软件的运行,基本使能开源软件生态。以目前使用最广泛的云计算服务软件 OpenStack 为例,OpenStack 社区在 2016 年 10 月正式宣布了对 ARM64 服务器的支持。

在商用软件领域,ARM64 服务器厂商一直积极和各个商用软件厂商展开合作,并获得了相关领域商用软件的支持。例如亚马逊和微软已经在各自的云(即 AWS 和 Azure)中投资了 ARM 平台。随着合作的不断开展和深入,相信会有更多的商用软件支持 ARM64 服务器。随着 ARM64 服务器软件生态的不断完善以及硬件能力的不断提升,越来越多的开源软件社区及商用软件厂商会对 ARM64 服务器提供支持,为用户带来无差别的应用体验。

在整机方面,随着 ARM64 服务器软硬件平台的日臻完善,ARM64 服务器已经在高性能计算机系统、数据中心、企业级服务器等多个领域获得应用。ARM64 服务器需要遵循硬件架构 SBSA 规范、固件 SBBR 规范,使能单一操作系统内核镜像可满足所有服务器硬件,避免了 ARM 服务器生态的碎片化。另一方面,为满足特定应用领域对计算效能、实时性、可靠性的要求,ARM64 服务器整机还应相应提供异构计算、可扩展性、RAS、安全性等方面的支持。

4.1.3　鲲鹏服务器软件生态

1. 鲲鹏计算产业

作为全球 ARM 生态中的重要一员,华为海思和 ARM 公司的合作已经持续多年,和 ARM 公司共享优势生态,协同加速发展。华为公司秉承"长期投入、全面布局,后向兼容和持续演进"的基础战略,已经构筑了相对完整的鲲鹏计算产业。

长期投入,全面布局:为满足新算力需求,华为公司围绕鲲鹏处理器打造了"算、存、传、管、智"五个子系统的芯片家族。历经 10 多年,目前已累计有超过 2 万名工程师参与。在鲲鹏生态建设上,与海内外生态厂家合作,重点在操作系统、编译器、工具链、算法优化库等的开发和维护上进行投入,同时针对数据中心大数据、分布式存储、云原生应用等场景,开发基于鲲鹏处理器的解决方案产品和参考设计。

后向兼容、持续演进:为了保证鲲鹏计算产业的可持续发展,鲲鹏处理器从指令集和微架构两方面进行兼容性设计,确保既可以适应未来的应用和技术发展的需求,又能后向兼容保护用户已有的投资。

与 ARM 共享全球生态:鲲鹏处理器获得 ARMv8 架构的永久授权,处理器核、微架构和芯片均由华为自主研发设计,鲲鹏计算产业兼容全球 ARM 生态,二者共享生态资源,互相促进、共同发展。

鲲鹏计算产业是基于鲲鹏处理器构建的全栈 IT 基础设施、行业应用及服务,包括 PC、服务器、存储、操作系统、中间件、虚拟化、数据库、云服务、行业应用等。其目标是建立完善的开发者和产业人才体系,通过与产业联盟、开源社区、OpenLab、行业标准组织一起完善产业链,打通行业全栈,使鲲鹏生态成为开发者和用户的首选。鲲鹏计算产业架构如图 4.1 所示。

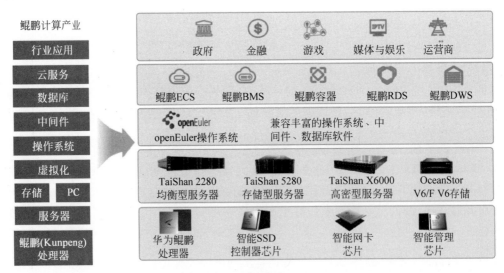

图 4.1 鲲鹏计算产业

整个鲲鹏生态体系基于鲲鹏系列芯片,提供了 TaiShan 服务器和鲲鹏云服务器,并围绕鲲鹏相关的产品和服务构筑软件生态。鲲鹏生态全栈架构如图 4.2 所示。

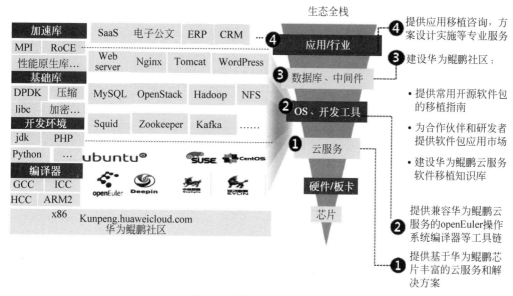

图 4.2　鲲鹏生态全栈架构

2. 鲲鹏软件生态的兼容性

鲲鹏软件生态有良好的兼容性,基本支持所有主流软件。ARM 服务器是一种通用服务器,作为服务器领域市场的后入局者,遵循 x86 服务器的规格,x86 服务器上的机制基本上都由 ARM 服务器提供。

在固件领域[例如 BIOS、BMC(Baseboard Manager Controller,主板管理控制器)固件、各类设备驱动程序等],鲲鹏软件生态符合 SBSA 规范,满足 SBBR 规范要求,BIOS 支持 UEFI+Grub,支持 ACPI 接口和 Device Tree(设备树)配置和传递参数,支持标准 BMC 接口和功能。服务器兼容的各种外设以及设备驱动可以通过华为的"智能计算产品兼容性查询助手——部件兼容性"(网址 https://support-it.huawei.com/ftca/index?serise=9)查询和下载。

在操作系统领域,华为和业界主流的操作系统厂家完成兼容性测试,并提供自主研制的 openEuler 操作系统。目前主流的 Linux 通用发行版都已经有直接支持 ARM 服务器的版本(通过一个二进制镜像文件支持全部 ARM 服务器),在各厂商网址上可以查询相应信息,例如:

Ubuntu:https://certification.ubuntu.com/soc/models/

Suse:https://www.suse.com/releasenotes/aarch64/SUSE-SLES/12-SP4/

CentOS:https://wiki.centos.org/SpecialInterestGroup/AltArch/AArch64

如果要尝试最新的 ARM 服务器,可以考虑使用 Linaro 的 ERP 版本(网址 https://releases.linaro.org/reference-platform/enterprise/),或者申请 Linaro 的

OpenStack 云虚拟机(网址 https://www.linaro.cloud/),或者购买华为鲲鹏云服务器(网址 www.huaweicloud.com)。

鲲鹏服务器当前兼容的操作系统如表 4.1 所示。

表 4.1　鲲鹏服务器当前兼容的操作系统

服务器产品	操作系统发行版	兼容的版本
TaiShan 服务器	CentOS	CentOS 7.4
		CentOS 7.5
		CentOS 7.6 及以上
		CentOS 8.0 及以上
	Canonical Ubuntu	Ubuntu 16.04.3 及以上
		Ubuntu 18.04.1 及以上
	中标麒麟	中标麒麟高级服务器操作系统软件(ARM64 版)V7U5
		中标麒麟高级服务器操作系统软件(ARM64 版)V5U5
		中标麒麟高级服务器操作系统软件(ARM64 版)V7U6
		中标麒麟高级服务器操作系统软件(ARM64 版)V5U6
	深度	深度操作系统 ARM 服务器版软件 V15.2
		深度操作系统 ARM 桌面版软件 V15.5SP2 及以上
		深度操作系统 ARM 服务器版软件 V15.3 及以上
	红旗	红旗 Asianux 服务器操作系统 V7.0
	凝思	Linux 6.0 ARM 安全版及以上
		Linux 6.0 ARM 通用版及以上
	泰山国心	TaiShanOS 7
		TaiShanOS 8 及以上
	普华	普华服务器操作系统(ARM 版)V5.0
		普华服务器操作系统(ARM 版)V5.1 及以上
	银河麒麟	银河麒麟 V4.0.2 及以上
	湖南麒麟	麒麟操作系统 V3-ARM 及以上
	移动苏研所 BC-Linux	BC-Linux 7.4
		BC-Linux 7.6
华为云 ECS (弹性云服务器) RC6 云服务器	CentOS	CentOS 7.4
		CentOS 7.5
		CentOS 7.6
	EulerOS	Open Euler 20.03
	Fedora	Fedora 29
	Ubuntu	Ubuntu 18.04

特定服务器和处理器的操作系统兼容性可以通过华为的"智能计算产品兼容性查询助手——操作系统兼容性"(网址 https://support-it.huawei.com/ftca/index? serise＝9)

查询,在查询时,可以指定部件类型,这样查询到的操作系统兼容性信息更加精确。

在编程语言和编译工具链层面,当前鲲鹏兼容 C、C++、GO、Java、Python、Ruby、Erlang、Lua、Shell、PHP、Perl、Kotlin、Js 等常用语言,支持相应语言的编译工具和运行环境。

在开发工具层面,华为为帮助开发者加速应用迁移和算力升级,提供了鲲鹏开发套件(Kunpeng DevKit),包括代码迁移工具 Porting Advisor、性能分析工具 Hyper Tuner、动态二进制翻译工具 ExaGear、加速库和编译器等一系列软件工具,覆盖代码扫描、迁移、编译、性能调优的完整流程,并支持插件化。

在行业应用软件层面,华为发布了鲲鹏应用使能套件 Kunpeng BoostKit,结合业务场景进行软件架构与核心算法创新,BoostKit 能为开发者提供高性能组件、基础加速软件包、应用加速软件包、参考实现等加速能力,在大数据、分布式存储、数据库、虚拟化、ARM 原生、Web、CDN 和 HPC 等方面可以让鲲鹏的倍级性能优势得到有效释放。

华为联合各大开源社区,实现了常见的基础软件和中间件对鲲鹏的支持,方便开发者进行应用开发和应用迁移。鲲鹏兼容的开源软件可以在鲲鹏软件生态主页(https://www.huaweicloud.com/kunpeng/software.html)查询,该网页列举了兼容鲲鹏的常用开源软件列表,开发者也可咨询社区获取 ARMv8 指令集的兼容情况。针对商用软件,开发者可以咨询软件供应商获取 ARMv8 指令集的兼容情况。

在鲲鹏云服务与解决方案层面,鲲鹏支持的软件种类众多,包含大量开源及商用软件,已兼容的软件清单可通过在线的"兼容软件工具"(http://ic-openlabs.huawei.com/openlab/#/unioncompaty)查询。

3. openEuler 操作系统

openEuler 是一款基于 Linux 内核的开源操作系统,来源于华为服务器操作系统 EulerOS,开源后命名为 openEuler。

openEuler 有近 10 年的技术积累,已广泛用于华为内部产品配套。华为基于对鲲鹏处理器的深刻理解,在性能、可靠性、安全性等方面对 EulerOS 进行了深度优化。为促进多样性计算产业发展及生态建设,华为把服务器领域的技术积累进行开源。openEuler 的源码也已经贡献到社区,并提供测试版本给广大开发者下载使用。openEuler 的发展历程如图 4.3 所示。

openEuler 支持鲲鹏及其他多种处理器,能够充分释放计算芯片的潜能,是由全球开源贡献者构建的高效、稳定、安全的开源操作系统,适用于数据库、大数据、云计算、人工智能等应用场景。

openEuler 有两个单独的存储库:一个存储库用于存储源代码(网址 https://gitee.com/openeuler),另一个存储库可作为软件包源(网址 https://gitee.com/src-openeuler),用于存储有助于构建操作系统的软件包。

了解更多信息可以访问 openEuler 开源社区（网址 https://openeuler.org/zh/developer.html）。

4. 鲲鹏软件栈资源

华为集成了 ARM+Linux 的技术与生态，为鲲鹏应用开发提供了丰富的软件资源、应用迁移实践及开发套件，可助力业务快速运行至鲲鹏平台。

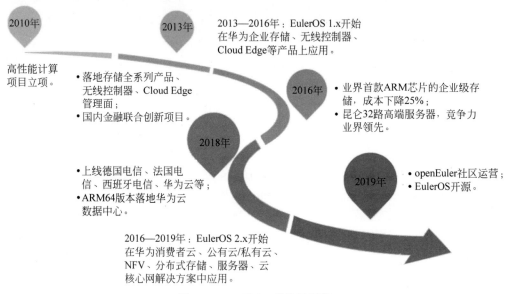

图 4.3　openEuler 的发展历程

鲲鹏软件栈已覆盖操作系统、驱动、加速库、容器镜像等基础软件，中间件、Web、大数据、数据库、分布式存储、高性能计算、云平台、云手机等业务类软件，管理和监控、应用工具等运维类软件，以及开发工具、编译工具等开发类软件，为开发者切换到鲲鹏生态打下了良好的基础。

开发者可以访问网址 https://www.huaweicloud.com/kunpeng/software.html，查找鲲鹏支持的软件信息，获取软件下载链接。

4.1.4　鲲鹏云服务及解决方案

1. 鲲鹏云服务

华为在研发鲲鹏 920 高性能处理器后，打造了华为自己的云服务器，在服务器之上，构建了瑶光云操作系统，基于鲲鹏 920 和瑶光云操作系统，集成了大量的鲲鹏云服务，涵盖计算服务、存储服务、网络服务、数据库服务、容器服务、安全服务、EI（企业智能服务）、企业应用服务等一系列的鲲鹏云服务。

华为鲲鹏云服务基于鲲鹏处理器等多元基础设施，涵盖裸机、虚机、容器等形态，具有同构、多核高并发、全栈等特点,在不同场景都具备优势,特别适合 AI、大数据、高性能计算、云手机/云游戏等场景。华为鲲鹏云服务概况如图 4.4 所示。

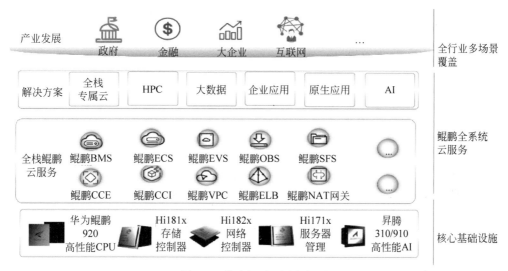

图 4.4　华为鲲鹏云服务概况

华为鲲鹏云服务支持的软件列表如图 4.5 所示。

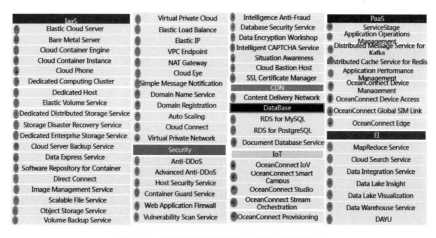

图 4.5　华为鲲鹏云服务支持的软件列表

以下介绍几款重要的鲲鹏云服务。

(1) **弹性云服务器**(Elastic Cloud Server,ECS):是由 CPU、内存、操作系统、云硬盘组成的基础的计算组件,是基础云服务之一,也是用户可以直接感知到鲲鹏环境的最重要的服务。用户可以通过弹性云服务器直接购买鲲鹏云服务器,为云服务器添加磁盘、网络等资源,使其成为开发环境或者生产业务集群的一部分。鲲鹏弹性云服务器创建成功后,可以像使用自己的本地 PC 或物理服务器一样在云上使用。通过和其他产品、服务组合,鲲鹏弹性云服务器可以实现计算、存储、网络、镜像安装等功能,适合网站应用、企业电商、图形渲染、数据分析、高性能计算等应用场景。

(2) **裸金属服务器**(Bare Metal Server,BMS):是一款兼具虚拟机弹性和物理机性能的计算类服务,为用户提供专属的云上物理服务器,提供卓越的计算性能,满足核心应用场景对高性能及稳定性的需求,结合了传统托管服务器带来的稳定性能与云中资源高度弹性的优势。用户从华为云上购买裸金属服务器,可以得到一台专属的 TaiShan 服务器,并可以为这台 TaiShan 服务器添加磁盘、网络等资源,灵活申请,按需使用。该服务适合对安全和监管有高要求、高性能计算、核心数据库、移动应用等场景。

弹性云服务器和裸金属服务器是华为鲲鹏云服务的两类重要的计算服务,其特性对比如表 4.2 所示。

表 4.2　华为鲲鹏云计算服务对比

云计算服务	华为鲲鹏弹性云服务器(ECS)			华为鲲鹏裸金属云服务器(BMS)		
类型	通用计算型 KC1	存储密集型 Kl1	内存密集型 KM1	计算加速型 KAi1/KAt1	通用型 KS1	存储型 KD1
特征	CPU：内存＝1：2/1：4 最大内网带宽：30Gb/s 最大网络收发包：400 万 PPS	CPU：最大 60U 内存：480GB 磁盘：8×3.2TB	CPU：内存＝1：8 CPU：最大 60U 内存：480GB	配套华为自研 AI 芯片Ascend 310/910	CPU：128 物理核 内存：256GB 网卡速率：2×25Gb/s	CPU：128 物理核 内存：512GB 网卡速率：2×25Gb/s 磁盘：12×10TB
适用场景	建站、电商、游戏、视频、大数据、HPC 等	分布式缓存数据库、大数据	Redis、Cassandra 内存数据库	AI 训练、推理	大数据管理节点、NameNode、HPC 等	大数据数据节点、 DataNode、Kafka 等

注：U 是 CPU 数据单位。

华为云提供高性能、高可用、高安全的企业级容器服务,通过云原生计算基金会(CNCF)官方认证的两种 Kubernetes 服务供用户选择,包括云容器引擎(CCE)与云容器实例(CCI),CCE HCS Online(Huawei Cloud Stack Online,一种以一体化全栈方式交付完整的华为云服务平台)是 CCE 的本地化部署版本,可以为企业构建基于 Kubernetes 的混合云/专属云容器服务。

(3) **云容器引擎**(Cloud Container Engine,CCE):该服务提供高度可扩展的、高性能的企业级 Kubernetes 集群,支持运行 Docker 容器,提供一站式容器平台服务,包括 Kubernetes 集群管理、容器应用全生命周期管理、应用服务网格、Helm 应用模板、插件管理、应用调度、监控与运维等容器全栈能力。其中包含的基础库均为 AArch64 版本。

(4) **云容器实例**(Cloud Container Instance,CCI):该服务提供 Serverless

Container(无服务器容器)引擎,无须创建和管理服务器集群即可直接运行容器。基于 Kubernetes 的负载模型增强了容器安全隔离、负载快速部署、弹性负载均衡、弹性扩缩容、蓝绿发布[①]等重要能力。

云容器引擎和云容器实例的特性对比如表 4.3 所示。

表 4.3　华为鲲鹏云容器服务

云容器服务	华为鲲鹏云容器引擎(CCE)			华为鲲鹏云容器实例(CCI)	
类型	通用华为鲲鹏容器集群	混合计算容器集群	AI 鲲鹏容器集群	通用型鲲鹏容器实例	AI 鲲鹏容器实例
特征	支持华为鲲鹏弹性云服务器和华为鲲鹏裸金属服务器	支持华为鲲鹏与 x86 服务器混合集群	支持 Ascend 310/910 集群	CPU:内存=$1:2\sim1:8$,可以灵活配置	支持 Ascend 310 推理实例与 Ascend 910 分布式训练实例
适用场景	建站、电商、视频、大数据	混合计算、成本优化	AI 训练、推理	基因、大数据、Serverless 应用	AI 训练、推理

(5)**云手机服务**(Cloud Phone,CPH):是基于华为云裸金属服务器虚拟出的带有原生 Android 操作系统和虚拟手机功能的云服务器。简单来说,云手机=云服务器+Android 操作系统。用户可以直接从华为云上购买一台运行 Android 操作系统的云手机,将手机上的应用转移到云上的虚拟手机来运行。由于直接运行于 ARMv8 指令集,因此无使用模拟器带来的性能损失,能够提供手机应用测试、应用自动运行等能力,适合云游戏、移动办公、APP 仿真测试、直播互娱等场景。

云手机产品架构分为云手机侧、终端设备侧以及客户业务系统侧三部分,如图 4.6 所示。

2. 鲲鹏云服务解决方案

在鲲鹏系列云服务之上,华为孵化了共 10 多个通用水平解决方案及垂直行业解决方案,水平解决方案包括全栈专属云 HCS Online、高性能计算、大数据基础设施、鲲鹏分布式存储、企业核心应用(数据库、Web 应用)、云手机等,垂直行业解决方案包括运营商、政府、金融等。

基于华为云平台,华为从技术生态、产业生态以及开发者生态三个维度在积极拓展鲲鹏云服务的生态。华为云不只是仅有芯片或者服务器设备,而是要基于鲲鹏服务器实现一个全栈的云服务的解决方案。

---

① 蓝绿发布是一种应用发布模式。在蓝绿发布中,有两个版本的应用在生产环境中运行。旧版本称为蓝色环境,而新版本则称为绿色环境。一旦生产流量从蓝色完全转移到绿色,蓝色就可以在回滚或退出生产的情况下保持待机,也可以更新成为下次更新的模板。

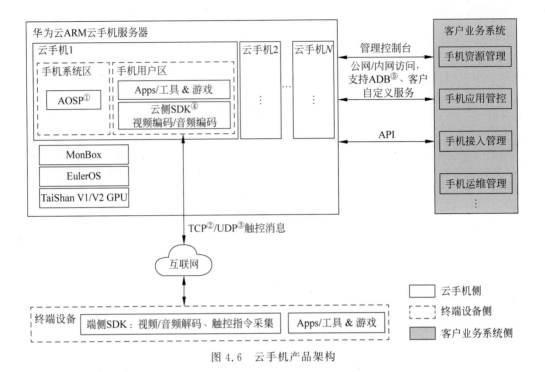

图 4.6 云手机产品架构

华为鲲鹏云服务解决方案全景如图 4.7 所示。

以下主要介绍几款重要的鲲鹏云服务解决方案。

1) 鲲鹏云平台解决方案

华为鲲鹏云平台解决方案总体架构主要由硬件基础设施、操作系统、云平台、云管理平台构成,其中云平台支持华为自研的 HCS(Huawei Cloud Stack)私有云平台以及开源 QEMU-KVM、开源 Docker 容器平台。云管理平台包括开源 OpenStack 平台和开源 Kubernetes 平台。

华为鲲鹏云平台解决方案基于 TaiShan 200 服务器,端到端打通硬件、操作系统、

---

① AOSP(Android Open-Source Project,Android 开放源代码项目)由谷歌发起并领导的一个开源计划,此项目致力于 Android 的维护和发展。

② TCP(Transmission Control Protocol,传输控制协议)是一种面向连接的、可靠的、基于字节流的传输层通信协议。

③ UDP(User Datagram Protocol,用户数据报协议)是一种无连接的传输协议,提供面向事务的简单不可靠信息传送服务。

④ SDK(Software Development Kit,软件开发工具包)一般指软件工程师为特定的软件包、软件框架、硬件平台、操作系统等建立应用软件时的开发工具的集合。

⑤ ADB(Android Debug Bridge,Android 调试桥)是一个通用命令行工具,用这个工具可以直接操作管理 Android 模拟器或者真实的 Android 设备。

虚拟化软件、OpenStack 云管理软件的全栈，并根据鲲鹏架构进行深度性能调优，充分发挥鲲鹏处理器的多核性能优势。拥有开放的软件生态，支持开源虚拟化软件 KVM、开源 Docker 组件、开源 OpenStack 和 Kubernetes 云管理平台，支持华为 HCS 6.5.1 私有云。

图 4.7　华为鲲鹏云服务解决方案全景

华为鲲鹏云平台解决方案总体架构如图 4.8 所示。

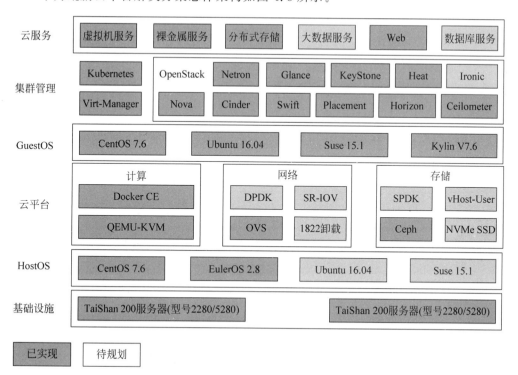

图 4.8　华为鲲鹏云平台解决方案总体架构

华为鲲鹏云平台解决方案总体架构组件说明如表 4.4 所示。

表 4.4　华为鲲鹏云平台解决方案架构组件

组件名称	说明
基础设施	使用基于鲲鹏处理器的 TaiShan 200 服务器,包括 TaiShan 2280 和 TaiShan 5280
HostOS	支持开源 CentOS 7.6;HCS 商用使用 EulerOS 2.8
云平台	支持开源 QEMU-KVM、Docker 容器平台和 HCS
GuestOS	虚拟机上 GuestOS 支持 CentOS 7.6/Ubuntu 16.04/Suse 15.1/Kylin V7.6 等
云管理平台	支持开源 OpenStack 和开源 Kubernetes 管理平台

华为鲲鹏云平台解决方案的特点有:

(1) 解除 x86 绑定,丰富算力平台,降低业务连续性风险。

(2) 多核芯片架构具有更高密度,更低功耗,出众的性能提升云基础设施算力,降低 TCO(总拥有成本)。

(3) 云计算基础设施平台能方便地替换,应用体验一致。

(4) 实现 x86 和鲲鹏混合部署,实现更灵活、更好的扩展性。

2) 鲲鹏高性能计算解决方案

高性能计算(High Performance Computing,HPC) 是一个计算机集群系统,它通过各种互连技术将多个计算机系统连接在一起,利用所有被连接系统的综合计算能力来处理大型计算问题,所以通常又称为高性能计算集群。

高性能计算云解决方案(HPC Cloud)是利用云部署方式来提供一种高效、可靠、灵活、安全的计算服务;能够为工业设计、海量数据处理等场景提供卓越的计算服务,帮助客户降低 TCO,缩短产品上市周期,提升企业产品竞争力。

高性能计算解决方案总体架构由基础设施、硬件、中间件(包括集群软件 & 系统环境)、应用组成,其架构如图 4.9 所示。

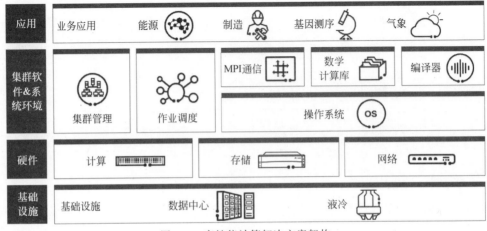

图 4.9　高性能计算解决方案架构

高性能计算解决方案的主要特点如下：

（1）上层应用：当前可以支持并应用的行业包含制造、生命科学、气象、教育科研、超算中心等。

（2）中间件：包括集群软件和系统环境。系统部署需要提前做好软件生态环境的准备，包括 CentOS、集群搭建、作业调度、MPI(Message Passing Interface,消息传递接口，是并行计算体系结构设计的一个消息传递系统标准)通信、编译器安装。

（3）硬件平台：提供多样化的计算资源、高性能存储及主流高速网络。

（4）基础设施：包含数据中心和液冷解决方案。

4.2　鲲鹏软件构成

鲲鹏处理器支持的软件栈是一个不断发展的软件生态，服务器软件本身也具有复杂的多样性，经历长期的发展，不但不同服务器硬件有不同的操作系统方案，在这些操作系统之上还形成不同的软件分层组合，很难简单地描绘其软件架构。本节从一个比较高的层次，主要从鲲鹏处理器首要支持的 GNU/Linux 软件生态角度出发，介绍鲲鹏软件的构成。

图 4.10 显示了鲲鹏 GNU/Linux 软件架构的高层视图。

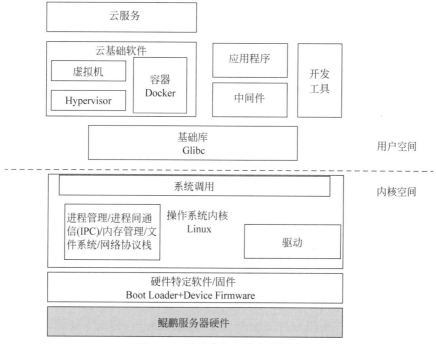

图 4.10　鲲鹏软件架构高层视图

图 4.10 中底部是鲲鹏服务器硬件,是以鲲鹏处理器为核心的通用服务器设备。在包含 ARM 核心的硬件系统上运行的软件不可避免地会包含特定系统的代码,此类代码通常以固件的形式与系统软件的其余部分分开,本节将此类特性的代码称为“硬件特定软件”。服务器硬件和硬件特定软件对服务器的“开箱即用”影响最大,所以这两部分都需要满足 ARM 服务器架构的相关合规性要求。

操作系统内核是系统软件的核心,管理底层硬件资源(如处理器、内存和外围设备)的访问,它和硬件特定软件处于系统的内核空间。此处的操作系统内核主要指 Linux 内核。

用户空间软件非常复杂,根据软件功能的不同,首先能分化出为大部分其他软件所依赖的基础核心库。其余软件区分出开发工具、中间件、应用程序、云基础软件和云服务等软件层次,这些软件层次的区别是相对的,应视具体应用场景而定。

以下对鲲鹏软件架构的各部分做简要的介绍。

4.2.1　硬件特定软件

硬件特定软件指的是 ARM 服务器中特定系统的、常以固件形式提供的软件,主要包括所谓的 Boot Loader 和设备特定固件。

本节先介绍 Boot Loader 的概念,然后介绍 ARM 服务器中的固件要求规范 SBSA 与 SBBR,以及其中涉及的一些重要元素,如 UEFI、ACPI 与 ATF(ARM 可信固件)。

1. Boot Loader

Boot Loader 即启动加载程序,是 Bootstrap Loader 一词的缩写,通常是系统上电或重置后运行的第一个软件,因此它是专门针对特定处理器和主板的。

粗略地看,服务器系统的启动流程包括以下 3 个主要阶段:

(1) 系统上电,硬件加载 Boot Loader;

(2) Boot Loader 加载操作系统,例如 Linux 内核。

(3) 操作系统加载应用程序和用户数据,完成启动过程。

其中,Boot Loader 的主要作用就是充当硬件和操作系统之间的中介,用于加载操作系统。为完成这一目的,Boot Loader 往往需要找到并释放操作系统,建立操作系统运行的基本环境(例如初始化内存、发现硬件设备并将参数传递给操作系统等)。一些复杂的 Boot Loader 还有很多额外的功能,如支持多阶段启动、多种启动方式(如 Flash 闪存、磁盘、网络、光盘、U 盘等)、启动多种操作系统、更新固件、提供运行时服务、支持底层调试等。在服务器领域,支持安全启动也是一个很重要的特性。

2. SBSA 与 SBBR 规范

不同的目标市场对系统的启动加载过程的要求是不一样的。在 ARM 的传统强项——移动终端和嵌入式设备——领域的 SoC 产品,往往是定制化、差异化、价格敏感的,用户很少更换硬件模块和操作系统。在这些市场中,为定制软件开发的成本远小于移除硬件功能带来整体成本的节省。所以,使用的方案一般是高度定制化的,例如,"启动固件+Boot Loader(如 u-boot、fastboot 等)+操作系统(如 Linux 内核)+应用软件"的定制化组合可以很好地工作。

但是在服务器和 PC 领域,系统平台开放,运行的软件复杂,软件模块通常由第三方开发,用户需要"开箱即用"和模块可更换。在这些市场中,定制硬件的成本远超出了支持不同的变体的软件开发的成本。所以,使用的方案一般是标准化的、接口兼容的。

为此,ARM 必须与其合作伙伴一起制定了 SBSA 规范和 SBBR 规范。鲲鹏处理器完全兼容 SBSA 和 SBBR 规范。

SBBA 规范是对基于 ARM 64 位处理器架构的硬件体系结构的规范,详细描述了服务器系统软件,如操作系统、Hypervisor(虚拟机管理器)和固件所依赖的处理器特性和系统架构的关键方面,包括 CPU、PCIe、定时器、IOMMU、UART(Universal Asynchronous Receiver/Transmitter,通用异步收发传输器)、看门狗和中断等,目标是确保有足够标准的系统架构来使一个恰当构建的操作系统映像能够在符合该规范的所有硬件上运行。

SBBR 规范是对系统启动和固件的规范,定义了符合 SBSA 标准的 ARM AArch64 架构服务器上操作系统或 Hypervisor 要实现开箱即用能力的基本固件需求,包括所需要的启动和运行时的服务和安全要求,并遵循 UEFI(Unified Extensible Firmware Interface,统一可扩展固件接口)和 ACPI(高级配置和电源管理接口)规范。为了促使 AArch64 架构服务器生态系统符合现有的企业服务器市场需求,选择行业流行的标准 UEFI 和 ACPI 固件规范能使 ARM 产品技术更容易被采用。

3. UEFI

UEFI 是一种规范,描述了操作系统与平台固件之间的接口。最早由英特尔公司推出,是 16 位 x86"传统" PC BIOS 的后继产品,目前由 UEFI 论坛(http://www.uefi.org/)维护。

UEFI 规范是一个跨平台的固件接口的抽象定义集合,并不针对特定的操作系统、处理器架构或者特定的 BIOS 的实现。UEFI 定义了接口和基于表的数据结构,这些接口和数据结构包括系统平台固件必须实现的接口,固件中用于引导操作系统的 Boot Loader 以及操作系统和平台固件之间可能使用的接口和数据结构。

UEFI 规范的开源参考实现之一是 edk2 或 EDK Ⅱ,源代码位于 https://github.com/tianocore/edk2。TianoCore 社区(https://www.tianocore.org/)是 EDK Ⅱ 项目的上游开发小组。许多商业 UEFI 固件的实现都建立在 edk2 上,通常会进行更改以添加特定平台初始化和前端 GUI(Graphical User Interface,图形用户界面)等功能。

UEFI 规范中包含一个启动管理器 BOOT Manager，它会根据 NVRAM（Non-Volatile Random Access Memory，非易失性随机访问存储器）中的参数决定如何加载可执行文件（可能是 Boot Loader 或者其他的镜像文件），EFI（可扩展固件接口）可执行文件的格式必须符合 PE（Portable Executable，可移植可执行）格式，PE 是一种广泛应用在 Windows 平台上的二进制可执行文件格式。根据 SBBR 规范，用于 AArch64 架构的 UEFI 加载镜像文件必须为 64 位的 PE/COFF 格式，并且必须只包含 A64 格式的代码。

UEFI 固件如何引导 Linux？ Linux 镜像文件一般是压缩文件或者带有某种特定头的文件（vmlinuz/bzImage/zImage/uImage 等），不符合 PE 格式要求，所以需要一个具有 EFI 支持的二级 Boot Loader，如 Grub 与 ELILO，或者对 Linux 镜像文件进行改造。前者是 UEFI 固件加载 Grub/ELILO，再由 Grub/ELILO 加载 Linux；后者是 UEFI 固件可直接加载 Linux 内核。

Grub/ELILO 可看作二级 Boot Loader，可以降低 UEFI 的复杂度，做一些更高级的初始化，例如支持更多的文件系统格式、支持选择启动多个内核、与 Linux 内核配合更成熟等。

改造 Linux 镜像文件的方式，在 x86 和 ARM 平台上，是将内核 zImage/bzImage "伪装"成 PE/COFF（Common Object File Format，通用对象文件格式）镜像文件，从而让 EFI 固件加载程序将其作为 EFI 可执行文件加载。做法是在内核镜像文件中携带"EFI 引导存根"：EFI 引导存根是一小段代码，位于压缩的内核镜像之前，并由 Boot Loader 或固件引导管理器直接执行。为了使 EFI 固件了解如何使用 EFI 引导存根加载和执行内核，可在构建时将 PE 镜像文件头插入内核镜像。对于固件而言，内核似乎是合法的 EFI 应用程序，并带有入口点地址、节表和重定位信息——内核镜像被称为 EFI 应用程序的"伪装"。

对于 ARM64，则是镜像文件本身"伪装"成 PE/COFF 镜像，并将 EFI 存根链接到内核。ARM64 的 EFI 存根在 Linux 源码的 arch/arm64/kernel/efi-entry.S 和 drivers/firmware/efi/libstub/arm64-stub.c 处实现。

EFI 引导存根在编译 Linux 内核时通过 CONFIG_EFI_STUB 内核选项启用。

4. ACPI

ACPI 是一个与体系结构无关的电源管理和配置框架，是系统固件和操作系统之间的接口层。ACPI 本来是一个用于电源管理的接口标准，目标是让操作系统有一个标准的方法请求硬件进入不同的功耗状态。要管理系统的电源状态，就需要能获取系统的设备结构信息，提供给操作系统，并从操作系统接收命令以控制设备电源状态，所以它逐渐成为一个描述系统结构和 BIOS 与操作系统通信的标准接口。这个接口方法在 PC 和服务器领域被广泛使用。

ACPI 子系统在系统中的位置如图 4.11 所示。

ACPI 是一套接口标准,软硬件都需实现以配合使用。ACPI 定义了系统固件和操作系统之间共享的两种数据结构类型:数据表和定义块。这些数据结构是固件和操作系统之间的主要通信机制。数据表存储原始数据,并由设备驱动程序使用。定义块由解释器可执行的字节码组成。ACPI 结构如图 4.12 所示。

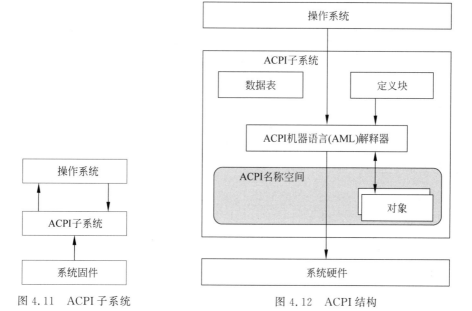

图 4.11　ACPI 子系统　　　　　　图 4.12　ACPI 结构

定义块字节码是从 ASL(ACPI Source Language,ACPI 源语言,一种与平台无关的面向对象语言)代码编译而成的。ASL 是用于定义 ACPI 对象和编写控制方法的语言。ASL 编译器将 ASL 转换为 AML(ACPI Machine Language,ACPI 机器语言)字节码。AML 是 AML 解释器处理的语言。

AML 解释器是一个图灵完备的虚拟机,运行在操作系统上,可以执行字节码并操作定义块中的对象,允许字节码执行循环、条件分支,访问定义的地址空间以及执行应用程序所需的其他操作。AML 解释器对定义的地址空间具有读/写访问权限,包括系统内、I/O、PCI 配置等。它通过所谓的"对象入口点"来访问这些地址空间。对象可以具有直接定义的值,或者必须由 AML 解释器求值和解释。

可枚举对象的集合是一个称为 ACPI 名称空间的操作系统结构。ACPI 名称空间是系统上 ACPI 设备的层次结构表示。系统总线是这些 ACPI 设备枚举的基础。其他总线上可枚举的设备(例如 PCI 或 USB 设备)通常不会在名称空间中枚举。相反,它们自己的总线会枚举设备并加载其驱动程序。但是,所有可枚举的总线都具有一种编码技术,该技术允许 ACPI 对设备的总线特定地址进行编码,以便即使 ACPI 不为这些设备加载驱动程序,也可以在 ACPI 中找到它们。

ACPI 标准定义了电源管理的软硬件接口和功能。操作系统、驱动程序、BIOS 及硬件根据这个标准一起协作完成复杂的电源管理功能。其中硬件提供标准的寄存器接口;BIOS 提供 ACPI 定义的数据表和 AML 字节码;操作系统则解释 AML 代码、访问寄存器、分析表格数据、调用驱动程序;驱动程序则负责各硬件状态的管理、保存和恢复等动作。

实际上不只是电源管理,ACPI 还可以做很多的事情,包括:

(1) 系统电源管理(System Power Management);

(2) 设备电源管理(Device Power Management);

(3) 处理器电源管理(Processor Power Management);

(4) 设备和处理器性能管理(Device and Processor Performance Management);

(5) 配置/即插即用(Configuration/Plug and Play);

(6) 系统事件(System Event);

(7) 电池管理(Battery Management);

(8) 温度管理(Thermal Management);

(9) 嵌入式控制器(Embedded Controller);

(10) SMBus 控制器(SMBus Controller)。

在 Linux 内核中,ACPI 除了用作电源管理外,还有一个很重要的功能是硬件设备探测与配置。硬件设备探测是指检测所有硬件设备并将其与操作系统中匹配的驱动程序配对的过程。

Linux 内核中进行硬件设备探测的方式有如下几种:

(1) 通过内核代码静态描述实现。这是一种硬编码的方式,在最早的 Linux 中,ARM SoC 中的平台设备(Platform Device)常用此方式,导致 arch/arm/plat-xxx 和 arch/arm/mach-xxx 目录下有很多冗余代码。2011 年后,这些代码逐步被清理,改为使用 Device Tree(设备树,DT)描述的方式。

(2) 通过 Device Tree 进行静态匹配和加载。

(3) 通过 BIOS ACPI 表进行动态配置和加载。

(4) 通过总线自动枚举。这种方式适合可以支持自动枚举的总线上的设备,如 PCI 总线和 USB 总线。

Device Tree 是用于描述硬件设备的数据结构,主要目的是提供一种描述不可自动枚举的硬件的方法,使得操作系统的内核可以使用和管理这些设备,包括处理器、存储器、总线和外设。Device Tree 可以静态存储在 ROM 中或者在启动的早期阶段动态生成,然后由 Boot Loader 通过参数传递给 Linux 内核,也可以将 Device Tree 静态安装到内核中。

Device Tree 可以保存任何类型的数据,因为它是内部包含命名节点和属性的树。节点包含属性和子节点,而属性是名称-值对。

Device Tree 既具有供操作系统使用的二进制格式 DTB(Device Tree Blob),又具有便于编辑和管理的文本格式 DTS(Device Tree Source),DTS 文件通过编译器 DTC (Device Tree Compiler)处理后生成 DTB 文件。

ARM64 平台的 Device Tree 定义在 Linux 源码的 arch/arm64/boot/dts/目录下。

DTS 的一个简单示例如下:

```
/ {
    compatible = "hisilicon,hi3660";
    interrupt - parent = < &gic >;
    # address - cells = < 2 >;
    # size - cells = < 2 >;

    psci {
        compatible = "arm,psci - 0.2";
        method = "smc";
    };

    cpus {
        # address - cells = < 2 >;
        # size - cells = < 0 >;

        cpu - map {
            cluster0 {
                core0 {
                    cpu = < &cpu0 >;
                };
                core1 {
                    cpu = < &cpu1 >;
                };
                core2 {
                    cpu = < &cpu2 >;
                };
                core3 {
                    cpu = < &cpu3 >;
                };
            };
            cluster1 {
                core0 {
                    cpu = < &cpu4 >;
                };
                core1 {
                    cpu = < &cpu5 >;
```

```
                };
                core2 {
                    cpu = < &cpu6 >;
                };
                core3 {
                    cpu = < &cpu7 >;
                };
            };
        };
        …
    };
};
```

  Linux 内核对 Device Tree 和 ACPI 都支持,具体使用哪种可由 Boot Loader 在启动时传递给内核的参数决定。Device Tree 简单直接,但它描述的是一个相对静态的数据结构,比较适合较小的嵌入式系统。ACPI 因其规范的复杂性,以及来自外部源的字节码必须由具有完全特权的内核运行这一特点,在 Linux 社区也遭受了一些批评。在使用垂直集成设备时,Device Tree 完全可以满足 Linux 的需求,但是它没有很好的流程来支持服务器供应商的需求。服务器系统用得最多的还是 ACPI。

  ACPI 可以用于遵循 ARM SBSA 规范和 SBBR 规范的 ARMv8 通用服务器。

  作为 ARMv8 通用服务器,鲲鹏 920 主要使用的是 ACPI 接口。

  相较于 Device Tree,在 ARM 服务器上选择 ACPI 的优势有:

  (1) ACPI 支持电源管理。ACPI 定义了一种电源管理模型,该模型将平台允许执行的操作约束到特定模型中,同时仍提供硬件设计的灵活性。

  (2) ACPI 更灵活。ACPI 的 AML 字节码允许平台对硬件行为进行编码,而 Device Tree 不支持此方式。对于硬件供应商而言,能够对硬件行为进行编码是用于支持新硬件上的操作系统的关键工具。

  (3) ACPI 对 RAS 支持更完善。在企业服务器环境中,ACPI 已经绑定到了当前的生产系统中,例如用于支持 RAS,而 Device Tree 没有。这样的绑定可以在 Device Tree 中定义,但是这样做意味着 ARM 和 x86 最终将在固件和内核中使用完全不同的代码路径。

  (4) 选择单个接口来描述平台和操作系统之间的抽象很重要。如果硬件供应商要支持多个操作系统,则不需要同时实现 Device Tree 和 ACPI,并且就单个接口达成共识,而不是为每种操作系统定义接口,总体上能提高互操作性。

  (5) ACPI 兼容性强。ACPI 字节码可以在任何操作系统中使用,即使在 64 位长模式下也可以使用。

  在 Linux 上,可以在/sys/firmware/acpi/tables 目录中找到 ACPI 数据表。如需要将 ASL 编译为 AML 字节码或反编译 AML 字节码,可以使用英特尔的 ACPI 编译器 iasl。iasl 通常已经集成在 Linux 发行版中，也可从 https://acpica.org/下载。

例如，可以使用以下命令提取机器的 ACPI 表并反编译它们：

```
cd /tmp
acpidump > acpidump
acpixtract − a acpidump
iasl − d ∗.dat
```

下面是反编译得到的鲲鹏 920 ACPI DSDT[①] 表（dsdt.dsl 文件）的部分示例。

```
DefinitionBlock ("", "DSDT", 2, "HISI ", "HIP08 ", 0x00000000)
{
    External (F2P1, IntObj)
    External (MPBF, IntObj)
    External (PGIF, IntObj)

    OperationRegion (GNVS, SystemMemory, 0x2F870018, 0x1000)
    Field (GNVS, AnyAcc, Lock, Preserve)
    {
        Offset (0x01),
        MPBF,    8,
        STBO,    8,
        PGIF,    8,
        SMMU,    8,
        ONEN,    8,
        TPEN,    8,
        F2P1,    8
    }

    Scope (_SB)
    {
        Device (CPU0)
        {
            Name (_HID, "ACPI0007" / ∗ Processor Device ∗ /)    //_HID: Hardware ID
            Name (_UID, Zero)                                    //_UID: Unique ID
        }

        Device (CPU1)
        {
            Name (_HID, "ACPI0007" / ∗ Processor Device ∗ /)    //_HID: Hardware ID
            Name (_UID, One)                                     //_UID: Unique ID
        }
```

---

　①　DSDT(Differentiated System Description Table)是 ACPI 规范的一部分，包含了所有和基本系统不同的设备的信息。

```
            ...
        }
    }
```

5. 安全启动

安全启动是一种在 BIOS 中实现的服务器安全功能,指的是对所有可执行软件/固件镜像文件实现完全认证和验证的机制。SBBR 规范描述了 ARM 服务器安全启动的要求。

为了安全启动 ARM 服务器,系统必须提供一套完整的串行信任链的实现规范,包括从初始安全固件直到第一个非安全固件的实现。

为了建立不可更改的信任根(Root of Trust,RoT),初始固件(例如 SoC 中第一个核执行的初始指令)必须在一个不可更改的只读位置。UEFI 安全启动要持续验证相继的 UEFI 镜像文件,直到操作系统开始加载。在这个阶段,平台必须遵循 UEFI 规范中的安全启动定义。在这之后,操作系统可以继续这个可信链的推进。所有的从外部启动介质加载并由任意处理器执行的固件镜像文件必须经过认证。

ARM TBBR 规范提供了一个例子作为信任链实现的参考。参考的 TBBR 软件实现可以在 ATF(ARM Trusted Fireware,ARM 可信固件)代码中找到,其中包括 EL3(Exception Level 3)安全监视器。ATF 为在 AArch32 或 AArch64 执行状态下的安全世界启动和运行时固件产品化提供了一个合适的起点。许多厂商都会对 ATF 进行修改,以配合自己的解决方案。ATF 固件代码可通过链接:https://github.com/ARM-software/arm-trusted-firmware 获得。

ATF 实现的 ARM 接口标准包括:

(1) 电源状态协调接口(Power State Coordination Interface,PSCI);

(2) 安全启动需求规范(Trusted Board Boot Requirements CLIENT,TBBR-CLIENT);

(3) 安全监视器代码调用规约(Secure Monitor Call Calling Convention,SMCCC);

(4) 系统控制和管理接口(System Control and Management Interface,SCMI);

(5) 软件委托异常接口(Software Delegated Exception Interface,SDEI)。

在安全启动模式下,ATF 是处理器执行的第一个软件,主要由主核执行,从主核启动后保持在特定于平台的安全状态,直到主核执行完足够的初始化以启动它们为止。

对于 AArch64,ATF 的启动路径分为如下 5 个步骤(按执行顺序):

(1) Boot Loader 阶段 1(BL1):执行 AP Trusted ROM(Application Processor Trusted ROM,应用程序处理器可信 ROM)固件。

(2) Boot Loader 阶段 2(BL2):执行受信任的启动固件。

（3）Boot Loader 阶段 3-1（BL31）：执行 EL3 运行时软件。

（4）Boot Loader 阶段 3-2（BL32）：执行 Secure-EL1 有效负载（可选）。

（5）Boot Loader 阶段 3-3（BL33）：执行不受信任的固件。

BL1 从平台 EL3 的复位向量开始执行。复位向量地址取决于平台，但通常位于 Trusted ROM 区域中。BL1 数据部分在运行时复制到受信任的 SRAM。在 ATF 代码中，BL1 代码从由 BL1_RO_BASE 定义的复位向量开始执行，将 BL1 数据段复制到由 BL1_RW_BASE 定义的受信任 SRAM 的顶部，然后执行架构初始化和平台初始化。最后，BL1 从平台存储在特定平台的基地址加载 BL2 原始二进制镜像文件。

BL2 是受信任的启动固件被链接并加载到特定平台的基址上，运行在安全状态下。BL1 在 Secure-EL1（对于 AArch64 架构）或在 Secure SVC 模式（对于 AArch32 架构）下加载 BL2 并跳转到 BL2 执行。然后，BL2 执行架构初始化和平台初始化。最后，BL2 要将控制转移给 Boot Loader 阶段 3。Boot Loader 阶段 3 可能继续运行在安全状态下（BL32），有可能切换到非安全状态下（BL33），这根据平台提供的可加载镜像文件列表来选择。为了切换到相应模式，BL2 要借助 BL31 的运行时服务。所以，BL2 在切换到 BL3 前，需要加载可执行镜像文件列表，然后将平台存储的 BL31 运行时软件镜像文件加载到受信任 SRAM 中特定平台的地址中，并将平台提供的可加载镜像文件列表和配置信息传递给 BL31。

BL31 提供运行时服务，服务被链接并加载到特定于平台的基地址上，仅在受信任的 SRAM 中执行，运行在 EL3。然后，BL3 执行架构初始化和平台初始化，并初始化运行时服务框架。BL31 根据 BL2 提供的参数决定跳转到 BL32 或者 BL33。

BL32 运行在安全状态下，一般运行的是受信任的操作系统。

BL33 运行在非安全状态下，一般运行的是 UEFI 兼容 Boot Loader（如 edk2）或者其余 Boot Loader（如 U-Boot）。

以上是 ATF 定义的启动引导流程。自 BL33 开始，系统进入非安全状态，BL33 根据系统配置，可能加载并执行 Hypervisor 或者操作系统。

ARM64 服务器启用安全启动功能后，启动过程如图 4.13 所示。

一次典型的 ARM 服务器引导流程描述如下：

（1）加载 ARM 可信固件（ATF），加载顺序是 BL1→BL2→BL31。

（2）ATF 加载 BL33 阶段固件，一般为 UEFI 兼容的二级 Boot Loader（ATF 和 UEFI 一起组成 Boot Loader）。

（3）UEFI 枚举并初始化 PCI 设备。

（4）UEFI 加载内核镜像文件，并将 ACPI 表或者 DTB、内核参数等传递给内核。

（5）操作系统内核初始化。通过 ACPI 表或者 DTB 初始化设备，初始化内核组件，挂载根文件系统。

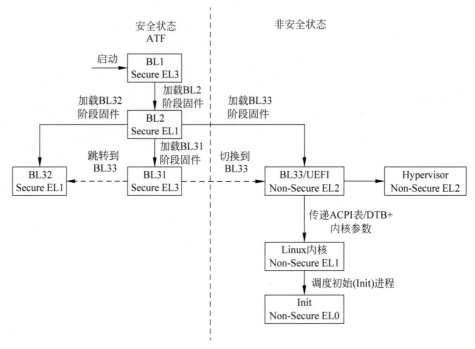

图 4.13　ARM 服务器安全启动过程

（6）内核加载第一个进程 Init，进入调度，调度到这个进程的时候，降低权限到 EL0，运行用户进程。

4.2.2　操作系统内核

在计算机领域，操作系统在不同背景下的含义可能也不同。从终端用户角度看，操作系统发行商提供的一切软件，都是操作系统，包括内核空间的内核和用户空间的基础库、工具软件和应用程序等软件。从系统程序员角度看，操作系统可能就是特指位于内核空间的内核。本节介绍的操作系统内核特指 Linux 内核。

Linux 内核是一个宏内核操作系统，有很多组件和功能，主要包括进程调度以及进程间通信（IPC）、内存管理、虚拟文件系统、网络子系统、设备驱动和架构相关代码等，它们都共享同一个内核地址空间。Linux 内核结构如图 4.14 所示。

以下简单介绍 Linux 内核的各部件，以确定它们做什么以及为应用程序开发者提供什么功能。

1. 系统调用

当应用程序通过 GNU C 库调用诸如 fopen 之类的库函数时，它就会调用在内核中实现的特权系统调用。典型的 Linux 系统调用将导致在用户空间中调用一个宏，在该宏的实现中,系统调用的参数加载到寄存器中,并执行系统调用异常指令。此异常使控制权从用户空间传递到实际系统调用可用的内核空间(通过 sys_call_table 表)。在内核中执行了调用之后,将通过_ret_from_sys_call 函数返回用户空间。如果使用了多个参数(例如指向存储的指针),则会执行复制命令将数据从用户空间迁移到内核空间。

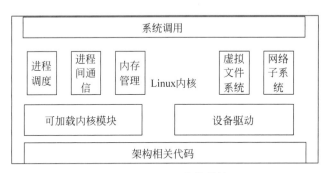

图 4.14　Linux 内核结构

例如,GNU C 库的 fopen 函数会辗转调用到__libc_open 函数(open 函数的别名),设置好参数后,通过系统调用异常进入内核,通过 sys_open 函数完成调用。

系统调用的实现代码可以在 Linux 内核源码树的 kernel/sys.c 文件中找到。

2. 进程调度

进程调度是对 CPU 时间的管理,主要提供对 CPU 的访问控制。

Linux 内核提供了可抢占的进程调度程序来管理系统中运行的进程。这意味着调度程序允许某个进程执行一段时间,如果该进程没有放弃 CPU(通过进行系统调用或调用等待一些资源的函数),那么调度程序将暂停该进程,并选择一个新的进程运行。

用户可以通过一些手段控制进程调度,例如,改变进程优先级、改变调度策略[如FIFO(先入先出)调度或 RR(循环)调度等]、改变分配给进程执行的时间等。

调度程序的源代码以及其他核心内核模块(例如进程控制和内核模块)可以在Linux 内核源码树的 kernel 目录中找到。

3. 内存管理

Linux 中的内存管理器是内核最重要的核心部分之一,提供对内存资源的访问控制。它提供了虚拟地址与物理地址的映射功能,以及分页和虚拟内存的交换功能。由于 Linux 在物理内存管理方面取决于处理器,因此内存管理器使用与体系结构相关的代码来访问计算机的物理内存。

Linux 内核有单独且共享的虚拟地址空间,用户空间中的每个进程都有单独且唯一的虚拟地址空间。

内存管理器的源代码可以在 Linux 内核源码树的 mm 目录中找到。

4．虚拟文件系统

虚拟文件系统(Virtual File System，VFS)是 Linux 内核中的抽象层，向上层软件提供了不同文件系统的通用视图。Linux 内核支持大量的单个文件系统，例如 Ext2/3/4、Reiser、JFS、XFS 和 NFS 等。Linux 内核并没有将它们每一个都作为单一的文件系统呈现，而是提供了一个接口层，各类文件系统可以在其中插入常用功能(例如 open、close、read、write、select 等)。因此，应用程序在访问文件系统时，可使用通用的接口函数。例如，如果需要在 Reiser 日记文件系统上打开文件，则可以使用与其他文件系统相同的通用函数 open。

GNU/Linux 系统提供了多种文件系统，每种文件系统都可以在不同场景中使用。例如，XFS 非常适合流式传输很大的文件(例如音频和视频流)，而 Reiser 文件系统则擅长处理大量非常小的文件(例如文件大小小于 1KB)。文件系统的特征会影响性能，因此根据特定应用程序的要求选择最有意义的文件系统非常重要。

对硬件设备的访问控制，也可以抽象为读取或者写入数据，因而可以用统一的文件操作接口访问。Linux 内核通过虚拟文件系统呈现一个通用视图，除了传统的磁盘文件系统之外，它还抽象出了设备文件系统、内存文件系统等。

虚拟文件系统的源代码可以在 Linux 内核源码树的 fs 目录中找到。该目录下有许多代表各个文件系统的子目录，例如，fs/reiserfs 提供了 Reiser 文件系统的源代码。

5．网络子系统

网络子系统在 Linux 内核中主要负责管理各种网络设备，并实现各种网络协议栈。Linux 网络子系统抽象了网络设备和网络协议栈的实现细节，在网络设备和网络协议栈之上，提供了一个通用接口，因此用户进程和其他内核子系统可以访问网络而不必知道正在使用什么网络设备或协议，也可以根据系统的实际配置互换协议和物理设备。像虚拟文件系统一样，灵活性是设计的关键。

网络子系统的源代码可以在 Linux 内核源码树的 net 目录中找到。

6．进程间通信

Linux 内核的进程间通信(Inter-Process Communication，IPC)组件提供了标准的 System V 进程间通信设施，包括信号量、消息队列和共享内存。像虚拟文件系统和网络组件一样，进程间通信组件都共享一个通用接口。

进程间通信组件的源代码可以在 Linux 内核源码树的 ipc 目录中找到。

7．可加载内核模块

可加载内核模块是 GNU/Linux 的重要组成部分，因为它们提供了动态更改内核的方法。该内核模块的占用空间可以非常小，可以根据需要动态加载所需的模块。除了用于新驱动程序之外，内核模块组件还可用于使用新功能扩展 Linux 内核。

Linux 可加载内核模块经过专门编译，带有用于模块初始化(module_init)和模块清理(module_exit)的函数。当安装到内核中(使用 insmod 工具)时,必要的符号将在内核地址空间中解析并动态链接到正在运行的内核。还可以使用 rmmod 工具将该模块从内核中删除,使用 lsmod 工具列出所有模块。

可加载内核模块的实现代码可以在 Linux 内核源码树的 kernel 目录中找到。

8. 设备驱动程序

设备驱动程序用于控制所有的外部设备及控制器。Linux 内核提供了大量可用的设备驱动程序。实际上,几乎有大半的 Linux 内核源代码专用于设备驱动程序。

设备驱动程序的源代码在 Linux 内核源码树的 drivers 目录中提供。

9. 架构相关代码

内核软件堆栈的最底层是与架构相关的代码。考虑到 Linux 内核支持的各种硬件平台,可以在此处找到体系结构系列和处理器的源代码,通常是与系统启动相关的文件和特定用于给定处理器家族的其他组件(例如,用于 MMU 设置的内存接口、诸如 DMA 之类的硬件接口、中断处理等)。还有为流行的主板供应商提供了特定用于主板的源代码。

处理器和主板相关的源代码在 Linux 内核源码树的 arch 目录中提供。

4.2.3 基础库

glibc(GNU C 系统库)是 GNU/Linux 系统以及使用 Linux 作为内核的许多其他系统的基础核心库。

glibc 是一个向后兼容、可移植且高性能的 ISO 标准 C 库。它遵循的相关标准包括 ISO C11,POSIX.1-2008 和 IEEE 754-2008。

glibc 是一个可移植的库,实现了标准的 C 库函数,包括内核系统调用的封装。应用程序通过链接 glibc,可以访问 C 库的常用功能(例如数学运算、字符串操作、查找排序算法等),也可以间接通过系统调用访问 Linux 内核提供的功能。许多编程语言都会间接使用 glibc,包括 Java、Python、GO 和 Ruby 等,它们的虚拟机或解释器都会调用 glibc。

glibc 实现的接口在头文件中定义。例如,stdio.h 头文件定义了许多标准 I/O 函数(例如 fopen 和 printf)和标准输入/输出流(stdin,stdout 和 stderr)。

在构建应用程序时,如果可能,GNU 编译器会自动将符号解析到 glibc 库中,这些符号在运行时与 glibc 共享库进行动态链接。若不使用标准 C 库,GCC(GNU C Complier)允许使用-nostdlib 参数禁用此功能。

glibc 的源码可以从 http://ftp.gnu.org/gnu/glibc/下载,也可以通过 git 检出,例如可通过如下命令检出最新的 glibc 2.31 稳定版本:

```
git clone git://sourceware.org/git/glibc.git
```

```
cd glibc
git checkout release/2.31/master
```

4.2.4　开发工具、中间件和应用程序

开发工具、中间件和应用程序都是运行在用户空间的软件,在操作系统内核和GNU C库的基础上为各种用户提供各种功能。

软件开发工具是指为软件开发服务的各种软件,软件开发人员使用它来创建、调试、维护或以其他方式支持其他程序和应用。

软件开发工具根据在不同软件开发生命周期中起到的作用,可以分为:

(1) 软件建模工具,用于描述系统的需求,辅助设计。

(2) 软件实施工具,用于程序设计、编码和编译,包括程序语言开发环境和集成开发环境(Integrated Development Environment,IDE)。前者主要提供程序语言的编译工具(编译型语言)和解释工具(解释型语言),后者包括代码编辑器在内的编辑器、代码生成器、运行环境和调试器等。

(3) 软件模拟工具,用于模拟系统的实际运行环境。

(4) 软件测试工具,用于对系统、子系统、模块或单元进行测试。

(5) 软件开发支撑工具,主要是软件配置管理和版本控制工具。

应用程序软件指的是为最终用户所使用旨在帮助用户执行某项活动的软件程序。根据执行的活动,应用程序可以操纵文本、数字、音频、图形、图像以及这些元素的组合。应用程序的示例包括文字处理器、电子表格、电子邮件客户端、Web 浏览器、媒体播放器、文件查看器、控制台游戏或图片编辑器等。

中间件一般指操作系统和应用程序之间的软件层,是相对独立地为应用程序提供服务的软件。中间件能屏蔽下层软件平台的复杂性(包括异构性),使应用开发者把注意力集中在特定应用相关的问题上,实现软件生产的社会分工,从而简化应用系统的设计与开发过程,提高效率,降低应用系统的开发成本。

开发工具、中间件和应用程序是整个软件生态中规模和复杂性最大的部分,每个领域都会产生该领域的一套独特的生态。此处的分类法也都是针对特定的应用场景而言,很难笼统地说某个软件就一定是开发工具、中间件或者应用程序。例如 Python,如果用 Python 语言开发软件,可以把它看作"开发工具";如果 Python 开发的软件运行在 Python 虚拟机上,可以把 Python 虚拟机看作"中间件";如果把 Python 本身当作控制台来使用,也可以把它看作"应用软件"。

4.2.5　云基础软件

云计算的基础技术是虚拟化技术,本节的云基础软件主要包括系统虚拟化软件

和容器。下面首先总体介绍虚拟化技术和容器,然后具体介绍 ARM 服务器开源虚拟化主流解决方案:Xen、KVM 与 Docker。这也是鲲鹏云服务依赖的主要基础软件。

1. 虚拟化技术简介

虚拟化(Virtualization)技术是实现云计算的基础技术。所谓的"云"是一种能够抽象、汇集和共享整个网络中的可扩展计算资源(包括网络、服务器、存储、应用软件、服务等)的 IT 环境。创建云的目的通常是为了进行云计算,也就是在系统中运行工作负载的行为。狭义的云计算一般是指 IT 基础设施的交付和使用模式,指通过网络以按需、易扩展的方式获得所需的计算资源(硬件、平台、软件)。为了管理、共享物理计算资源,往往首先需要将资源虚拟化。

虚拟化在服务器系统中很流行,大多数服务器级处理器都要求支持虚拟化。这是因为虚拟化为数据中心提供了非常理想的功能,其中包括系统隔离、高可用性、工作负载均衡、提供安全沙箱等。

在物理机器上,系统的硬件资源由单一的操作系统管理,这种绑定关系会限制系统的灵活性,例如自由迁移应用软件、多用户隔离、按需使用资源、共享资源、隔离故障等都受到限制。虚拟化提供了一种放宽前述限制,增加灵活性的办法。当一个系统的资源(例如处理器、存储器或者 I/O 设备)被虚拟化,它的接口和通过接口可见的资源都被映射到实现它的真实系统的接口和资源上。真实系统从而可以表现为一个不同的虚拟系统或者多重的虚拟系统的集合。通常,虚拟化可以绕过真实机器的兼容性限制和对硬件资源的限制,获得更高的软件可迁移性和灵活性。

虚拟化是资源的逻辑表示,使其不受物理限制的约束。将任何一种形式的接口和资源映射成另一种形式的接口和资源的技术,都可以称为虚拟化技术。其实现形式一般是在系统中加入一个虚拟化软件层,将下层的资源抽象成另一形式的资源,提供给上层使用。

虚拟化过程涉及如图 4.15 所示的 3 个层次:

术语上,把通过虚拟化仿真出来的计算机系统叫作虚拟机(Virtual Machine,VM),把运行虚拟机的底层机器称为主机(Host),运行在虚拟环境上的软件称为客户

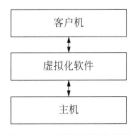

图 4.15　虚拟化系统结构

机(Guest),如果有操作系统,相应地,底层机器上运行的操作系统称为主机操作系统(Host Operating System,HostOS),运行在虚拟机之上的操作系统称为客户机操作系统(Guest Operating System,GuestOS)。

为实现计算资源的映射和接口的仿真,虚拟软件至少需要完成两方面的功能:

(1) 将虚拟资源或状态(如处理器或寄存器、存储器、文件或 I/O 设备等)映射为

底层机器中的真实资源；

（2）使用底层机器上的指令和系统调用来执行虚拟机中的指令和系统调用规定的活动，比如对虚拟机指令集的仿真。

如果从虚拟资源仿真在计算系统中发生的层次去理解，可以将虚拟化技术分为进程级虚拟化、操作系统级虚拟化、系统级虚拟化三类。

虚拟化软件的名字一般取决于所实现的虚拟机的类型，在进程级虚拟化中，虚拟软件经常被称为运行时（Runtime）；在操作系统级虚拟化中，虚拟软件经常被称为容器（Container）；在系统级虚拟化中，虚拟软件经常被称为 Hypervisor（虚拟机管理器）或者 VMM（Virtual Machine Monitor，虚拟机监控器）。Hypervisor 和容器是服务器领域很常用的技术。

2. Hypervisor

Hypervisor 是用于虚拟资源的创建、调度和管理的软件。Hypervisor 利用底层硬件资源来创建一个包含虚拟处理器、内存和外设等的虚拟环境。在这个环境中，客户机操作系统认为自己运行在一台真实的计算机上，并唯一拥有这台"虚拟"机器上的所有资源。Hypervisor 可以同时构建多个虚拟机环境，从而允许多个客户机操作系统并发执行，Hypervisor 利用一套策略来有效地调度资源。Hypervisor 提供一组完备的管理接口支持虚拟环境的创建、删除、暂停和迁移等功能。上层的管理程序通过调用 Hypervisor 提供的管理接口为用户提供管理界面。

在系统级虚拟化中，根据 Hypervisor 的实现方式和所处的位置，可将 Hypervisor 分为两类：1 型和 2 型。二者最重要的区别是谁管理硬件的问题。两类 Hypervisor 的结构如图 4.16 所示。

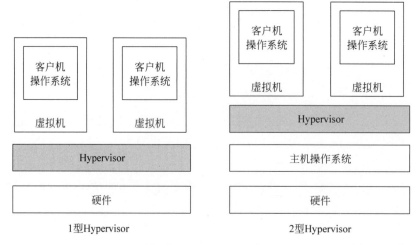

图 4.16 Hypervisor 类型

1）1 型 Hypervisor

1 型 Hypervisor 直接在底层计算机的物理硬件上运行,并与 CPU、内存和物理设备直接交互,以控制硬件和管理客户机。因此,1 型 Hypervisor 也称为裸机 Hypervisor(Bare-metal Hypervisor)。这种类型的 Hypervisor 在企业数据中心或其他基于服务器的环境中最为常见。使用此模式的虚拟化软件有 Xen、KVM、VMware ESXi 和 Microsoft Hyper-V 等。Xen 和 KVM 是 ARM 平台上两个最常用的开源虚拟机管理程序。

1 型 Hypervisor 优点:非常高效,因为它们可以直接访问物理硬件。这也提高了它们的安全性,因为在它们和 CPU 之间没有任何东西可以让攻击者破坏。

1 型 Hypervisor 缺点:通常需要单独的管理机来管理不同的虚拟机和控制主机硬件。

2）2 型 Hypervisor

2 型 Hypervisor 不能直接在底层硬件上运行。它与其他计算机程序一样,在主机操作系统上运行。客户操作系统在主机上作为进程运行。在 2 型 Hypervisor 配置中,主机操作系统可以完全控制硬件平台及其所有资源,包括 CPU 和物理内存。因此,2 型 Hypervisor 也称为宿主型 Hypervisor(Hosted Hypervisor)。对于要在个人计算机上运行多个操作系统的个人用户而言,2 型 Hypervisor 更适合。使用此模式的虚拟化软件有 QEMU-KVM 组合、VirtualBox(64 位客户机)和 VMware Workstation(64 位客户机)等。

2 型 Hypervisor 优点:可让用户同时快速轻松地访问客户操作系统和主机操作系统,能够提高用户的工作效率。

2 型 Hypervisor 缺点:必须通过主机操作系统来访问计算、内存和网络资源。这会产生延迟问题,从而影响性能。如果攻击者破坏了主机操作系统,会带来潜在的安全风险,因为攻击者随后可以操纵在 2 型 Hypervisor 中运行的任何客户操作系统。

3. 容器

在不同应用程序之间共享硬件资源的另一种方法是借助容器。容器是一种轻量级的操作系统级别的虚拟化手段。与创建硬件虚拟实例的管理程序不同,容器提供了旨在共享单个操作系统的更轻量级的机制。在容器中运行的应用程序认为它具有对操作系统副本的非共享访问权。容器是在操作系统层面上实现虚拟化,直接复用本地主机的操作系统,而传统基于 Hypervisor 的方式则是在硬件层面实现。换句话说,容器虚拟化操作系统,而 Hypervisor 虚拟化硬件资源。实现上,一般由操作系统内核提供隔离机制,允许存在多个相互隔离的用户空间实例,这样的实例称为容器。

容器已经存在了几十年,但由于需要自定义内核,阻止了它们的流行,直到基于 Linux 的容器从 2008 年开始完全受主流内核支持为止。由于容器不需要为每个实例提供完整的操作系统副本,所以开销很低。但容器也被认为比 Hypervisor 更容易受到安全威胁。另外,容器还受到无法运行其他操作系统或内核的限制。

因为容器通过共享操作系统资源而简化了应用程序的部署,在特定的用例中,容器正越来越成为 Hypervisor 虚拟化的替代方案。目前,这两种技术在云计算、网络功能虚拟化(Network Functions Virtualization,NFV)、高性能计算、航空电子和汽车平台等领域正在竞争。

使用容器技术的虚拟化软件有 Docker、CRI-O、Railcar、RKT 和 LXC/LXD 等。不过目前来说容器技术还没有一个严格的定义,实现方式也各有不同。Docker 是一种容器运行时的实现,而且是目前最主流的实现,几乎已成为容器业界的事实标准。

4. ARM 服务器开源虚拟化主流解决方案:Xen、KVM 与 Docker

目前 GNU/Linux 开源社区最常用最成熟的基于 Hypervisor 的虚拟化解决方案是 Xen 与 KVM(Kernel-based Virtual Machine,基于内核的虚拟机),基于容器技术的解决方案则是 Docker。它们也是 ARM 服务器领域得到广泛支持的开源虚拟化解决方案。

Xen 是由剑桥大学开发的一款开源的 Hypervisor,支持 x86,x86_64,Itanium 和 ARM 架构,在其支持的 CPU 架构上可以运行 Linux、Windows 和某些 BSD[①] 系客户操作系统。它得到了许多公司的支持,主要是 Citrix 公司的支持,也被 Oracle 公司用于 Oracle VM。Xen 可以在支持虚拟化扩展的系统上进行完全虚拟化,但也可以在没有虚拟化扩展的计算机上充当虚拟机监控程序。

KVM 是主线 Linux 源码内核中的 Hypervisor,能够运行在支持虚拟化扩展的硬件平台上(IA-64、ARM64、PowerPC 等)。KVM 在 Linux 内核中提供可加载内核模块,可以运行多个未经修改的 Linux、Windows 或某些 BSD 系客户操作系统。KVM 是开源软件,从 Linux 2.6.20 开始,KVM 的内核组件包含在主线 Linux 源码中。从 QEMU 1.3 开始,KVM 的用户空间组件包含在主线 QEMU(用户空间仿真)源码中。

Docker 是一个开源的应用容器引擎,它让开发者可以打包其应用及依赖包到一个可移植的容器中,然后发布到安装了任何 Linux 发行版本的机器上。Docker 借助 Linux 的内核特性来实现类似虚拟机的功能,是一种操作系统级虚拟化。

1) 基于 ARM 的 Xen

Xen 的 x86 版本最初于 2003 年开发,是一种裸机 Hypervisor,它支持全虚拟化和半虚拟化的客户机。Xen 在移植到 ARM 时对其代码和体系结构进行了许多更改。基于 ARM 的 Xen 较 x86 版本代码要小得多,其代码被简化为使用半虚拟化驱动程序和 ARM 虚拟化扩展的客户机。大部分 QEMU 软件栈已被删除,因此无法进行完全虚拟

---

① BSD(Berkeley Software Distribution,伯克利软件包)是一个派生自 UNIX 的操作系统,在 1977—1995 年由加州大学伯克利分校开发和发布。

化。这意味着在尝试运行某些专有解决方案时,在 Xen 中移植操作系统可能会有问题。但是,Xen 支持 Linux 和 FreeBSD 发行版,并且可以在相应的内核中轻松激活相关的半虚拟化前端和后端。

图 4.17 显示了基于 ARM 的 Xen 系统架构。

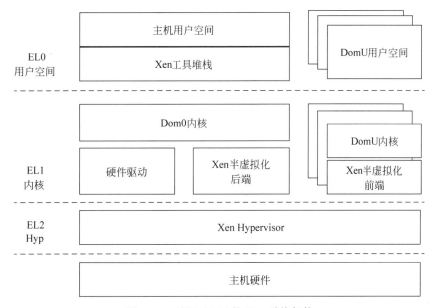

图 4.17　基于 ARM 的 Xen 系统架构

Xen 的 Hypervisor 处于 Hyp 模式,提供 CPU、内存、中断和计时器虚拟化功能。在 Xen Hypervisor 层的顶部,所有程序都作为位于不同域中的客户机来执行。特权最高的域是 Dom0 的控制域,该客户机负责管理放置在非特权域 DomU 中的其他虚拟机。Dom0 为其连接的设备运行本机驱动程序,并启动一组半虚拟化后端驱动程序。在 DomU 上,运行相应的前端驱动程序,以使它们能够访问虚拟设备。目前,QEMU 提供了一些来自用户空间的半虚拟化后端。为了提高安全性和隔离性,Xen 提供了运行非特权客户机的可能性,其作用是运行本机驱动程序和特定设备的相应后端。最后,可以使用在控制域 Dom0 中作为普通用户空间进程运行的 Xen 工具堆栈来管理非特权域。

ARM 硬件虚拟化扩展添加了 Hyp 模式,该模式将内核与虚拟机管理程序分开。通过创建驻留在 Hyp 模式下的独立 Hypervisor,ARM 上的 Xen 可以充分利用虚拟化扩展的优势,而不会产生额外的开销。Xen 可能具有比 KVM 更好的客户机性能的潜力,但是,这种实现需要在 Xen 的每一个新 ARM SoC 上移植 Xen。

2) KVM/ARM

KVM 是最初于 2007 年为 x86 构建的开源 Hypervisor,于 2012 年移植到 ARM

体系结构上。作为 x86 的对等版本，KVM 的 ARM 版本已集成在 Linux 内核中，并重用了许多 Linux 功能，例如内存管理和 CPU 调度。由于 x86 和 ARM 虚拟化扩展之间的体系结构差异，尽管 x86 上的 KVM 可以完全驻留在内核中，但 ARM 上的 KVM 必须分为两部分。事实上，完全内置于主机内核中 ARM 上的 KVM 解决方案将需要对内核进行重大和侵入式修改，才能在 ARM Hyp 模式下执行。就可移植性和性能而言，这被认为是不可行的，并且对于内核本身而言，太有侵入性。因此，在 ARM 实现上的 KVM 已分为所谓的 Highvisor 和 Lowvisor 两部分。

图 4.18 显示了 KVM/ARM 系统架构。

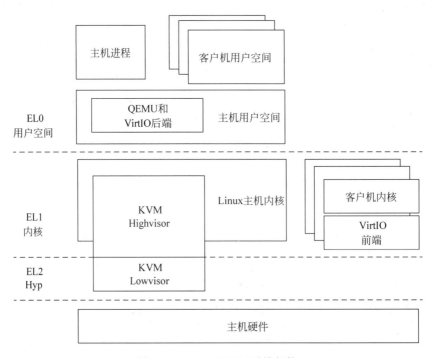

图 4.18　KVM/ARM 系统架构

Highvisor 位于 ARM 内核空间中，处理大多数 Hypervisor 的功能。Lowvisor 处于 Hyp 模式，负责执行隔离，处理虚拟机监控程序陷阱并执行虚拟机和主机间的上下文切换。与 Xen 等裸机 Hypervisor 相比，此实现的主要好处是，只要平台能够运行 Linux 3.9 以上的版本，就可以无缝移植 ARM 上的 KVM 到新的 ARM 平台。由于 ARM 平台通常以非标准方式构建，并且几乎所有最新的 ARM 平台都始终支持 Linux，因此就可移植性和易用性而言，这是 KVM 的主要优势。

与 x86 相似，ARM 上的 KVM 本身不提供机器或设备模型。机器和设备抽象对于 KVM 虚拟化模型而言过于具体，会在虚拟机管理程序中带来不必要的复杂性。取而代之的是,KVM 依赖于用户空间工具,例如 QEMU 和 kvmtool,它们可用于仿真客户机硬件设备和实例化虚拟机。在 KVM 范式中,主机将客户机视为正常的进程,而 QEMU(用户空间仿真)驻留在主机用户空间中,并通过 KVM 利用硬件的虚拟化扩展功能。QEMU 和 KVM 能够运行完全虚拟化的未修改客户机,而无须任何强制性的半虚拟化层。在虚拟环境中运行旧版操作系统时,这是一个重要的优点。然而,由于仿真被认为会增加大量开销,因此 KVM 还通过 VirtIO 支持 I/O 半虚拟化。VirtIO 提供了需要在客户机内核中启用的网络设备和块设备的驱动程序,相应的后端驱动程序在主机用户空间中运行(例如 QEMU 或 kvmtool)。

3) Docker

Docker 是诞生于 2013 年的开源容器项目,由于其完整性和易于部署性,在很短的时间内就变得非常流行。Docker 是一个容器管理工具,它最初建立在 LXC(Linux Container)上,提供了一种将应用程序打包到容器中的简便方法。与创建操作系统容器的 LXC 不同,Docker 主要管理单个应用程序容器。即使 Docker 仍支持 LXC 和其他管理工具,从 Docker 0.9 版开始,Docker 引入了 Libcontainer 工具,它与 LXC 一样,是 Linux Cgroup(控制组)和 Namespace(名称空间)的包装。

Docker 的系统架构如图 4.19 所示。

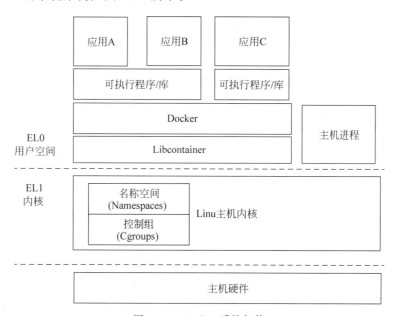

图 4.19　Docker 系统架构

Docker 使用 Linux Cgroup 和 Namespace 技术分别在容器实例之间提供资源管理和隔离。

与 Linux 进程类似,Cgroup 是按层次结构组织的,子 Cgroup 继承其父属性。每个 Cgroup 可用于管理一组进程的资源。例如,可以在 Cgroup 内部限制 CPU 时间或内存。因此,Cgroup 可用于调整大小和限制容器的资源。此外,Cgroup 还用于终止容器内的所有进程。但是,由于 Linux 容器仅共享一个内核,因此问题在于容器内运行的进程不了解其资源限制,并且仍然可以查看系统的所有资源。

Linux 内核提供了多种 Namespace,从 Linux 内核 5.6 版本开始,Linux 中支持 8 种 Namespace:挂载点、进程 ID、网络、进程间通信(IPC)、主机名 UTS、用户 ID、Cgroup、时间。这些 Namespace 中的每一个都抽象出一个系统资源,该资源可用于在不属于同一个 Namespace 的进程之间提供隔离。基于 Linux 的容器使用 Namespace 在它们之间提供隔离,例如,使用用户 Namespace,容器内部用户的特权不会扩展到容器外部。

Docker 在用户空间提供了 Libcontainer 工具,用于在操作系统内制作容器的标准接口。Libcontainer 可直接访问内核的容器 API,而无须任何其他依赖项。基于 Libcontainer,Docker 能以一致且可预测的方式操作 Namespace、Cgroup、网络接口和防火墙规则等内核资源,而无须依赖 LXC 或任何其他用户空间软件包,从而减少了 LXC 各版本对 Docker 的影响。

4.3　鲲鹏软件开发模式

软件开发是一个需要经历代码的编写、配置、编译、构建、调试、测试、部署、发布等多项行为的工作流,其中需要使用多种软件开发工具来操作源文件,并生成可运行的目标文件。软件开发所用的机器与被开发的软件所运行的机器未必是兼容的,例如利用 x86 架构的 PC 为 AArch64 架构的鲲鹏服务器开发软件。

这种不兼容对开发者的影响与要开发的软件所使用的平台和语言有很大关系。如果是使用跨平台的框架/语言(例如 node.js、.net core、Java、Python 等)开发的应用程序,例如目前大多数的 Web 应用程序,一般不必担心服务器是什么体系结构。如果基于编译型语言开发的应用程序(例如 C/C++语言应用程序),特别是有些需要利用底层机器体系结构进行深度优化的程序,开发环境与运行环境的不兼容就会造成开发者作业流的割裂,影响开发效率。

鲲鹏服务器是通用的服务器,对于使用跨平台的框架/语言开发的应用程序,无论是本地开发还是云端开发,与基于 x86 服务器的软件开发方式没有区别。本节主要关注如何为鲲鹏服务器开发基于编译型语言的应用程序。

为鲲鹏服务器开发软件,即软件的运行环境是基于 ARMv8 架构的,操作系统一般是基于 Linux 内核的。开发者的开发环境则可能有多种选择,不同的选择产生了不同的开发模式。

(1) 开发者可以搭建基于 ARMv8 架构的开发环境进行开发。本书把这种模式叫原生开发模式。华为提供鲲鹏物理服务器、鲲鹏云服务器等多种选择。

(2) 开发者可以在 x86 机器上搭建 ARMv8 的交叉开发环境进行开发。本书把这种模式叫交叉开发模式。这种模式要处理的一个重要问题是如何调试,开发者可以利用交叉调试器在目标服务器上调试,但更常用的是在本地开发机上创建 ARMv8 架构的模拟器,例如 QEMU。

(3) 开发者可以利用华为提供的 CloudIDE(云端开发环境)进行开发,CloudIDE 也支持鲲鹏原生应用程序的开发。本书把这种模式叫云端开发模式。

下面分别讨论这三种模式的一些细节。

4.3.1　原生开发模式

鲲鹏原生开发模式指的是鲲鹏软件的开发环境和运行环境相同的情况。华为提供了鲲鹏物理服务器和云服务器,这些机器是通用的 ARMv8 架构,开发者可以在机器上搭建基于 ARMv8 架构的开发环境和运行环境。

1. 物理服务器

可以购买华为基于鲲鹏处理器的 TaiShan 服务器。这适合对计算资源和性能都有较高要求的场合,例如自建机房。这种模式与通用的 ARM 服务器开发没有区别,开发者可以在物理服务器上安装鲲鹏兼容的操作系统,例如 CentOS/Ubuntu/Suse 等通用 ARM GNU/Linux 发行版,再安装所需的开发工具进行开发。

2. 云服务器

也可以购买华为提供的云服务器:鲲鹏弹性云服务器(ECS)和裸金属服务器(BMS)。其优势是获取简单,规格丰富,弹性可调整,按需计费。

弹性云服务器是一种可随时自助获取、可弹性伸缩的云服务器。弹性云服务器的开通是自助完成的,用户只需要指定 CPU、内存、操作系统、规格、登录鉴权方式即可,同时也可以根据用户的需求随时调整弹性云服务器规格,为用户打造可靠、安全、灵活、高效的计算环境。

裸金属服务器是一款兼具虚拟机弹性和物理机性能的计算类服务。租户可灵活申请,按需使用。裸金属服务器的开通是自助完成的,用户只需要指定具体的服务器类型、镜像、所需要的网络配置等,即可在 30 分钟(min)内获得所需的裸金属服务器。服务器供应、运维工作交由华为云,用户可以专注于业务创新。

华为云平台提供适用于不同业务场景的实例类型,包括通用型、本地存储型、内存优化型、I/O 优化型等,不同类型的实例在 CPU、存储介质、存储容量、网卡数量等维度有不同的配置。

弹性云服务器由多个租户共享物理资源,而裸金属服务器的资源归用户独享。对于关键类应用或性能要求较高的业务(如大数据集群、企业中间件系统),并且要求安全可靠的运行环境,使用裸金属服务器更合适。

弹性云服务器搭载了华为云虚拟化系统,购买之后可以直接使用弹性云服务器的公共镜像发放虚拟机。裸金属服务器属于裸金属架构,没有提供虚拟化平台。

3. 搭建原生开发环境示例

对应用开发而言,无论是鲲鹏物理服务器还是云服务器,开发环境的搭建基本没有差异,只不过物理服务器需要自己安装操作系统,而云服务器可以在创建云服务器时指定安装要使用的操作系统。

安装完操作系统后,以操作系统特定的方式安装应用开发所需开发工具即可搭建开发环境。

以鲲鹏服务器上安装 CentOS 开发 C/C++ 应用程序为例。默认的 CentOS 存储库包含一个名为 Development Tools 的软件包,其中包括 GNU 编译工具链、GNU 调试器以及编译软件所需的其他开发库和工具。

要安装开发工具包,以 root 或具有 sudo 特权的用户身份运行以下命令:

```
yum groupinstall - y 'Development Tools'
```

如果需要安装有关使用 GNU/Linux 进行开发的手册,使用以下命令:

```
yum install man - pages
```

使用 gcc --version 打印 GCC 版本的命令来验证是否成功安装了 GCC(GNU C Complier),命令如下:

```
gcc - version
```

通过使用 GCC 编译简单的 C 程序示例来测试环境是否搭建成功。过程如下:
(1) 新建 C 源文件,命令如下:

```
vim hello.c
```

(2) 输入以下代码:

```
# include < stdio.h >
int main(void)
{
  printf ("Hello Kunpeng!\n");
  return 0;
}
```

（3）保存文件，然后通过运行以下命令将其编译为可执行文件：

```
gcc hello.c - o hello
```

（4）使用以下命令执行 hello 程序：

```
./hello
```

该程序应显示：

```
Hello Kunpeng!
```

4.3.2　交叉开发模式

当开发者的开发环境与运行环境不兼容时，可以采用交叉开发方式。交叉开发是移动和嵌入式领域常用的开发方式，也可用于服务器软件的开发。其优势是基于已有的资源搭建开发环境，无须额外成本。

通常，程序是在一台计算机上编译，然后再发布到将要使用的其他计算机上。当主机系统（运行编译器的系统）和目标系统（产生的程序将在其上运行的系统）不兼容时，该过程就叫作交叉编译。交叉编译过程中用到的编译器、汇编器、链接器、调试器和二进制工具等统称为交叉编译工具（链）。当目标系统无法获取自己的编译工具，或者当主机系统比目标系统性能更好且资源更多时，交叉编译非常有用。

软件开发工具除编译工具链之外，还有代码编辑器、项目管理器、版本工具等诸多工具。开发者可以选择将哪些工具部署在本地机器，哪些工具部署到服务器上。

（1）开发者可以选择在鲲鹏服务器上运行本地编译工具链。这意味着在 x86 环境进行编码等工作，在鲲鹏环境进行编译构建。

（2）开发者可以选择在本地主机运行交叉编译工具链。这意味着在 x86 环境中使用 ARM 交叉编译工具链，鲲鹏环境只负责程序的运行和调试。

这两种方式都需要将开发工具分散在不同的两台机器上，会在一定程度上造成工作流的割裂，影响开发效率，而且在开发阶段，如果使用交叉编译，如何快速方便地调试也是问题。

此时，开发者可以选择使用模拟器，例如 QEMU，在 x86 开发主机上模拟 ARM 平台进行通用应用的开发。

QEMU 是一个支持跨平台仿真的开源模拟器。QEMU 有 user 和 system 两种模式，在 user 模式下，QEMU 可以将其他体系结构的二进制代码作为主机的进程，同时也可以将任何模拟系统调用转换为主机系统的调用。

使用 QEMU 的简化过程大致如下：

（1）开发者需要安装与本地主机环境适配的 QEMU。如果主机是 Linux x86 环境,可以安装 QEMU 的 Linux 版,如果主机是 Windows x86 环境,可以安装 QEMU 的 Windows 版。

(2)在本地主机交叉编译出要调试的目标程序。

(3)启动 QEMU,加载目标程序,并等待 gdb 调试。

(4)启动 AArch64 的 gdb,连接到 QEMU。后续步骤和平常使用 gdb 调试没有区别。

还可以在本地主机搭建 Eclipse 等图形化 IDE,配合 gdb 一起调试。

1. 案例 1:搭建 ARM GCC 交叉编译环境

可以从以下网址下载支持 Linux 系统的 AArch64 交叉编译工具链:

```
https://releases.linaro.org/components/toolchain/binaries/
```

在 x86 Linux 上,可按照如下步骤安装交叉编译环境。

(1)安装标准 C 开发环境。

在 Ubuntu 下执行如下命令:

```
apt - get install build - essential
```

在 CentOS 下执行如下命令:

```
yum groupinstall "Development tools"
```

(2)下载交叉编译器。命令如下:

```
mkdir /usr/local/arm - toolchain
cd /usr/local/arm - toolchain/
wget https://releases. linaro. org/components/toolchain/binaries/latest - 7/aarch64 -
linux - gnu/gcc - linaro - 7.5.0 - 2019.12 - x86_64_aarch64 - linux - gnu. tar. xz
tar - xvf gcc - linaro - 7.5.0 - 2019.12 - x86_64_aarch64 - linux - gnu. tar. xz
```

(3)配置环境变量。

修改配置文件,在配置文件的最后一行加入路径配置。在 Ubuntu 下执行如下命令:

```
vim /etc/bash. bashrc
# Add ARM toolschain path
PATH = /usr/local/arm - toolchain/gcc - linaro - 7.5.0 - 2019.12 - x86_64_aarch64 - linux
- gnu/bin:" $ {PATH}"
```

在 CentOS 下执行如下命令:

```
vim /etc/profile
# Add ARM toolschain path
export PATH = $ PATH:/usr/local/arm - toolchain/gcc - linaro - 7.5.0 - 2019.12 - x86_64_
```

aarch64 – linux – gnu/bin

有些 Linux 发行版对 AArch64 的支持已经很好了，可以直接安装。例如，Ubuntu 下可以使用以下命名安装工具链：

apt – get – y install gcc – aarch64 – linux – gnu g++ – aarch64 – linux – gnu

在 x86 Windows 主机上，可先安装 Cygwin 或者 MinGW 环境，再在 Cygwin 或者 MinGW 上安装 aarch64-linux-gnu-gcc 交叉编辑器。

例如，在 MinGW 下可按如下步骤搭建环境。

（1）安装 MinGW。

从网址 http://www.mingw.org/download/installer 下载 MinGW 安装程序 mingw-get-setup.exe，运行后，选择开发组件，安装好 MinGW。

（2）安装交叉编译器。

下载并解压 gcc-linaro-7.5.0-2019.12-i686-mingw32_aarch64-linux-gnu.tar.xz。命令如下：

```
mkdir arm – toolchain
xz – d gcc – linaro – 7.5.0 – 2019.12 – i686 – mingw32_aarch64 – linux – gnu.tar.xz
tar – xvf gcc – linaro – 7.5.0 – 2019.12 – i686 – mingw32_aarch64 – linux – gnu.tar.xz
export PATH = $ PATH:~/ arm – toolchain /gcc – linaro – 7.5.0 – 2019.12 – i686 – mingw32_
aarch64 – linux – gnu/bin
```

安装完交叉编译器后，可以使用以下方法验证与测试开发环境是否正常。

输入命令 aarch64-linux-gnu-gcc -v 查看 aarch64-gcc 版本信息，验证交叉编译器安装是否成功。

可使用 aarch64-gcc 交叉编译简单的 C 程序测试开发工具是否运行正常。操作过程如下。

（1）新建 C 源文件，命令如下：

vim hello.c

（2）输入以下代码：

```
# include < stdio.h>
int main(void)
{
  printf ("Hello Kunpeng!\n");
  return 0;
}
```

（3）保存文件，然后通过运行以下命令将其交叉编译为可执行文件：

aarch64 – linux – gnu – gcc hello.c – o hello

（4）测试执行。

在 x86 服务器上测试，执行如下命令：

```
chmod + x hello
./hello
```

页面显示：-bash：./hello：cannot execute binary file。

将执行文件 hello 复制至鲲鹏服务器，执行如下命令：

```
chmod + x hello
./hello
```

应显示：

```
Hello Kunpeng!
```

2．案例 2：搭建 QEMU 模拟开发环境

可以从网址：https://www.qemu.org/download/下载最新版的 QEMU，目前 QEMU 支持 Linux、Windows 和 Mac OS 平台，各平台下的安装方法如下。

（1）在 x86 Windows 主机上，下载 QEMU 安装程序（纯图形界面操作），一步一步安装即可。

（2）在 Mac OS（建议 Mac OS X 10.7 版本及以上）上，使用以下任一条命令均可安装。

```
brew install qemu
sudo port install qemu
```

（3）在 x86 Linux 上，可以源码安装。如果发行版软件源支持，也可以直接安装。

源码安装命令如下：

```
wget https://download.qemu.org/qemu - 5.0.0.tar.xz
tar xvJf qemu - 5.0.0.tar.xz
cd qemu - 5.0.0
./configure
make
```

或者从 git 库下载最新的版本，编译安装。命令如下：

```
git clone https://git.qemu.org/git/qemu.git
cd qemu
git submodule init
git submodule update -- recursive
./configure
make
```

或者直接安装。例如在 Ubuntu 下,可执行如下命令:

```
sudo apt - get install qemu - system - aarch64
```

在 CentOS 下,可执行如下命令:

```
yum install - y qemu - system - arm
```

4.3.3　云端开发模式

对于基于容器的服务化 Web 应用开发,如果开发者受限于无本地环境无法开发,可以使用华为的 CloudIDE(云端开发环境)服务。

CloudIDE 是面向云原生的轻量级 WebIDE,通过浏览器访问即可实现云端开发环境获取、代码编写、编译调试、运行预览、访问代码仓库、命令行执行等能力,同时支持丰富的插件扩展。可以为开发者提供轻量极速的在线编程体验,帮助开发者快速可靠交付代码,并打通整个开发、测试和运行时。

CloudIDE 是按需计费服务,根据用户使用的计算和存储资源的数量和时长按需计费,开通服务后不创建 IDE 实例不会扣费。

目前 CloudIDE 提供了两种 CPU 架构的 IDE 实例:x86 和鲲鹏(AArch64)实例,其中鲲鹏实例资源免费,x86 实例资源按需付费。

(1) 如果是为了快速验证,若目标运行环境为 x86,建议直接使用 x86 实例开发,若目标运行环境为鲲鹏(AArch64)建议直接使用鲲鹏实例开发,若不是这两种而是其他目标运行环境,由于环境安全限制,当前的 CloudIDE 实例不支持安装复杂的交叉编译环境。

(2) 如果是为了生产环境运维部署,同时存在交叉编译需求,也可以考虑使用 DevCloud 工具链中的编译构建服务,直接指定编译构建环境(x86 或者鲲鹏),可以直接将构建目标存储到平台制品库,并可利用部署服务向目标服务器或云容器引擎容器部署。

1. CloudIDE 基本特性

CloudIDE 基本特性如表 4.5 所示。

表 4.5　CloudIDE 基本特性

特　　　性	描　　　述
云化和轻量化	依托华为云的计算和存储资源,实现云化开发环境供给,通过浏览器访问就可完成开发全过程,实现移动办公
快速按需容器化	用户工作空间基于全容器技术,极短时间即可按用户所需配置(计算和存储)启动并提供服务,用后随时释放

特　性	描　述
多语言和技术栈	支持 40 多种语言的语法高亮,支持 Java 等语言的语法补齐,支持 7 种预置技术栈,无须复杂配置环境即可就位
视图风格可切换	提供亮色和暗色两种视觉风格,编辑器提供多种视图布局,还支持满屏编辑和边栏收缩
后端环境可配置	提供页面终端(WebTerminal)直接访问后端容器环境,以命令行设置变量、处理文件和配置其他环境因素
构建运行和调试	提供命令管理器以支持构建(Build)和运行(Run),对 Java 等语言还支持断点调试
可对接第三方服务	除了对 Git 仓库(DevCloud 代码仓库或 GitHub 等)的支持,还提供对接第三方服务(即通过外网通道对接其他开放服务)的能力
企业化权限管控	提供基于黑白名单的访问控制能力,为企业租户提供掌控子用户行为的管理面

2. CloudIDE 操作流程

CloudIDE 的基本操作流程包括创建工作空间、创建工程、启动工作空间、CloudIDE 编码、CloudIDE 调试等步骤。操作流程如图 4.20 所示。

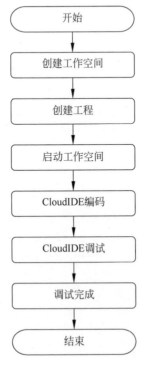

图 4.20　CloudIDE 操作流程

流程说明如表 4.6 所示。

表 4.6　CloudIDE 操作流程及说明

流　　程	说　　明
创建工作空间	单击 CloudIDE 首页的"工作空间"选项卡下的"新建工作空间"按钮创建新的工作空间
创建工程	单击 CloudIDE 首页的"工程"选项卡下的"新建工程"按钮创建新的工程
启动工作空间	单击 CloudIDE 首页工作空间所在行,启动工作空间
CloudIDE 编码	在 CloudIDE 中,可以编写代码,并对代码进行提交、构建和运行
CloudIDE 调试	在 CloudIDE 中,运行已提交的代码后,可以对代码进行在线调试

3. CloudIDE 使用示例

CloudIDE 支持 Java、C/C++、Python、NodeJS、Go 等多种编程语言。下面以 C++ 程序开发简要介绍如何创建 CloudIDE 实例并验证 CloudIDE 的使用。CloudIDE 详细的使用说明可以参考 CloudIDE 用户手册(网址 https://support.huaweicloud.com/cloudide/index.html)。

1) 购买 CloudIDE

购买 CloudIDE 前需先注册为华为云用户。使用 CloudIDE 前,需先开通 CloudIDE 服务。服务开通后,开始按需计费。

登录华为 DevCloud 控制台(https://console.huaweicloud.com/devcloud/),在左侧导航栏选择 CloudIDE 选项,单击"开通按需"按钮。根据网页提示开通服务,成功开通后系统自动返回控制台。

2) 登录 CloudIDE 并创建 IDE 实例

登录 DevCloud 首页(https://devcloud.cn-north-4.huaweicloud.com/home),在顶部导航栏单击"服务→CloudIDE"选项,进入 CloudIDE 首页,显示当前用户 IDE 实例列表。单击"新建实例"按钮,开始创建并启动 IDE 实例。创建 IDE 实例页面如图 4.21 所示。

单击"下一步"按钮,进入"工程配置"页面,如图 4.22 所示。根据需要选择工程来源。设置完参数后单击"确定"按钮,IDE 实例创建完成,系统自动进入 IDE 工作界面。

3) 代码编辑、调试与运行

在 CloudIDE 工作界面,可以执行常规 IDE 的通用操作,如项目管理、文件管理、代码的浏览、编辑、提交、构建、调试与运行等功能。

按照以上步骤创建的示例 C++ 工程,工作界面如图 4.23 所示。

对于单文件工程,CloudIDE 支持一键编译调试。在示例程序 helloworld.cpp 的文件编辑器中右键选择 Build and Debug Active File 选项,然后选择"从 Internal Console 执行程序"选项,IDE 将编译项目,并运行程序,在 Debug Console 窗口中输出结果"Hello KunPeng !"。

图 4.21　创建 IDE 实例

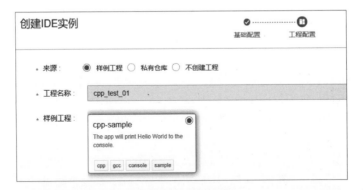

图 4.22　工程配置

图 4.23　CloudIDE C++工程工作界面

4.4　鲲鹏软件移植

应用程序移植时可根据应用的特点来决定如何移植,应用程序是用程序语言编写的,所以首先可以从应用所使用的语言特性分析应用是否合适移植到鲲鹏平台。

按照翻译方式的不同,高级语言通常可以分为两类:一类是编译型语言(编译翻译),一类是解释型语言(解释翻译)。不同的语言移植方式是不同的。

1) 编译型语言

典型的如 C、C++语言,都属于编译型语言,从源代码到代码执行的过程如图 4.24 所示。C/C++编译好的程序是机器指令,由操作系统加载到存储器(一般为内存)后由 CPU 直接执行。

2) 解释型语言

典型的如 Java、Python 语言,都属于解释型语言,代码由虚拟机解释执行,虚拟机完成平台差异的屏蔽。以 Java 为例,其源代码到代码执行的过程如图 4.25 所示。

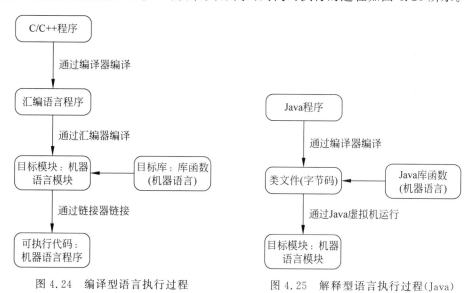

图 4.24　编译型语言执行过程　　　　图 4.25　解释型语言执行过程(Java)

4.4.1　鲲鹏软件移植流程

将应用软件移植到鲲鹏服务器,可参考本节提供的移植思路,如图 4.26 所示。

可根据使用语言的特性将待移植程序简单分为 3 类。

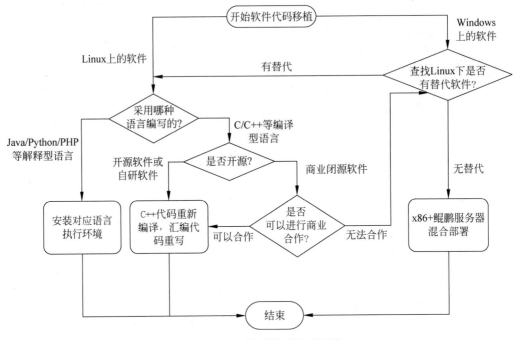

图 4.26　鲲鹏软件代码移植思路

第一类是用解释型语言，例如 Java、Python、PHP 等开发的应用程序，这些语言运行在语言的解释器上，只要鲲鹏平台支持语言的解释器，就可以迁移到鲲鹏服务器上。

第二类是用 C/C++ 编译型语言开发的应用程序且能获得源代码的。针对 C/C++ 编译型语言，需要在运行前先翻译到底层的指令集，所以与架构相关。此时，需要区分这些应用程序的来源，如果是能获得源代码的软件（如开源软件、自研的软件），可以通过重新编译来做到与鲲鹏架构的适配。

第三类是不能获得软件源代码的编译型语言程序，如果不能找到开源的替换软件，可以考虑采用 x86 和鲲鹏服务器的混合部署。

1. 基于编译型语言开发的应用程序移植流程

基于编译型语言开发的应用程序，例如 C/C++ 语言应用程序，其编译后得到可执行程序，可执行程序执行时依赖的指令是 CPU 架构相关的。因此，基于 x86 架构编译的 C/C++ 语言应用程序，无法直接在鲲鹏云服务器运行，需要进行移植编译。

C/C++ 移植流程基本如图 4.27 所示。

具体过程说明如下：

（1）首先获取应用程序源代码。

（2）如果源代码涉及 x86 汇编代码，则需要使用 ARM 汇编重写；汇编程序和 C/C++

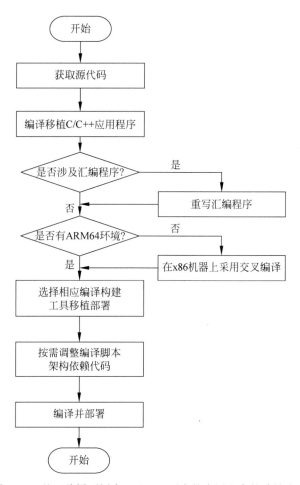

图 4.27 基于编译型语言(C/C++)开发的应用程序的移植流程

源代码中内联汇编代码需要重写。原因是 ARM 和 x86 架构指令集不兼容,跨平台执行汇编指令会触发指令异常。

(3) 根据 ARM 或 x86 编译环境,使用相应的编译工具或交叉编译工具,编译应用程序。

(4) 在 ARM 编译环境中,编译方法与 x86 服务器一致,可使用 make、cmake、autoconfig 等工具进行编译。对于多数开源软件,执行". /configure; make; make install"即可完成编译和安装,编译时遇到找不到函数、缺少库文件等错误,请安装对应的库,安装方法同 x86 服务器。

(5) 如果开源项目库不支持 ARM 架构(这种情况极少,一般发生在较旧的项目代码上),解决方法包括修改代码,寻求替代库等。

（6）编译时提示代码错误，可能需要根据平台差异修改部分代码，例如平台类型相关宏定义。

（7）应用程序部署：安装部署、设置系统启动脚本等操作方法与 x86 服务器一致。

2. 基于解释型语言开发的应用程序移植流程

基于解释型语言开发的应用程序，与 CPU 架构不相关，将这类应用程序移植到鲲鹏云服务器，大多无须修改和重新编译即可在鲲鹏云服务器运行，按照与 x86 一致的方式部署和运行应用程序即可。

Java 应用程序 jar 包内可能包含基于 C/C++语言开发的 SO（Shared Object）共享库文件的情况，这类 SO 共享库文件需要移植编译，移植 SO 共享库文件后，重新打包 jar 包。

将这类应用程序移植到鲲鹏云服务器，通常需要如下两步：

（1）安装语言执行环境。

对于 Java，需安装的是 Java 虚拟机，对于 PHP，需安装的是 PHP 语言解释器，对于其他解释型语言，例如 Python、Ruby、Go 等，需要安装各语言解释器。

各语言虚拟机或解释器，要为 ARMv8 版本，其中大多已被操作系统预置，可使用包管理器检查。如果系统未预置或者预置版本不符合要求，可使用源代码或包管理器进行安装。

以 CentOS 使用包管理器安装 Java 虚拟机为例，可执行如下命令安装 openjdk：

```
yum install java-1.8.0-openjdk
```

（2）执行应用程序。

将应用程序部署在鲲鹏云服务器上，无须修改和重新编译，按照与 x86 一致的方式部署和运行应用程序。

可以看到，解释型语言只需要安装对应的语言解析器或者执行环境即可完成代码从 x86 到鲲鹏平台的移植，故本节重点以 C/C++为例，描述代码移植的过程。以下详细介绍鲲鹏服务器 C/C++程序移植相关问题的处理办法。

4.4.2　编译工具的选择

rpm 及 deb 格式的 Linux 应用软件二进制安装包，是与操作系统版本及 CPU 架构相关的，因此基于 x86 服务器的二进制安装包，是无法直接在鲲鹏云服务器上使用的，如果需要在鲲鹏云服务器上使用对应的软件，需要通过软件对应的源代码进行编译。对于不同编译型语言开发的软件，应选择对应的编译器进行二进制编译。

编译器选择如下：

（1）基于 Go 语言开发的软件，推荐使用 Golang 编译器 1.9 以上版本。

（2）基于 Fortran 语言开发的软件，推荐使用 gFortran 编译器与 ARM Compiler

armflang。

（3）基于 C/C++语言开发的软件，推荐使用 GCC(GNU C Complier)和 ARM 编译器 armclang，版本对应关系说明如表 4.7 所示。

表 4.7　GCC 和 armclang 编译工具版本对应关系说明

编译器	版本	armv8a	armv8.1-a	armv8.2-a	armv8.3-a	armv8.4-a	armv8.5-a
GCC	4.8.5	支持	不支持	不支持	不支持	不支持	不支持
	6.1-6.5	支持	支持	不支持	不支持	不支持	不支持
	7.1-7.4	支持	支持	支持	支持	不支持	不支持
	8.1-8.3	支持	支持	支持	支持	支持	不支持
armclang	6.4-6.5	支持	支持	支持	不支持	不支持	不支持
	6.6-6.8	支持	支持	支持	支持	不支持	不支持
	6.9-6.10	支持	支持	支持	支持	支持	不支持
	6.11-6.12	支持	支持	支持	支持	支持	支持

x86 环境下编译 ARM 程序时使用交叉编译工具，如何安装交叉编译工具参见 4.3.2 节。

4.4.3　编译参数移植类案例

1. char 数据类型

char 变量在不同 CPU 架构下默认（符号）不一致，在 x86 架构下为 signed char(有符号字符型)，在 ARM64 平台为 unsigned char(无符号字符型)，移植时需要指定 char 变量为 signed char。

处理方法是在编译选项中加入"-fsigned-char"选项，指定 ARM64 平台下的 char 为有符号数。

在 Makefile 中可以使用如下选项：

```
CFLAGS = " - fsigned - char"
```

或者

```
CXXFLAGS = " - fsigned - char"
```

或者

```
CPPFLAGS = " - fsigned - char"
```

代码开发时养成良好的编程规范，使用自定义的变量类型，比如代码中使用如下定义，可以跨平台：

```
#define unsigned char UCHAR
```

或者

```
#define signed char CHAR
```

2. -m64 编译选项

-m64 是 x86_64 应用编译选项,-m64 选项设置 int(整型)为 32 位及 long(长整型)指针为 64 位,为 AMD 公司的 x86_64 架构生成代码。在 ARM64 平台无法支持该选项。

处理方法是将 ARM64 平台对应的编译选项设置为"-mabi=lp64"。

3. -march 与-mtune 编译参数不兼容

Makefile 中包含"-march"与"-mtune"编译参数,会提示参数不兼容。

处理方法是将参数调整为:

```
-march=armv8.1-a -mtune=cortex-a72
```

详细的参数设置指导可参考网址: https://gcc.gnu.org/onlinedocs/gcc/ARM-Options.html。

4. configure 配置与 makefile 构建

检查软件源代码是否包含 makefile 文件。当软件源代码不包含 makefile 文件时,用户可利用自动编译工具,例如 Autoconf、Automake 和 Build 工具构建 makefile 文件。解压源代码后,进入代码目录检查代码结构,查看是否存在 configure 脚本文件,再执行 configure 命令:

```
./configure
```

如果不存在 configure 脚本文件,可通过源码中的自动化脚本生成 configure 文件。

如果执行过程中存在以下问题,对应的解决方案如下:

问题 1: configure 文件不包括 AArch64 架构选项。

处理方法是修改 configure 文件,增加适配 AArch64 架构的编译选项。

例如,hadoop 编译时需要修改"apsupport.m4"文件,代码如下:

```
case $ host_cpu in
…
aarch64 * )
  CFLAGS = " $ CFLAGS -DCPU = \\\"arm\\\""
  Supported_os = "arm"
  HOST_CPU = arm
;;
```

问题 2: 无法识别编译类型。

当执行 configure 脚本时,提示无法识别编译类型,提示错误示例如下:

```
configure: error: cannot guess build type: you must specify one
configure: error: ./configure failed for libltdl
```

处理方法是在 configure 文件中指定 arm 类型，代码如下：

```
check_cmd_result chmod + x ./configure
check_cmd_result chmod ./configure - build - arm - linux - enable - gui = no
```

5. GCC 优化浮点运算精度

GCC 编译优化选项设置为-O2 级别及以上时，鲲鹏处理器将对连续的浮点数乘法、加法融合为乘加运算，以提升性能和精度。在-O2 级以上编译选项，x86 处理器不会将乘法和加法做融合乘加运算，因此两种处理器在连续的浮点数乘法、加法运算后，小数点后 16 位存在差异。

原因是在鲲鹏处理器的编译优化选项设置为-O2 级别及以上时，连续的浮点数乘法（fmul 指令）和加法（fadd 指令）运算，如表达式（a += b * c），将被融合为乘加运算（fmadd 指令）。fmadd 将浮点数的乘法和加法看成不可分的一个操作，不对中间结果做精度舍入，从而导致计算结果有所差别。

对系统的影响是：编译优化选项设置为-O2 级别及以上时，浮点乘加运算的性能有提升，但是运算的精度受到影响。

处理方法是添加编译选项-ffp-contract＝off 以关闭该优化。

6. 增加编译选项匹配鲲鹏处理器架构，提升性能

在编译时增加编译选项指定处理器架构为 ARMv8，使编译器按照鲲鹏处理器的微架构和指令集生成可执行程序，提升性能。

处理方法是编译选项中添加-march＝armv8-a。

7. 增加编译选项匹配鲲鹏处理器流水线，提升性能

如果使用了 GCC 9.1 以上的版本在编译时增加编译选项指定使用 tsv110 流水线，使编译器按照鲲鹏处理器的流水线编排指令执行顺序，充分利用流水线的指令级并行，提升性能。

处理方法是在编译选项中添加 mtune＝tsv110。

4.4.4　源码修改类案例

ARM 的汇编语言与 x86 完全不同，需要重写，涉及使用嵌入汇编的代码，都需要针对 ARM 进行配套修改。

1. 替换 x86 CRC32 汇编指令

CRC32 主要是计算字符串的 32 位 CRC 校验码，输入待计算的字符串，输出 32 位 CRC 多项式校验码。

使用 CRC32 指令的方式有两种：一种是直接使用（内联）汇编代码；另一种是借助编译器内置函数（Compiler Intrinsics）。

x86 平台使用 crc32b、crc32w、crc32l、crc32q 汇编指令完成 CRC32 校验值计算功能，而 ARM64 平台使用 crc32cb、crc32ch、crc32cw、crc32cx 这 4 个汇编指令完成 CRC32 校验值计算功能。如果代码使用了 x86 平台的指令，在 ARM64 平台编译时可能会产生如下编译错误。

unknown mnemonic 'crc32q' -- 'crc32q（x3），x2'或 operand 1 should be an integer register -- 'crc32b（x1），x0'或 unrecognized command line option '-msse4.2'。

处理方法是使用 ARM64 平台的 crc32cb、crc32ch、crc32cw、crc32cx 替换 x86 的 CRC32 系列汇编指令，替换方法如表 4.8 所示，并在编译时添加编译参数"-march＝armv8-a＋crc"。

表 4.8 替换方法

x86 指令	ARM 指令	输入数据位宽（位）	说　　明
crc32b	crc32cb	8	适用输入数据位宽为 8 位
crc32w	crc32ch	16	适用输入数据位宽为 16 位
crc32l	crc32cw	32	适用输入数据位宽为 32 位
crc32q	crc32cx	64	适用输入数据位宽为 64 位

以下举例说明。

CRC32 系列指令在 x86 下的实现方法如下：

```
static inline uint32_t SSE4_crc32_u8(uint32_t crc, uint8_t v) {
    __asm__("crc32b %1, %0" : "+r"(crc) : "rm"(v));
    return crc;
}
static inline uint32_t SSE4_crc32_u16(uint32_t crc, uint16_t v) {
    __asm__("crc32w %1, %0" : "+r"(crc) : "rm"(v));
    return crc;
}
static inline uint32_t SSE4_crc32_u32(uint32_t crc, uint32_t v) {
    __asm__("crc32l %1, %0" : "+r"(crc) : "rm"(v));
    return crc;
}
static inline uint32_t SSE4_crc32_u64(uint32_t crc, uint64_t v) {
    uint64_t result = crc;
    __asm__("crc32q %1, %0" : "+r"(result) : "rm"(v));
    return result;
}
```

对应的在 ARM64 平台下的实现方法如下：

```
static inline uint32_t SSE4_crc32_u8(uint32_t crc, uint8_t value) {
    __asm__ __volatile__("crc32cb %w[c], %w[c], %w[v]":[c]" + r"(crc):[v]"r"
(value));
    return crc;
}
static inline uint32_t SSE4_crc32_u16(uint32_t crc, uint16_t value) {
    __asm__ __volatile__("crc32ch %w[c], %w[c], %w[v]":[c]" + r"(crc):[v]"r"
(value));
    return crc;
}
static inline uint32_t SSE4_crc32_u32(uint32_t crc, uint32_t value) {
    __asm__ __volatile__("crc32cw %w[c], %w[c], %w[v]":[c]" + r"(crc):[v]"r"
(value));
    return crc;
}
static inline uint32_t SSE4_crc32_u64(uint32_t crc, uint64_t alue) {
    __asm__ __volatile__("crc32cx %w[c], %w[c], %x[v]":[c]" + r"(crc):[v]"r"
(value));
    return crc;
}
```

2. 替换 x86 bswap 汇编指令

bswap 是 x86 的字节序反序指令,需替换为 ARM64 的 rev 指令,否则会产生如下编译错误。

```
Error: unknown mnemonic 'bswap' -- 'bswap x3'。
```

处理方法是替换 x86 的 bswap 指令为 ARM64 的 rev 指令。

具体修改方法参考如下。

x86 指令实现的 bswap 代码如下:

```
inline uint32_t bswap(uint32_t val) {
    _asm_("bswap %0" : "= r"(val) : "0"(val));
    return val;
}
```

替换为 ARM64 指令后代码如下:

```
inline uint32_t bswap(uint32_t val) {
    _asm_("rev %w[dst], %w[src]" : [dst]"= r"(val): [src]"r"(val));
    return val;
}
```

3. 替换 x86 rep 汇编指令

rep 为 x86 的重复执行指令,需替换为 ARM64 的 rept 指令,否则会产生如下编译报错。

```
unknown mnemonic 'rep' -- 'rep'。
```

处理方法是替换 x86 rep 指令为 ARM64 的 rept 指令。

具体修改方法参考如下。

替换前 x86 实现样例代码如下：

```
#define nop __asm__ __volatile__("rep;nop": : :"memory")
```

替换后 ARM64 实现样例代码如下：

```
#define __nops(n) ".rept " #n "\nnop\n.endr\n"
#define nops(n) asm volatile(__nops(n))
```

4. 替换 x86 pause 汇编指令

x86 pause 指令的功能是给处理器提示，提高自旋等待（spin-wait）循环的性能。ARM64 平台使用的指令助记符不同，需要修改。

处理方法是替换 x86 的 pause 指令为 ARM64 的 yield 指令。

具体修改方法参考如下。

替换前 x86 实现样例代码如下：

```
inline void PauseCPU() {
    __asm__ __volatile__("pause" : : : "memory");
}
```

替换后 ARM64 实现样例代码如下：

```
inline void PauseCPU() {
    __asm__ __volatile__("yield" : : : "memory");
}
```

5. 替换 x86 rdtsc 汇编指令

TSC 是 Time Stamp Counter（时间戳计数器）的缩写。它是 Pentium 兼容处理器中的一个计数器，记录自启动以来处理器消耗的时钟周期数。在每个时钟到来时，该计数器自动加 1。因为 TSC 随着处理器周期速率的变化而变化，所以它提供了非常高的精确度。它经常被用来分析和检测代码。TSC 的值可以通过 rdtsc 指令来读取。但 ARM64 平台并没有与 x86 TSC 对应的寄存器和直接对应的汇编指令 rdtsc，需要实现对应函数的近似替换。

处理方法是在 ARM64 平台使用功能相近的机制实现 rdtsc 指令的功能。

具体修改方法参考如下。

替换前 x86 实现样例代码如下：

```
static uint64_t Rdtsc()
```

```
{
    uint32_t lo, hi;
    __asm__ __volatile__ ("rdtsc" : "=a" (lo), "=d" (hi));
    return (uint64_t)hi << 32 | lo;
}
```

在 ARM64 平台上替换的方法有如下 3 种：

（1）采用 cntvct_el0 寄存器，但其采用的是外部时钟频率，和 rdtsc 无法达到等价替换（rdtsc 采用的是主频），可进行近似替换。代码样例如下：

```
static uint64_t Rdtsc()
{
    uint64_t count_num;
    Current_Speed = 2400;                          //Current Speed = 2400MHz
    External_Clock = 100;                          //External Clock = 100MHz
    __asm__ __volatile__ ("mrs %0, cntvct_el0" : "=r" (count_num));
    return count_num * (Current_Speed / External_Clock);
}
```

其中 Current_Speed 和 External_Clock 的值可由以下命令获取到：

```
dmidecode | grep MHz
```

（2）使用 Linux 提供的获取时间函数 clock_gettime 进行近似替换。代码样例如下：

```
static uint64_t Rdtsc()
{
    struct timespec tmp;
    clock_gettime(CLOCK_MONOTONIC, &tmp);
    return tmp.tv_sec * 2400000000 + (uint64_t)tmp.tv_nsec * 2.4;
                                    //值 2400000000 和 2.4 基于服务器主频而定
}
```

（3）ARM 有系列性能监控控制寄存器（Performance Monitor Control Register），其中 PMCCNTR_EL0 寄存器就类似于 x86 的 TSC 寄存器，但默认情况用户态是不可读的，需要内核态使能后才能读取。该使能开关由寄存器 PMCR_EL0 控制。可编写单独的内核模块使能用户态访问 PMCCNTR_EL0 寄存器，然后替换 rdtsc 函数，代码如下：

```
static uint64_t Rdtsc()
{
    uint64_t count_num;
    __asm__ __volatile__ ("mrs %0, PMCCNTR_EL0" : "+r" (count_num));
    return count_num;
}
```

6. 替换 x86 popcntq 汇编指令

x86 的 popcntq 指令的功能是统计操作数中设置为 1 的位数，ARM64 平台无此指令。

处理方法是在 ARM64 平台使用函数实现 x86 的 popcntq 指令功能。

具体修改方法参考如下。

替换前 x86 实现样例代码如下：

```
static inline int64_t POPCNT_popcnt_u64(uint64_t a) {
    int64_t result;
    __asm__("popcntq %1, %0" : "=r"(result) : "mr"(a) : "cc");
    return result;
}
```

替换后 ARM64 实现样例代码如下：

```
#include <arm_neon.h>
static inline int POPCNT_popcnt_u64(uint64_t x) {
    uint64_t count_result = 0;
    uint64_t count[1];
    uint8x8_t input_val, count8x8_val;
    uint16x4_t count16x4_val;
    uint32x2_t count32x2_val;
    uint64x1_t count64x1_val;
    input_val = vld1_u8((unsigned char *) &x);
    count8x8_val = vcnt_u8(input_val);
    count16x4_val = vpaddl_u8(count8x8_val);
    count32x2_val = vpaddl_u16(count16x4_val);
    count64x1_val = vpaddl_u32(count32x2_val);
    vst1_u64(count, count64x1_val);
    count_result = count[0];
    return count_result;
}
```

7. 替换 x86 pand 汇编指令

x86 的 pand 指令的功能是将 128 位的数据按位做 and 运算，ARM64 平台无此指令。

处理方法是在 ARM64 平台使用 and 指令替换 x86 的 pand 指令。

x86 上的指令用法如下：

```
pand xmm1, xmm2/m128
```

ARM 上替换为 and 指令采用 128 位寄存器，指令用法如下：

```
and Vd.<T>, Vn.<T>, Vm.<T>
```

8. 替换 x86 pxor 汇编指令

x86 的 pxor 指令功能是将 128 位的数据按位做 or 运算，ARM64 平台无此指令。
处理方法是在 ARM64 平台使用 eor 指令替换 x86 的 pxor 指令。
x86 上的指令用法如下：

```
pxor xmm1, xmm2/m128
```

ARM 上替换为 eor，指令用法如下：

```
eor Vd.<T>, Vn.<T>, Vm.<T>
```

9. 替换 x86 pshufb 汇编指令

x86 的 pshufb(Packed Shuffle Bytes)指令功能是按照索引在目标寄存器中进行
查表操作，ARM64 平台无此指令。
处理方法是在 ARM64 平台使用 tbl 指令替换 x86 的 pshufb 指令。
x86 上的指令用法如下：

```
pshufb xmm1, xmm2/m128
```

ARM 替换为 tbl 指令，指令用法如下：

```
tbl Vd.<T>, {Vn*.16B}, Vm.<T>
```

10. 替换 atomic_add 函数

atomic_add 函数的功能是对整数变量进行原子加，该函数在 x86 平台与 ARM64
平台的实现方式不同。
具体修改方法参考如下。
替换前 x86 实现样例代码如下：

```
static inline void atomic_add( int i, atomic_t * v)
{
    asm volatile(LOCK_PREFIX "addl % 1, % 0" : "+ m" (v -> counter) : "ir" (i));
}
```

在 ARM64 平台替换 atomic_add 函数有如下两种办法。
(1) 使用 GCC 自带原子操作替换。示例代码如下：

```
__sync_add_and_fetch(&_value.counter,1)
```

(2) 使用内联汇编替换。示例代码如下：

```
void atomic_add (int i)
{
  unsigned int tmp;
```

```
    int result;
    __asm__ volatile(" prfm pstl1strm, %2\n"
      "1: ldaxr %w0, %2\n"              //加载数据到寄存器
      " add %w0, %w0, %w3\n"            //加操作
      " stlxr %w1, %w0, %2\n"          //加后的数据写入内存并判断是否写入成功
      " cbnz %w1, 1b"                  //若写入内存失败,重新执行加操作
      : "=&r"(result), "=&r"(tmp), "+Q"(_value.counter)
      : "Ir"(i))
}
```

11. 替换 atomic_sub 函数

atomic_sub 函数的功能是对整数变量进行原子减,该函数在 x86 平台与 ARM64 平台的实现方式不同。

具体修改方法参考如下。

替换前 x86 实现样例代码如下:

```
static inline void atomic_sub( int i, atomic_t * v)
{
    asm volatile(LOCK_PREFIX "subl %1, %0" : "+m" (v -> counter) : "ir" (i));
}
```

在 ARM64 平台替换 atomic_add 函数有两种办法。

(1) 使用 GCC 自带原子操作替换。示例代码如下:

```
__sync_sub_and_fetch(&_value.counter,1);
```

(2) 使用内联汇编替换。示例代码如下:

```
void atomic_sub (int i)
{
  unsigned int tmp;
  int result;
  __asm__ volatile(" prfm pstl1strm, %2\n"
    "1: ldaxr %w0, %2\n"              //加载数据到寄存器
    " sub %w0, %w0, %w3\n"            //减操作
    " stlxr %w1, %w0, %2\n"          //减后的数据写入内存,并判断是否写入成功
    " cbnz %w1, 1b"                  //若写入内存失败,重新执行减操作
    : "=&r"(result), "=&r"(tmp), "+Q"(_value.counter)
    : "Ir"(i))
}
```

12. 替换 atomic_dec_and_test 函数

atomic_dec_and_test 函数的功能是对整数进行减操作,并判断执行原子减后结果是否为 0。该函数在 x86 平台与 ARM64 平台的实现方式不同。

具体修改方法参考如下。

替换前 x86 实现样例代码如下：

```
static inline int atomic_dec_and_test(atomic_t * v)
{
    unsigned char c;
    asm volatile(LOCK_PREFIX "decl %0; sete %1" : "+m" (v->counter), "=qm" (c) : :
"memory");
    return c != 0;
}
```

在 ARM64 平台替换 atomic_dec_and_test 函数有两种办法。

（1）使用 GCC 自带原子操作替换。示例代码如下：

```
__sync_sub_and_fetch(&_value.counter, i)
```

（2）使用内联汇编替换（i 传 1，并对 result 做判断）。示例代码如下：

```
static inline int atomic_sub_return(int i, atomic_t  * v)
{
    unsigned long tmp;
    int result;
    prefetchw(&v->counter);
    __asm__ volatile ("\n\t"
      "@ atomic_sub\n\t"
      "1: ldrex %0, [%3]\n\t"
      " sub %0, %0, %4\n\t"
      " strex %1, %0, [%3]\n\t"
      " teq %1, #0\n\t"
      " bne 1b"
      : "=&r" (result), "=&r" (tmp), "+Qo" (v->counter)
      : "r" (&v->counter), "Ir" (i)
      : "cc");
    return result;
}
```

13. 替换 atomic_inc_and_test 函数

atomic_inc_and_test 指令的功能是对整数进行加操作，并判断执行原子加后结果是否为 0。该函数在 x86 平台与 ARM64 平台的实现方式不同。

具体修改方法参考如下。

替换前 x86 实现样例代码如下：

```
static inline int atomic_inc_and_test(atomic_t  * v)
{
    unsigned char c;
    asm volatile(LOCK_PREFIX "incl %0; sete %1" : "+m" (v->counter), "=qm" (c) : :
"memory");
    return c != 0;
}
```

在 ARM64 平台替换 atomic_inc_and_test 函数有两种办法。

（1）使用 GCC 自带原子操作替换。示例代码如下：

```
__sync_add_and_fetch(&_value.counter,i)
```

（2）使用内联汇编替换（i 传 1，并对 result 做判断）。示例代码如下：

```
static inline void atomic_fetch_add(int i, atomic_t * v)
{
  unsigned long tmp;
  int result, val;
  //写预取
  prefetchw(&v->counter);
  __asm__ volatile(
    "\n\t"
    "@ atomic_fetch\n\t"
    "1: ldrex %0, [%4]\n\t"  @result, tmp
    //执行 v->counter + i(5%)操作,并将执行结果放入 val(%1)所在的寄存器中
    " add %1, %0, %5\n\t"  @result,
    " strex %2, %1, [%4]\n\t"  @tmp, result,tmp
    " teq %2, #0\n\t"  @tmp
    " bne 1b"
    : "=&r"(result), "=&r"(val), "=&r"(tmp), "+Qo"(v->counter)
    : "r"(&v->counter), "Ir"(i)
    : "cc");
  return result;
}
```

14. 替换 atomic64_add_and_return 函数

atomic64_add_and_return 指令的功能是 64 位整数变量进行原子加，并返回相加的结果。该函数在 x86 平台与 ARM64 平台的实现方式不同。

具体修改方法参考如下。

atomic64_add_and_return 函数在 x86 上的代码样例如下：

```
static inline long atomic64_add_and_return(long i, atomic64_t * v)
{
  long i = i;
  asm_volatile_(
  "lock ; " "xaddq %0, %1;"
  :"=r"(i)
  :"m"(v->counter), "0"(i));
  return i + __i;
}
```

在 ARM64 平台下，使用 GCC 内置函数实现，样例代码如下：

```
static __inline__ long atomic64_add_and_return(long i, atomic64_t * v)
```

```
{
    return __sync_add_and_fetch(&((v) -> counter), i);
}
```

其中__sync_add_and_fetch 在 ARM64 平台的汇编代码如下：

```
<__sync_add_and_fetch >:
ldxr    x2, [x0]
add     x2, x2, x1
stlxr   w3, x2, [x0]
```

15. 移植内联 SSE/SSE2[①] 应用

部分程序采用了 GCC 封装的用 SSE/SSE2 实现的函数，但是 GCC 目前没有提供对应的 ARM64 平台版本，需要实现对应函数。

处理办法是使用 ARM64 平台的函数重新实现对应函数。

目前已有开源代码实现了部分 ARM64 平台的函数，代码下载地址：https://github. com/open-estuary/sse2neon. git。

使用方法如下：

(1) 将下载项目中的"SSE2NEON. h"文件复制到待移植项目中。

(2) 在源文件中删除如下代码。

```
# include < xmmintrin. h >
# include < emmintrin. h >
```

(3) 在源代码中包含头文件"SSE2NEON. h"。

16. 替换_mm_srli_epi64 函数

_mm_srli_epi64 函数在 x86 上的代码样例如下：

```
__m128i _mm_srli_epi64 ( __m128i a, int imm) ;
```

该函数功能是基于参数 imm 的大小对 a 进行右移操作，移动后的位以 0 进行补充，并返回操作的结果。

在 ARM64 平台替换的代码样例如下：

```
# include < arm_neon. h >
int64x2_t Arm_mm_srli_epi64 (int64x2_t a,int imm)
{
    int64x2_t ret;
    if ((imm) <= 0) {
        ret = a;
```

---

① SSE(Streaming SIMD Extensions，流式单指令多数据扩展)是英特尔在 Pentium Ⅲ 处理器中推出的扩展指令集，SSE2 是英特尔在 Pentium 4 处理器中推出的扩展指令集。

```
    }
    else if ((imm)> 63) {
      ret = vdupq_n_s64(0);
    } else {
      ret = vreinterpretq_s64_u64(vshrq_n_u64(vreinterpretq_u64_s64(a), imm));
    }
    return ret;
}
```

17. 替换_mm_shuffle_epi8 函数

_mm_shuffle_epi8 函数 x86 上代码样例如下：

```
_m128i results = _mm_shuffle_epi8(data, shuffle_mask);
```

该函数的功能是按照 shuffle_mask 二进制掩码对 data 进行移位操作，将移位后的数存储在 results 变量中。

在 ARM64 平台替换的代码样例如下：

```
# include <arm_neon.h>
# define int8x16_to_8x8x2(v) ((int8x2_t) { vget_low_s8(v), vget_high_s8(v) })
int8x16_t results = vcombine_s8(vtbl2_s8(int8x16_to_8x8x2(data),vget_low_s8(shuffle_
mask)),vtbl2_s8(int8x16_to_8x8x2(data),vget_high_s8(shuffle_mask)));
```

18. 替换_mm_extract_ps 函数

_mm_extract_ps 函数在 x86 上的代码样例如下：

```
inline void DoExtractM128(_m128i results, uint32_t * a, uint32_t * b, uint32_t * c,
uint32_t * d) {
    * a = _mm_extract_ps((_v4sf)results, 0);
    * b = _mm_extract_ps((_v4sf)results, 1);
    * c = _mm_extract_ps((_v4sf)results, 2);
    * d = _mm_extract_ps((_v4sf)results, 3);
}
```

该函数的功能是从变量 results 中分别加载其 0、1、2、3 通道内的数存储到变量 a、b、c、d 中。

在 ARM64 平台替换的代码样例如下：

```
# include <arm_neon.h>
inline void DoExtractM128(int8x16_t results, uint32_t * a, uint32_t * b, uint32_t * c,
uint32_t * d) {
    * a = vgetq_lane_u32(vreinterpretq_u32_s8(results), 0);
    * b = vgetq_lane_u32(vreinterpretq_u32_s8(results), 1);
    * c = vgetq_lane_u32(vreinterpretq_u32_s8(results), 2);
    * d = vgetq_lane_u32(vreinterpretq_u32_s8(results), 3);
}
```

19. 替换_mm_set1_epi64x 函数

_mm_set1_epi64x 函数在 x86 上的代码样例如下：

```
__m128i a = _mm_set1_epi64x(0x86b0426193d86e66ull);
```

该函数的功能是将 64 位的整数复制填充到 128 位的向量 a 中。

在 ARM64 平台替换的代码样例如下：

```
# include < arm_neon.h >
int64x2_t a = vdupq_n_s64(0x86b0426193d86e66ull);
```

20. 替换_mm_mul_epu32 函数

_mm_mul_epu32 函数在 x86 上代码样例如下：

```
__m128i _mm_mul_epu32 (__m128i a, __m128i b);
```

该函数功能是将 a 和 b 中的 64 位元素的第 32 位无符号数分别相乘，并存储到 64 位无符号数中。

在 ARM64 平台替换的代码样例如下：

```
# include < arm_neon.h >
uint64x2_t Arm_mm_mul_epu32(int32X4_t a, int32x4_t b)
{
  uint64x2_t result = { uint64_t(a[0] * b[0]), uint64_t(a[2] * b[2])};
  return result;
}
```

21. 替换_mm_add_epi64 函数

_mm_add_epi64 函数在 x86 上代码样例如下：

```
__m128i _mm_add_epi64(__m128i a, __m128i b)
```

该函数的功能是对向量 a 和 b 中的 2 个 64 位整数分别进行相加，并将结果保存输出。

在 ARM64 平台替换的代码样例如下：

```
# include < arm_neon.h >
Int64x2_t vaddq_s64(Int64x2_t a, Int64x2_t b);
```

22. 替换_mm_testz_si128 函数

_mm_testz_si128 函数原型如下：

```
int _mm_testz_si128 (__m128i a, __m128i b)
```

该函数的功能是对向量 a 和 b 中的 128 位整数执行按位与(and)操作，如果结果全为 0,则返回 1,否则返回 0,相当于((a&b)== 0? 1：0)。

_mm_testz_si128 函数在 x86 上代码样例如下：

```
all_zeros = _mm_testz_si128(zero_bytes, zero_bytes);
```

在 ARM64 平台替换的代码样例如下：

```
#include <arm_neon.h>
all_zeros = vgetq_lane_s32(vandq_s32(zero_bytes, zero_bytes), 0) == 0;
```

23. 替换_mm_cvtsi128_si64 函数

_mm_cvtsi128_si64 函数原型如下：

```
__int64 _mm_cvtsi128_si64 (__m128i a)
```

该函数功能是复制 a 中的低 64 位整数。

在 x86 上代码样例如下：

```
all_zeros = _mm_cvtsi128_si64(zero_bytes) == 0;
```

在 ARM64 平台替换的代码样例如下：

```
#include <arm_neon.h>
all_zeros = vgetq_lane_u64(vreinterpretq_u64_s32(zero_bytes),0) == 0;
```

24. 替换 pcmpestrm 函数

pcmpestrm 函数在 x86 上的代码样例如下：

```
template <int MODE>
static inline __m128i SSE4_cmpestrm(__m128i str1, int len1, __m128i str2, int len2) {
#ifdef __clang__
  //Use asm reg rather than Yz output constraint to workaround LLVM bug 13199 - clang
  //doesn't support Y-prefixed asm constraints.
  register volatile __m128i result asm ("xmm0");
  __asm__ __volatile__ ("pcmpestrm %5, %2, %1": "=x"(result) : "x"(str1), "xm"
(str2), "a"(len1), "d"(len2), "i"(MODE) : "cc");
#else
  __m128i result;
  __asm__ __volatile__ ("pcmpestrm %5, %2, %1": "=Yz"(result) : "x"(str1), "xm"
(str2), "a"(len1), "d"(len2), "i"(MODE) : "cc");
#endif
return result;
}
```

其中函数 pcmpestrm 的功能是检查 str2 中每个字节元素是否在 str1 中存在,如果存在,在 result 变量中的相应位上置 1。

在 ARM64 平台替换的代码样例如下：

```
# include < arm_neon.h >
typedef union __attribute__((aligned(16))) __oword{
  int32x4_t m128i;
  uint8_t m128i_u8[16];
} __oword;
template < int MODE >
static inline uint16_t SSE4_cmpestrm(int32x4_t str1, int len1, int32x4_t str2, int len2)
{
  __oword a, b;
  a.m128i = str1;
  b.m128i = str2;
  uint16_t result = 0;
  uint16_t i = 0;
  uint16_t j = 0;
  //Impala 中用到的模式 STRCHR_MODE = PCMPSTR_EQUAL_ANY | PCMPSTR_UBYTE_OPS
  for (i = 0; i < len2; i++) {
    for ( j = 0; j < len1; j++) {
      if (a.m128i_u8[j] == b.m128i_u8[i]) {
        result |= (1 << i);
      }
    }
  }
  return result;
}
```

25. 替换 pcmpestri 函数

x86 上代码样例如下：

```
template < int MODE >
static inline int SSE4_cmpestri(__m128i str1, int len1, __m128i str2, int len2) {
  int result;
  __asm__ __volatile__("pcmpestri %5, %2, %1": "=c"(result) : "x"(str1), "xm"(str2),
"a"(len1), "d"(len2), "i"(MODE) : "cc");
  return result;
}
```

函数 pcmpestri 的功能是按照 MODEL 规则（EQUAL_EACH、NEG_POLARITY）比较 str1 和 str2 中的元素，并返回首个不相同元素的索引值。

在 ARM64 平台替换的代码样例如下：

```
# include < arm_neon.h >
template < int MODE >
static inline int SSE4_cmpestri(int32x4_t str1, int len1, int32x4_t str2, int len2) {
  __oword a, b;
  a.m128i = str1;
  b.m128i = str2;
  int len_s, len_l;
```

```
if (len1 > len2) {
  len_s = len2;
  len_l = len1;
} else {
  len_s = len1;
  len_l = len2;
}
int result;
int i;
//本例替换的模式 STRCMP_MODE =
//PCMPSTR_EQUAL_EACH | PCMPSTR_UBYTE_OPS | PCMPSTR_NEG_POLARITY
for(i = 0; i < len_s; i++) {
  if (a.m128i_u8[i] == b.m128i_u8[i]) {
      break;
  }
}
result = i;
if (result == len_s) result = len_l;
return result;
}
```

26. 替换 movdqu 指令

movdqu 指令的功能是将四个字长的数据从源操作数复制到目标操作数。实现寄存器到寄存器,寄存器到地址的 128 位数据的复制。

x86 上的指令用法如下:

```
movdqu xmm1, xmm2/m128
```

ARM 上替换指令为 ldp 指令(内存→寄存器)或者 stp 指令(寄存器→内存)。指令用法如下:

```
ldp Xt1, Xt2, addr
stp Xt1, Xt2, addr
```

27. CPU 内存屏障

x86/64 系统架构提供了三种内存屏障指令:sfence、lfence、mfence。

sfence 指令:确保 sfence 指令前后的写入指令,按照在 sfence 前后的指令序进行执行。注意,写屏障一般需要与读屏障或数据依赖屏障配对使用。

lfence 指令:确保 lfence 指令前后的读取指令,按照在 lfence 前后的指令序进行执行。注意,读屏障一般要跟写屏障配对使用。

mfence 指令:确保所有 mfence 指令之前的写入指令,都在该 mfence 指令之后的写入指令之前执行;同时,还确保所有 mfence 指令之后的读取指令,都在该 mfence 指令之前的读取指令之后执行。

ARM64 平台提供 CPU 内存屏障功能的指令不同,需要替换。

处理方法是替换 x86 的内存屏障指令为 ARM64 的相应指令。

具体修改方法参考如下。

在 x86 上的代码样例如下:

```
__asm__ __volatile__("sfence" : : : "memory");
__asm__ __volatile__("lfence" : : : "memory");
__asm__ __volatile__("mfence" : : : "memory");
```

在 ARM64 平台分别替换为以下代码:

```
__asm__ __volatile__("dmb ishst" : : : "memory");
__asm__ __volatile__("dmb ishld" : : : "memory");
__asm__ __volatile__("dmb ish" : : : "memory");
```

28. 编译器内存屏障

编译器会对生成的可执行代码做一定优化,造成指令乱序执行甚至不执行的
情况。

下面的指令可以解决编译阶段因为优化而造成的内存访问乱序。

在 x86 上的代码样例如下:

```
//GCC 确保该指令执行前的读和写内存先于该指令后的读和写内存完成
__asm__ __volatile__("" : : : "memory");
```

在 ARM64 平台替换的代码样例如下:

```
__asm__ __volatile__ ("dmb ish" ::: "memory");
```

29. 弱内存模型导致程序执行结果与预期不一致

x86 属于 TSO(Total Store Order,完全存储定序)内存模型,仅会发生"写-读"乱
序,即写操作后的读操作被乱序到写操作前执行。与 x86 不同,ARM64 架构的 CPU
往往是弱内存模型,除了依赖读操作,所有读/写操作都可能出现乱序的问题。这会影
响无锁编程的代码,例如使用基于"原子操作＋内存屏障"实现锁机制的代码。

处理方法是找到使用无锁编程的代码,检查是否用内存屏障指令保证了数据的一
致性。

使用内存屏障指令保证对共享数据的访问和预期一致的示例如下:

```
int x = 0;
int y = 0;
x = 1;
smp_wmb();                          //等待 x＝1 执行完成
y = 1;
```

其他线程在执行如下逻辑，可以保证数据为最新的，从而保证对共享数据的访问和预期的一致：

```
if ( y == 1 ){
    smp_rmb( );                          //保证读的数据是最新的
    assert( x == 1);
}
```

30. 对结构体中变量进行原子操作时因程序异常导致发生 coredump（核心转储）

程序调用原子操作函数对结构体中的变量进行原子操作，程序可能发生 coredump。

coredump 堆栈示例如下：

```
Program received signal SIGBUS, Bus error.
0x000000000040083c in main () at /root/test/src/main.c:19
19    __sync_add_and_fetch(&a.count, step);
(gdb) disassemble
Dump of assembler code for function main:
    0x0000000000400824 <+0>:    sub    sp,    sp,    #0x10
    0x0000000000400828 <+4>:    mov    x0,    #0x1    //#1
    0x000000000040082c <+8>:    str    x0,    [sp, #8]
    0x0000000000400830 <+12>:   adrp   x0,    0x420000   <_libc_start_main@got.plt>
    0x0000000000400834 <+16>:   add    x0,    x0,    #0x31
                                //将变量的地址放入 x0 寄存器
    0x0000000000400838 <+20>:   ldr    x1,    [sp, #8]
                                //指定 ldxr 取数据的长度(此处为 8B)
 => 0x000000000040083c <+24>:   ldxr   x2,    [x0]
                                //ldxr 从 x0 寄存器指向的内存地址中取值
    0x0000000000400840 <+28>:   add    x2,    x2,    x1
    0x0000000000400844 <+32>:   stlxr  w3,    x2,    [x0]
    0x0000000000400848 <+36>:   cbnz   w3,    0x40083c <main+24>
    0x000000000040084c <+40>:   dmb    ish
    0x0000000000400850 <+44>:   mov    w0,    #0x0    //#0
    0x0000000000400854 <+48>:   add    sp,    sp,    #0x10
    0x0000000000400858 <+52>:   ret
End of assembler dump.
(gdb) p /x $x0
$4    =    0x420039              //x0 寄存器存放的变量地址不在 8B 地址对齐处
```

原因是 ARM64 平台对变量的原子操作、锁操作等用到了 ldaxr、stlxr 等指令，这些指令要求变量地址必须按变量长度对齐，否则执行指令会触发异常，导致程序发生 coredump。

一般是因为代码中对结构体进行强制字节对齐，导致变量地址不在对齐位置上，对这些变量进行原子操作、锁操作等会触发该问题。

处理方法是在代码中搜索"♯pragma pack"关键字(该宏改变了编译器默认的对齐方式),找到使用了字节对齐的结构体,如果结构体中变量会被作为原子操作、自旋锁、互斥锁、信号量、读写锁的输入参数,则需要修改代码保证这些变量按变量长度对齐。

31. 核数目硬编码

鲲鹏服务器相对于 x86 服务器,CPU 核的数目会有变化,如果模块代码针对处理器核数目硬编码,则会造成无法充分利用系统能力的情况,例如 CPU 核的利用率差异大或者绑核出现跨 NUMA 的情况。

处理方法是通过搜索代码中的绑核接口函数(sched_setaffinity)来排查绑核的实现是否存在 CPU 核数目硬编码的情况。

如果存在,则根据鲲鹏云服务器实际核数进行修改,消除硬编码,可通过以下接口函数来获取实际核数再进行绑核。

```
sysconf(_SC_NPROCESSORS_CONF)
```

32. 双精度浮点型数据转换为整型数据时数据溢出,与 x86 平台表现不一致

C/C++ 双精度浮点型数据转换为整型数据时,如果超出了整型的取值范围,ARM64 平台的表现与 x86 平台的表现不同。

示例代码如下:

```
long aa = (long)0x7FFFFFFFFFFFFFFF;
long bb;
bb = (long)(aa * (double)10);              //long->double->long
//x86: aa = 9223372036854775807, bb = -9223372036854775808
//arm64:aa = 9223372036854775807, bb = 9223372036854775807
```

原因是 ARM64 平台和 x86 平台采用两套不同的 CPU 架构,其中的算术逻辑单元的实现可能会有差异,操作系统、编译器的实现都会有所不同。例如 x86(指令集)中的浮点型数据到整型数据的转换指令,定义了一个"indefinite integer value"即"不确定值",其 64 位的二进制为 0x8000000000000000,大多数情况下 x86 平台确实都在遵循这个原则,但是在从双精度浮点型向无符号整型数据转换时,又出现了不同的结果。ARM64 平台的处理则非常清晰和简单,在上溢出或下溢出时,保留整型数据能表示的最大值或最小值,开发者并不会面对不确定或无法预期的结果。

可参考表 4.9~表 4.12[①] 所示的数据类型转换的表格,调整代码中的实现方法。

[①]　表中 double 表示数据为双精度浮点型,long 为长整型,unsigned long 为无符号长整型,int 为整型,unsigned int 为无符号整型。

表 4.9   double 数据向 long 数据转换

CPU	double 值	转为 long 变量保留值	说　　明
x86	正值超出 long 范围	0x8000000000000000	indefinite integer value(不确定值)
x86	负值超出 long 范围	0x8000000000000000	indefinite integer value(不确定值)
鲲鹏	正值超出 long 范围	0x7FFFFFFFFFFFFFFF	鲲鹏为 long 变量赋予最大的正数值
鲲鹏	负值超出 long 范围	0x8000000000000000	鲲鹏为 long 变量赋予最小的负数值

表 4.10   double 数据向 unsigned long 数据转换

CPU	double 值	转为 unsigned long 变量值	说　　明
x86	正值超出 long 范围	0x0000000000000000	x86 为 long 变量赋予最小值 0
x86	负值超出 long 范围	0x8000000000000000	indefinite integer value(不确定值)
鲲鹏	正值超出 long 范围	0xFFFFFFFFFFFFFFFF	鲲鹏为 unsigned long 变量赋予最大值
鲲鹏	负值超出 long 范围	0x0000000000000000	鲲鹏为 unsigned long 变量赋予最小值

表 4.11   double 数据向 int 数据转换

CPU	double 值	转为 int 变量值	说　　明
x86	正值超出 int 范围	0x80000000	indefinite integer value(不确定值)
x86	负值超出 int 范围	0x80000000	indefinite integer value(不确定值)
鲲鹏	正值超出 int 范围	0x7FFFFFFF	鲲鹏为 int 变量赋予最大的正数值
鲲鹏	负值超出 int 范围	0x80000000	鲲鹏为 int 变量赋予最小的负数值

表 4.12   double 数据向 unsigned int 数据转换

CPU	double 值	转为 unsigned int 变量值	说　　明
x86	正值超出 unsigned int 范围	double 整数部分对 2^{32} 取余	x86 为 unsigned int 变量赋予最小的负数值
x86	负值超出 unsigned int 范围	double 整数部分对 2^{32} 取余	x86 为 unsigned int 变量赋予最小的负数值
鲲鹏	正值超出 unsigned int 范围	0xFFFFFFFF	鲲鹏为 unsigned int 变量赋予最大的正数值
鲲鹏	负值超出 unsigned int 范围	0x00000000	鲲鹏为 unsigned int 变量赋予最小的负数值

4.4.5   鲲鹏代码迁移工具 Porting Advisor

鲲鹏代码迁移工具是一款可以简化客户应用迁移到基于鲲鹏 916/920 服务器的过程的工具。该工具仅支持 x86 Linux 到 Kunpeng Linux 的扫描与分析,不支持 Windows 软件代码的扫描、分析与迁移。

华为鲲鹏代码迁移工具主要面向鲲鹏平台的开发者、用户和第三方待移植软件提供方开发工程师,用来分析待移植软件源码文件,并给出代码移植指导报告,同时能够自动分析出需修改的代码内容,并指导如何修改,帮助用户顺利完成应用从 x86 平台向鲲鹏平台的移植。

当客户有 x86 平台上源代码的软件要迁移到基于鲲鹏 916/920 的服务器上时,既可以使用该工具分析可迁移性和迁移投入,也可以使用该工具自动分析出需修改的代码内容,并指导用户如何修改。

鲲鹏代码迁移工具既解决了客户软件迁移评估分析过程中人工分析投入大、准确率低、整体效率低下的痛点,通过该工具能够自动分析并输出指导报告;也解决了用户代码兼容性人工排查困难、迁移经验欠缺、反复依赖编译调错定位等痛点。

1. 功能特性

鲲鹏代码迁移工具支持的功能特性如表 4.13 所示。

表 4.13　鲲鹏代码迁移工具支持的功能特性

功　　能	描　　述
软件迁移评估	检查用户软件包(RPM、DEB、TAR、ZIP、GZIP 文件)中包含的 SO(Shared Object,共享对象)依赖库和可执行文件,并评估 SO 依赖库和可执行文件的可迁移性; 检查用户 Java 类软件包(JAR、WAR)中包含的 SO 依赖库和二进制文件,并评估 SO 依赖库和二进制文件的可迁移性; 检查指定的用户软件安装路径下的 SO 依赖库和可执行文件,并评估 SO 依赖库和可执行文件的可迁移性
源码迁移	检查用户 C/C++/FORTRAN 软件构建工程文件,并指导用户如何迁移该文件; 检查用户 C/C++/FORTRAN 软件构建工程文件使用的链接库,并提供可迁移性信息; 检查用户 C/C++/FORTRAN 软件源码,并指导用户如何迁移源文件,其中 FORTRAN 源码支持从 Intel FORTRAN 编译器迁移到 GCC FORTRAN 编译器,并进行编译器支持特性、语法扩展的检查; x86 汇编指令转换,分析部分 x86 汇编指令,并转换成功能对等的鲲鹏汇编指令
软件包重构	在鲲鹏平台上,分析待迁移软件包构成,重构并生成鲲鹏平台兼容的软件包,或直接提供已迁移的软件包
专项软件迁移	在鲲鹏平台上,对部分常用的解决方案专项软件源码,进行自动化迁移修改、编译并构建生成鲲鹏平台兼容的软件包
增强功能	64 位运行模式检查是将原 32 位平台上的软件迁移到 64 位平台上,进行迁移检查并给出修改建议; 结构体字节对齐检查是在需要考虑字节对齐时,检查源码中结构体类型变量的字节对齐情况; 内存一致性检查是分析、修复用户软件中的内存一致性问题

2. 实现原理

鲲鹏代码迁移工具的架构如图 4.28 所示。

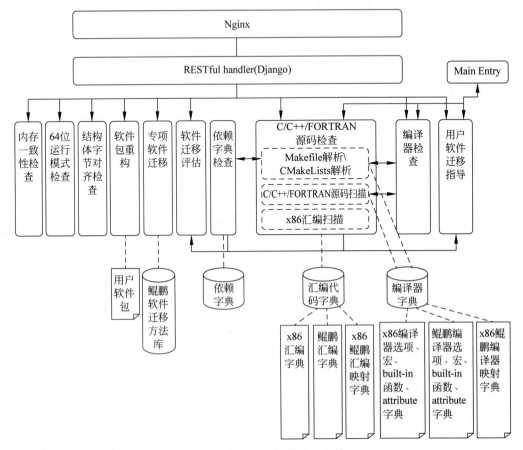

图 4.28　鲲鹏代码迁移工具架构

鲲鹏代码迁移工具架构中各个模块的功能如表 4.14 所示。

表 4.14　鲲鹏代码迁移工具模块功能

模 块 名	功　　　能
Nginx	开源第三方组件,在 Web 方式下需要安装部署; 处理用户前端的 HTTPS 请求,向前端提供静态页面,或者向后台传递用户输入数据,并将扫描结果返回给用户
Django	开源第三方组件,在 Web 方式下需要安装部署; 是 RESTful 框架,将 HTTP 请求转换成 RESTful API 并驱动后端功能模块; 同时提供用户认证、管理功能

续表

模　块　名	功　　能
Main Entry	命令行方式入口,负责解析用户输入参数,并驱动各功能模块完成用户指定的作业
依赖字典检查	根据"用户软件包扫描"输入的 SO 文件列表,对比 SO 依赖字典,得到所有 SO 库的详细信息
C/C++/FORTRAN 源码检查	扫描分析用户软件目标二进制文件依赖的源文件集合,根据编译器版本信息,检查源码中使用的架构相关的编译选项、编译宏、built-in 函数、attribute、用户自定义宏等,确定需要迁移的源码及源文件。包括: • 软件构建配置文件检查; • C/C++源码检查,其中 FORTRAN 语言支持 FORTRAN 03、FORTRAN 77、FORTRAN 90、FORTRAN 95 等版本; • x86 汇编代码检查和转换代码建议
编译器检查	根据编译器版本确定 x86 与鲲鹏平台相异的编译宏、编译选项、built-in 函数、attribute 等列表
用户软件迁移指导	根据编译依赖库检查和 C/C++/FORTRAN 源码扫描结果合成用户软件迁移建议报告(csv 或 html 格式); 输出软件迁移概要信息到终端
软件迁移评估	自动扫描并分析软件包(非源码包)、已安装的软件,提供可迁移性评估报告
专项软件迁移	根据华为积累的基于解决方案分类的软件迁移方法汇总
软件包重构	对用户 x86 软件包进行重构分析,产生适用鲲鹏平台的软件包
64 位运行模式检查	将原 32 位应用向鲲鹏平台迁移并转换为 64 位应用的迁移检查并给出修改建议
结构体字节对齐检查	对用户软件中的结构体变量的内存分配进行检查
内存一致性检查	根据用户需要检查或修复内存一致性问题: • 通过提供的静态检查工具检查用户源码,对潜在内存一致性问题进行警告并修复; • 通过提供的编译器工具在用户编译软件阶段自动完成修复; • 指导用户如何生成 BC 文件并进行扫描

3. 部署方式

华为鲲鹏代码迁移工具采用单机部署方式,即将工具部署在用户开发、测试的 x86 服务器或者基于鲲鹏 916/920 的服务器上。部署环境要求如表 4.15 所示。

表 4.15　部署环境要求

类　　别	子　　类	要　　求
硬件	服务器	x86 服务器 TaiShan 200 服务器
虚拟机	服务器	弹性云服务器(ECS)
操作系统	CentOS	CentOS 7.6(x86、TaiShan 服务器、云服务器) openEuler 1.0(TaiShan 服务器)

4．访问和使用

鲲鹏代码迁移工具提供 CLI 方式或者 Web 方式,用户在安装时可选择使用方式。Web 方式下支持 Web 浏览器访问和 CLI 命令行方式访问,CLI 方式下只支持 CLI 命令行访问。其中 Web 浏览器访问支持所有的功能,CLI 命令行访问只支持软件迁移评估和源码迁移功能。

(1) CLI 方式。通过 CLI 方式使用代码迁移工具各功能,最终移植分析结果输出到.csv 文件,用户可以根据移植建议进行处理。

(2) Web 方式。通过浏览器远程使用代码迁移工具,最终移植分析结果输出到.csv 或者.html 文件中,用户可以根据移植建议进行处理。该工具只允许一个用户工作,不支持多用户在线和并发访问。该工具具有用户管理功能,由管理员创建和管理。每个用户需要创建自己的工作空间,每个用户的代码扫描任务都在各自的工作空间内完成。

4.5　鲲鹏软件性能调优

系统性能分析是对整个系统的研究,包括所有的硬件和整个软件栈,所有数据路径上和软硬件上所发生事情的集合,这些都会影响系统性能。本节先介绍鲲鹏软件性能调优的通用流程,然后从 CPU 与内存子系统、网络子系统、磁盘 I/O 子系统、应用程序、基础软件 5 个部分分别说明鲲鹏软件调优的细节问题,最后简要介绍鲲鹏性能分析工具 Hyper Tuner。

4.5.1　鲲鹏软件性能调优流程

鲲鹏软件性能优化通常可以通过如表 4.16 所示的五个步骤完成。

表 4.16　性能优化步骤

序号	步　骤	说　明
1	建立基准	在开始进行优化或者监视之前,首先要建立一个基准数据和优化目标。基准数据包括硬件配置、组网、测试模型、系统运行数据(CPU、内存、I/O、网络吞吐、响应延时等)。需要对系统做全面的评估和监控,才能更好地分析系统性能瓶颈,以及实施优化措施后系统的性能变化。优化目标即是基于当前的软硬件架构所期望系统达成的性能目标。性能调优是一个长期的过程,在优化工作的初期,很容易识别瓶颈并实施有效的优化措施,优化成果往往也很显著,但是越到后期,优化的难度就越大,优化措施更难寻找,优化效果也将越来越不明显,因此建议有一个合理的平衡点
2	压力测试与监视系统瓶颈	使用峰值工作负载或专业的压力测试工具,对系统进行压力测试。使用一些性能监视工具观察系统状态。在压力测试期间,建议详细记录系统和程序的运行状态,精确的历史记录将更有助于分析瓶颈和确认优化措施是否有效
3	确定瓶颈	压力测试和监视系统的目的是为了确定瓶颈。系统的瓶颈通常会在 CPU 过于繁忙、I/O 等待、网络等待时出现。需要注意的是,识别瓶颈要分析整个测试系统,包括测试工具、测试工具与被测系统之间的组网、网络带宽等。有很多"性能危机"的项目其实是由于测试工具、测试组网等这些很容易被忽视的环节所导致的,在性能优化时应该首先花一点时间排查这些环节的问题
4	实施优化	确定了瓶颈之后,接着应该对其进行优化,总结在项目实践中所遇到的常见系统瓶颈和优化措施。需要注意的是,系统调优的过程是在曲折中前进,并不是所有的优化措施都会起到正面效果,负优化也是经常会遇到的。所以在准备好优化措施的同时,也应该准备好将优化措施回滚的操作指导,避免因为实施了一些不可逆的优化措施导致重新恢复环境而浪费大量的时间和精力
5	确认优化效果	实施优化措施后,重新启动压力测试,准备好相关的工具监视系统,确认优化效果。产生负优化的措施要及时回滚,调整优化方案。如果有正优化效果,但未达到优化目标,则重复"压力测试与监视系统瓶颈"步骤,如达成优化目标,则需要将所有有效的优化措施和参数总结、归档,进入后续生产系统的版本发布准备等工作中

在性能调优经验比较少或者对系统的软硬件并不是非常了解时,可以参考使用上面五步法的模式逐步展开性能调优的工作。对于有丰富调优经验的工程师,或者对系统的性能瓶颈已经有深入洞察的专家,也可以采用其他方法或过程展开优化工作。

4.5.2 CPU 与内存子系统性能调优

1. 调优思路

CPU 与内存子系统性能调优的思路如下：

如果 CPU 的利用率不高，说明资源没有充分利用，可以通过工具（如 strace）查看应用程序阻塞在哪里，一般为磁盘、网络或应用程序自己的业务逻辑有休眠或信号等待。

如果 CPU 利用率高，可以选择更好的硬件，优化硬件的配置参数来适配业务场景，或者通过优化软件来降低 CPU 占用率。

根据 CPU 的能力配置合适的内存条，建议内存满通道配置，发挥内存最大带宽：一颗鲲鹏 920 处理器的内存通道数为 8，两颗鲲鹏 920 处理器的内存通道数为 16；建议选择高频率的内存条，提升内存带宽：鲲鹏 920 在 1DPC（DIMMs Per Channel，每通道双列直插式内存模块数）配置时，支持的内存最高频率为 2933MHz。

2. 主要优化参数

CPU 与内存子系统性能调优的主要优化参数如表 4.17 所示。

表 4.17 CPU 与内存子系统优化参数

优化参数	简介	默认值	生效范围
应用程序的 NUMA 配置	在 NUMA 架构下，CPU 核访问临近的内存时访问延迟更低。将应用程序绑在一个 NUMA 节点，可减少因访问远端内存带来的性能下降	默认不绑定核	立即生效
CPU 高速缓冲存储器预取开关	在数据集中场景下，CPU 通过高速缓冲存储器预取可以提前将要访问的数据读到 CPU 高速缓冲存储器中，以提升性能。若数据不集中，导致预取命中率低，则浪费内存带宽	开(on)	重启生效
定时器 nohz 模式	nohz 模式可减少不必要的时钟中断，减少 CPU 调度开销	不同操作系统的默认配置不同。EulerOS 的默认配置是 nohz＝off	重启生效
内存的页大小（64KB）	内存的页大小越大，TLB 中每行管理的内存越多，TLB 命中率就越高，从而减少内存访问次数	不同操作系统的默认配置不同：页大小可以为 4KB 或 64KB	重新编译内核，更新内核后生效
应用程序的线程并发数	适当调整应用程序的线程并发数，使系统在充分利用多核能力和资源争抢之间达到平衡	由应用本身决定	立即生效或重启生效（由应用决定）

3. 常用性能监测工具

Linux 系统下,CPU 与内存子系统性能调优的常用性能监测工具有 top、perf、numactl 这 3 个工具。

1) top 工具

top 工具是最常用的 Linux 性能监测工具之一。通过 top 工具可以监视进程和系统整体性能。

top 命令参考如表 4.18 所示。

表 4.18　top 命令参考

命　　　令	说　　　明
top	查看系统整体的 CPU、内存资源消耗
top 命令执行后输入 1	查看每个 CPU 核资源使用情况
top 命令执行后输入 F,并选择 P 选项	查看线程执行过程中是否调度到其他 CPU 核
top -p $ PID -H	查看某个进程内所有线程的 CPU 资源占用

2) perf 工具

perf 工具是非常强大的 Linux 性能分析工具,可以通过该工具获得进程内的调用情况、资源消耗情况并查找分析热点函数。

以 CentOS 为例,使用如下命令安装 perf 工具:

```
# yum - y install perf
```

perf 命令参考如表 4.19 所示。

表 4.19　perf 命令参考

命　　　令	说　　　明
perf top	查看当前系统中的热点函数
perf sched record -sleep 1 -p $ PID	记录进程在 1s 内的系统调用
perf sched latency --sort max	查看上一步记录的结果,以调度延迟排序

3) numactl 工具

numactl 工具可用于查看当前服务器的 NUMA 节点配置、状态,可通过该工具将进程绑定到指定 CPU 核上,由指定 CPU 核来运行对应进程。

以 CentOS 为例,使用如下命令安装 numactl 工具:

```
# yum - y install numactl numastat
```

numactl 命令参考如表 4.20 所示。

表 4.20　numactl 命令参考

命　　令	说　　明
numactl -H	查看当前服务器的 NUMA 配置
numactl -C 0-7 ./ test	将应用程序 test 绑定到核 0~7 运行
numastat	查看当前的 NUMA 运行状态

4. 优化方法

CPU 与内存子系统性能调优的主要方法有如下几种。

1) NUMA 优化,减少跨 NUMA 访问内存

不同 NUMA 内的 CPU 核访问同一个位置的内存,性能不同。内存访问延时从高到低为:跨 CPU>跨 NUMA,不跨 CPU>NUMA 内。

因此在应用程序运行时要尽可能地避免跨 NUMA 访问内存,这可以通过设置线程的 CPU 亲和性来实现。

常用的修改方式有如下:

(1) 将设备中断绑定到特定 CPU 核上。可以通过如下命令绑定:

```
echo $ cpuMask > /proc/irq/ $ irq/smp_affinity_list
```

其中 $cpuMask 是十六进制数,最右边的位表示核 0;$irq 为设备中断号。

(2) 通过 numactl 启动程序。如下启动命令表示启动 test 程序,只能在 CPU 核 28~核 31 上运行(-C 控制)。

```
numactl − C 28 − 31 ./test
```

(3) 在 C/C++代码中通过 sched_setaffinity 函数来设置线程亲和性。

(4) 很多开源软件已经支持在自带的配置文件中修改线程的亲和性,例如 Nginx 可以修改 nginx.conf 文件中的 worker_cpu_affinity 参数来设置 Nginx 线程的亲和性。

2) 修改 CPU 的预取开关

利用程序的局部性原理可以优化程序运行。局部性原理分为时间局部性原理和空间局部性原理。

时间局部性原理(Temporal Locality):如果某个数据项被访问,那么在不久的将来它可能被再次访问。

空间局部性原理(Spatial Locality):如果某个数据项被访问,那么与其地址相邻的数据项可能很快也会被访问。

CPU 将内存中的数据读到 CPU 的高速缓冲存储器时,会根据局部性原理,除了读取本次要访问的数据,还会预取本次数据的周边数据到高速缓冲存储器中,如果预

取的数据是下次要访问的数据,那么性能会提升,如果预取的数据不是下次要取的数据,那么会浪费内存带宽。

对于数据比较集中的场景,预取的命中率高,适合打开 CPU 预取开关,反之需要关闭 CPU 预取开关。目前发现 speccpu 和 X265 软件场景适合打开 CPU 预取开关,STREAM 测试工具、Nginx 和数据库场景需要关闭 CPU 预取开关。

修改方式是在鲲鹏服务器的 BIOS 中设置 CPU 的预取开关。服务器上电时,按 Del 键进入 BIOS 设置界面,然后在 Advanced→ MISC Config→CPU Prefetching Configuration 选项处设置 CPU 的预取开关。

3) 定时器机制调整,减少不必要的时钟中断

在 Linux 内核 2.6.17 版之前,Linux 内核为每个 CPU 设置一个周期性的时钟中断,Linux 内核利用这个中断处理一些定时任务,如线程调度等。这样就算 CPU 不需要定时器的时候,也会有很多时钟中断,导致资源的浪费。Linux 内核 2.6.17 版引入了 nohz 机制,实际就是让时钟中断的时间可编程,减少不必要的时钟中断。

执行 cat /proc/cmdline 命令查看 Linux 内核的启动参数,如果有 nohz=off 关键字,说明 nohz 机制被关闭,需要打开。修改方法如下:

(1) 在"/boot"目录下通过"find -name grub.cfg"命令找到启动参数的配置文件。

(2) 在配置文件中将 nohz=off 去掉。

(3) 重启服务器。

修改前后,可以通过如下命令观察 timer_tick 的调度次数,其中 $PID 为要观察的进程 ID,可以选择 CPU 占用高的进程进行观察:

```
perf sched record -- sleep 1 - p $ PID
perf sched latency - s max
```

示例输出信息中有如下信息,其中 591 表示统计时间内的调度次数,数字变小说明修改生效。

```
timer_tick:(97) | 7.364 ms | 591 | avg: 0.012 ms | max: 1.268 ms
```

4) 调整内存页的大小为 64KB,提升 TLB 命中率

TLB 为页表(存放虚拟地址的页地址和物理地址的页地址的映射关系)在 CPU 内部的高速缓存。TLB 的命中率越高,页表查询性能就越好。

TLB 的一行为一个页的映射关系,也就是管理了一个页大小的内存,其计算公式如下:

$$TLB 管理的内存大小 = TLB 行数 \times 内存的页大小$$

同一个 CPU 的 TLB 行数固定,因此内存页越大,管理的内存越大,相同业务场景下的 TLB 命中率就越高。

修改方式是修改 Linux 内核编译选项,并重新编译,过程如下:

(1) 执行 make menuconfig 命令。

(2) 选择"Kernel Features"→"Page size(64KB)"选项,即选择页面大小为 64KB。

(3) 编译和安装内核。

修改前后可以通过如下命令观察 TLB 的命中率($PID 为进程 ID):

```
perf stat -p $PID -d -d -d
```

示例输出结果包含如下信息,其中 1.21%和 0.59%分别表示数据的缺失率(Miss Rate)和指令的缺失率。

```
1,090,788,717 dTLB-loads  # 520.592 M/sec
13,213,603 dTLB-load-misses  # 1.21% of all dTLB cache hits
669,485,765 iTLB-loads  # 319.520 M/sec
3,979,246 iTLB-load-misses  # 0.59% of all iTLB cache hits
```

5) 调整线程并发数

程序从单线程变为多线程时,CPU 和内存资源得到充分利用,性能提升。但是系统的性能并不会随着线程数的增长而线性提升,因为随着线程数量的增加,线程之间的调度、上下文切换、关键资源和锁的竞争也会带来很大开销。当资源的争抢比较严重时,甚至会导致性能明显下降。

不同的软件有不同的配置,需要根据代码实现来修改,以下是几个常用开源软件的修改方法:

(1) MySQL 可以通过 innodb_thread_concurrency 参数设置工作线程的最大并发数。

(2) Nginx 可以通过 worker_processes 参数设置并发的进程个数。

4.5.3　网络子系统性能调优

1. 调优思路

本小节主要是围绕优化网卡性能和利用网卡的能力分担 CPU 的压力来提升性能。

在高并发的业务场景下,同时或极短时间内,有大量的请求到达服务端,每个请求都需要服务端耗费资源进行处理,并做出相应的反馈。推荐使用两块网卡,减少跨片内存访问的次数,即将两块网卡分别绑定在服务器的不同 CPU 上,每个 CPU 只处理对应的网卡数据。高并发场景还可以为网卡选择×16 的 PCIe 卡。

2. 主要优化参数

网络子系统的主要优化参数如表 4.21 所示。

表 4.21　网络子系统的主要优化参数

主要优化参数	简　　介	默　认　值	生效范围
PCIe 总线的 TLP(Transaction Layer Packet,事务层分组)的最大有效负载	调整 PCIe 总线每次数据传输的最大值	128B	重启生效
网卡队列数	调整网卡队列数量	对于不同操作系统和网卡默认值不同	立即生效
网卡中断到核的绑定	将每个网卡中断分别绑定到距离近的核上,减少跨 NUMA 访问内存	Irqbalance	立即生效
聚合中断	调整合适的参数以减少中断处理次数	对于不同操作系统和网卡默认值不同	立即生效
TCP 分段 Offload(卸载)	开启 TCP 分段 Offload,将 TCP 的分段处理交给网卡处理	关闭	立即生效

3. 常用性能监测工具

在 Linux 系统下,网络子系统性能调优的常用性能监测工具有 ethtool、strace 两个工具。

1) ethtool 工具

ethtool 工具是一个 Linux 下功能强大的网络管理工具,目前几乎所有的网卡驱动程序都有对 ethtool 工具的支持,可以用于网卡状态/驱动版本信息查询、收发数据信息查询、功能配置以及网卡工作模式/链路速度查询等。

以 CentOS 为例,使用如下命令安装 ethtool 工具:

```
# yum - y install ethtool net - tools
```

ethtool 命令的格式是：ethtool [参数]。

ethtool 命令的常用参数如表 4.22 所示。

表 4.22　ethtool 命令的常用参数

常用参数	作　　用
ethx	查询 ethx 网卡的基本设置,其中 x 是对应网卡的编号,如 eth0、eth1 等
-k	查询网卡的 Offload 信息
-K	修改网卡的 Offload 信息
-c	查询网卡聚合信息
-C	修改网卡聚合信息
-l	查询网卡队列数
-L	设置网卡队列数

2）strace 工具

strace 工具是 Linux 环境下的程序调试工具，用来跟踪应用程序的系统调用情况。strace 命令执行的结果就是按照调用顺序打印出所有的系统调用，包括函数名、参数列表以及返回值等。

以 CentOS 为例，使用如下命令安装 strace 工具：

```
# yum - y install strace
```

strace 命令的格式是：strace［参数］。

strace 命令的常用参数如表 4.23 所示。

表 4.23　strace 命令的常用参数

常用参数	作　　用
-T	显示每一调用所耗的时间
-tt	在输出中的每一行前加上时间信息，微秒级
-p	跟踪指定的线程 ID

4. 优化方法

网络子系统性能调优的主要方法有如下几种。

1）配置 PCIe Max Payload Size 参数大小

网卡自带的内存和 CPU 使用的内存进行数据传递时，是通过 PCIe 总线进行数据搬运的。参数 Max Payload Size 为每次传输数据的最大单位（以字节为单位），它的大小与 PCIe 总线的传送效率成正比，该参数越大，PCIe 总线带宽的利用率越高。

修改方式是服务器上电时，按 Del 键进入 BIOS 设置界面，选择 Advanced→Max Payload Size 选项，将 Max Payload Size 选项的值设置为 512B。

2）网络 NUMA 绑核

当网卡收到大量请求时，会产生大量的中断，通知内核有新的数据包，然后内核调用中断处理程序响应，把数据包从网卡复制到内存。当网卡只存在一个队列时，同一时间数据包的复制只能由某一个核处理，无法发挥多核优势，因此引入了网卡多队列机制，这样同一时间不同核可以分别从不同网卡队列中取数据包。

在网卡开启多队列时，Linux 操作系统通过 irqbalance 服务来确定网卡队列中的网络数据包交由哪个 CPU 核（Core）处理，但是当处理中断的 CPU 核和网卡不在一个 NUMA 时，会触发跨 NUMA 访问内存。因此，可以将处理网卡中断的 CPU 核设置在网卡所在的 NUMA 上，从而减少跨 NUMA 内存访问所带来的额外开销，提升网络处理性能。

图 4.29 是中断自动绑定示意图，即中断绑定随机，出现跨 NUMA 访问内存。

图 4.30 是 NUMA 绑定示意图，中断绑定到指定核，避免跨 NUMA 访问内存。

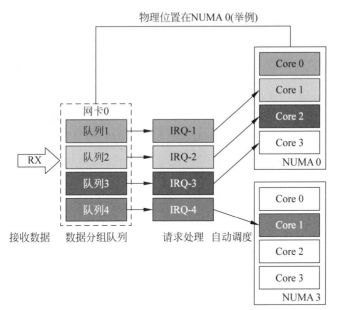

图 4.29　中断自动绑定

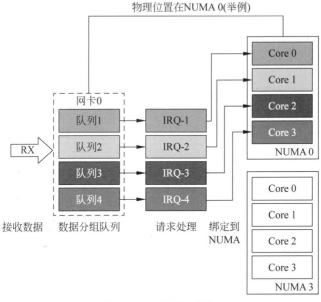

图 4.30　NUMA 绑定

修改方式如下：

（1）停止 irqbalance。命令如下：

```
# systemctl stop irqbalance.service
```

```
# systemctl disable irqbalance.service
```

（2）设置网卡队列个数为 CPU 的核数。命令如下：

```
# ethtool – L ethx combined 48
```

（3）查询中断号。命令如下：

```
# cat /proc/interrupts | grep $ eth | awk – F ':' '{print $ 1}'
```

（4）根据中断号，将每个中断分别绑定在一个核上，其中 cpuMask 是十六进制数，最右边的位表示核 0。命令如下：

```
# echo $ cpuMask > /proc/irq/ $ irq/smp_affinity_list
```

3）调整中断聚合参数

中断聚合特性允许网卡收到报文之后不立即产生中断，而是等待一小段时间，有更多的报文到达之后再产生中断，这样就能让 CPU 一次中断处理多个报文，减少开销。

修改方式是使用 ethtool -C $ eth 命令调整中断聚合参数。其中参数 $ eth 为待调整配置的网卡设备名称，如 eth0、eth1 等。命令示例如下：

```
# ethtool – C eth3 adaptive – rx off adaptive – tx off rx – usecs N rx – frames N tx – usecs
N tx – frames N
```

为了确保使用静态值，需禁用自适应调节，关闭 Adaptive RX 和 Adaptive TX。ethtool 命令参数如表 4.24 所示。

表 4.24　ethtool 命令参数

参数	作　　用
rx-usecs	设置接收中断延时的时间
tx-usecs	设置发送中断延时的时间
rx-frames	设置产生中断之前接收的数据包数量
tx-frames	设置产生中断之前发送的数据包数量

这 4 个参数设置的数值越大，中断越少。

注意增大聚合度，单个数据包的延时会有微秒级别的增加。

4）开启 TSO

当一个系统需要通过网络发送一大段数据时，计算机需要将这段数据拆分为多个长度较短的数据，以便这些数据能够通过网络中所有的网络设备，这个过程被称作分段。TSO(TCP Segmentation Offload，TCP 分段卸载)将 TCP 的分段运算，如将要发送的 1MB 的数据拆分为最大传输单元(MTU)大小的包交给网卡处理，无须协议栈参与,从而降低 CPU 的计算量和中断频率。

修改方式是使用 ethtool 工具打开网卡和驱动对 TSO 的支持。

示例命令如下,命令中的参数 $eth 为待调整配置的网卡设备名称,如 eth0、
eth1 等。

```
# ethtool - K $ eth tso on
```

要使用 TSO 功能,物理网卡需同时支持 TCP 校验计算和分散-聚集（Scatter-
Gather）功能。

可通过如下命令查看网卡是否支持 TSO:

```
# ethtool - K $ eth
rx - checksumming: on
tx - checksumming: on
scatter - gather: on
tcp - segmentation - offload: on
```

5）使用 epoll 机制代替 select 调用

在网络高并发场景下,select 调用可使用 epoll 机制进行替换。

epoll 机制是 Linux 内核中的一种可扩展 I/O 事件处理机制,可被用于代替
POSIX select 系统调用,在高并发场景下获得较好的性能提升。

select 调用有如下缺点:

（1）内核默认最多支持 1024 个文件句柄;

（2）采用轮询的方式扫描文件句柄,性能差。

改进后的 epoll 机制,有如下优点:

（1）没有最大并发连接数的限制,能打开的文件句柄上限远大于 1024 个,方便在
一个线程中处理更多请求;

（2）采用事件通知的方式,减少了轮询的开销。

修改方式是使用 epoll 函数代替 select 函数。epoll 函数有: epoll_create,epoll_ctl
和 epoll_wait。Linux-2.6.19 又引入了可以屏蔽指定信号的 epoll_wait、epoll_pwait。

下面介绍 epoll 函数。

（1）创建一个 epoll 句柄。函数原型如下:

```
int epoll_create(int size);
```

其中 size 表示监听的文件句柄的最大个数。

（2）注册要监听的事件类型。函数原型如下:

```
int epoll_ctl(int epfd, int op, int fd, struct epoll_event * event);
```

参数说明：

epfd：epoll_create 返回的文件句柄。

op：要进行的操作，有 EPOLL_CTL_ADD、EPOLL_CTL_MOD、EPOLL_CTL_DEL 等。

fd：要操作的文件句柄。

event：事件描述，常用的事件如下。

- EPOLLIN：文件描述符上有可读数据。
- EPOLLOUT：文件描述符上可以写数据。
- EPOLLERR：表示对应的文件描述符发生错误。

（3）等待事件的产生。函数原型如下：

```
int epoll_wait(int epfd, struct epoll_event * events, int maxevents, int timeout);
int epoll_pwait(int epfd, struct epoll_event * events, int maxevents, int timeout, const
sigset_t * sigmask);
```

参数说明：

epfd：epoll_create 返回的文件句柄。

events：返回待处理事件的数组。

maxevents：events 数组长度。

timeout：超时时间，单位为毫秒。

sigmask：屏蔽的信号。

4.5.4 磁盘 I/O 子系统性能调优

1. 调优思路

CPU 的高速缓冲存储器、内存和磁盘之间的访问速度差异很大，当 CPU 计算所需要的数据并没有及时加载到内存或高速缓冲存储器中时，CPU 将会浪费很多时间等待磁盘的读取。计算机系统通过高速缓冲存储器、RAM、固态硬盘、磁盘等多级存储结构，并配合多种调度算法，来消除或缓解这种速度不对等的影响。但是缓存空间总是有限的，可以利用局部性原理，尽可能将热点数据提前从磁盘中读取出来，降低 CPU 等待磁盘的时间浪费。因此部分优化手段其实是围绕着如何更充分地利用高速缓冲存储器获得更好的 I/O 性能。

另外，本节也会介绍文件系统层面的优化手段。

2. 主要优化参数

磁盘 I/O 子系统的主要优化参数如表 4.25 所示。

表 4.25 磁盘 I/O 子系统的主要优化参数

主要优化参数	简　　介	默　认　值	生效范围
脏数据缓存到期时间	调整脏数据缓存到期时间,分散磁盘的压力	3000(单位为 1/100s)	立即生效
脏页面占用总内存的最大比例	调整脏页面占用总内存最大的比例(以 memfree＋Cached-Mapped 为基准),增加 PageCache(页高速缓冲存储器)命中率	10%	立即生效
脏页面缓存占用总内存最大的比例	调整脏页面缓存占用总内存的最大比例,避免磁盘写操作变为 O_DIRECT 同步,导致缓冲机制失效	40%	立即生效
磁盘文件预读参数	根据局部性原理,在读取磁盘数据时,额外地多读一定量的数据并缓存到内存	128KB	立即生效
磁盘 I/O 调度方式	根据业务处理数据的特点,选择合适的磁盘 I/O 调度器	cfq	立即生效
文件系统	选用性能更好的文件系统以及文件系统相关的选项	N/A	立即生效

3. 常用性能监测工具

Linux 系统下,磁盘 I/O 子系统性能调优的常用性能监测工具是 iostat 工具。

iostat 工具是调查磁盘 I/O 问题使用最频繁的工具。它汇总了所有在线磁盘统计信息,为负载特征归纳、使用率和饱和度提供了统计指标。它可以由任何用户执行,统计信息直接来源于内核,因此这个工具的开销基本可以忽略不计。

iostat 工具一般会随系统安装。如果没有,以 CentOS 为例,可以使用以下命令安装:

```
# yum - y install sysstat
```

iostat 命令的格式是:iostat[＋参数]。示例命令如下:

```
# iostat - d - k - x 1 100
```

iostat 命令的常用参数如表 4.26 所示。

表 4.26 iostat 命令的常用参数

常用参数	功　　能	常用参数	功　　能
-c	显示 CPU 使用情况	-p	显示单个磁盘的情况
-d	显示磁盘使用情况	-t	显示时间戳
-k	以 KB 为单位显示	-x	显示设备的详细信息
-m	以 MB 为单位显示		

4. 优化方法

磁盘 I/O 子系统性能调优的主要方法有如下几种。

1) 调整脏数据刷新策略，减小磁盘的 I/O 压力

页高速缓冲存储器中需要回写到磁盘的数据为脏数据。在应用程序通知系统保存脏数据时，应用可以选择直接将数据写入磁盘（O_DIRECT 模式），或者先写到页高速缓冲存储器（非 O_DIRECT 模式）。非 O_DIRECT 模式，对于缓存在页高速缓冲存储器中的数据的操作，都在内存中进行，减少了对磁盘的操作。

系统中提供了以下参数来调整策略：

（1）/proc/sys/vm/dirty_expire_centisecs。此参数用于表示脏数据在缓存中允许保留的时长，即时间到后需要被写入磁盘中。此参数的默认值为 30s（3000 个 1/100s）。如果业务的数据是连续性地写，可以适当调小此参数，这样可以避免 I/O 集中，导致突发的 I/O 等待。可以通过 echo 命令修改此参数，示例如下：

```
# echo 2000 > /proc/sys/vm/dirty_expire_centisecs
```

（2）/proc/sys/vm/dirty_background_ratio。此参数用于表示后台内核刷新程序线程将开始写出的脏页面占用总内存最大的比例（以 memfree ＋ Cached-Mapped 为基准），超过这个值，pdflush 线程会刷新脏页面到磁盘。增加这个值，系统会分配更多的内存用于写缓冲，因而可以提升写磁盘性能。但对于磁盘写入操作为主的业务，可以调小这个值，避免数据积压太多最后成为瓶颈，可以结合业务并通过观察 iostat 命令输出的 await 列的时间波动范围来识别。此值的默认值是 10，可以通过 echo 来调整，示例如下：

```
# echo 8 > /proc/sys/vm/dirty_background_ratio
```

（3）/proc/sys/vm/dirty_ratio。此参数用于表示正在生成磁盘写入的进程本身将开始写出的脏页面占用总内存最大的比例，超过这个值，系统不会新增加脏页面，文件读写也变为同步模式。文件读写变为同步模式后，应用程序的文件读写操作的阻塞时间变长，会导致系统性能变慢。此参数的默认值为 40，对于写入为主的业务，可以增加此参数，避免磁盘过早地进入同步写状态。

注意：如果加大了脏数据的缓存大小和时间，在意外断电情况下，丢失数据的概率会变多。因此对于需要立即存盘的数据，应用应该采用 O_DIRECT 模式避免关键数据的丢失。

2) 调整磁盘文件预读参数

文件预取的原理，就是根据局部性原理，在读取数据时，会多读一定量的相邻数据缓存到内存。如果预读的数据是后续会使用的数据，那么系统性能会提升，如果后续不使用，就浪费了磁盘带宽。在磁盘顺序读的场景下，调大预取值效果会尤其明显。

文件预取参数由文件 read_ahead_kb 指定，CentOS 中为"/sys/block/＄DEVICE-NAME/queue/read_ahead_kb"（＄DEVICE-NAME 为磁盘名称），如果不确定，则通过以下命令来查找。

```
# find / - name read_ahead_kb
```

文件预取参数的默认值为 128KB，可使用 echo 命令来调整，仍以 CentOS 为例，将预取值调整为 4096KB：

```
# echo 4096 > /sys/block/$ DEVICE - NAME /queue/read_ahead_kb
```

注意这个值实际和读模型相关，要根据实际业务调整。

3）优化磁盘 I/O 调度方式

文件系统在通过驱动读写磁盘时，不会立即将读写请求发送给驱动，而是延迟执行，这样 Linux 内核的 I/O 调度器可以将多个读写请求合并为一个请求或者排序（减少机械磁盘的寻址）发送给驱动，提升性能。在前面介绍 iostat 工具时，提到了合并统计，这个值就是由这个过程统计获得中的。

Linux 内核支持多种 I/O 调度方式，这些方式可分为两类：单队列调度（single-queue scheduler）与多队列调度（multi-queue scheduler）。自 Linux 5.0 以来，单队列调度已从内核中删除，最新内核已经完全切换到多队列调度方式。

在单队列调度框架内，可以使用以下调度策略：

（1）CFQ(Completely Fair Queuing，完全公平队列)调度策略

CFQ 是早期 Linux 内核的默认调度算法，它给每个进程分配一个调度队列，默认以时间片和请求数限定的方式分配 I/O 资源，以此保证每个进程的 I/O 资源占用是公平的。这个算法在 I/O 方面的压力大，且 I/O 主要集中在某几个进程的时候，性能不太友好。

（2）DeadLine(最终期限)调度策略

这个调度算法维护了 4 个队列：读队列、写队列、超时读队列和超时写队列。当内核收到一个新请求时，如果能合并就合并，如果不能合并，就会尝试排序。如果既不能合并，也没有合适的位置插入，就放到读或写队列的最后。一定时间后，I/O 调度器会将读或写队列的请求分别放到超时读队列或者超时写队列。这个算法并不限制每个进程的 I/O 资源，适合 I/O 压力大且 I/O 集中在某几个进程的场景，比如大数据、数据库使用 HDD 磁盘的场景。

（3）NOOP(No Operation)调度策略

NOOP 调度策略是最简单的调度策略，将所有传入的 I/O 请求插入一个简单的 FIFO 队列并实现请求合并，不需要对请求再次排序。因为固态硬盘支持随机读写，所以固态硬盘可以选择这种最简单的调度策略，因性能最好。

在多队列调度框架内,可以使用以下调度策略:

(1) BFQ(Budget Fair Queueing,预算公平队列)调度策略

BFQ 是基于 CFQ 代码改进的调度算法。与 CFQ 按时间片分配带宽不同,BFQ 使用大量启发式方法,按预算(服务数据量、扇区为单位)在进程或组之间分配带宽(在需要时切换回时间分配,以保持高吞吐量),以保证对系统和应用程序的快速响应及软实时应用程序(如音视频播放器)的低延迟。BFQ 是一个复杂的调度程序,旨在提供良好的交互响应,其默认配置着重于提供最低的延迟而不是实现最大的吞吐量,它适合于慢速设备、台式机系统和交互式任务。

(2) mq-deadline(多队列版本的 Deadline)调度策略

该调度策略尝试从请求到达调度器的时间点开始为请求提供有保证的延迟。它将排队的 I/O 请求分为读或写 2 个批次(两个全局的基于时间的队列),默认情况下,因为应用程序更有可能在读取 I/O 时阻塞,所以读取批次优先于写入批次。

该调度程序适用于大多数用例,特别是那些读操作比写操作更频繁发生的用例。

(3) None(多队列版本的 NOOP)调度策略

该调度方式不对请求进行重新排序,直接按照请求到达的先后顺序依次进行合并,系统开销最小,非常适合固态硬盘这类快速随机 I/O 设备。

(4) Kyber 调度策略

Kyber 是最近开发的 I/O 调度程序,其灵感来自于网络路由的主动队列管理技术,使用"令牌"用作限制请求的机制。它把 I/O 请求分为两个队列:一个用于同步请求;另一个用于异步请求。它通过严格限制发送到调度队列的 I/O 操作数(读和写),保持调度队列相对较短,确保较高优先级的请求能快速被完成。调度程序通过测量每个请求的完成时间并调整限制以实现所需的延迟来调整允许进入分配队列的请求的实际数量。可以通过设置读写延迟来调整目标等待时间,默认读操作是 2ms,写操作是 10ms,把这两个值调小,可以保证较低的延迟,但也会由于缺少合并,而影响到吞吐量。

Kyber 算法的实现相对简单,适用于快速设备和吞吐量敏感的服务器负载。

I/O 调度程序的最佳选择取决于设备和工作负载的确切性。如选择多队列调度策略时,对传统机械硬盘,可以使用 mq-deadline 或 BFQ 调度策略;对固态硬盘或 CPU 受限的快速设备,可以使用 None 或 Kyber 调度策略;对桌面与交互式应用,可以使用 BFQ 调度策略;对虚拟机,可使用 mq-deadline 调度策略,如果有 FC HBA(Fibre Channel Host Bus Adapter,光纤通道主机总线适配器)卡,可用 None 调度策略。

调度策略修改方式如下所示。

(1) 查看某设备 $DEVICE-NAME 当前使用的调度方式,命令如下:

```
# cat /sys/block/$DEVICE-NAME/queue/scheduler
```

如查看 sda 当前使用的调度方式:

```
# cat /sys/block/sda/queue/scheduler
mq - deadline kyber [bfq] none
```

上述命令的输出信息中,[ ]中即为当前使用的磁盘 I/O 调度模式。操作系统不同,返回的值或默认值可能不同。

(2) 查看所有设备可用的调度程序,命令如下:

```
# grep "" /sys/block/ * /queue/scheduler
/sys/block/sda/queue/scheduler:mq - deadline kyber [bfq] none
/sys/block/sr0/queue/scheduler:[mq - deadline] kyber bfq none
```

(3) 如果需要修改,可以采用 echo 来修改,例如以下命令将 sda 的调度模式修改为 mq-deadline:

```
# echo mq - deadline > /sys/block/sda/queue/scheduler
```

每个 I/O 调度程序都有其可调参数,例如等待时间、到期时间或 FIFO 参数等。它们有助于将算法调整为设备和工作负载的特定组合,如实现更高的吞吐量或更低的延迟。可调参数及其说明可在 Linux 内核文档(https://www.kernel.org/doc/html/latest/block/index.html)中找到。

4) 优化文件系统参数

Linux 支持多种文件系统,不同的文件系统在性能上也存在着差异,因此如果可以选择,选用性能更好的文件系统,比如 XFS。在创建文件系统时,可以通过增加一些参数进行优化。

另外 Linux 在挂载文件分区时,也可以增加参数来达到性能提升的目的。

(1) 采用磁盘挂载方式优化(nobarrier)。

当前 Linux 文件系统,基本上采用了日志文件系统,确保在系统出错时,可以通过日志进行恢复,保证文件系统的可靠性。

在日志文件系统中,日志的写入和数据的写入需要保证先后顺序。但是,由于现在的磁盘大都有缓存,数据不会立即写入磁盘中,而是先写入磁盘缓存中,如果此时磁盘发生掉电或者硬件错误,缓存中的数据将会丢失,这会破坏日志的功能。为了保证日志 100% 可靠,必须绝对保证元数据在真实数据写入之前被预先写入,方法是使用文件系统 Barrier(屏障),即加一个 Barrier,保证日志总是先写入,然后对应数据才刷新到磁盘。这种方式保证了系统崩溃后磁盘恢复的正确性,但对写入性能有影响。

服务器如果采用了 RAID 卡,并且 RAID 卡本身有电池,或者有其他保护方案,那么就可以避免异常断电后日志的丢失,这时可以关闭这个 Barrier,达到提高性能的目的。

假如 sda 挂载在“/home/disk0”目录下,默认的 fstab 命令是:

```
mount - o nobarrier - o remount /home/disk0
```

命令中的 nobarrier 参数使得系统在异常断电时无法确保文件系统日志已经写入磁盘介质,因此只适用于使用了带有保护的 RAID 卡的情况。

(2) 选用性能更优的日志文件系统(XFS)。

XFS 是一种高性能的日志文件系统,极具伸缩性,非常健壮,特别擅长处理大文件,同时提供平滑的数据传输。因此如果可以选择,优先选择 XFS。

XFS 在创建时,可先选择加大文件系统块(Block)的大小,使之更加适用于大文件的操作场景。

修改方式如下所示。

格式化磁盘。假设要对 sda1 进行格式化,命令如下:

```
# mkfs.xfs /dev/sda1
```

指定块的大小参数(size),默认情况下为 4KB(4096B),假设在格式化时变更块的大小为 8192B,命令如下:

```
# mkfs.xfs /dev/sda1 - b size = 8192
```

5) 使用异步文件操作 libaio 以提升系统性能

对于磁盘文件,文件的读取是同步的,导致线程读取文件时,处于阻塞状态。为了提升系统性能和磁盘的吞吐量,会创建几个单独的磁盘读写线程,并通过信号量等机制进行线程间通信(同时带有锁);显然线程多,锁多,会引起更多的资源抢占,从而导致系统整体性能下降。

libaio 提供了磁盘文件读写的异步机制,使得文件读写不用阻塞,结合 epoll 机制,实现一个线程可以无阻塞的运行,同时处理多个文件读写请求,提升服务器整体性能。

以下代码是 libaio 的一个实现参考示例。

```
/* AIO 的回调函数 */
void aio_callback(io_context_t ctx, struct iocb * iocb, long res, long res2)
{
    /* 失败时 - res 为 errorno; 成功时,res 为真正读取的字节数;
       iocb->u.c.buf 为读取的内容 */
    ……
}

/*
 * 使用 libaio 和 epoll,对同一个文件的若干个不同偏移位置发起异步读取请求,如对文件
 * 的偏移位置 0、1024×1、1024×2、1024×127 发起总共 128 个异步读取请求(读取 1024B)
 */
int libaio_epoll_read_file()
```

```
{
    efd = eventfd(0, EFD_NONBLOCK);
    fd = open(TEST_FILE, O_RDWR | O_CREAT | O_DIRECT, 0644);
    io_setup(8192, &ctx);
    for (int i = 0; i < NUM_EVENTS; i++) {
        posix_memalign(&buf, ALIGN_SIZE, RD_WR_SIZE);
        io_prep_pread(iocbs[i], fd, buf, RD_WR_SIZE, i * RD_WR_SIZE);
        io_set_eventfd(iocbs[i], efd);
        io_set_callback(iocbs[i], aio_callback);
    }
    io_submit(ctx, NUM_EVENTS, iocbs);
    epfd = epoll_create(1);
    epevent.events = EPOLLIN | EPOLLET;
    epevent.data.ptr = NULL;
    epoll_ctl(epfd, EPOLL_CTL_ADD, efd, &epevent);
    while (i < NUM_EVENTS) {
        epoll_wait(epfd, &epevent, 1, -1);
        read(efd, &finished_aio, sizeof(finished_aio));
        while (finished_aio > 0) {
            r = io_getevents(ctx, 1, NUM_EVENTS, events, &tms);
            for (j = 0; j < r; ++j) {
                //调用对应事件的回调函数,处理数据
                ((io_callback_t)(events[j].data))(
                    ctx, events[j].obj, events[j].res, events[j].res2);
            }
        }
    }
}
```

4.5.5 应用程序性能调优

1. 调优思路

应用程序部署到鲲鹏服务器上以后,需要结合芯片和服务器的特点优化性能,使硬件能力得到充分发挥。本节列举几个典型场景,涉及锁、编译器配置、缓存行(Cacheline)、缓冲机制等优化。

2. 优化方法

应用程序性能调优的主要方法有如下几种。

1) 优化编译选项,提升程序性能

C/C++代码在编译时,GCC 编译器将源码翻译成 CPU 可识别的指令序列,写入可执行程序的二进制文件中。CPU 在执行指令时,通常采用流水线的方式并行执行指令,以提高性能,因此指令执行顺序的编排将对流水线执行效率有很大影响。通常在指令流水线中要考虑:执行指令计算的硬件资源数量、不同指令的执行周期、指令间的数据依赖等因素。可以通过通知编译器,程序所运行的目标平台(CPU)指令集、流水线来获取更好的指令序列编排。GCC 9.1.0 版本支持了鲲鹏处理器所兼容的 armv8 指令集、tsv110 流水线。

修改方式如下：

（1）在 Euler 系统中使用 HCC 编译器，可以在 CFLAGS 变量和 CPPFLAGS 变量中增加编译选项，设置参数如下：

$$-\text{mtune} = \text{tsv110} \ -\text{march} = \text{armv8} - \text{a}$$

（2）在其他操作系统中，可以升级 GCC 版本到 9.10，并在 CFLAGS 变量和 CPPFLAGS 变量中增加编译选项，设置参数如下：

$$-\text{mtune} = \text{tsv110} \ -\text{march} = \text{armv8} - \text{a}$$

2）选择文件缓冲机制

内存访问速度要高于磁盘，应用程序在读写磁盘时，通常会经过一些缓存，以减少对磁盘的直接访问，应用程序读写磁盘的机制如图 4.31 所示。

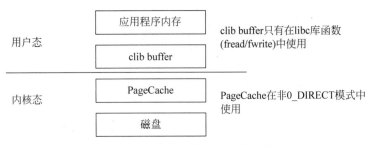

图 4.31　应用程序读写磁盘的机制

clib buffer：clib buffer 是用户态的一种数据缓冲机制，在启用 clib buffer 的情况下，数据从应用程序的缓冲区复制至 clib buffer 后，并不会立即将数据同步到内核，而是缓冲到一定规模或者主动触发的情况下，才会同步到内核；当查询数据时，会优先从 clib buffer 查询数据。这个机制能减少用户态和内核态的切换（用户态切换到内核态要占用一定资源）。

PageCache（页高速缓冲存储器）：PageCache 是内核态的一种文件缓存机制，用户在读写文件时，先操作 PageCache，内核根据调度机制或者被应用程序主动触发时，会将数据同步到磁盘。PageCache 机制能减少磁盘访问。

调优方式是应用程序根据业务特点选择合适的文件读写方式：

（1）fread/fwrite 函数使用了 clib buffer 缓存机制，而 read/write 函数并没有使用，因此 fread/fwrite 比 read/write 函数多一层内存复制，即从应用程序缓冲区至 clib buffer 的复制，但是 fread/fwrite 比 read/write 函数有更少的系统调用。因此对于每次读写字节数较大的操作，内存复制比系统调用占用更多资源，可以使用 read/write

函数来减少内存复制；对于每次读写字节数较少的操作，系统调用比内存复制占用更多资源，建议使用 fread/ fwrite 函数来减少系统调用次数。

（2）O_DIRECT 模式没有使用 PageCache，因此少了一层内存复制，但是因为没有缓冲导致每次都是从磁盘读取数据。O_DIRECT 模式主要适用场景为：应用程序有自己的缓冲机制；数据读写一次后，后面不再从磁盘读这个数据。

3）缓存执行结果

对于相同的输入，应用软件经过计算后，有相同的输出，可以将运算结果保存，在下次有相同的输入时，返回上次执行的结果。

目前部分开源软件已经实现这种机制，举例如下。

（1）Nginx 缓冲

基于局部性原理，Nginx 使用 proxy_cache_path 等参数将请求过的内容在本地内存建立一个副本，这样对于缓存中的文件不用去后端服务器去取。

（2）JIT 编译

JIT(Just-In-Time)编译，将输入文件转为机器码。为了提升效率，转换后的机器码被缓存在内存，这样相同的输入（如 Java 程序的字节码）不用重新翻译，直接返回缓存中的内容。如果发现 Java 虚拟机的 C1 Compiler/C2 Compiler 线程的 CPU 资源占用比较多，可能是 JIT 缓存不够，可以增加 Java 虚拟机 ReservedCodeCacheSize 参数。

（3）MySQL 查询缓冲

MySQL 的 SQL 语句缓存在内存中保存查询返回的结果。当查询命中时，直接返回解析后的 SQL，跳过了查询操作的解析、优化和执行阶段。如果缓存的表被修改了，对应表的缓存就会失效。

MySQL 查询缓冲状态可以通过如下语句查询：

```
show status like '% Qcache % ';
```

MySQL 可以通过 query_cache_size 和 query_cache_type 来设置查询缓存的属性。

4）减少内存复制

基于数据流分析发现减少内存复制次数能降低 CPU 使用率，并减少内存带宽占用。

减少内存复制要基于业务逻辑进行分析，这里以两种减少内存复制的实现机制举例说明。

（1）使用 sendfile 代替 send/sendto/write 等函数将文件发送给接收端。

如下两条语句将文件发送给接收端，一般会有 4 次内存复制：

```
ssize_t read (int fd, void * buf, size_t count);
ssize_t send (int s, const void * buf, size_t len, int flags);
```

read 函数一般有两次内存复制：DMA 将数据搬运到内核的页高速缓冲存储器；内核将数据搬运到应用态的缓冲区。

send 函数一般有两次内存复制：send 函数将应用态的缓冲区的数据复制到内核；DMA 将数据搬运到网卡。

使用如下函数实现只需要两次内存复制：

ssize_t sendfile(int out_fd, int in_fd, off_t * offset, size_t count);

例如在发送网络数据包时，内核通过 DMA 将文件搬运到缓存（第一次内存复制），然后把缓存的描述信息（位置和长度）传递给 TCP/IP 协议栈，内核再通过 DMA 将缓冲搬运到网卡（第二次内存复制）。

除了修改代码，部分开源软件已经支持 sendfile 函数功能，如 Nginx 可以通过 sendfile on 参数打开这个功能。

（2）进程间通信使用共享内存方式代替 socket/pipe 通信方式。

共享内存方式可以让多个进程操作同样的内存区域，相比 socket/pipe 通信方式，内存复制少。应用程序可以使用 shmget 等函数实现进程间通信。

5）锁优化

自旋锁和 CAS(Compare and Swap，比较并交换)指令都是基于原子操作指令，当应用程序在执行原子操作失败后，并不会释放 CPU 资源，而是一直循环运行直到原子操作执行成功为止，导致 CPU 资源的浪费。

可以通过 perf top 工具分析占用 CPU 资源靠前的函数，如果锁的申请和释放在 5% 以上，可以考虑优化锁，思路如下：

（1）大锁变小锁。在并发任务高的场景下，如果系统中存在唯一的全局变量，那么每个 CPU 核都会申请这个全局变量对应的锁，导致对这个大锁的争抢严重。可以基于业务逻辑，为每个 CPU 核或者线程分配对应的资源，从而将大锁变成小锁。

（2）使用 ldaxr＋stlxr 两条指令实现原子操作时，可以同时保证内存一致性，而 ldxr＋stxr 指令并不能保证内存一致性，从而需要内存屏障指令(dmb ish)配合来实现内存一致性。从测试情况看，ldaxr＋stlxr 指令比 ldxr＋stxr＋dmb ish 指令的性能高。

（3）减少线程并发数。

（4）对锁变量使用缓存行对齐：高频访问锁变量，实际上是对锁变量进行高频的读写操作，容易发生伪共享问题。这时就需要对锁变量使用缓存行对齐。

（5）优化代码中原子操作的实现方法。

6）使用 jemalloc 优化内存分配

jemalloc 是一款内存分配器，与其他内存分配器（如 glibc 的内存分配器）相比，其最大的优势在于多线程场景下内存分配性能高以及内存碎片减少。jemalloc 能充分发挥鲲鹏芯片多核多并发优势,推荐业务应用代码使用 jemalloc 进行内存分配。

在内存分配过程中,锁会造成线程等待,对性能影响巨大。jemalloc 采用如下措施避免线程竞争锁的发生:使用线程变量,每个线程有自己的内存管理器,分配在每个线程内完成,就不需要和其他线程竞争锁。

修改方式如下:

(1) 下载 jemalloc 源码包,参考源码包中的 INSTALL. md 文件进行编译安装。jemalloc 源码下载地址为 https://github. com/jemalloc/jemalloc。

(2) 修改应用软件的链接库的方式,添加如下编译选项:

```
 - I'jemalloc - config -- includedir' - L'jemalloc - config -- libdir' - Wl, - rpath,
'jemalloc - config -- libdir' - ljemalloc 'jemalloc - config -- libs'
```

详细配置方式可参考网址 https://github. com/jemalloc/jemalloc/wiki/Getting-Started。

(3) 部分开源软件可以修改配置参数来指定内存分配库,如 MySQL 可以通过如下参数配置 my. cnf 文件:

```
malloc - lib = /usr/local/lib/libjemalloc.so
```

7) 缓存行优化

CPU 标识高速缓冲存储器中的数据是否为有效数据不是以内存位宽为单位,而是以缓存行(cacheline)为单位。这个机制可能会导致伪共享(False Sharing)现象,从而使得 CPU 的高速缓冲存储器命中率变低。出现伪共享的常见原因是高频访问的数据未按照缓存行大小对齐。

高速缓冲存储器空间被划分成不同的缓存行,如图 4.32 所示。

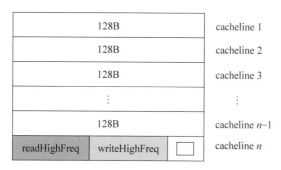

图 4.32　高速缓冲存储器的空间划分

例如以下代码定义两个变量,会在同一个缓存行中,高速缓冲存储器会同时读入:

```
int readHighFreq, writeHighFreq
```

其中 readHighFreq 是读频率高的变量，writeHighFreq 为写频率高的变量。writeHighFreq 在一个 CPU 核里面被改写后，这个高速缓冲存储器中对应的缓存行长度的数据被标识为无效，也就是 readHighFreq 被 CPU 核标识为无效数据，虽然 readHighFreq 并没有被修改，但是 CPU 在访问 readHighFreq 时，依然会从内存重新导入，出现伪共享导致性能降低。

鲲鹏 920 和 x86 的缓存行大小不一致，可能会出现在 x86 上优化好的程序在鲲鹏 920 上运行时的性能偏低的情况，需要重新修改业务代码数据内存对齐大小。x86 的三级高速缓冲存储器(L3 Cache)的缓存行大小为 64B，鲲鹏 920 的缓存行为 128B。

修改方式如下：

(1) 修改业务代码，使得读写频繁的数据以缓存行大小对齐。

使用动态申请内存的对齐方法可使用 posix_memalign 函数，函数原型如下：

```
int posix_memalign(void ** memptr, size_t alignment, size_t size)
```

调用 posix_memalign 函数成功时会返回 size 字节的动态内存，并且这块内存的起始地址是 alignment 的倍数。

局部变量可以采用填充的方式，代码示例如下：

```
int writeHighFreq;
char pad[CACHE_LINE_SIZE - sizeof(int)];
```

代码中 CACHE_LINE_SIZE 是服务器缓存行的大小，pad 变量没有用处，用于填充 writeHighFreq 变量余下的空间，两者之和是缓存行的大小。

(2) 部分开源软件代码中有缓存行的宏定义，修改宏的值即可。如在 impala 使用 CACHE_LINE_SIZE 宏来表示目标平台的缓存行大小。

4.5.6 基础软件性能调优

1. 编译器调优

选择针对鲲鹏 920 架构优化的编译器，目前最新版本为 GCC 9.1.0 和 GCC 9.2.1，其他备选的编译器包括 GCC 7/8 系列。

GNU 编译器可选的主要优化参数如表 4.27 所示。

表 4.27 可选的主要优化参数

主要优化参数	说　　明
-O3 和-O2	少部分应用功能在-O2 时性能更好
-march=[armv8.2-a, tsv110]	GNU 9 可通过-march=tsv110 指定对鲲鹏 920 架构进行优化
-flto	启用链接时优化(Link Time Optimization)，编译和链接参数都需使用

续表

主要优化参数	说　　明
-ffast-math	启用不安全的数学操作、数学函数优化,不建议生产环境使用
-Ofast	最高性能优化,仅用于基准测试(Benchmark),不建议生产环境编译使用
-fprofile-generate,-fprofile-use	使用配置文件引导的优化(Profile-Guided Optimization,PGO),通过编译一次,运行一次(生成运行信息),再编译一次,使用运行信息优化应用的性能; 可优化的点包括函数内联(Function Inlining)、代码块排序(Block Ordering)、寄存器分配(Register Allocation)、分支预测(Branch Prediction),使用时需要在编译参数和链接参数都应用此设置

2. 数学库调优

libamath 是 libm 的子集,是一组优化的数学函数子集,优化了 exp、pow 和 log 等函数。

libamath 的使用方法说明如下。

(1) 执行以下命令安装 libamath 数学库。

```
yum install glibc* glibm* -y
unzip optimized-routines-master.zip
cd optimized-routines-master
mkdir -p /path/to/MATH
cp config.mk.dist config.mk
make -j 4
make install
cp -r ./build/* /path/to/MATH
```

(2) 执行以下命令设置 libamath 数学库环境变量。

```
export PATH = /path/to/MATH/bin: $ PATH
export LD_LIBRARY_PATH = /path/to/MATH/lib: $ LD_LIBRARY_PATH
```

(3) 执行以下命令,编译应用软件时添加以下编译参数将 libamath 链接到应用。

```
-L/path/to/MATH/lib -lmathlib
```

3. 加速库调优

鲲鹏 920 处理器上带有多种硬件加速器,如加解密、压缩/解压缩加速器。充分利用这些加速器的加速库可以有效提升应用性能。

使用方法如下:

(1) 先判断自己的应用需要加速库提供的什么内容。例如,高性能计算场景可使用的硬件加速库包含 ZLIB,GZIP,可用于基因测序场景。

(2) 从华为支持网站下载加速库,并根据加速库的手册进行使用(鲲鹏加速库手册网址是 https://support.huaweicloud.com/devg-kunpengaccel/kunpengaccel_16_0002.html)。

4.5.7 鲲鹏性能分析工具 Hyper Tuner

为解决客户软件运行遇到性能问题时凭人工经验定位困难、调优能力弱的痛点,华为推出了鲲鹏性能分析工具 Hyper Tuner。华为鲲鹏性能分析工具主要面向华为 FAE(Field Application Engineer,现场应用工程师)、开放实验室能力建设工程师或客户工程师。当客户的应用软件运行在 TaiShan 服务器上时,如果遇到性能或体验问题,可通过华为鲲鹏性能分析工具快速分析、定位及调优。

华为鲲鹏性能分析工具是一个工具集,包含两个工具:鲲鹏系统性能分析工具和鲲鹏 Java 性能分析工具。

1. 鲲鹏系统性能分析工具

鲲鹏系统性能分析工具是针对基于鲲鹏服务器的性能分析工具,能收集服务器的处理器硬件、操作系统、进程/线程、函数等性能数据,分析系统性能指标,定位到系统瓶颈点及热点函数,并给出优化建议。该工具可以辅助用户快速定位和处理软件性能问题。

1) 工具功能特性

系统性能分析工具支持的功能特性如下。

(1) HPC 分析。

HPC 分析通过采集系统的 PMU 事件并配合采集面向 OpenMP 和 MPI 应用的关键指标,从而帮助用户精准获得 Parallel region 及 Barrier-to-Barrier 的串行及并行时间、校准的两层微架构指标、指令分布及 L3 的利用率和内存带宽等信息。

(2) 全景分析。

全景分析通过采集系统软硬件配置信息,以及系统 CPU、内存、存储 I/O、网络 I/O 资源的运行情况,获得对应的使用率、饱和度、错误次数等指标,以此识别系统性能瓶颈。针对部分系统指标项,根据当前已有的基准值和优化经验提供优化建议。

针对大数据和分布式存储场景的硬件配置、系统配置和组件配置进行检查并显示不是最优的配置项,同时分析给出典型硬件配置及软件版本信息。

(3) 微架构分析。

微架构分析基于 ARM PMU(Performance Monitor Unit,性能监控单元)事件,获得指令在 CPU 流水线上的运行情况,可以帮助用户快速定位当前应用在 CPU 上的性能瓶颈,用户可以有针对性地修改自己的程序,以充分利用当前的硬件资源。

(4) 访存分析。

访存分析基于 CPU 访问缓存和内存的事件,分析访存过程中可能的性能瓶颈,给出造成这些性能问题的可能原因及优化建议。

① 访存统计分析。

访存统计分析基于处理器访问缓存和内存的 PMU 事件,分析存储的访问次数、命中率、带宽等情况,具体包括:

- 分析 L1C(L1 Cache,一级高速缓冲存储器)、L2C(L2 Cache,二级高速缓冲存储器)、L3C(L3 Cache,三级高速缓冲存储器)、TLB 的访问命中率和带宽。
- 分析 DDR 的访问带宽和次数。

② Miss 事件分析。

Miss 事件分析基于 ARM SPE(Statistical Profiling Extension,统计分析扩展)能力实现。SPE 针对指令进行采样,同时记录一些触发事件的信息,包括精确的 PC 指针信息。利用 SPE 能力可以用于业务进行 LLC(Last Level Cache,最末级高速缓冲存储器)Miss、TLB Miss、远程访问、长延时负载(Long Latency Load)等 Miss 类事件分析,并精确地关联到造成该事件的代码。基于这些信息,用户便可以有针对性地修改自己的程序,降低发生对应事件发生的概率,提高程序处理性能。

③ 伪共享分析。

伪共享分析基于 ARM SPE 能力实现。SPE 针对指令进行采样,同时记录一些触发事件的信息,包括精确的 PC 指针信息。利用 SPE 能力可以用于业务进行伪共享分析,得到发生伪共享的次数和比例、指令地址和代码行号、NUMA 节点等信息。基于这些信息,用户便可以有针对性地修改自己的程序,降低发生伪共享的概率,提高程序处理性能。

(5) I/O 分析。

I/O 分析用于分析存储 I/O 性能。以存储块设备为分析对象,分析得出块设备的 I/O 操作次数、I/O 数据大小、I/O 队列深度、I/O 操作时延等性能数据,并关联到造成这些 I/O 性能数据的具体 I/O 操作事件、进程/线程、调用栈、应用层 I/O APIs 等信息。根据 I/O 性能数据分析给出进一步优化建议。

(6) 进程/线程性能分析。

进程/线程性能分析用于采集进程/线程对 CPU、内存、存储 I/O 等资源的消耗情况,获得对应的使用率、饱和度、错误次数等指标,以此识别进程/线程性能瓶颈。针对部分指标项,根据当前已有的基准值和优化经验提供优化建议。针对单个进程,还支持分析其系统调用情况。

(7) C/C++性能分析。

分析 C/C++程序代码,找出性能瓶颈点,获得对应的热点函数及其源码和汇编指令;支持通过火焰图展示函数的调用关系,给出优化路径。

（8）资源调度分析。

基于 CPU 调度事件分析系统资源调度情况，主要包括：

① 分析 CPU 核在各个时间点的运行状态，如 Idle、Running，以及各种状态的时长比例。

② 分析进程/线程在各个时间点的运行状态，如 Wait、Schedule 和 Running，以及各种状态的时长比例。

③ 分析进程/线程切换情况，包括切换次数、平均调度延迟时间、最小调度延迟时间和最大延迟时间。

④ 分析各个进程/线程在不同 NUMA 节点之间的切换次数。如果切换次数大于基准值，能给出绑核优化建议。

（9）锁与等待分析。

锁与等待分析用于分析 glibc 和开源软件（如 MySQL、OpenMP）的锁与等待函数（包括 sleep、usleep、mutex、cond、spinlock、rwlock、semaphore 等），关联到其归属的进程和调用点，并根据当前已有的优化经验给出优化建议。

2）工具实现原理

图 4.33 是鲲鹏系统性能分析工具的逻辑架构图。

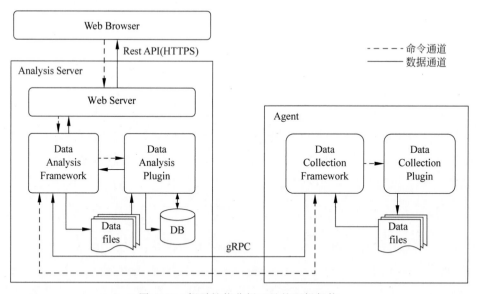

图 4.33　鲲鹏性能分析工具的逻辑架构

鲲鹏性能分析工具分为 Analysis 和 Agent 两个子系统。

Analysis 子系统的功能是实现性能数据分析及分析结果呈现。所包括的模块以及其功能如表 4.28 所示。

表 4.28 Analysis 模块功能

模 块 名	功 能
Web Browser	Web 浏览器,用于操作交互和数据呈现
Web Server	Web 服务器,接收 Web 浏览器的请求,并触发 Data Analysis Framework 模块进行具体的业务处理
Data Analysis Framework	数据分析框架,主要作用是: • 通知 Data Collection Framework 模块进行数据采集,并接收采集的数据文件; • 调用相应的 Data Analysis Plugin 模块对数据文件进行入库和分析,并保存分析结果; • 为 Web 服务器提供分析结果查询通道
Data Analysis Plugin	数据分析插件,不同性能分析功能有对应的分析插件,主要作用是: • 对数据文件进行预处理,并导入数据库中; • 分析原始数据,得出更适合展示的数据格式及数据间的关联关系,并结合以往项目调优经验值,给出优化建议; • 提供性能分析结果查询接口

Agent 子系统的功能是实现性能数据采集。所包括的模块以及其功能如表 4.29 所示。

表 4.29 Agent 模块功能

模 块 名	功 能
Data Collection Framework	数据采集框架,主要作用是: • 接收 Data Analysis Framework 模块的采集通知,调用相应的 Data Collection Plugin 模块进行数据采集; • 将采集的数据文件推送给 Data Analysis Framework 模块
Data Collection Plugin	数据采集插件,不同性能分析功能有对应的采集插件,主要作用是完成具体的性能数据采集,并保存到文件

3) 案例:安装和使用系统性能分析工具

系统性能分析工具只支持通过 Web UI 访问。

系统性能分析工具的详细使用指南可参考网址 https://support. huaweicloud. com/ug-spt-kunpengdevps/kunpengsys_06_0004. html。本节使用鲲鹏云服务器举例说明如何安装和使用该工具。鲲鹏云服务器的构建和配置可参考 5.1 节。

(1) 准备环境。

① 登录鲲鹏社区(网址 https://mirrors. huaweicloud. com/kunpeng/archive/Tuning_kit/Packages/)下载最新的鲲鹏性能分析工具软件包。

② 获取软件包后,需要校验软件包,确保与网站上的原始软件包一致。校验工具

和校验方法可参考网址 https：//support. huawei. com/enterprise/zh/tool/pgp-verify-TL1000000054。

（2）安装。

① 将鲲鹏性能分析工具安装包上传至服务器任意目录下，例如“/home”目录。

② 执行 cd /home 命令进入保存鲲鹏性能分析工具软件包的目录。执行 tar -zxvf Hyper-Tuner-x. x. x. tar. gz 命令解压软件包。

③ 执行 cd Hyper_tuner 命令进入解压后的软件包目录。执行. /install. sh 命令安装工具，并根据回显中的提示信息配置安装参数。

（3）登录系统性能分析 Web 界面。

① 打开本地 PC 的浏览器，输入 https：//部署服务器的 IP：端口号（例如：https：//121. 36. 15. 92：8086），按 Enter 键。首次登录，需要先创建管理员密码。

② 输入用户名密码，按 Enter 键或者单击“登录”按钮，进入鲲鹏性能分析工具首页界面。

③ 选择“系统性能分析”，进入系统性能分析首页界面。

（4）添加节点。

① 依次单击“节点管理 → 添加节点”命令。

② 配置节点参数，单击“确认”按钮。

（5）创建工程。

① 单击首页界面“工程管理”区域的“创建工程”按钮。

② 输入用户自定义工程名称，在服务器节点列表中勾选需要分析的节点。

③ 单击“确认”按钮完成工程的创建。

（6）创建分析任务。

① 单击指定工程后面的“创建任务”按钮。

② 选择指定分析任务类型，配置任务参数。单击“确认”按钮完成分析任务的创建。

③ 分析任务执行完成后，自动跳转到分析结果“总览”页面。

（7）卸载工具。

① 使用 SSH 远程登录工具，以系统用户登录 Linux 操作系统命令行界面。若以普通用户登录，需要执行 su 命令切换到 root 用户下执行后续操作。执行 cd /home/Hyper_tuner 命令进入鲲鹏性能分析工具安装目录（“/home/Hyper_tuner”为工具安装目录，请根据实际情况替换）。

② 执行. /hyper_tuner_uninstall. sh 命令，选择卸载工具的类型，输入“y”卸载工具。

2. 鲲鹏 Java 性能分析工具

Java 性能分析工具是华为鲲鹏性能分析工具的子工具。

Java 性能分析工具是针对基于鲲鹏的服务器上运行的 Java 程序的性能分析和优化工具,能图形化显示 Java 程序的堆、线程、锁、垃圾回收等信息,收集热点函数、定位程序瓶颈点,帮助用户采取针对性优化。

1) 工具功能特性

Java 性能分析工具支持的功能特性如下。

(1) 在线分析。

在线分析包含对于目标 JVM(Java 虚拟机)和 Java 程序的双重分析,包括 Java 虚拟机的内部状态分析(如 Heap、GC(垃圾回收)活动、线程状态)及上层 Java 程序的性能分析(如调用链分析、热点函数、锁分析、程序线程状态及对象生成分布等)。通过 Agent 的方式在线获取 JVM 运行数据进行精确分析。

主要分析结果包含:

① 概览。

在线显示 Java 虚拟机系统状态。在线显示 JVM 的 Heap 大小、GC 活动、Thread 数量、Class 加载数量和 CPU 使用率。

② 内存信息。

通过抓取堆快照,分析应用在某时刻堆的直方图分布和支配调用关系,追溯堆内存中各 Java 存活对象到 GC root 的引用关系链,帮助定位潜在的内存问题;对比分析不同时刻的堆快照,给出堆使用与分配变化,辅助用户发现堆内存在分配和使用过程中的异常情况。

获取 Java 堆中各个对象创建的数量及大小,显示相关内存使用情况并实时刷新。

通过采集 GC 事件的各项指标,分析 GC 性能问题。

③ I/O 信息。

在线分析应用中的文件 I/O、Socket I/O 时延、消耗带宽等数据,找出热点 I/O 操作。

④ 线程信息。

获取当前 JVM 中实时的活动线程状态和当前线程转储,图形化显示线程锁定状态,分析线程死锁情况。

⑤ 数据库信息。

监控和分析数据库连接池。监控数据库连接池连接的情况、帮助用户定位潜在的连接泄露,对不合适的连接池配置给出优化建议。

分析 JDBC 热点 SQL 操作。记录应用中的 SQL 调用时间、耗时和堆栈跟踪,帮助用户定位耗时最长的热点 SQL 操作。

分析 NoSQL 热点操作。记录应用中访问/操作 NoSQL 数据库调用时间、耗时和堆栈跟踪,帮助用户定位耗时最长的热点 NoSQL 操作。

⑥ HTTP 信息。

记录应用中的 HTTP 请求时间和耗时，找出热点 HTTP 请求。

⑦ SpringBoot 信息。

经用户授权后，采集第三方框架，如 Spring Boot Acutator 框架，提供指标数据与性能数据，更加贴近用户业务。

⑧ 快照信息。

支持在堆、I/O、Workload 在线分析过程中生成快照，对快照进行比对，辅助用户发现资源、业务相关指标的变化趋势，定位潜在的资源泄露问题或性能指标恶化问题。

（2）采样分析。

通过采样的方式，收集 JVM 的内部活动/性能事件，通过录制及回放的方式进行离线分析。这种方式对系统的额外开销很小，对业务影响不大，适用于大型的 Java 程序。

主要分析结果包括：

① 概览。

显示 Java 虚拟机系统状态。通过采样及回放的方式显示 JVM 的 Heap 使用情况、GC 活动、I/O 消耗和 CPU 使用率。

② 线程转储及锁分析结果。

分析程序线程状态及锁。获取采样时间内的线程的状态变化和当前线程转储，根据线程转储图形化地显示线程锁定状态，分析线程死锁情况。

分析程序所用堆积对象，获取采样时间内 Java 堆中各个对象的数量、大小与堆栈跟踪。

分析估计线程阻塞对象和阻塞时间。

③ 方法采样分析结果。

分析 Java 及 native 代码中热点函数 CPU Cycles 的占比及定位。支持通过火焰图查看热点函数及其调用栈。

④ 内存分析结果。

通过对存留周期长的对象进行采样，分析 Java 应用中潜在的堆内存泄漏，并辅助用户定位潜在原因。

根据采样分析记录出关于启动参数、GC 方面的报告和优化建议。

⑤ I/O 分析结果。

分析应用中的文件 I/O、Socket I/O 时延、消耗带宽，找出热点 I/O 操作。

基于上述功能，Java 性能分析为程序开发时刻调优、集成压力测试时系统调优提供两种维度的性能优化视角，具体如图 4.34 所示。

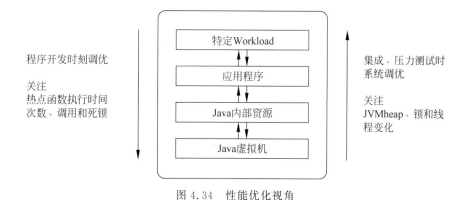

图 4.34　性能优化视角

2）工具实现原理

图 4.35 是鲲鹏 Java 性能分析工具的逻辑架构图。

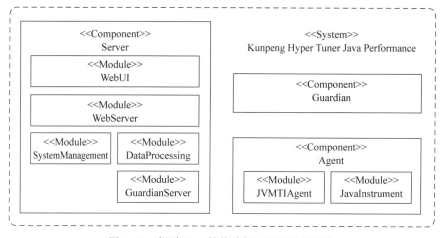

图 4.35　鲲鹏 Java 性能分析工具的逻辑架构

鲲鹏 Java 性能分析工具包括 Server、Guardian（分析辅助软件）& Agent 两个子系统。

Server 子系统的功能是实现性能数据分析及分析结果呈现。所包括的模块以及模块功能如表 4.30 所示。

表 4.30　Server 模块功能

模 块 名	功　　　能
WebUI	Web 浏览器，用于操作交互和数据呈现
WebServer	Web 服务器
SystemManagement	提供用户管理、数据库存储空间管理、日志管理和采集分析任务管理等功能

模　块　名	功　　能
DataProcessing	对采集数据文件预处理,提供性能分析数据接口
GuardianServer	提供各个目标机主机上的分析辅助软件的安装、管理、连接和卸载功能,提供实时 streaming 接口

Guardian & Agent 子系统的功能是实现性能数据的采集及传输。所包括的模块以及模块功能如表 4.31 所示。

表 4.31　Guardian & Agent 模块功能

模　块　名	功　　能
Guardian(分析辅助软件)	提供获取采集任务、采集文件存储空间管理和通信管理等功能
JVMTI Agent	通过 JVMTI 收集性能信息,完成对系统的性能数据采集,并保存到文件,将文件通过 socket 接口上传到 Analysis
Java Instrument	通过 Attach 接口动态设置 Instrument 代码,传输性能数据至 Analysis

3) 案例：安装和使用 Java 性能分析工具

Java 性能分析工具只支持通过 WebUI 访问。

Java 性能分析工具的详细使用指南可参考网址 https://support. huaweicloud. com/ug-jpt-kunpengdevps/kunpengjava_06_0004. html。本节使用鲲鹏云服务器举例说明如何安装和使用该工具。鲲鹏云服务器的构建和配置可参考 5.1 节。

(1) 准备环境。

① 登录鲲鹏社区(网址 https://mirrors. huaweicloud. com/kunpeng/archive/Tuning_kit/Packages/)下载最新的鲲鹏性能分析工具软件包。

② 获取软件包后,需要校验软件包,确保与网站上的原始软件包一致。校验工具和校验方法可参考网址 https://support. huawei. com/enterprise/zh/tool/pgp-verify-TL1000000054。

(2) 安装。

① 将鲲鹏性能分析工具安装包上传至服务器任意目录下,例如"/home"目录。

② 执行 cd /home 命令进入保存鲲鹏性能分析工具软件包的目录。执行 tar -zxvf Hyper-Tuner-x. x. x. tar. gz 命令解压软件包。

③ 执行 cd Hyper_tuner 命令进入解压后的软件包目录。执行 ./install. sh 命令安装工具,并根据回显中的提示信息配置安装参数。

(3) 登录 Java 性能分析 Web 界面。

① 打开本地 PC 的浏览器,输入 https://部署服务器的 IP:端口号(例如:https://121.36.15.92:8086),按 Enter 键。首次登录,需要先创建管理员密码。

② 输入用户名和密码,按 Enter 键或者单击"登录"按钮,进入鲲鹏性能分析工具首页界面。

③ 选择"Java 性能分析",进入 Java 性能分析首页界面。

(4) 添加目标环境。

① 单击首页界面"目标环境"区域的"添加目标环境"按钮。

② 配置目标环境参数,单击"确认"按钮。

③ 在弹出的操作确认对话框中单击"确认"按钮。

(5) 创建在线分析任务。

① 单击"Java 进程"区域指定进程后面的"在线分析"按钮。

② 自动跳转分析结果"概览"页面,查看分析结果。

(6) 创建采样分析任务。

① 单击"Java 进程"区域指定进程后面的"采样分析"按钮。

② 配置任务参数后单击"确认"按钮。

③ 分析任务执行完成后,自动跳转分析结果"环境信息"页面,查看分析结果。

(7) 卸载工具。

① 使用 SSH 远程登录工具,以系统用户登录 Linux 操作系统命令行界面。若以普通用户登录,需要执行 su 命令切换到 root 用户下执行后续操作。执行 cd /home/ Hyper_tuner 命令进入鲲鹏性能分析工具安装目录("/home/Hyper_tuner"为工具安装目录,请根据实际情况替换)。

② 执行./hyper_tuner_uninstall.sh 命令,选择卸载工具的类型,输入 y 卸载工具。

## 第 5 章

鲲鹏软件应用与实战案例

本章分别从不同角度介绍 7 个案例。前 5 个案例是通用的 ARM 服务器软件实验,涵盖基础编程环境的搭建、Docker 和 KVM 虚拟化环境的搭建与使用、QEMU 模拟环境的搭建与使用、鲲鹏 Android 模拟器的使用,第 6 个案例介绍鲲鹏特有的硬件特性——加速引擎,利用它可以加速解压缩和加解密软件的性能,第 7 个案例介绍鲲鹏应用使能套件 BoostKit 的典型场景化应用。

5.1 云服务器源码移植和编译

本节介绍鲲鹏云服务器的常用开发操作。首先介绍如何购买和配置鲲鹏云服务器,随后以 OpenSSL 源码包为例,实现用 Porting Advisor 工具对代码进行移植分析和修改建议,接着搭建 x86 云服务器上的交叉编译环境并交叉编译 OpenSSL,最后简要说明如何在鲲鹏云服务器上将 OpenSSL 编译生成 ARM 平台上的可执行代码。

5.1.1 配置云服务器

1. 登录华为公有云

打开华为公有云 www.huaweicloud.com 网页,单击右上角"登录"按钮,在登录窗口中输入账号和密码登录华为公有云(没有账号的用户请先注册)。

2. 创建虚拟私有云(Virtual Private Cloud,VPC)环境

(1)选择"产品"→"基础服务"→"虚拟私有云(VPC)"命令。

(2)单击"访问控制台",进入"网络控制台 VPC"页面。在网络控制台 VPC 页面中单击右上角"创建虚拟私有云"选项。

(3)配置 VPC 属性,然后单击右下角"立即创建"按钮。

可按照如表 5.1 所示的 VPC 配置参数进行配置。

表 5.1　VPC 配置参数

参数	配　　置	参数	配　　置
区域	华北-北京四	子网可用区	可用区 1
名称	vpc-test	子网名称	subnet-test
网段	192.168.1.0/24	子网网段	192.168.1.0/24

3．修改安全组规则

（1）展开网络控制台左侧列表的"访问控制"选项，选择"安全组"选项，进入"安全组"页面。单击右上角"创建安全组"按钮。

（2）在"创建安全组"窗口中配置模板选择为"开放全部端口"，名称设置为sg-test，然后单击"确定"按钮，完成安全组的创建。

4．配置网络带宽

（1）展开网络控制台左侧列表的"弹性公网 IP 和共享带宽"选项，选择"共享带宽"选项，进入"共享带宽"页面。

（2）单击右上角"购买共享带宽"按钮，配置共享带宽参数，然后单击"立即购买"按钮，在订单详情页面单击"提交"按钮。

可按照如表 5.2 所示配置参数进行配置。

表 5.2　宽带配置参数

参　　数	配　　置	参　　数	配　　置
计费模式	按需计费	带宽大小	5Mb/s
区域	华北-北京四	带宽名称	bandwidth-test
计费方式	按带宽计费		

5．购买华为云 ECS

（1）选择"服务列表"→"计算"→"弹性云服务器（ECS）"命令，进入云服务器控制台的弹性云服务器页面。

（2）单击"购买弹性云服务器"按钮，按如表 5.3 所示参数分别购买 x86_test 和kp_test 两台弹性云服务器。

表 5.3　云服务器配置参数

参　　数	kp_test 配置	x86_test 配置
计费模式	按需计费	按需计费
区域	华北-北京四	华北-北京四
CPU 架构	鲲鹏计算	x86 计算
规格	kc1.large.2｜2vCPUs｜4GB	s6.large.2｜2vCPUs｜4GB
公共镜像	CentOS7.6 64bit with ARM	CentOS7.6 64bit
系统盘	高 I/O，40GB	高 I/O，40GB
网络	vpc-test｜subnet-test｜手动分配 IP 地址｜192.168.1.20	vpc-test｜subnet-test｜手动分配 IP 地址｜192.168.1.10
安全组	sg-test	sg-test
弹性公网 IP	现在购买	现在购买

续表

参　　数	kp_test 配置	x86_test 配置
线路	全动态 BGP（Border Gateway Protocol，边界网关协议）	全动态 BGP
公网宽带	按流量计费	按流量计费
带宽大小	5Mb/s	5Mb/s
云服务器名称	kp_test	x86_test
登录凭证	密码	密码
用户名	root	root
密码	×××（按密码规则自定义密码）	×××（按密码规则自定义密码）
云备份	暂不购买	暂不购买

（3）购买完成后，单击“返回云服务器列表”按钮，查看购买的服务器状态信息。

6. 登录验证

（1）单击 kp_test 弹性云服务器的“远程登录”按钮。

（2）在弹出的 VNC（Virtual Network Console，虚拟网络控制台）页面中输入用户名 root 以及密码，如能登录，表示 ECS 正常。

（3）按照上述两个步骤验证 x86_test 服务器是否正常。

5.1.2　Porting Advisor 代码移植

1. 安装 Porting Advisor 工具

（1）登录 x86_test 服务器。在云服务器列表处获得服务器的公网 IP，使用 SSH 工具以 root 账户登录服务器。

（2）输入命令“gcc -v”，检查 GCC 环境是否符合要求。

（3）下载 Porting Advisor 工具并解压。

从华为云鲲鹏社区（https://www.huaweicloud.com/kunpeng/software/portingadvisor.html）获取 Porting Advisor 工具的下载地址，下载 Porting-advisor-x86_64-linux-xxx.tar.gz。执行如下命令：

```
wget https://portal-www-software.obs.cn-north-1.myhuaweicloud.com/%E5%B7%A5%
E5%85%B7%E9%93%BE/Kunpeng%20Computing%20Solution%202.1.1.SPC100/Porting/
Porting-advisor-x86_64-linux-2.1.1.SPC100.tar.gz
tar -zxvf Porting-advisor-x86_64-linux-2.1.1.SPC100.tar.gz
```

（4）安装华为鲲鹏代码迁移工具的 Web 模式。

执行如下命令：

```
cd Porting-advisor-x86_64-linux-2.1.1.SPC100
sh install.sh web
```

按规划依次输入 Web Server 的 IP 地址、https 端口、tool 端口,然后按 Enter 键。如果使用默认 IP 地址,不需要输入 IP,直接按 Enter 键即可。默认 https 端口为 8084。

注意:如果存在"/opt/portadv"目录,需执行如下命令先删除该目录。

```
rm - rf /opt/portadv
```

(5) 等待 3～5 分钟完成安装,出现以下提示,表示安装成功。

```
Porting Web console is now running, go to:https://HOSTNAME_OR_IP_ADDRESS:8084.
Successfully installed the Kunpeng Porting Advisor in /opt/portadv/.
```

2. 使用代码迁移工具进行代码移植

(1) 获取 OpenSSL 源码,并解压到"/opt/portadv/portadmin"路径下。执行如下命令:

```
wget https://www.openssl.org/source/openssl - 1.1.1g.tar.gz
tar - zxf openssl - 1.1.1g.tar.gz - C /opt/portadv/portadmin/
```

(2) 登录代码迁移工具页面。

打开本地 PC 的浏览器,在地址栏输入"https://所记录的 ECS 的 EIP:端口号(例如:https://121.36.15.92:8084)",按 Enter 键。在华为鲲鹏代码迁移工具页面,输入用户名和密码。首次登录时需要修改密码。

(3) 配置分析参数。

成功登录后,显示首页,在创建分析任务区对以下参数进行配置。

源代码存放路径:/opt/portadv/portadmin/openssl-1.1.1g;

目标操作系统:CentOS 7.6;

构建工具:make;

编译命令:make;

编译器版本:GCC4.8.5;

目标系统内核版本:v4.14.0;

代码迁移工具配置参数如图 5.1 所示。

(4) 分析源代码。

配置好参数后,单击"分析"按钮,生成分析报告,如图 5.2 所示。

弹窗页面显示任务分析进度,分析完成后,自动跳转至"移植报告"页面。

单击"下载报告"按钮,可以保存移植报告到本地。

(5) 查看移植建议。

单击"移植建议"按钮,进入"移植建议"页面,勾选"显示源代码"选项,单击"确认"按钮。

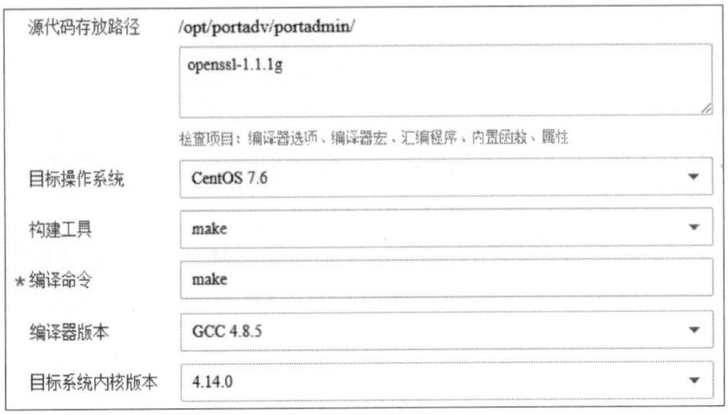

源代码存放路径
/opt/portadv/portadmin/
openssl-1.1.1g
检查项目：编译器选项、编译器宏、汇编程序、内置函数、属性
目标操作系统
CentOS 7.6
构建工具
make
*编译命令
make
编译器版本
GCC 4.8.5
目标系统内核版本
4.14.0

图 5.1　代码迁移工具配置参数

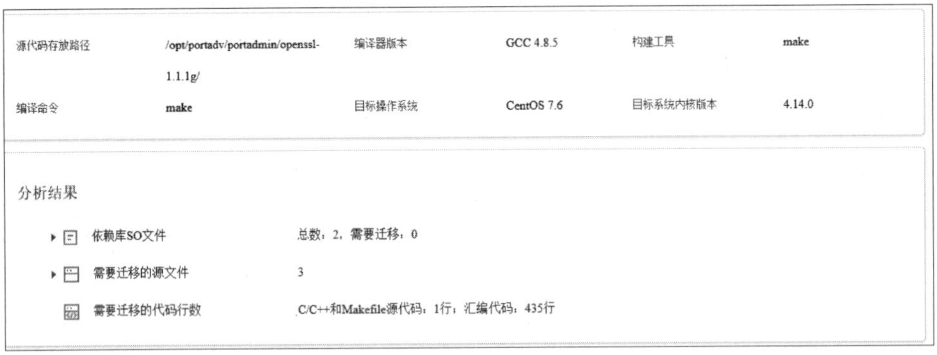

源代码存放路径
/opt/portadv/portadmin/openssl-1.1.1g/
编译器版本
GCC 4.8.5
构建工具
make
编译命令
make
目标操作系统
CentOS 7.6
目标系统内核版本
4.14.0
分析结果
依赖库SO文件
总数：2，需要迁移：0
需要迁移的源文件
3
需要迁移的代码行数
C/C++和Makefile源代码：1行；汇编代码：435行

图 5.2　代码迁移工具分析报告

选择 "C/C++ Source File"选项，如图 5.3 所示，查看"建议源代码"。

search
makefile
Notes
C/C++ Source File
/opt/portadv/portadm…/x86_64-gcc.c
/opt/portadv/portadmin/op…/bn_div.c
.S File
/opt/portadv/portad… /sparcv8plus.S
原始源代码
建议源代码

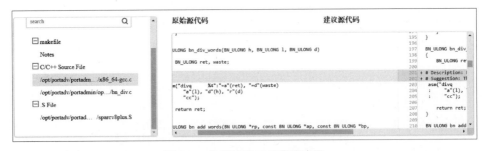

图 5.3　代码迁移工具移植建议

注：此实验仅示例工具如何使用，不涉及代码修改操作。如何根据 Portiong Advisor 给出的建议移植源文件，需具体情况具体分析。

5.1.3　搭建交叉编译环境

搭建交叉编译环境的操作步骤如下：

（1）用 SSH 工具以 root 账户登录 x86_test 服务器。

（2）安装开发工具。

```
yum - y groupinstall "Development Tools"
```

（3）安装交叉编译工具。

在/usr/local/ 目录下创建 arm-toolchain 目录。命令如下：

```
mkdir /usr/local/arm - toolchain
```

进入/usr/local/arm-toolchain/目录，使用 wget 命令下载 gcc-linaro-5.5.0-2017. 10x86_64_aarch64-linux-gnu.tar.xz。命令如下：

```
cd /usr/local/arm - toolchain/
wget https://releases.linaro.org/components/toolchain/binaries/latest - 7/aarch64 -
linux - gnu/gcc - linaro - 7.5.0 - 2019.12 - x86_64_aarch64 - linux - gnu.tar.xz
```

等待下载 100％完成后，解压压缩包。命令如下：

```
tar - xvf gcc - linaro - 7.5.0 - 2019.12 - x86_64_aarch64 - linux - gnu.tar.xz
```

（4）修改并更新环境变量。执行如下命令：

```
echo "export PATH = $ PATH:/usr/local/arm - toolchain/gcc - linaro - 7.5.0 - 2019.12 - x86
_64_aarch64 - linux - gnu/bin" >> /etc/profile
source   /etc/profile
```

（5）验证安装情况。

输入如下命令查看 aarch64-gcc 版本信息，检查配置是否正确。

```
aarch64 - linux - gnu - gcc - v
```

5.1.4　x86 云服务器交叉编译 OpenSSL

具体操作步骤如下：

（1）用 SSH 工具以 root 账户登录 x86_test 服务器。

（2）下载 OpenSSL 源码并解压。执行如下命令：

```
wget https://www.openssl.org/source/openssl - 1.1.1g.tar.gz
tar - zxf openssl - 1.1.1g.tar.gz
```

配置 AArch64 的交叉编译选项。执行如下命令：

```
cd openssl - 1.1.1g
./Configure linux - aarch64 - - cross - compile - prefix = aarch64 - linux - gnu - - -
prefix = /opt/openssl - 1.1.1g - - openssldir = /opt/openssl - 1.1.1g - static
```

（3）编译。命令如下：

```
make install
```

（4）检查交叉编译是否成功。命令如下：

```
file /opt/openssl-1.1.1g/bin/openssl
```

通过 file 命令查看其架构，生成信息如下，说明目标架构是 ARM AArch64。

```
/opt/openssl-1.1.1g/bin/openssl: ELF 64-bit LSB executable, ARM aarch64, version 1
(SYSV), statically linked, for GNU/Linux 3.7.0, BuildID [sha1] =
9170d26365842240b889d16ceec49a776b714378, not stripped
```

5.1.5　鲲鹏云服务器上编译 OpenSSL

在鲲鹏云服务器上编译与在通用服务器上的编译没有区别，都需要下载源码、配置参数、编译等步骤。

（1）用 SSH 工具以 root 账户登录 kp_test 服务器。

（2）安装编译工具。命令如下：

```
yum -y install openssl-devel gcc glibc zlib
```

（3）下载 OpenSSL 源码并解压。执行如下命令：

```
wget https://www.openssl.org/source/openssl-1.1.1g.tar.gz
tar -zxf openssl-1.1.1g.tar.gz
```

（4）配置 AArch64 的交叉编译选项。执行如下命令：

```
cd openssl-1.1.1g
./config shared zlib
```

（5）编译。命令如下：

```
make
```

5.2　Docker 的安装与应用

本节介绍如何通过源码方式安装 Docker 和基于 Docker 的一些应用操作。

5.2.1　安装 Docker

Docker 在 CentOS 上可直接通过 yum 工具安装，也可通过静态安装包安装。前者直接运行 yum -y install docker 命令即可。但因为默认 yum 源的 Docker 版本过旧，容易出错且出现问题难以定位。以下步骤是介绍如何使用静态安装包安装 Docker。

（1）获取 Docker 静态安装包源码。

进入 Docker 官方下载地址，查看 Docker 静态安装包列表。

下载地址为：https://download.docker.com/linux/static/stable/aarch64/。

选择所需版本的安装包并下载至本地。命令如下：

```
wget https://download.docker.com/linux/static/stable/aarch64/docker-18.09.8.tgz
```

（2）获取 Docker 静态安装包及组件。

将静态安装包在本地解压。命令如下：

```
tar xvpf docker-18.09.8.tgz
```

将文件夹中所有内容复制至"/usr/bin"文件夹下。命令如下：

```
cp -p docker/* /usr/bin
```

（3）配置前的环境准备。

为使 Docker 可以正常使用，还需要关闭 SELinux 及防火墙。执行如下命令：

```
setenforce 0
systemctl stop firewalld
systemctl disable firewalld
```

此时只是暂时禁用 SELinux，如果要长期禁用 SELinux，还需要修改/etc/selinux/config 文件。将其中的 SELinux＝enforcing 改为 SELinux＝permissive 或 disabled，才能长期有效。

重启服务器后，修改的配置生效。

（4）启动 docker.service 服务。

整段执行如下命令，配置 docker.service 文件。

```
cat >/usr/lib/systemd/system/docker.service << EOF
[Unit]
Description = Docker Application Container Engine
Documentation = http://docs.docker.com
After = network.target docker.socket
[Service]
Type = notify
EnvironmentFile = -/run/flannel/docker
WorkingDirectory = /usr/local/bin
ExecStart = /usr/bin/dockerd \
-H tcp://0.0.0.0:4243 \
-H unix:///var/run/docker.sock \
```

```
-- selinux - enabled = false \
-- log - opt max - size = 1g
ExecReload = /bin/kill  - s HUP $ MAINPID
# Having non - zero Limit * s causes performance problems due to accounting overhead
# in the kernel. We recommend using cgroups to do container - local accounting.
LimitNOFILE = infinity
LimitNPROC = infinity
LimitCORE = infinity
# Uncomment TasksMax if your systemd version supports it.
# Only systemd 226 and above support this version.
#TasksMax = infinity
TimeoutStartSec = 0
# set delegate yes so that systemd does not reset the cgroups of docker containers
Delegate = yes
# kill only the docker process, not all processes in the cgroup
KillMode = process
Restart = on - failure
[Install]
WantedBy = multi - user. target
EOF
```

服务文件已经成功生成。

随后执行如下命令,启动相关服务。

```
systemctl daemon - reload
systemctl status docker
systemctl restart docker
systemctl status docker
systemctl enable docker
```

(5) 执行 docker version 命令,检查 Docker 安装是否成功。

5.2.2　运行和验证

具体操作步骤如下:

(1) 运行程序,验证 Docker 的安装结果。

执行 docker run hello-world 命令,输出结果如图 5.4 所示。

可以看出 Docker 从 DockerHub 上获取了 hello-world 镜像,运行并输出了相关信息,表示 Docker 安装成功。

(2) 查看本机所有容器的 Docker 服务。

执行 docker ps -a 命令,输出结果如图 5.5 所示。

可以看到对应容器已经创建,Docker 服务完全可用。

在刚刚安装 Docker 之后,本地镜像库为空,执行 docker run hello-world 命令,可以验证 Docker 从 DockerHub 上获取镜像的功能、Docker 通过镜像创建容器的功能。

```
Unable to find image 'hello-world:latest' locally
Trying to pull repository docker.io/library/hello-world ...
latest: Pulling from docker.io/library/hello-world
256ab8fe8778: Pull complete
Digest: sha256:6a65f928fb91fcfbc963f7aa6d57c8eeb426ad9a20c7ee045538ef34847f44f1
Status: Downloaded newer image for docker.io/hello-world:latest

Hello from Docker!
This message shows that your installation appears to be working correctly.

To generate this message, Docker took the following steps:
 1. The Docker client contacted the Docker daemon.
 2. The Docker daemon pulled the "hello-world" image from the Docker Hub.
    (arm64v8)
 3. The Docker daemon created a new container from that image which runs the
    executable that produces the output you are currently reading.
 4. The Docker daemon streamed that output to the Docker client, which sent it
    to your terminal.

To try something more ambitious, you can run an Ubuntu container with:
 $ docker run -it ubuntu bash

Share images, automate workflows, and more with a free Docker ID:
 https://hub.docker.com/
```

图 5.4 输出结果

```
[root@kp-test ~]# docker ps -a
CONTAINER ID        IMAGE               COMMAND             CREATED              STATUS
6115ef662717        hello-world         "/hello"            About a minute ago   Exited (0) About a minute ago
da9996a24266        hello-world         "/hello"            2 minutes ago        Exited (0) 2 minutes ago
```

图 5.5 输出结果

5.2.3 Docker 常用命令

Docker 常用命令如表 5.4 所示。

表 5.4 Docker 常用命令列表

命 令 行	功 能 描 述
docker run --network host	容器和主机共享网络
docker pull ubuntu:17.10	获取 ubuntu17.10 的镜像
docker run -p 15555-15579:15555-15579	映射一段范围的端口(host:guest)
docker port container	查看当前映射的端口配置
docker inspect container	查看容器的底层信息
docker info	查看容器配置
docker ps (-a)	查看容器列表
docker images	查看容器镜像
docker run -v /root/data/:/home/ data/	把宿主端的"/root/data"目录映射进容器里面的"/home/data"目录,可用于数据传输
docker commit 812a997f614a(container id) ubuntu: update(image name:tag)	将修改后的镜像保存成一个新的镜像
docker export cbe3cb7799ed(container id) > update.tar	基于某个容器导出一个新镜像

命　令　行	功　能　描　述
docker import-update < update. tar	导入一个镜像
docker save ***** (image id) > ubuntu_17. 10. tar	将一个镜像保存为本地文件
docker load < ubuntu_17. 10. tar docker tag ***** (image id) Ubuntu：17. 10	将一个本地打包的镜像文件加载至容器引擎
docker cp HOST_PATH < CONTAINERNAME >:/ PATH	将文件复制到容器
docker run -it -d -p 5900：5900 -p 15555-15577：15555-15577 --name mesa0 --privileged -v /root/ share：/ root/share ubuntu：17. 10 /bin/bash	启动示例

5.2.4　卸载 Docker

若将环境重置为安装 Docker 前的状态,需要进行以下操作。

(1) 删除所有正在运行的容器。执行如下命令：

docker rm － vf ＄(docker ps － a － q)

如需备份正在运行的容器,需要使用 docker commit 命令保存成镜像。命令用法如下：

docker commit － m "< message >" － a "< author >" < 容器 ID > <镜像名>:< tag >。

(2) 删除本地所有镜像。执行如下命令：

docker rmi － f ＄(docker images － a － q)

如需备份 Docker 镜像到本地文件,需要使用 docker save 命令将镜像保存为压缩文件。

docker save － o <文件名>. rar <镜像名>:< tag >

(3) 需要删除 "/usr/bin" 中的 Docker 组件。执行"ll"命令查询"/usr/bin"中的 Docker 组件。然后,依次删除这些组件。命令如下：

ll/usr/bin
rm － f /usr/bin/<组件名>

(4) 重置 docker. service 配置文件。

将 docker. service 文件内容清空。命令如下：

echo ''> /usr/lib/systemd/system/docker. service

执行以下命令,重新加载 daemon 服务。命令如下:

```
systemctl daemon - reload
```

已完成 Docker 卸载。

5.2.5　制作适配鲲鹏架构的 Docker 镜像

Docker 镜像库(网址 https://hub.docker.com/)中的所有 AArch64 架构的镜像都可以适配鲲鹏服务器。

本节以安装 httpd 服务为例,说明如何通过 docker commit 命令制作适配的 Docker 镜像。操作步骤如下。

(1) 启动一个 CentOS 的 Docker 容器。执行如下命令:

```
docker run - eidt - p 5000:80 -- name xx -- privileged centos:latest init
```

(2) 进入该容器中。执行如下命令:

```
docker exec - it xx /bin/bash
```

(3) 安装 httpd 服务。执行如下命令:

```
yum - y install httpd.aarch64
```

(4) 启动 httpd 服务。执行如下命令:

```
systemctl enable httpd systemctl start httpd
```

(5) 创建 Docker 镜像。

此时该容器是一个可以在鲲鹏主机上运行的、安装了 httpd 服务的 CentOS 容器,通过 docker commit 将其导为镜像。执行如下命令:

```
docker commit - m "message" - a "author" < container ID > < image name >:< tag >
```

通过此命令创建的镜像就是一个自带 httpd 服务的 Docker 镜像。

5.3　KVM 的安装与应用

本节介绍 KVM 虚拟化环境的安装以及常用的应用操作。

5.3.1　安装 KVM

(1) 安装虚拟化相关组件。执行如下命令:

```
yum - y install qemu * libvirt * AAVMF virt - install
```

（2）创建 qemu-kvm 软链接。执行如下命令：

ln - sv /usr/libexec/qemu - kvm /usr/bin/

（3）重启 libvirtd 服务。执行如下命令：

service libvirtd restart

```
[root@kp-test ~]# virsh version
Compiled against library: libvirt 4.5.0
Using library: libvirt 4.5.0
Using API: QEMU 4.5.0
Running hypervisor: QEMU 2.12.0
```

（4）验证环境。执行 virsh version 命令，查看版本信息。运行结果如图 5.6 所示。

图 5.6　运行结果

5.3.2　创建虚拟机

1．启动 libvertd 服务并设置开机自启

执行如下命令：

```
systemctl start libvirtd
systemctl enable libvirtd
```

2．创建存储池

（1）创建存储池目录，配置目录权限。执行如下命令：

```
mkdir - p /home/kvm/images
chown root:root /home/kvm/images
chmod 755 /home/kvm/images
```

（2）定义一个存储池并绑定目录，建立基于文件夹的存储池、激活、设置开机启动。执行如下命令：

```
virsh pool - define - as StoragePool -- type dir -- target /home/kvm/images
virsh pool - build StoragePool
virsh pool - start StoragePool
virsh pool - autostart StoragePool
```

（3）查看存储池信息。执行如下命令：

```
virsh pool - info StoragePool
virsh pool - list
```

3．创建虚拟机磁盘空间

（1）创建卷。

例如，以下命令创建卷：名称为 1.img，所在存储池为 StoragePool，容量为 50GB，初始分配 1GB，文件格式类型为 qcow2，硬盘文件的格式必须为 qcow2 格式。命令如下：

```
virsh vol - create - as -- pool StoragePool -- name 1.img -- capacity 50G -- allocation
```

1G —— format qcow2

（2）查看卷信息。命令如下：

virsh vol - info /home/kvm/images/1.img

4. 创建并安装虚拟机

（1）以下命令创建虚拟机 vm1，虚拟机分配 4 个 CPU、8GB 内存，使用 1.img 作为磁盘空间，将 iso 文件复制到"/xxx(非/root)"路径下，安装 CentOS7.6 系统。命令如下：

```
brctl addbr br1
virt - install —— name = vm1 —— vcpus = 4 —— ram = 8192 —— disk path = /home/kvm/images/
1.img, format = qcow2, size = 50, bus = virtio —— cdrom /xxx/CentOS - 7 - aarch64 -
Everything - 1810.iso —— network bridge = br1,model = virtio —— force —— autostart
```

（2）安装虚拟机的操作系统。安装操作系统时选择 Install CentOS 7 选项，如图 5.7 所示。

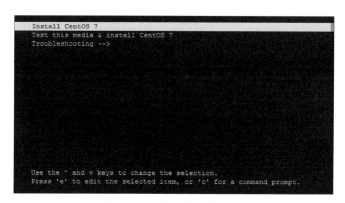

图 5.7　安装操作系统选项

（3）配置所有带有[!]的选项，输入选项对应的序号进入配置，按照指示完成配置，然后按 b 键开始安装。安装配置选择如图 5.8 所示。

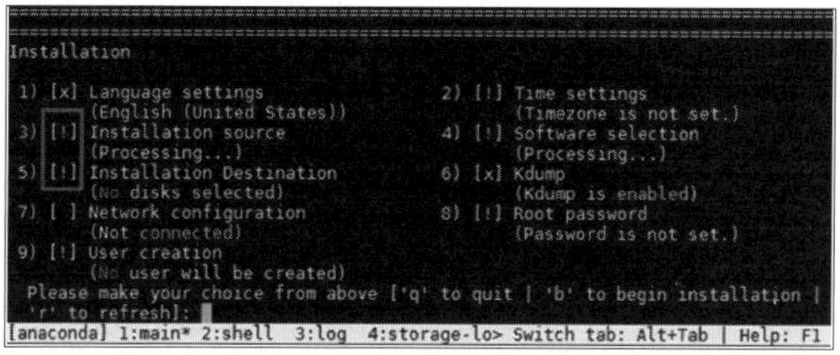

图 5.8　安装配置

（4）系统安装完成后，进入登录页面。

5.3.3　配置虚拟机

本节介绍通过执行 virsh edit vmx 命令编辑虚拟机配置文件的操作方法，其中 vmx 是虚拟机名称。

1. 绑定 CPU

虚拟机的 CPU 绑定，是指将 VM 的 vcpu 绑定到同一个 NUMA 节点的物理 CPU 上。

以将虚拟机的 4 个 vcpu 分别绑定到 0/1/2/3 物理核为例，介绍虚拟机 CPU 绑定的配置方法。

（1）编辑配置文件。执行如下命令：

```
virsh edit vmx
```

（2）在配置文件中添加如下 CPU 配置信息：

```
< cputune >
< vcpupin vcpu = '0' cpuset = '0'/>
< vcpupin vcpu = '1' cpuset = '1'/>
< vcpupin vcpu = '2' cpuset = '2'/>
< vcpupin vcpu = '3' cpuset = '3'/>
< emulatorpin cpuset = '0 - 3'/>
</cputune >
```

经过上述的配置后，虚拟机的 vcpu 线程就会固定运行在指定的主机的物理 CPU 上。

（3）保存并退出配置文件。

（4）查看 CPU 定选效果。命令如下：

```
virsh vcpuinfo vmx
```

2. 绑定内存

将内存绑定到与 CPU 在同一 NUMA 节点上。

（1）编辑配置文件。命令如下：

```
virsh edit vmx
```

（2）在配置文件中，添加如下内存配置信息：

```
< numatune >
< memory mode = 'strict' nodeset = '0'/>
</numatune >
```

（3）保存并退出配置文件。

5.3.4 克隆与修改虚拟机

具体操作步骤如下：

（1）关闭虚拟机 vm1，执行 virt-install 软件包中的 virt-clone 命令克隆出虚拟机 vm10。命令如下：

```
virt - clone - o vm1 - n vm10 - f /home/kvm/images/10.img
```

其中，-o 选项表示源虚拟机，-n 选项表示新创建的虚拟机，-f 表示新创建的虚拟机使用宿主机上的文件作为镜像文件。

以上命令执行完成后，名为 vm10 的虚拟机就创建成功了，分配给 vm10 的 CPU、内存、硬盘、网络都和 vm1 一致，vm10 的 CPU 和网络分配需要单独配置。

（2）查看创建的虚拟机状态。命令如下：

```
virsh list -- all
```

（3）修改虚拟机主机名。

由于克隆的虚拟机具有和 vm1 一样的主机名和 IP，因此需要登录 vm10，执行如下命令修改主机名。命令如下：

```
hostnamectl -- static set - hostname vm10
```

（4）修改虚拟机 IP。命令如下：

```
vim /etc/sysconfig/network - scripts/ifcfg - ens3
```

5.3.5 启动与关闭虚拟机

具体操作步骤如下：

（1）启动 vm1。命令如下：

```
virsh start vm1
```

（2）编辑 vm1 的配置文件。命令如下：

```
virsh edit vm1
```

（3）关闭 vm1。命令如下：

```
virsh shutdown vm1
```

5.3.6 常用命令

KVM 常用命令如表 5.5 所示。

表 5.5　KVM 常用命令

命　令　行	功　能　描　述
virsh list --all	查看所有虚拟机
virsh undefined vm2	删除虚拟机
virsh vol-delete --pool StoragePool --vol 2.img	从存储池中删除磁盘卷
virsh pool-destroy vmfspool virsh pool-undefine vmfspool virsh pool-delete vmfspool	删除存储池
brctl add br1	创建网桥,br1 是网桥名称
brctl addif br1 eth0	将网桥 br1 绑定到网口 eth0 上,绑定的网口根据实际情况确认,虚拟机需要用到哪个网口就绑定哪个网口
ifconfig br1 192.168.1.100	配置网桥 IP 地址

5.4　QEMU 的安装与应用

本案例介绍如何在 Linux x86 主机上搭建基于 QEMU 模拟器的鲲鹏开发环境。在此基础上介绍一些基于 QEMU 的常用开发操作,包括运行虚拟机,运行 ARM Trusted Firmware(可信固件),编辑 ACPI,编译和调试 UEFI 和 Linux,安装 openEuler 等。

1. 安装开发工具

(1) 在 Linux x86 主机上安装交叉编译工具链。命令如下:

```
apt-get -y install gcc-aarch64-linux-gnu g++-aarch64-linux-gnu
```

(2) 安装其余可能用到的软件。命令如下:

```
apt-get -y install build-essential libasound2-dev libasound2 libglib2.0-dev
libgtk2.0-dev libpixman-1-dev pkg-config libexpat1-dev texinfo m4 flex bison
python python2.7 python2.7-dev libbabeltrace1 curl make gcc g++ libncurses5-dev libssl
-dev libsdl2-dev
```

2. 编译 QEMU 并启动虚拟机

(1) 下载 QEMU 源码并编译 AArch64 架构的 QEMU。执行如下命令:

```
git clone https://git.qemu.org/git/qemu.git
cd qemu
git submodule init
git submodule update --recursive
./configure --target-list=aarch64-softmmu \
    --prefix=/usr/local/ --enable-sdl --enable-debug
```

```
make - j4
sudo make install
```

（2）用 buildroot 构建 Linux 根文件系统。buildroot 是一款专门用于定制嵌入式
Linux 系统的开源工具，可通过交叉编译方式生成嵌入式 Linux 内核、启动加载程序和
根文件系统。编译 buildroot 根文件系统的命令如下：

```
git clone git://git.buildroot.net/buildroot
cd buildroot
make qemu_aarch64_virt_defconfig
make menuconfig
make - j4
```

（3）启动 QEMU ARM64 虚拟机。启动虚拟机时添加端口重定向参数"hostfwd=
tcp::2222-:22"，将客户机的 22 端口重定向到主机的 2222 端口，后续可以通过 SSH
访问主机的 2222 端口来远程登录客户机。命令如下：

```
qemu - system - aarch64 - machine virt - cpu cortex - a57 \
    - nographic - smp 4 - m 2048 \
    - kernel ./Image \
    - initrd rootfs - arm64.cpio.gz \
    - netdev user, id = user0, hostfwd = tcp::2222 - :22 \
    - device virtio - net - device, netdev = user0 \
    - append "console = ttyAMA0"
```

（4）在主机上测试 SSH 登录。命令如下：

```
ssh - p 2222 root@localhost
```

3. 编译并启动 ARM Trusted Firmware

（1）下载并编译 ARM Trusted Firmware。执行命令如下：

```
git clone https://github.com/ARM - software/arm - trusted - firmware.git
cd arm - trusted - firmware
make CROSS_COMPILE = aarch64 - linux - gnu - PLAT = qemu DEBUG = 1
```

（2）通过 QEMU 执行 ARM Trusted Firmware。命令如下：

```
wget http://snapshots.linaro.org/components/kernel/leg - virt - tianocore - edk2 -
upstream/latest/QEMU - KERNEL - AARCH64/RELEASE_GCC5/QEMU_EFI.fd
mv QEMU_EFI.fd bl33.bin
qemu - system - aarch64 - machine virt, secure = on - cpu cortex - a57 \
    - nographic - smp 4 - m 2048 \
    - bios bl1.bin \
    - kernel ./Image \
    - initrd rootfs - arm64.cpio.gz \
    - append "console = ttyAMA0,115200 earlycon root = /dev/vda2 no_console_suspend" \
```

```
- d unimp - semihosting - config enable, target = native
```

4. 修改 ACPI 表

（1）安装英特尔的 ACPI 编译器 iasl。命令如下：

```
sudo apt - get install iasl
```

（2）从本地主机系统生成二进制的 ACPI 表。命令如下：

```
cd /tmp
acpidump > acpidump. out
acpixtract - a acpidump. out
```

（3）将二进制的 ACPI 表反编译为 ACPI 源文件。如执行以下命令，将所有的 ACPI 表（文件后缀为.dat）反编译为 ACPI 源文件（文件后缀为.dsl）：

```
iasl - d * .dat
```

（4）根据需要编辑生成的 ACPI 源文件（文件后缀为.dsl）。

（5）将 ACPI 源文件编译为 ACPI 字节码文件。例如，将 dsdt.dsl 源文件编程为 ACPI 字节码文件 dsdt.aml 的命令如下：

```
iasl - sa dsdt.dsl
```

（6）将生成的字节码文件（文件后缀.aml）复制到 kernel/firmware/acpi 目录。命令如下：

```
mkdir - p kernel/firmware/acpi
cp dsdt.aml kernel/firmware/acpi
```

（7）重新制作根文件系统。命令如下：

```
cd kernel
find kernel | cpio - H newc -- create > rootfs_initrd
cat rootfs - arm64.cpio.gz >> rootfs_initrd
```

5. 编译并运行 UEFI

（1）下载并编译 UEFI。命令如下：

```
git clone https://git.linaro.org/uefi/linaro - edk2.git
cd linaro - edk2
. edksetup. sh
export GCC49_AARCH64_PREFIX = aarch64 - linux - gnu -
make - C basetools
build - a AARCH64 - t GCC49 - p ArmVirtPkg/ArmVirtQemu.dsc
```

编译好的 UEFI 镜像文件位于以下位置：

Build/ArmVirtQemu - AARCH64/DEBUG_GCC49/FV/QEMU_EFI.fd

（2）下载 Ubuntu 带 FAT32 分区的 kernel image。命令如下：

```
wget http://cloud - images.ubuntu.com/xenial/current/xenial - server - cloudimg - arm64 -
uefi1.img
```

（3）使用 QEMU 启动 UEFI 与 Ubuntu。命令如下：

```
qemu - system - aarch64  - s \
   - smp 4  - m 2048  - machine virt, accel = kvm - cpu host \
   - bios ./QEMU_EFI.fd \
   - device virtio - blk - device, drive = image \
   - drive if = none, id = image, file = ./xenial - server - cloudimg - arm64 - uefi1.img \
   - nographic  - net none
```

6. 定制并调试 Linux 内核

（1）下载并编译 Linux 内核。命令如下：

```
git clone https://git.kernel.org/pub/scm/linux/kernel/git/torvalds/linux.git
cd linux
ARCH = arm64 CROSS_COMPILE = aarch64 - linux - gnu - make defconfig
ARCH = arm64 CROSS_COMPILE = aarch64 - linux - gnu - make - j4
```

make defconfig 命令是根据默认配置编译内核。定制内核可使用如下命令启动内核配置菜单：

```
ARCH = arm64 CROSS_COMPILE = aarch64 - linux - gnu - make menuconfig
```

然后可以在启动的配置菜单中选择需要的内核功能。建议开启 9p 文件系统，以便于在主机与虚拟机之间共享文件（CONFIG_NET_9p＝y）。

除编译 Linux 内核外，经常还需要编译其余文件。

生成 Image 文件的命令如下（生成的 Image 文件位于 arch/arm64/boot 目录）：

```
ARCH = arm64 CROSS_COMPILE = aarch64 - linux - gnu - make - j4 Image
```

编译 Device Tree 的命令如下：

```
ARCH = arm64 CROSS_COMPILE = aarch64 - linux - gnu - make - j4 dtbs
```

编译内核模块的命令如下：

```
ARCH = arm64 CROSS_COMPILE = aarch64 - linux - gnu - make - j4 modules
```

（2）使用 QEMU 启动内核调试。命令如下：

```
qemu - system - aarch64  - s  - S \
   - cpu cortex - a57  - machine virt \
```

```
- nographic - smp 1 - m 1024m - kernel arch/arm64/boot/Image \
- device virtio - net - pci,netdev = net0 \
- netdev type = user,id = net0,hostfwd = tcp::2222 - :22 \
- fsdev local,id = p9fs,path = p9share,security_model = mapped \
- device virtio - 9p - pci,fsdev = p9fs,mount_tag = p9 \
- append "console = ttyAMA0 mymodule.dyndbg = + p debug"
```

上述命令中的参数"-s"使 QEMU 在 TCP 的 1234 端口侦听 gdb 连接,参数"-S"表示一启动 QEMU 就暂停内核,参数"-fsdev local,id = p9fs,path = p9share,security_model=mapped"表示主机启用了一个共享的虚拟目录 p9share。

(3) 在虚拟机控制台上运行如下命令,在客户机上挂载共享目录 mnt:

```
mount - t 9p p9 /mnt
```

这样,客户机的 mnt 目录和主机的 p9share 目录共享,开发者可方便地在主机编辑、编译代码,然后共享到虚拟机中去运行。

(4) 要单步调试内核,可以启动 aarch64-linux-gnu-gdb,并上传要调试的内核 vmlinux 文件到 gdb,连接 gdb 到 QEMU,然后开始通过 gdb 调试内核。命令如下:

```
gdb > file < your_kernel_vmlinux_file >
gdb > target remote :1234
gdb > break start_kernel
gdb > c
```

7. 使用集成开发环境 Eclipse CDT[①] 搭建图形化交叉调试环境

(1) 安装 Eclipse。Eclipse 是基于 Java 开发的,所以首先得安装 Java 运行环境 openjdk。命令如下:

```
sudo add - apt - repository ppa:openjdk - r/ppa
sudo apt - get update
sudo apt - get install openjdk - 8 - jdk
sudo apt - get install eclipse eclipse - cdt
```

(2) 在 Eclipse 中创建 C/C++的 Makefile 工程。

在 Eclipse 主界面中依次选择菜单 "File→New→Project"命令,选择"Makefile Project with Existing Code"选项,创建一个新的 C/C++的 Makefile 工程。

(3) 在 Eclipse 中创建调试配置。

在 Eclipse 主界面中依次选择"Run→Debug Configurations"命令,创建一个 "C/C++Attach to Application"调试配置,并配置好调试选项。

(4) 在 Eclipse 中使用 gdb 调试 QEMU 中的内核。

以参数"-s -S"启动 QEMU,然后在 Eclipse 中启动调试,即可通过 gdb 调试

---

① CDT (C/C++ Development Tooling,C/C++开发工具)。

QEMU 中的内核。

8. 基于 QEMU 安装 openEuler 操作系统

（1）下载 openEuler 操作系统的安装镜像文件。命令如下：

```
wget https://openeuler.obs.cn-south-1.myhuaweicloud.com/release/openEuler-1.0-
aarch64-dvd.iso
```

（2）下载 AArch64 架构的 UEFI 固件 QEMU_EFI.fd。命令如下：

```
curl -sL https://releases.linaro.org/components/kernel/uefi-linaro/latest/release/
qemu64/QEMU_EFI.fd -o QEMU_EFI.fd
```

（3）创建虚拟硬盘。命令如下：

```
qemu-img create -f qcow2 qemu_Euler.img 50G
```

（4）安装 openEuler 虚拟机。命令如下：

```
qemu-system-aarch64 -machine virt -cpu cortex-a57 -m 1024 -bios ./QEMU_EFI.fd -
cdrom openEuler-1.0-aarch64-dvd.iso -hda ./qemu_Euler.img -serial stdio
```

5.5 Android 模拟器的安装与使用

对基于 x86 主机开发 Android 手机应用的开发者来说，调试和测试时一般会使用 Android SDK 通过 QEMU 在 x86 上模拟 ARM 的指令，从而模拟一台手机供调试和测试。这种交叉模拟的方式会影响性能，也很难应付大规模的测试情形。如果开发主机本来就是 ARM 架构的，就可以避开这些缺陷，这种情况下，QEMU 直接运行在 KVM 模式下，相当于在本地运行，几乎没有性能损失，能获得更快的模拟速度。进一步通过手机"云化"，即将手机上的应用转移到鲲鹏云上的虚拟手机中来运行，就可以把大量业务应用放到强大的服务器集群中，例如提供大规模的手机应用测试、应用自动运行等能力。

本案例演示如何在鲲鹏服务器上搭建 Android 模拟器环境。

硬件环境使用 TaiShan 200 服务器，可根据业务类型决定是否需要配置 GPU，如果应用没有较强的渲染需求（如后台计算型业务、不涉及 UI 交互、非游戏类业务等），可不配置 GPU，利用 CPU 进行渲染。

软件环境，操作系统使用 Ubuntu18.04.1。在安装操作系统过程中"选择软件列表"时，只需选"OpenSSH server"即可。本地安装 MobaXterm 等远程工具以及 VNC Viewer 软件。

安装 AVD（Android Virtual Device，Android 虚拟设备）模拟器的过程如下。

1. 获取软件包

（1）安装运行 AVD 所需的 xfce4 桌面环境、Java 运行环境以及 numactl 工具。命令如下：

```
sudo apt-get install xfce4 numactl openjdk-8-jdk xrdp
```

（2）下载 Android SDK 镜像包，用于搭建 Android SDK。

从以下地址下载鲲鹏 920 编译环境上的 Android 9.0 测试 SDK 镜像包。

```
https://portal-www-software.obs.cn-north-1.myhuaweicloud.com/%E5%8E%9F%E7%94%9F/kunpeng920-9-qemu-ARMNativeV300B660.tar.gz
```

2. 配置安装环境

1）配置 SSH 服务

（1）以 root 用户通过 iBMC KVM 工具远程登录到待配置的服务器，进入命令执行入口。

（2）修改配置文件"/etc/ssh/sshd_config"，将"♯ PermitRootLogin prohibit-password"改成"PermitRootLogin yes"。命令如下：

```
sed -i "s/♯PermitRootLogin prohibit-password /PermitRootLogin yes/g" /etc/ssh/sshd_config
```

（3）重启 SSH 服务。命令如下：

```
systemctl restart ssh
```

配置 SSH 服务结束。可以使用 MobaXterm 等远程工具，通过 SSH 方式以 root 用户远程登录到此台配置好的服务器。

2）更新软件源

（1）执行以下命令，修改文件"/etc/apt/sources.list"，去掉所有 ♯ deb-src 行前面的 ♯ 符号。

```
sed -i "s/♯ deb-src/ deb-src/g" /etc/apt/sources.list
```

（2）确保服务器网络与外网互通，更新软件源。命令如下：

```
apt-get update
```

3. 搭建 Android SDK

（1）获取 Android SDK 镜像包，并通过 MobaXterm 工具上传到服务器上的"/home"目录下。

（2）解压 Android SDK 镜像包。进入 Android SDK 镜像包所在的"/home"目录，解压 Android SDK 镜像包。命令如下：

```
cd /home
tar xvf android-sdk-linux_920.tar.gz
```

（3）打开"/etc/profile"配置文件。命令如下：

```
vi /etc/profile
```

（4）在配置文件中添加运行 Android 所需的环境变量。命令如下：

```
export ANDROID_SDK_ROOT = /home/android-sdk-linux
export LD_LIBRARY_PATH = ${ANDROID_SDK_ROOT}/tools/lib64/qt
export QT_QPA_PLATFORM_PLUGIN_PATH = ${LD_LIBRARY_PATH}/plugins/platforms
export PATH = $PATH:$ANDROID_SDK_ROOT/tools:$ANDROID_SDK_ROOT/platform-tools
```

上述命令中，ANDROID_SDK_ROOT 环境配置为 Android SDK 的文件夹路径，需要和实际路径保持一致。

（5）按 Esc 键，输入:wq!，保存并退出编辑。

（6）在"~/.bashrc"文件里添加内容使环境变量生效。命令如下：

```
echo "source /etc/profile" >> ~/.bashrc
```

4．创建和运行 AVD

1）启动远程桌面服务

（1）启动桌面。

配置了 GPU 的环境，执行 startx 命令，启动桌面。

没有配置 GPU 的环境（即采用 CPU 渲染），执行"startx -- :0 -config /etc/X11/xrdp/xorg.conf"命令，启动桌面。

（2）打开命令行窗口，以 root 用户通过 SSH 登录到服务器。

（3）启动 x11vnc 服务。依次执行如下命令：

```
export DISPLAY = :0
x11vnc
```

2）在本地远程连接桌面

（1）在本地打开 VNC Viewer。

（2）输入服务器 IP 地址和端口号，按 Enter 键，进入服务器远程桌面。

3）创建 AVD

创建 AVD 的方式有两种：在桌面环境中创建 AVD 和以 Shell 命令行方式创建 AVD，选择其中一种方式创建 AVD 即可。

在桌面环境下创建 AVD 的步骤如下：

（1）在 VNC 远程桌面环境中单击鼠标右键，在弹出的快捷菜单中选择 Open Terminal Here 选项，打开终端模拟工具。

（2）执行 android avd 命令，打开 AVD Manager。

（3）创建 AVD。根据自己的需求选择设备类型（分辨率）、版本、架构、皮肤、内存大小、sdcard 大小等参数，创建 AVD。

使用 Shell 命令行方式创建 AVD 的步骤如下:

(1) 创建 AVD。命令参考如下:

```
android create avd -- name test_2 -- target android - 24 -- abi arm64 - v8a -- device "Nexus 4" -- skin 720x1280 -- sdcard 500M -- force
```

(2) 查看已创建的 AVD。命令如下:

```
android list avd
```

4) 启动 AVD

启动 AVD 的模式有两种:在桌面环境下启动 AVD 和 Shell 命令行方式启动 AVD,选择其中一种方式启动 AVD 即可。

在桌面环境下启动 AVD 的步骤如下:

(1) 在 VNC 远程桌面环境中单击鼠标右键,在弹出的快捷菜单中选择 Open Terminal Here 选项,打开终端模拟工具。

(2) 在打开的终端中输入 AVD 启动命令。

配置了 GPU,执行命令如下:

```
emulator - avd test_1 - no - window - cores 2 - writable - system - gpu host - qemu -- enable - kvm - m 1024 - vnc :1
```

未配置 GPU,执行命令如下:

```
emulator - avd test_1 - no - window - cores 2 - writable - system - gpu mesa - qemu -- enable - kvm - m 1024 - vnc :1
```

emulator 命令的参数说明如表 5.6 所示。

表 5.6 emulator 命令参数说明

参 数 名 称	说　　明
-avd	AVD 的名字
-no-window	不在桌面环境启动模拟器画面
-cores	启动的模拟器的 CPU 个数
-writable-system	文件系统变成可写模式
-gpu host	启用硬件 GPU 进行渲染
-gpu mesa	使用 CPU 软渲染
-qemu	传递参数给 QEMU
--enable-kvm	使能 KVM
-m	设置内存大小
-vnc	使用 VNC 来连接模拟器

注:其他参数请参考命令 emulator -help。

（3）在本地打开 VNC Viewer，输入服务器地址 IP：5901。

（4）单击 Continue 按钮，启动 AVD。

使用 Shell 命令行方式启动 AVD 的步骤如下：

（1）通过 SSH 方式以 root 用户远程登录到服务器，进入命令行执行入口。

（2）设置 DISPLAY 环境变量。命令如下：

```
export DISPLAY = :0
```

（3）启动 AVD。

配置了 GPU，执行如下命令：

```
emulator – avd test_2 – no – window – cores 2 – writable – system – gpu host – qemu --
enable – kvm – m 1024 – vnc :2
```

未配置 GPU，执行如下命令：

```
emulator – avd test_2 – no – window – cores 2 – writable – system – gpu mesa – qemu --
enable – kvm – m 1024 – vnc :2
```

（4）在本地打开 VNC Viewer，输入服务器地址 IP：5902。

（5）单击 Continue 按钮，启动 AVD。

5. 优化 AVD

本节通过以下手段对 AVD 进行调优：

- 修改系统最大文件打开数上限；
- 启动方式优化（NUMA 绑核）；
- 增加堆内存大小。

1）修改系统最大打开文件数上限

QEMU 方案并发增多时，Xorg 进程打开文件数过多，容易达到 1024 个文件数上限，进而导致新增 socket 连接发生"accept fail"错误，可以通过修改系统最大打开文件数上限来进行优化。建议将上限提升到 65535 个。

通过如下修改方式来修改系统的文件最大打开数上限，永久生效。

（1）打开最大打开文件数限制文件。命令如下：

```
vi /etc/security/limits.conf
```

（2）编辑最大打开文件数限制文件。加入以下 4 行内容：

```
root    soft    nofile          65535
root    hard    nofile          65535
*       soft    nofile          65535
*       hard    nofile          65535
```

（3）按 Esc 键，输入 :wq!，保存并退出编辑。

2）启动方式优化（NUMA 绑核）

为提升 AVD 性能，需要在启动参数前加 numactl 参数进行绑核，将 CPU 和内存绑在同一个内存节点上可以明显提升 AVD 性能，提高操作流畅度。

（1）设置启动时 NUMA 绑核。命令如下：

```
numactl - N 0 - m 0 emulator - avd test_2 - no - window - cores 2 - writable - system - gpu
host - qemu -- enable - kvm - m 1024 - vnc :2
```

如果要将 AVD 限定在某几个核上，可以用如下命令：

```
numactl - C 0 - 3 - m 0 emulator - avd test_2 - no - window - cores 2 - writable - system
- gpu host - qemu -- enable - kvm - m 1024 - vnc :2
```

numactl 命令参数说明如表 5.7 所示。

表 5.7　numactl 命令参数说明

参数名称	说　　明	参数名称	说　　明
-N	绑定 CPU 节点（node）	-C	绑定 CPU 核
-m	绑定内存节点		

numactl -N 0 -m 0 意味着程序将绑在 cpu node 0 和 mem node 0 上。

其中 4 个核为一组 Cluster，以 Cluster 为单位绑核更加有利于性能发挥，例如核 0～3 为一组 Cluster，核 4～7 为一组 Cluster。

numactl -C 0-3 -m 0 意味着程序绑定在核 0～3 上，内存绑在 mem node0 上，那么程序最多只能用到 4 个核，这 4 个核在一组 Cluster 上。

（2）查看当前系统的 NUMA 节点情况。命令如下：

```
numactl - show
```

命令执行，结果如图 5.9 所示，可以看到总共有 4 个 NUMA 节点，共 64 个核，每个 CPU 节点有 16 个核。

图 5.9　输出结果

（3）根据当前系统配置，建议绑核方式如下。

例如当前系统有 64 个核，序号为 0～63，则建议每 4 个核绑定一个虚拟机/容器，

绑核启动模拟器的命令举例如下(-m 后面的命令根据实际情况进行替换):

```
numactl － C 0－3 － m 0 emulator － avd test_2 － no－window － cores 2 － writable－system
－ gpu host － qemu －－ enable－kvm － m 1024 － vnc :2
numactl － C 4－7 － m 0 emulator － avd test_2 － no－window － cores 2 － writable－system
－ gpu host － qemu －－ enable－kvm － m 1024 － vnc :2
numactl － C 8－11 － m 0 emulator － avd test_2 － no－window － cores 2 － writable－system
－ gpu host － qemu －－ enable－kvm － m 1024 － vnc :2
```

以此类推,有:

```
numactl － C 16－19 － m 1 emulator － avd test_2 － no－window － cores 2 － writable－system
－ gpu host － qemu －－ enable－kvm － m 1024 － vnc :2
numactl － C 32－35 － m 2 emulator － avd test_2 － no－window － cores 2 － writable－system
－ gpu host － qemu －－ enable－kvm － m 1024 － vnc :2
numactl － C 48－51 － m 3 emulator － avd test_2 － no－window － cores 2 － writable－system
－ gpu host － qemu －－ enable－kvm － m 1024 － vnc :2
```

虚拟机绑核后不会独占绑定的核,已经绑过的核可以再次绑定新的虚拟机,共享使用。例如当前系统启动了 16 个虚拟机后(每个虚拟机绑 4 个核),第 17 个虚拟机可以再次从核 0~3 开始绑定。

3)增加堆内存大小

Android 中应用程序可以分配使用的堆内存大小是有限制的,该限制分为两种情况:

(1)未在 manifest 文件中设置 android:largeHeap＝"true"属性的,可用堆内存大小为 dalvik. vm. heapgrowthlimit 设定的大小。

(2)在 manifest 文件中设置了 android:largeHeap＝"true"属性的,可用堆内存大小为 dalvik. vm. heapsize 设定的大小。

dalvik. vm. heapgrowthlimit 和 dalvik. vm. heapsize 是/system/build. prop 中的属性。可以通过修改 build. prop 文件的方式增加堆内存大小。具体步骤如下:

(1)取出虚拟机内的 build. prop。执行如下命令:

```
adb pull /system/build.prop
```

(2)修改 build. prop 中的 dalvik. vm. heapgrowthlimit 和 dalvik. vm. heapsize 两个属性值。

(3)获取 root 权限。命令如下:

```
adb root
```

(4)将 build. prop 传送到虚拟机内。命令如下:

```
adb shell mount － o rw,remount /system
adb push build.prop /system
```

(5)重启 AVD。

5.6　鲲鹏加速引擎的安装与使用

通过鲲鹏加速引擎可以实现不同场景下应用性能的提升,例如在 Web 服务应用场景下,通过 KAE(鲲鹏加速器引擎)加速 RSA 算法可以实现加速握手连接;在智能安防场景下,通过 KAE 加速 SM4 对称加解算法加速视频流数据存储;在分布式存储场景下,通过 zlib 加速库加速数据压缩和解压。本案例演示如何在鲲鹏服务器上安装与使用鲲鹏加速引擎。

5.6.1　鲲鹏加速引擎的安装与测试

1. 安装加速器软件包

华为提供了鲲鹏加速引擎的加速器软件包。加速器软件包可以通过 RPM(软件包管理器)方式安装或者源码安装(zlib 加速库需要通过源码进行安装),本案例演示源码安装方式。

1) 获取 License

安装鲲鹏加速器引擎之前需要先安装相应的 License(许可证),License 安装成功后,操作系统才能识别到加速器设备。License 的申请和使用可参考文档《华为服务器 iBMC 许可证使用指导》。

查看操作系统是否有加速器设备的方法可以通过 lspci 命令进行查看。

2) 获取加速器软件包源码

加速器软件包源码包括 KAE、KAEdriver 和 KAEzip 3 个源码包。各源码包的获取地址见表 5.8 所示。

表 5.8　源码包的获取地址

源码包名称	源码包说明	获 取 地 址
KAE	该目录包含全部加速引擎 OpenSSL 相关代码,包含 KAE	https://github.com/kunpengcompute/KAE
KAEdriver	该目录包含加速引擎驱动代码;包含 uacce、hpre、zip、rde、sec2 等内核模块以及用户态驱动 libwd	https://github.com/kunpengcompute/KAEdriver
KAEzip	该目录包含了 zlib 的 patch 文件,该 patch 文件实现了硬件解压和压缩算法	https://github.com/kunpengcompute/KAEzip

3) 安装 OpenSSL

(1) 使用 SSH 远程登录工具,将 OpenSSL 源码包复制到自定义路径下,OpenSSL

版本为 1.1.1a 或以上版本。

（2）使用 SSH 远程登录工具，进入 Linux 操作系统命令行界面。

（3）在下载好的 OpenSSL 源码目录下，执行如下命令（以下均使用默认路径/usr/local 进行安装）。其中，". /config -Wl,-rpath,/usr/local/lib"命令会根据编译平台及环境自动生成 Makefile 文件，可以通过. /config --prefix 指定安装路径,-Wl 和-rpath 参数指定 OpenSSL 运行时依赖 libcrypto、libssl 库的路径。

```
./config - Wl, - rpath,/usr/local/lib
make
make install
```

OpenSSL 默认安装在/usr/local 下，更加具体的安装指导请参考 OpenSSL 源码目录下的 README 文档。

（4）为了指定挂载到 OpenSSL 中的引擎路径，需要设置环境变量 OPENSSL_ENGINES。命令如下：

```
export OPENSSL_ENGINES = /usr/local/lib/engines - 1.1
```

（5）安装后检查安装是否成功。

执行 cd 命令，进入/usr/local/bin 目录下。执行. /openssl version 命令查看版本信息。

4）源码方式安装加速器软件包

（1）使用 SSH 远程登录工具，将加速引擎源码包复制到自定义路径下。

源码包含内核驱动、用户态驱动、基于 OpenSSL 的 KAE 和 zlib 库四个模块。

其中内核驱动与用户态驱动为必选项，KAE 与 zlib 库按实际需求选择安装。

（2）使用 SSH 远程登录工具，以 root 账号进入 Linux 操作系统命令行界面。

（3）安装内核驱动。

在下载好的源码目录下，执行如下命令：

```
cd kae_driver
make
make install
```

加速器驱动编译生成 uacce. ko、hisi_qm. ko、hisi_sec2. ko、hisi_hpre. ko、hisi_zip. ko、hisi_rde. ko；安装路径为：lib/modules/内核版本号/extra。

由于 Suse 及 CentOS 内核目录为/lib/modules/'uname -r'/，驱动安装的目录为/lib/modules/'uname -r'/extra('uname -r'命令获取当前运行内核信息)。如果其他操作系统不是该目录，需要修改 Makefile 文件中 install 指定的内核路径。修改方式如下所示：

```
install:
$(shell mkdir - p /lib/modules/'uname - r'/extra)修改为$(shell mkdir - p 内核路径/
extra)
```

（4）安装用户态驱动。

编译安装 Warpdrive 驱动开发库。执行如下命令：

```
cd warpdriver
sh autogen.sh
./configure
make
make install
```

其中./configure 命令可以加--prefix 选项用于指定加速器用户态驱动需要安装的位置，用户态驱动动态库文件为 libwd.so。

Warpdrive 默认安装路径为/usr/local，动态库文件在/usr/local/lib 目录下。

KAE 需要使用到 OpenSSL 的动态库与 Warpdrive 的动态库。Warpdrive 源码安装路径选择需要与 OpenSSL 安装路径保持一致，使得 KAE 可以通过 LD_LIBRARY_PATH 能够同时找到这两个动态库。

（5）重启系统或通过命令行手动依次加载加速器驱动到内核，并查看是否加载成功。执行如下命令：

```
lsmod | grep uacce
modprobe uacce
# 加载 hisi_sec2 驱动时将根据/etc/modprobe.d/hisi_sec2.conf 下的配置文件加载到内核
modprobe hisi_sec2
# 加载 hisi_hpre 驱动时将根据/etc/modprobe.d/hisi_hpre.conf 下的配置文件加载到内核
modprobe hisi_hpre
# 加载 hisi_rde 驱动时将根据/etc/modprobe.d/hisi_rde.conf 下的配置文件加载到内核
modprobe hisi_rde
# 加载 hisi_zip 驱动时将根据/etc/modprobe.d/hisi_zip.conf 下的配置文件加载到内核
modprobe hisi_zip
lsmod | grep uacce
```

（6）编译安装加速器 KAE。执行如下命令：

```
cd KAE
chmod + x configure
./configure
make clean && make
make install
```

其中./configure 可以加--prefix 选项用于指定 KAE 的安装路径，KAE 动态库文件为 libkae.so。

推荐通过默认方式安装 KAE。默认安装路径为/usr/local，动态库文件在/usr/

local/lib/engines-1.1 下。

如果 libwd 和 OpenSSL 安装方式不是按默认进行安装,则可以通过以下命令指定 OpenSSL 和 libwd 的安装路径:

```
./configure -- openssl_path = /usr/local/openssl -- wd_path = /usr/local/libwd
```

上述命令中的/usr/local/openssl 和/usr/local/libwd 是 OpenSSL 和 libwd 的一个示例安装路径。

(7) 合入加速器 patch 包,编译安装 zlib 压缩库。

zlib 的 patch 包有两个,其中 kunpeng_zlib_1.0.1.patch 是基于 zlib 最新 release 版本 1.2.11 生成的 patch; kunpeng_zlib_centos7.6_1.0.1.patch 是基于 CentOS 7.6 自带的 zlib 源码生成的 patch;

如果用户操作系统为 CentOS 7.6,推荐使用 kunpeng_zlib_centos7.6_1.0.1.patch 进行安装,请跳到步骤(8)查看安装方式。

如果使用 kunpeng_zlib_1.0.1.patch,可将 zlib-1.2.11 版本源码包解压到 KAEzip 下。执行如下命令:

```
cd KAEzip
tar - zxf zlib - 1.2.11.tar.gz
cd zlib - 1.2.11
#打 kunpeng zlib 库补丁,以 1.0.1 版本 patch 包为例
patch - Np1 < ../kunpeng_zlib_1.0.1.patch
./configure -- prefix = /usr/local/zlib
make clean && make
make install
```

其中,./configure 可以加--prefix 选项用于指定 zlib 库的安装位置,此时 zlib 库动态库文件为 libz.so。

zlib 库安装目录选择/usr/local/zlib,动态库文件在/usr/local/zlib/lib 下。

(8) 如果已采用步骤(7)安装 zlib,请跳过该步骤。将 CentOS7.6 自带 zlib 的源码包 zlib-1.2.7-18.el7.src.rpm 复制 KAEzip 下。执行如下命令:

```
cd KAEzip
rpm - i zlib - 1.2.7 - 18.el7.src.rpm > /dev/null 2 > &1
mv /root/rpmbutid/SOURCES/zlib - 1.2 * .
tar - jxvf zlib - 1.2.7.tar.bz2
cd zlib - 1.2.7/
patch - Np1 < ../zlib - 1.2.5 - minizip - fixuncrypt.patch
patch - Np1 < ../zlib - 1.2.7 - z - block - flush.patch
patch - Np1 < ../zlib - 1.2.7 - fix - serious - but - very - rare - decompression - bug - in
- inftr.patch
patch - Np1 < ../zlib - 1.2.7 - Fix - bug - where - gzopen - gzclose - would - write - an -
empty - fi.patch
```

```
patch - Np1 < ../kunpeng_zlib_centos7.6_1.0.1.patch
./configure -- prefix = /usr/local/zlib
make clean && make
make install
```

支持硬件加速的 zlib 库需依赖 libwd 库,如果 libwd 不是按默认方式进行安装,zlib 运行时可能找不到要加载的 libwd.so,编译 zlib 时可以通过以下命令指定 libwd 的安装路径。命令如下:

```
./configure -- prefix = /usr/local/zlib - Wl, - rpath = /usr/local/libwd/lib
```

上述命令中的/usr/local/libwd 是 libwd 的一个示例安装路径。

(9) 安装后检查安装是否成功。

首先,执行 cd 命令,进入/usr/local/lib 目录或者用户自定义安装目录下。

然后,执行 ls -al 命令,查看软连接状态。如果所安装软件的软连接及 SO 共享库存在,说明安装成功。

2. OpenSSL 加速器引擎性能测试

用户可以通过以下命令测试部分加速器功能。

(1) 使用 OpenSSL 软件算法测试 RSA 性能的命令示例如下:

```
openssl speed - elapsed rsa2048
```

(2) 使用 KAE 测试 RSA 性能的命令示例如下:

```
openssl speed - elapsed - engine kae rsa2048
```

(3) 使用 OpenSSL 软件算法测试异步 RSA 性能的命令示例如下:

```
openssl speed - elapsed - async_jobs 36 rsa2048
```

(4) 使用 KAE 测试异步 RSA 性能的命令示例如下:

```
openssl speed - engine kae - elapsed - async_jobs 36 rsa2048
```

(5) 使用 OpenSSL 软件算法测试 SM4 CBC 模式性能的命令示例如下:

```
openssl speed - elapsed - evp sm4 - cbc
```

(6) 使用 KAE 测试 SM4 CBC 模式性能的命令示例如下:

```
openssl speed - elapsed - engine kae - evp sm4 - cbc
```

(7) 使用 OpenSSL 软件算法测试 SM3 模式性能的命令示例如下:

```
openssl speed - elapsed - evp sm3
```

（8）使用 KAE 测试 SM3 模式性能的命令示例如下：

```
openssl speed - elapsed - engine kae - evp sm3
```

（9）使用 OpenSSL 软件算法测试 AES 算法 CBC 模式异步性能的命令示例如下：

```
openssl speed - elapsed - evp aes - 128 - cbc - async_jobs 4
```

（10）使用的 KEA 测试 AES 算法 CBC 模式异步性能的命令示例如下：

```
openssl speed - elapsed - evp aes - 128 - cbc - async_jobs 4 - engine kae
```

3. zlib 压缩库测试

用户可以在 zlib-1.2.11 源码解压目录下执行 make check 命令测试 zlib 压缩库功能。命令如下：

```
cd zlib - 1.2.11
make check
```

5.6.2　鲲鹏加速引擎的应用案例

1. KAE 使用示例

使用 KAE 的示例代码如下所示：

```c
# include < stdio.h >
# include < stdlib.h >

/ * OpenSSL headers * /
# include < openssl/bio.h >
# include < openssl/ssl.h >
# include < openssl/err.h >
# include < openssl/engine.h >

int main( int argc, char ** argv)
{
    / * Initializing OpenSSL * /
    SSL_load_error_strings();
    ERR_load_BIO_strings();
    OpenSSL_add_all_algorithms();

    / * You can use ENGINE_by_id Function to get the handle of the Huawei Accelerator
Engine * /
    ENGINE * e = ENGINE_by_id("kae");
    / * 使能加速引擎异步功能,可选配置,设置为 0 表示不使能,设置为 1 表示使能,默认使能
异步功能 * /
    ENGINE_ctrl_cmd_string(e, "KAE_CMD_ENABLE_ASYNC", "1", 0)
    ENGINE_init(e);
```

```
    / * 指定引擎用于 RSA 加解密,如果初始时使用 ENGINE_set_default_RSA(ENGINE * e);则无
须传入 e * /
    RSA * rsa = RSA_new_method(e);
    / * The user code * /
    …

    ENGINE_free(e);
}
```

用户还可以在初始化阶段指定 crypto 相应算法使用 KAE,其他算法不需要使用 KAE,这样对已有的代码修改量将更小,只需要在初始化的某个阶段设置即可。代码示例如下:

```
int ENGINE_set_default_RSA(ENGINE * e);
int ENGINE_set_default_DH(ENGINE * e);
int ENGINE_set_default_ciphers(ENGINE * e);
int ENGINE_set_default_digests(ENGINE * e);
int ENGINE_set_default(ENGINE * e, unsigned int flags);
```

更多使用 API 的方法可访问 OpenSSL 官网(https://www.openssl.org/docs/man1.1.0/man3/ENGINE_set_default_ciphers.html)获取。

2. 通过 OpenSSL 配置文件 openssl.cnf 使用 KAE

通过配置文件方式使用 KAE,可以使用户的应用程序在非常小的修改量的情况下使用加速器功能,仅需调用一次初始化 API,如下所示:

```
OPENSSL_init_crypto(OPENSSL_INIT_LOAD_CONFIG, NULL);
```

使用过程如下:

(1) 新建 openssl.cnf 配置文件,添加如下配置信息:

```
openssl_conf = openssl_def
[openssl_def]
engines = engine_section
[engine_section]
kae = kae_section
[kae_section]
engine_id = kae
dynamic_path = /usr/local/lib/engines - 1.1/kae.so
KAE_CMD_ENABLE_ASYNC = 1    ♯可选配置, 0 表示不使能异步功能,1 表示使能异步功能,默认
                           ♯使能
KAE_CMD_ENABLE_SM3 = 1      ♯可选配置, 0 表示不使能 SM3 加速功能,1 表示使能 SM3 加速功
                           ♯能,默认使能
KAE_CMD_ENABLE_SM4 = 1      ♯可选配置, 0 表示不使能 SM4 加速功能,1 表示使能 SM4 加速功
                           ♯能,默认使能
default_algorithms = ALL    ♯表示所有算法优先查找引擎,若引擎不支持,则切换 OpenSSL 进
                           ♯行计算
```

```
init = 1
```

（2）导出 OPENSSL_CONF 环境变量。命令如下：

```
export OPENSSL_CONF = /home/app/openssl.cnf    ＃该路径为 openssl.cnf 存放路径
```

（3）使用 OpenSSL 配置文件。代码示例如下：

```
＃ include < stdio.h >
＃ include < stdlib.h >

/ *  OpenSSL headers  * /
＃ include < openssl/bio.h >
＃ include < openssl/err.h >
＃ include < openssl/engine.h >
int main( int argc, char ** argv)
{
    / *  Initializing OpenSSL  * /

    ERR_load_BIO_strings();
    / * Load openssl configure * /
    OPENSSL_init_crypto(OPENSSL_INIT_LOAD_CONFIG, NULL);
    / * The user code * /
    …
}
```

3. KAE 加速 Nginx 应用

Tengine 是阿里巴巴基于开源 Nginx 推出的具有异步功能的 Web 服务引擎,本节以 Tengine 为例介绍 KAE 如何使能 Nginx 加速。

（1）下载 Tengine 源码。

下载地址是 http://tengine.taobao.org/download/tengine-2.2.2.tar.gz。

（2）将 tengine-2.2.2.tar.gz 软件包上传至服务器任意目录下(例如 home 目录),执行如下命令解压安装包。

```
cd /home
tar – zxvf tengine – 2.2.2.tar.gz
```

（3）执行如下指令进行编译和安装。

```
cd tengine – 2.2.2
./configure \
– prefix = /usr/local/tengine \
–– with – http_ssl_module \
–– with – openssl – async \
–– with – cc – opt = " – DNGX_SECURE_MEM  – I/usr/local/include \
– Wno – error = deprecated – declarations" \
```

```
-- with - ld - opt = " - Wl, \
- rpath = /usr/local/lib - L/usr/local/lib"
make && make install
```

（4）参考上面介绍的"通过 OpenSSL 配置文件 openssl. cnf 使用 KAE"的内容，添加 openssl. cnf 配置文件，并导出 OPENSSL_CONF 环境变量；或者直接替换/usr/local/ssl/目录下的 openssl. cnf 配置文件。

（5）验证物理机下 Nginx Web Server 场景的性能。步骤如下：

① 在 Nginx 客户端安装性能测试软件 HTTPress，并正常运行。

② 修改 Nginx 配置，调整 Worker 进程数并绑核，一路 CPU 运行一个实例，设置网卡队列数，网卡绑核。

③ 测试 http 短连接，并记录 RPS（Requests Per Second，每秒请求数）值。命令示例如下：

```
httpress - n 1000000 - c 400 - t 350 http:// $ ip: $ port/index. html
```

4. zlib 加速库的使用

安装好 hisi_zip 内核模块、warpdrive 用户态驱动、zlib 库后，应用层可以通过下面两种方式链接到 zlib 加速库：

（1）应用层在编译阶段指定运行时加载 zlib. so 的位置，通过以下编译选项进行链接，其中/usr/local/zlib/lib 为一个示例，表示新安装 zlib 库的路径：

```
- Wl, - rpath = /usr/local/zlib/lib
```

（2）如果应用层无法按方式（1）重新编译应用层软件来链接 zlib 加速库，则可以在/etc/ld. so. conf 配置文件末尾添加新安装 zlib 加速库的路径，如/usr/local/zlib/lib。然后执行 ldconfig 命令。

推荐采用方式（1）使用加速 zlib 加速库。

5.7 鲲鹏应用使能套件 BoostKit 场景化应用

对鲲鹏计算生态而言，要充分体现多样性计算的优势和价值，在行业应用层面需要考虑两个问题：一是如何让原生于其他计算架构上的应用进行有效迁移；二是如何在硬件架构上充分发挥应用软件极致性能。

对于前者，华为着力建设和发展了鲲鹏开发套件 DevKit，这是一个可以实现各个场景开发活动工具化、模板化、自动化，并大幅度提升迁移效率的套件，极大地降低了应用迁移门槛。

对于后者,华为开放的鲲鹏应用使能套件 BoostKit 起到了重要作用。BoostKit 基于硬件、基础软件和应用软件的全栈优化,提供高性能开源组件、基础加速软件包、应用加速软件包和参考实现,开发者可直接引用,提升应用性能。

鲲鹏 BoostKit 的应用场景概况如图 5.10 所示。

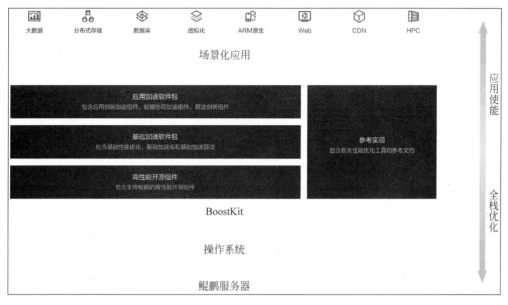

图 5.10　鲲鹏 BoostKit 的应用场景概况

鲲鹏 BoostKit 面向 8 大主流应用场景,分别是大数据、分布式存储、数据库、虚拟化、ARM 原生、Web、CDN 和 HPC 等领域,这些领域一方面需要强大的算力支持,例如 HPC 和虚拟化应用领域,另一方面则需要海量数据分析能力,例如大数据、分布式存储和数据库等领域,以及系统网络与延迟等综合能力,例如 Web、CDN 领域,呈现出多场景应用的特点。

鲲鹏 BoostKit 面向这 8 大主流应用场景,提供加速数据处理、优化存储访问和提升算力部署密度的场景化使能套件。鲲鹏社区提供了 BoostKit 的技术白皮书,8 大主流应用场景的使能套件 BoostKit 文档的在线网址,如表 5.9 所示。

表 5.9　鲲鹏应用使能套件 BoostKit 文档的在线网址

应用场景	网　　址
大数据	https://support.huaweicloud.com/twp-kunpengbds/kunpengbds_19_0001.html
分布式存储	https://support.huaweicloud.com/twp-kunpengsdss/kunpengsdss_19_0001.html
数据库	https://support.huaweicloud.com/twp-kunpengdbs/kunpengdbs_19_0001.html
虚拟化	https://support.huaweicloud.com/twp-kunpengcpfs/kunpengcpfs_19_0001.html

应用场景	网　址
ARM 原生	https://support. huaweicloud. com/twp-kunpengcps/kunpengcps_19_0001. html
Web	https://support. huaweicloud. com/twp-kunpengwebs/kunpengwebs_19_0002. html
CDN	https://support. huaweicloud. com/twp-kunpengcdns/kunpengcdns_19_0002. html
HPC	https://support. huaweicloud. com/productdesc-kunpenghpcs/kunpenghpcs _ 01 _ 0001. html

本节介绍大数据、虚拟化、ARM 原生 3 个典型应用场景的使能套件,更多鲲鹏 BoostKit 内容可以访问网址 https://www. hikunpeng. com/developer/boostkit。

5.7.1　鲲鹏 BoostKit 大数据使能套件

1. 方案概述

互联网时代出现了大量非结构化数据,对数据的分布式存储和并行技术提出了很高的要求,大数据技术因此兴起。

移动互联网时代,移动应用远远比传统互联网应用更丰富、更普及,数据结构也发生了很大的变化,对数据处理的性能和高并发的要求也比以前有很大的提高,进一步推动了大数据交互查询和全文检索场景的发展。

即将到来的物联网时代,任何信息都连接到网络上,需要将这些信息关联起来,发现其背后存在的规律,为人们的生活、生产创造更大的价值,这就是人工智能时代的大数据处理。大数据处理要求提供低时延的实时处理能力,这推动大数据技术进一步发展。

从大数据的发展趋势可以看出,大数据对于计算能力的要求越来越高,需要有更适配大数据技术特征的计算硬件提供更高的计算能力。TaiShan 服务器的鲲鹏 916 系列处理器提供 32 核主频 2.4GHz,鲲鹏 920 系列处理器提供 24 核主频 2.6GHz、32 核主频 2.6GHz、48 核主频 2.6GHz、64 核主频 2.6GHz 四种规格,均高于业界主流平台,鲲鹏系列处理器可以高度匹配大数据这类高并发的典型业务场景。

鲲鹏 BoostKit 大数据使能套件(以下简称鲲鹏 BoostKit 大数据)针对大数据组件优化数据处理流程,提升计算并行度,充分发挥鲲鹏系列处理器的并发能力,给客户提供更高的大数据业务性能,支持 TaiShan 服务器与业界其他架构服务器混合部署,保护客户已有的投资,不捆绑客户的服务器架构选择。

2. 方案架构

鲲鹏 BoostKit 大数据总体架构主要由硬件平台、操作系统、中间件和大数据平台构成,其中大数据平台支持华为自研的 FusionInsight 大数据平台以及开源 Apache、星环、苏研大数据平台。

鲲鹏 BoostKit 大数据总体架构如图 5.11 所示。

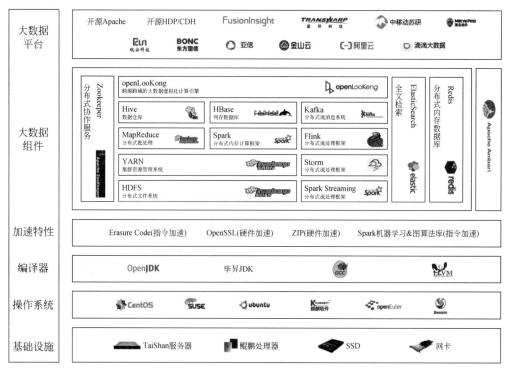

图 5.11　鲲鹏 BoostKit 大数据总体架构

鲲鹏 BoostKit 大数据总体架构各组件的说明如表 5.10 所示。

表 5.10　鲲鹏 BoostKit 大数据总体架构各组件的说明

名　　称	说　　明
硬件基础	提供基于华为鲲鹏处理器的 TaiShan 服务器,高速缓存场景支持使用 SSD 进行加速
操作系统	支持主流的商用、开源操作系统和国产化操作系统
加速特性	支持鲲鹏指令加速 Erasure Code 编解码,芯片自带加解密加速器,提供算法与指令优化的 KAL 机器学习加速库
编译器	JDK、GCC、LLVM 等常用的大数据编译器中间件均支持鲲鹏产业生态
大数据组件	支持开源众多大数据组件,包括核心的 Hadoop、HBase、Spark、Hive、Flink、Elasticsearch 等
大数据平台	支持华为自研的 FusionInsight 大数据平台以及开源 Apache、星环、苏研大数据平台等

3. 应用场景

鲲鹏 BoostKit 大数据支持多个大数据平台,包括离线分析、实时检索、实时流处理等多个场景。

1) 离线分析

离线分析通常是指对海量数据进行分析和处理,形成结果数据,供下一步数据应用使用。离线分析对处理时间要求不高,但是所处理数据量较大,占用计算存储资源较多,通常通过 MapReduce 或者 Spark 作业或者 SQL 作业实现。典型特点如下:

(1) 处理时间要求不高。

(2) 处理数据量巨大,为 PB 级。

(3) 处理数据格式多样。

(4) 多个作业调度复杂。

(5) 占用计算存储资源多。

(6) 支持 SQL 类作业和自定义作业。

(7) 容易产生资源抢占。

离线分析以 HDFS(Hadoop Distributed File System,Hadoop 分布式文件系统)分布式存储软件为数据底座,计算引擎以基于 MapReduce 的 Hive 和基于 Spark 的 SparkSQL 为主,详细大数据离线计算场景架构如图 5.12 所示。

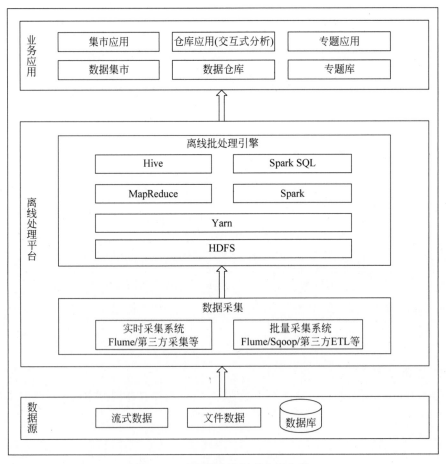

图 5.12　大数据离线计算场景架构

大数据离线场景各类节点说明如表 5.11 所示。

表 5.11　大数据离线场景各类节点说明

名　　称	说　　明
数据源	数据源的种类包括流式数据(Socket 流、OGG 日志流、日志文件)、批量文件数据、数据库等
实时数据采集系统	Flume：用于 Socket 流或者日志文件等的数据采集； 第三方采集工具：第三方或者定制开发的数据采集工具或程序，比较常见的模式有采集后送入 Kafka + Spark Streaming 进行数据预处理和实时加载
批量采集系统	Flume：用于批量采集数据文件日志文件； Sqoop：用于批量采集数据库数据； 第三方采集/ETL 工具：第三方数据采集、加载、处理工具
离线批处理引擎	Hive：传统 SQL 批处理引擎，用于处理 SQL 类批处理作业，使用广泛，在海量数据下表现稳定，但是处理速度较慢； MapReduce：传统批处理引擎，用于处理非 SQL 类，尤其是数据挖掘和机器学习类批处理作业，使用广泛，在海量数据下表现稳定，但是处理速度较慢； Spark SQL：新型 SQL 批处理引擎，用于处理 SQL 类批处理作业，适合海量数据，处理速度高效； Spark：新型批处理引擎，用于处理非 SQL 类，尤其是数据挖掘和机器学习类批处理作业，适合海量数据，处理速度高效； Yarn：资源调度引擎，为各种批处理引擎提供资源调度能力，是多租户资源分配的基础； HDFS：分布式文件系统，为各种批处理引擎提供数据存储服务，可以存储各种文件格式数据
业务应用	查询并使用批处理结果的业务应用，由 ISV(独立软件提供商)开发

2) 实时检索

实时检索通常是指数据实时写入，对海量数据基于索引主键实时查询，查询响应要求较高，查询条件相对比较简单。查询条件复杂的可以根据关键词在全域数据中通过索引搜索主键后，通过主键查询。全域数据既包含了结构化数据又包含了文本数据。典型特点如下：

(1) 查询响应时间要求较高，毫秒级。

(2) 高并发。

(3) 处理数据量巨大，为 PB 级。

(4) 能够同时处理结构化和非结构化的数据。

(5) 具有全文检索功能。

(6) 可以近实时索引。

大数据实时检索场景架构如图 5.13 所示。

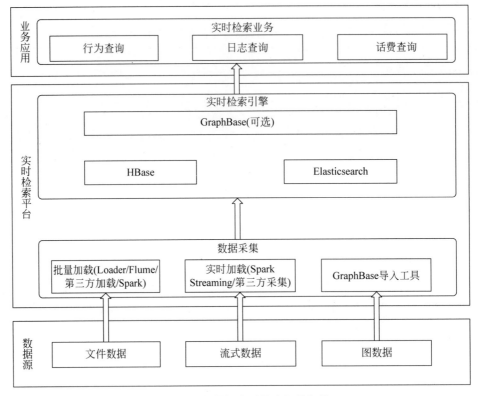

图 5.13　大数据实时检索场景架构

大数据实时检索场景各类节点的说明如表 5.12 所示。

表 5.12　大数据实时检索场景各类节点的说明

名　　称	说　　明
数据源	数据源的种类包括文件数据(TXT、CSV 等)和流式数据(Socket 流、OGG 日志流)等
数据采集系统	文件数据通过批量加载(Flume 或者其他第三方加载工具)写入数据；流式数据通过实时加载(Spark Streaming 或者其他第三方采集工具)写入数据
实时检索引擎	HBase：用于主键查询(Key-Value)检索,查询条件简单,主要通过主键进行查询； Elasticsearch：用于全文检索或者当作 HBase 存储的非主键索引,Elasticsearch 也可以既存储数据又存储索引,但是由于性价比低,只适合小规模局点； 实时检索引擎(Elasticsearch＋HBase)：适合快速检索,也就是根据指定条件查询结果,不适用于统计(Group、Sum 等)和复杂查询(Join、In、子查询等)
业务应用	使用 Elasticsearch 和 HBase API、Rest 接口等开发的实时检索应用,由 ISV 开发

3）实时流处理

实时流处理通常是指对实时数据源进行快速分析,迅速触发下一步动作的场景。实时数据对分析处理速度要求极高,数据处理规模巨大,对 CPU 和内存要求很高,但是通常数据不落地,对存储量要求不高。实时处理,通常通过 Storm、Spark Streaming 或者 Flink 任务实现。典型特点如下:

（1）处理时间要求极高,为毫秒级。

（2）处理数据量巨大,每秒可达数百兆。

（3）占用计算资源多。

（4）容易产生计算资源抢占。

（5）数据格式以各种网络协议格式为主。

（6）任务相对简单。

（7）数据不落地、存储量不大。

数据采集通过分布式消息系统 Kafka 实时发送到分布式流计算引擎 Flink、Storm、Spark Streaming 进行数据处理,结果存储 Redis 为上层业务提供缓存。详细大数据实时流处理场景架构如图 5.14 所示。

大数据实时流处理场景各类节点的说明如表 5.13 所示。

表 5.13　大数据实时流处理场景各类节点的说明

名　　称	说　　明
数据源	数据源的种类包括实时流数据(Socket 流、OGG 日志流、日志文件)、实时文件、数据库等
实时数据采集系统	Flume:Hadoop 自带的采集工具,支持多种格式的数据源,包括日志文件、网络数据流等; 第三方采集工具:第三方的专用实时数据采集工具,包括 GoldenGate(数据库实时采集)、自开发采集程序(定制化采集工具)等
消息中间件	消息中间件可对实时数据进行缓存,支持高吞吐量的消息订阅和发布。 Kafka:分布式消息系统,支持消息的生产和发布,以及多种形式的消息缓存,满足高效可靠的消息生产和消费
分布式流计算引擎	对实时数据进行快速分析。 Storm:开源的分布式实时计算系统,利用 Storm 可以很容易做到可靠地处理无限的数据流; Flink:新一代流处理引擎,支持毫秒级的流处理分析
数据缓存	将流处理分析的结果进行缓存,满足流处理应用的访问需求。 Redis:提供高速 key/value 存储查询能力,用于流处理结果数据的高速缓存
业务应用	查询并使用批处理结果的业务应用,由 ISV 开发

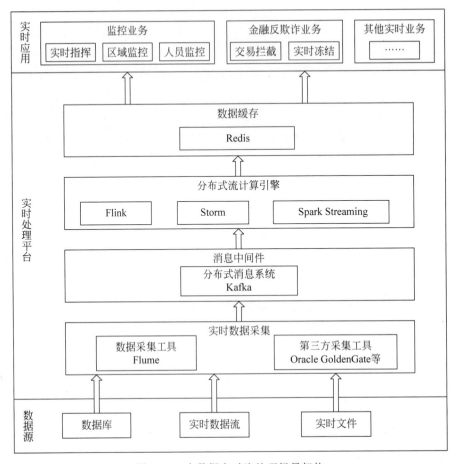

图5.14　大数据实时流处理场景架构

4. 使用流程

鲲鹏BoostKit大数据的移植、部署、调优的端到端使用流程如图5.15所示。

5.7.2　鲲鹏BoostKit虚拟化使能套件

1. 方案概述

现如今,从使用数字技术的企业转型为数字企业,是全球各行各业都面临着的挑战。应用程序现代化是数字转型的核心,助力企业吸引客户,赋能员工,优化运营,改进产品。作为数字化转型的IT基础设施,云计算技术近年来发展飞速,尤其是随着虚拟化、云服务、容器等技术的快速发展,企业数字化转型的进程也因为云计算技术的发展而大大受益。云计算的不断革新,很大程度上也是因为开源技术与生态的飞速发展,以QEMU-KVM、OpenStack、Docker、Kubernetes为代表的开源云计算技术,打破

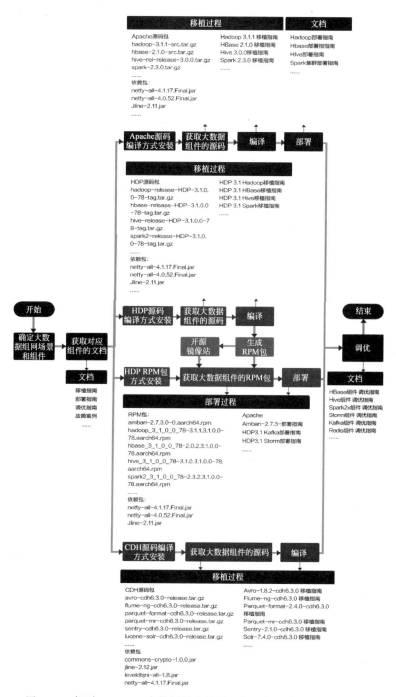

图 5.15　鲲鹏 BoostKit 大数据的移植、部署、调优的端到端使用流程

了曾经封闭低效的"烟囱"式算力架构,不断地丰富 IT 基础设施,助力用户应用朝着更敏捷、更高效的方向进化,大步迈向数字化转型。

借助华为鲲鹏 BoostKit 虚拟化使能套件(简称鲲鹏 BoostKit 虚拟化),加速迈向云计算之旅,鲲鹏 BoostKit 虚拟化具有如下优势:

(1) 解除 x86 绑定,丰富算力平台,降低业务连续性风险。

(2) 多核处理器架构更高密度、更低功耗,出众性能提升云基础设施算力,降低TCO(Total Cost of Ownership,总体拥有成本)。

(3) 云计算基础设施平台无感替换,应用体验一致。

(4) 实现 x86-鲲鹏混合部署,实现更灵活更好的扩展性。

2. 方案架构

鲲鹏 BoostKit 虚拟化总体架构主要由硬件基础设施、操作系统、云平台、云管理集群平台构成,其中云平台支持华为自研的 HCS(Huawei Cloud Stack,华为云堆栈)私有云平台以及开源 QEMU-KVM、开源 Docker 容器平台。云管理集群平台包括开源OpenStack 平台、开源 oVirt 平台和开源 Kubernetes 平台。

鲲鹏 BoostKit 虚拟化总体架构如图 5.16 所示。

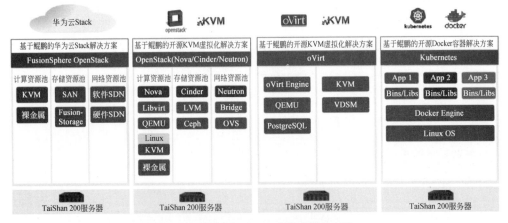

图 5.16　鲲鹏 BoostKit 虚拟化总体架构

鲲鹏 BoostKit 虚拟化总体架构组件的说明如表 5.14 所示。

表 5.14　鲲鹏 BoostKit 虚拟化总体架构组件的说明

名　　称	说　　明
基础设施	使用基于华为鲲鹏处理器的 TaiShan 200 服务器(型号 2280 或型号 5280)
操作系统	支持开源 CentOS 7.6、openEuler 20.03LTS；HCS 商用使用 EulerOS 2.8
云平台	支持开源 QEMU-KVM、Docker 容器平台和 HCS

续表

名　　称	说　　明
GuestOS	虚拟机上 GuestOS 支持 CentOS 7.6/openEuler 20.03LTS/Ubuntu 16.04/SUSE 15.1/Kylin V7.6
集群管理平台	支持开源 OpenStack 和开源 Kubernetes 管理平台

3. 应用场景

1) 开源 KVM 虚拟化解决方案

开源 KVM 虚拟化解决方案应用于线下虚拟化场景,包括单机、双机 HA (Highavailability,高可用性)和多机集群,通过虚拟机迁移和 HA 确保业务可靠性,典型应用包括数据库、Web 和缓存服务器等。

(1) 单机场景分析。

单机场景是指在单台服务器上使用 QEMU-KVM 开源软件,虚拟机带外管理使用 virt-manager 管理软件和 virsh 命令行,二者都是调用 libvirt API 接口,GuestOS 带内管理使用 VNC 软件,虚拟机存储使用本地 LVM 虚拟存储池,虚拟机网络使用网桥 (Bridge 模式)或物理网卡(Host-only 模式)。

(2) 双机和集群场景分析。

双机和集群场景基于单机场景,计算虚拟化、存储和网络的使用方式和单机相同,不同点在于双机和集群场景可以使用 HA 或热迁移技术保证集群健壮性。以 Keepalived＋LVS＋MySQL 双机主从架构为例,Keepalived 提供浮动 IP 地址,并周期性检测集群内服务器的健康状态,当检测到故障节点时,触发倒换。

开源 KVM 虚拟化场景架构分为三层:最底层是 TaiShan 服务器硬件;中间层是 Host Linux Kernel,包括 KVM 虚拟化软件;最上层是 QEMU,虚拟出 I/O 设备,详细的开源 KVM 虚拟化场景架构如图 5.17 所示。

开源 KVM 虚拟化场景各类组件的说明如表 5.15 所示。

表 5.15　开源 KVM 虚拟化场景各类组件的说明

名　　称	说　　明
KVM	KVM 是 Host Linux OS 内核特性,支持对 CPU、内存、I/O 的模拟,作为 Hypervisor 和 QEMU 一起使用,向上虚拟出 KVM 虚拟机
QEMU	QEMU 作为进程运行在宿主机的用户态,基于 KVM 及内核的特性,为 Guest OS 模拟出 CPU、内存、I/O 等硬件,支撑 Guest OS 在进程中运行
libvirt	libvirt 库是一种实现 Linux 虚拟化功能的 Linux API,虚拟化管理服务如 virt-manager,都是通过 libvirt 管理和监控虚拟机
Virtual Machine	Virtual Machine(虚拟机)是用户实际能使用的服务器资源,在虚拟机上能够安装 Guest OS,支持 Guest OS,包括 CentOS 7.6/openEuler 20.03LTS/SUSE 15.1/Ubuntu 16.04/Kylin 7.6。用户的应用运行在 Guest OS 上

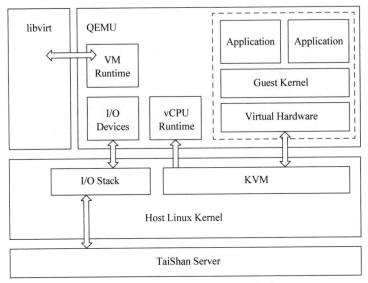

图 5.17　开源 KVM 虚拟化场景架构

2）开源 oVirt 和 KVM 解决方案

oVirt 和 KVM 解决方案是 TaiShan 200 服务器和开源 Ovirt、KVM 的组合解决方案，此方案解决 oVirt 虚拟化软件在 TaiShan 服务器上适配的问题。

oVirt 是一个开源虚拟化管理平台，它允许从具有独立于平台访问的 Web 的前端集中管理虚拟机、计算、存储和网络资源。主要组件元素包括 oVirt Engine、VDSM、基于 KVM 的虚拟机、存储、数据库，具体请参见表 5.16。

oVirt 和 KVM 部署架构如图 5.18 所示。

开源 oVirt 和 KVM 场景各类组件的说明如表 5.16 所示。

表 5.16　oVirt 和 KVM 场景各类组件的说明

名　称	说　明
浏览器	使用浏览器可以访问管理员门户网站或者用户门户网站： • 管理员门户网站是 Engine 上基于 UI 应用编程的 Web，系统管理员用它来执行高级操作； • 用户门户网站是基于 UI 应用编程的 Web，用于管理简要的场景
oVirt Engine	• 支持多虚拟机数据中心、多集群管理； • FC-SAN/IP-SAN/本地/NFS 不同存储架构； • 超融合部署架构； • 虚拟计算、虚拟存储、虚拟机网络统一管理； • 虚拟机热迁移、存储热迁移； • 物理主机宕机高可用； • 负载均衡资源调度策略

名　　　称	说　　　明
VDSM	VDSM 主要负责 oVirt Engine 请求相关的操作,具体功能如下: • 负责 Node 的启动和注册; • 虚拟机的操作与生命周期管理; • 网络管理; • 存储管理; • Host 与 VM 状态监视与报告; • 提供对虚拟机的外部干涉功能; • 提供内存与存储的合并与超支功能; • VDSM 系统的设计具有高可用性、高伸缩性、集群安全、备份和恢复、性能优化等原则
Guest agent	Guest agent 在 VM 内运行,向 oVirt Engine 提供 VM 有关资源使用情况的信息,通过虚拟串行连接进行通信
PostgreSQL	oVirt Engine 使用 PostgreSQL 持久化进行数据存储

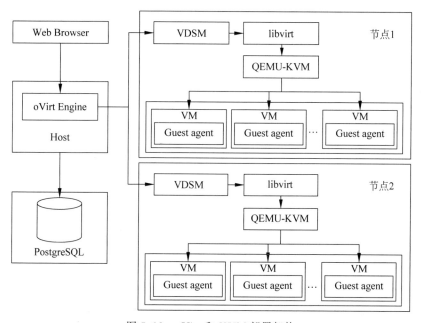

图 5.18　oVirt 和 KVM 部署架构

3) 开源 OpenStack 和 KVM 解决方案

OpenStack＋KVM 解决方案是 TaiShan 200 服务器和 OpenStack、KVM 的组合解决方案,此方案解决开源 OpenStack 和 KVM 虚拟化软件在 TaiShan 服务器上的适配问题,同时基于开源软件进行性能调优,给客户提供性能调优指导。

　　OpenStack 既是一个社区,也是一个项目和一个开源软件,它提供了一个部署云的操作平台或工具集。其宗旨在于,帮助组织运行为虚拟计算或存储服务的云,为公有云、私有云提供可扩展的、灵活的云计算。

　　OpenStack 包含的主要开源组件有 Nova、Cinder、Neutron、Glance、Swift、Placement、Keystone、Horizon、Heat、Ceilometer。

　　OpenStack 组件系统架构如图 5.19 所示。

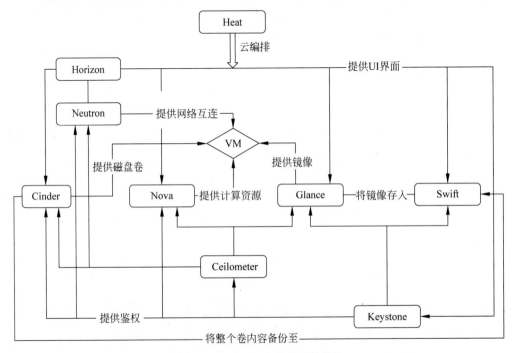

图 5.19　OpenStack 组件系统架构

OpenStack 云场景各类节点的说明如表 5.17 所示。

表 5.17　OpenStack 云场景各类节点的说明

名　　称	说　　明
Nova	Nova 是 OpenStack 的最核心组件,负责为虚拟机管理计算资源,包括 CPU 和内存。当接到虚拟机创建请求时,Nova 根据请求中携带的计算资源需求对计算资源进行过滤,选出用来创建虚拟机的资源,再根据一定的策略进行排序,选定某些计算资源创建虚拟机

名　　称	说　　明
Cinder	Cinder 负责为虚拟机提供块存储(Block Storage)资源。所谓的"块"就是通常操作系统操作硬盘的状态。操作系统将硬盘划分为一个一个块(簇),对硬盘进行读写。Cinder 向下对物理存储介质使用相对应的驱动(Driver)完成对硬盘的管理和读写,对 VM 提供统一的 iSCSI 存储,即统一的磁盘卷,虚拟机将 Cinder 统一后的磁盘卷进行挂载使用
Neutron	Neutron 负责虚拟机的网络资源。虚拟机与外部网络互通及隔离,需要配置 IP 地址、路由、VLAN 等信息,即在网络上搭建一个可隔离、可交换/路由的分组数据包转发通路。Neutron 根据虚拟机的需求,在相应的主机、交换机和路由器上完成支撑虚拟机转发通路的接口、VLAN、路由等配置,支撑虚拟机的数据转发
Glance	Glance 提供对虚拟机镜像的管理,包括虚拟机的查询、注册、上传、获取以及删除功能
Swift	Swift 是 OpenStack 的对象存储组件,支持和 Ceph 对象存储对接,实现 OpenStack 使用对象存储
Horizon	Horizon 为几乎所有组件提供基于 Web 的操作界面,操作方便。OpenStack 各组件只提供命令行的交互方式,Horizon 提供了图形化封装的功能
Keystone	Keystone 提供鉴权功能。对于 OpenStack 中所有需要鉴权才能继续的操作,各组件首先要与 Keystone 组件进行交互,进行鉴权和认证
Ceilometer	Ceilometer 提供资源的计量和监控服务
Heat	Heat 提供业务编排功能

4) 开源 Kubernetes 和 Docker 容器解决方案

Kubernetes(K8s)＋Docker 解决方案是基于 TaiShan 200 服务器和开源 K8s/Docker 的组合解决方案,此方案解决开源 K8s 和 Docker 虚拟化软件在 TaiShan 服务器上的适配问题,同时基于开源软件进行性能调优,给客户提供性能调优指导。

Linux Container 技术是通过与主机共用内核,结合内核的 cgroup 和 namespace 实现的一种虚拟化技术,极大地减少了对主机资源的占用且具有较快的启动速度。Docker 就是一个 Linux Container 引擎技术,实现应用的打包、快速部署等。Docker 通过 Linux Container 技术将 App 变成一个标准化的、可移植的、自管理的组件,实现了应用的"一次构建,到处运行"。Docker 的技术特点是:应用发布快速、应用部署和扩容简单、应用密度更高、应用管理更简单。

Kubernetes 将 Docker 容器宿主机组成集群,统一进行资源调度,自动管理容器生命周期,提供跨节点服务发现和负载均衡;更好地支持微服务理念,划分、细分服务之间的边界,比如 Label、Pod 等概念的引入。

K8s 由主控节点(Master)和节点(Node)组成,其架构轻量,迁移方便,部署快捷,具有插件化和可扩展性。Kubernetes 和 Docker 容器场景架构如图 5.20 所示。

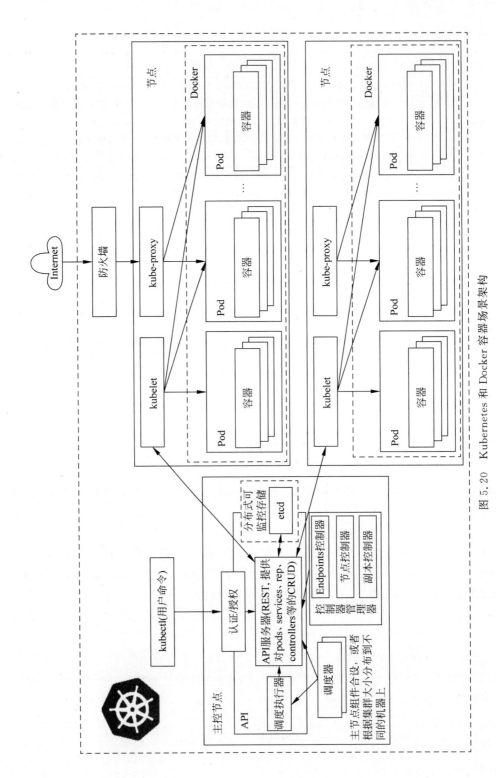

图 5.20 Kubernetes 和 Docker 容器场景架构

Kubernetes 和 Docker 容器场景各类节点的说明如表 5.18 所示。

表 5.18　Kubernetes 和 Docker 容器场景各类节点的说明

名　　称	说　　明
Pod	Pod 是能够创建、调度和管理的最小部署单元,是一组容器的集合,而不是单独的应用容器。Pod 对应于合设在一起的一组应用,它们运行在一个共享的应用上下文中,同一个 Pod 里的容器共享同一个网络命名空间、IP 地址及端口空间和卷。从生命周期来说,Pod 是短暂的而不是长久的应用。Pod 被调度到节点,保持在这个节点上直到被销毁
API 服务器	API 服务器负责暴露 Kubernetes API,不管是 kubectl 还是 API 调用操作 Kubernetes 集群各种资源,都是通过 kube-apiserver 提供的接口进行操作的
控制器管理器	控制器管理器负责整个 Kubernetes 的管理工作,保证集群中各种资源的状态处于期望状态,当监控到集群中某个资源状态不正常时,控制器管理器会触发对应的调度操作,主要由以下几部分组成: • 节点控制器(Node Controller); • 副本控制器(Replication Controller); • 端点控制器(Endpoints Controller); • 命名空间控制器(Namespace Controller); • 身份认证控制器(Service Accounts Controller)
调度器	调度器负责 Kubernetes 集群的具体调度工作,接收来自控制器管理器(Kube Controller Manager)触发的调度操作请求,然后根据请求规格、调度约束、整体资源情况等因素进行调度计算,最后将任务发送到目标节点的 kubelet 组件执行
etcd	etcd 是一款用于共享配置和服务发现的高效键值存储系统,具有分布式、强一致性等特点,在 Kubernetes 中用于存储所有需要持久化的数据
kubelet	kubelet 是节点上最重要的核心组件,负责 Kubernetes 集群具体的计算任务,具体功能包括: • 监测 Scheduler 组件的任务分配; • 挂载 Pod 所需 Volume(Kubernetes 卷); • 下载 Pod 所需 Secret(Secret 是 Kubernetes 中一种包含少量敏感信息,例如密码、令牌或密钥的对象); • 通过与 Docker 守护进程的交互运行 Docker 容器; • 定期执行容器健康检查; • 监控、报告 Pod 状态到控制器管理器组件; • 监控、报告节点状态到控制器管理器组件
kube-proxy	kube-proxy 主要负责服务到 Pod 实例的请求转发及负载均衡的规则管理

5) 开源 Open vSwitch 和华为自研 XPF 加速解决方案

开源 Open vSwitch(简称 OVS)和华为自研 XPF 的组合解决方案可用于公有云和私有云场景,Open vSwitch 是一个优秀的开源软件交换机,支持主流的交换机功能,比如二层交换、网络隔离、QoS、流量监控等,而其最大的特点就是支持 OpenFlow。OpenFlow 定义了灵活的数据包处理规范,可为用户提供 L1～L4 包处理能力。OVS

支持多种 Linux 虚拟化技术,包括 Xen、KVM 以及 VirtualBox。华为自研 XPF 在开源的基础上,将多种类型的流表动作集进行了组合归一,减少了查询次数,在 Connection Tracking(连接跟踪)场景下,可以大幅度提升报文转发性能。

开源 Open vSwitch 和华为自研 XPF 加速解决方案架构如图 5.21 所示。

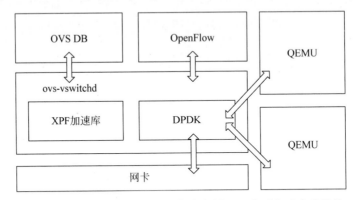

图 5.21   开源 Open vSwitch 和华为自研 XPF 加速解决方案架构

开源 Open vSwitch 和华为自研 XPF 各类组件的说明如表 5.19 所示。

表 5.19   开源 **Open vSwitch** 和华为自研 **XPF** 各类组件的说明

名　称	说　明
网卡	网卡用于发送和接收报文
QEMU	QEMU 作为进程运行在宿主机的用户态,它基于 KVM 及内核的特性,为 Guest OS 模拟出 CPU、内存、I/O 等硬件,支撑 Guest OS 在进程中运行
DPDK	DPDK 提供的数据平面开发工具集为用户空间高效的数据包处理提供库函数和驱动的支持。通俗地说,DPDK 就是一个用来进行包数据处理加速的软件库
ovs-vswitchd	ovs-vswitchd 是 OVS 的守护进程,是核心部件,实现交换功能,和 Linux 内核兼容模块一起,实现基于流的交换(Flow-based Switching)。它和上层 OpenFlow 控制器通信遵从 OpenFlow 协议,它与 ovsdb-server 通信使用 OVSDB 协议,它和内核模块通过 Netlink(Netlink 是 Linux 内核与用户空间进程通信的一种机制)通信
OpenFlow	OpenFlow 协议实现了数据层和控制层的分离,其中 OpenFlow 交换机进行数据层的转发,而 OpenFlow 控制器实现了控制层的功能。图 5.21 中的 OpenFlow 组件主要实现了 OpenFlow 协议的控制层
XPF 加速器	XPF 加速器是自研功能模块,在 OVS 软件内部实现了一个智能卸载引擎模块,该模块用于跟踪数据报文在 OVS 软件中所经历的所有流表和 CT 表,将执行的 CT 行为和所有流表行为项进行综合编排成一条综合行为项并结合统一匹配项生成一条集成流表项。后续的数据报文在进入网 OVS 后,若匹配命中该集成流表,则直接执行综合行为,相比开源的处理流程,查询次数将减少,性能将大幅度提升
OVS DB	OVS DB 是开放虚拟交换机中保存的各种配置信息(如网桥、端口)的数据库,是针对 OVS 开发的轻量级数据库

6）开源 Open vSwitch SR-IOV 硬件卸载加速解决方案

Open vSwitch SR-IOV 硬件卸载解决方案可用于公有云和私有云场景。SR-IOV模式的硬件卸载是一种将流表从 Open vSwitch 卸载到网卡，通过网卡查找转发，然后直接在虚拟机中收发转发后的报文，大大提升了报文的查找和转发速度，从而提升了网络性能。

开源 Open vSwitch SR-IOV 硬件卸载框架如图 5.22 所示。

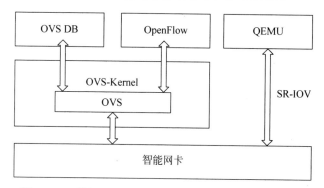

图 5.22　开源 Open vSwitch SR-IOV 模式硬件卸载框架

开源 Open vSwitch SR-IOV 模式硬件卸载的说明如表 5.20 所示。

表 5.20　开源 **Open vSwitch SR-IOV** 模式硬件卸载的说明

名　　称	说　　明
智能网卡	智能网卡用于发送和接收报文，查找和转发报文，网卡上完成查找转发后，报文可以直接被 VM 收取，大大提升了转发性能
QEMU	QEMU 作为进程运行在宿主机的用户态，它基于 KVM 及内核的特性，为 Guest OS 模拟出 CPU、内存、I/O 等硬件，支撑 Guest OS 在进程中运行
OVS	OVS 是守护进程，是核心部件，实现交换功能，和 Linux 内核兼容模块一起，实现基于流的交换（Flow-based Switching）。它和上层 OpenFlow 控制器通信遵从 OpenFlow 协议，与 ovsdb-server 通信使用 OVSDB 协议，它和内核模块通过 Netlink 通信
OpenFlow	OpenFlow 协议实现了数据层和控制层的分离，其中 OpenFlow 交换机进行数据层的转发，而 OpenFlow 控制器实现了控制层的功能。图 5.22 中的 OpenFlow 组件主要实现了 OpenFlow 协议的控制层
OVSDB	OVSDB 是开放虚拟交换机中保存的各种配置信息（如网桥、端口）的数据库，是针对 OVS 开发的轻量级数据库

4. 使用流程

鲲鹏 BoostKit 虚拟化移植、部署、端到端调优使用流程如图 5.23 所示。

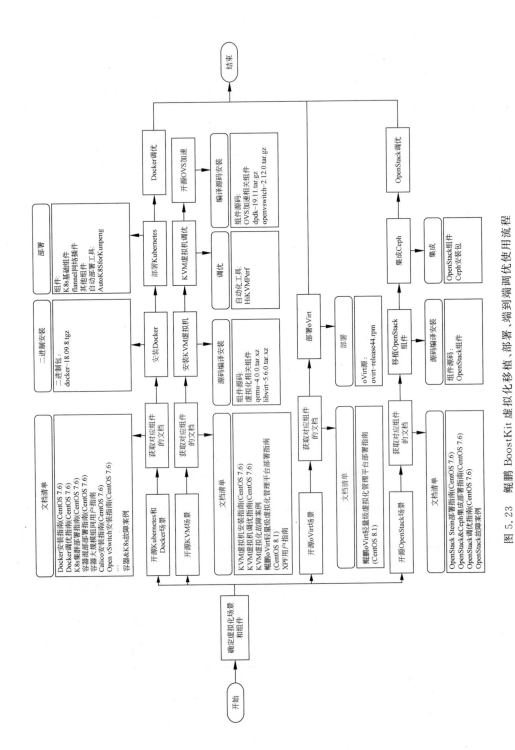

图 5.23 鲲鹏 BoostKit 虚拟化移植、部署、端到端调优使用流程

5.7.3 鲲鹏 BoostKit ARM 原生使能套件

1. 方案概述

近年,中国经济发展由工业主导转向服务业主导,逐步改变了人们的消费方式,随着云计算相关产业的蓬勃发展,人们对移动设备的弹性需求推动新兴的云手机、云游戏等概念,云手机和云游戏就是将云计算技术运用于网络终端服务,通过云服务器的形式实现云服务的手机。其实就是深度结合了网络服务的智能手机,这类手机凭借自带的系统以及厂商架设的网络终端可以通过网络实现众多的功能,根据业务场景划分为:互动娱乐、移动办公、在线教育、终端伴侣、APPs 托管,ARM 原生业务场景如表 5.21 所示。

表 5.21 ARM 原生业务场景

业务场景	应 用 场 景
互动娱乐	云游戏:游戏试玩、订阅、互动社交化云游戏,云原生游戏超级 APPs(突破物理手机资源约束); 互动广告:是继声音、图片、视频后的第四次广告投送革命,实现人屏实时互动; 互动直播:跨直播平台的海量并行直播方案,实时主播互动式交互解决方案
移动办公	政企安全移动办公:BYOD 支持、数据零落地,可实时监管等; 传统企业社群应用:企业关键数据保护、企业员工协作增强方案等; 云会议:超链接速接、零成本推广、超级互动方案、Android APPs 原生共享
在线教育	在线云 APPs:版权控制、低成本推广、基于用户行为分析的可用性优化; 互动课堂:海量学员并发管理、家长实时远程控制、师生实时互动支持
终端伴侣	个人手机伴侣:多(物理机)对多(云手机)、多机无损切换、个人隐私保护; 亲情云手机:儿童云手机,老人云手机,支持远程互助和监控
APPs 托管	手机仿真测试:手机 OS、APPs、算法的仿真测试; APP 测试:APP 功能、安全、准入测试; APP 自动化托管:APP 业务逻辑自动化、网络爬虫

根据业务呈现效果,不同的业务场景可以归纳 3 种架构类型:云托管、云应用、云终端,其说明如表 5.22 所示。

表 5.22 ARM 原生业务场景架构类型

架构类型	说 明
云托管	不需要实时与终端设备进行交互,业务运算集中在云端数据中心,如 APPs 托管场景
云应用	需要实时与终端进行交互,即点即开,云侧以应用界面的形式呈现,如互动娱乐、在线教育等场景
云终端	需要实时与终端进行交互,即点即开,云侧以 Android 系统界面的形式呈现,如移动版本、终端伴侣等场景

2. 方案架构

鲲鹏 BoostKit ARM 原生使能套件（简称鲲鹏 BoostKit ARM 原生）总体架构主要由硬件平台、主机 OS、虚拟化层、Guest OS 层组成。

鲲鹏 BoostKit ARM 原生总体架构详细构成如图 5.24 所示。

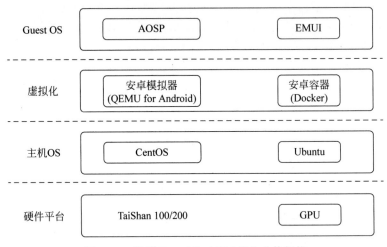

图 5.24　鲲鹏 BoostKit ARM 原生总体架构

鲲鹏 BoostKit ARM 原生总体架构组件的说明如表 5.23 所示。

表 5.23　鲲鹏 BoostKit ARM 原生总体架构组件的说明

名称	说　　明
Guest OS	客户操作系统，运行在虚拟机软件内部的操作系统，当前支持开源 Android 开放源代码项目（AOSP）和华为终端的 EMUI（只在华为终端仿真场景使用）
虚拟化	虚拟化是将计算机的各种实体资源，如服务器、网络、内存及存储等，予以抽象、转换后呈现出来，打破实体结构间的不可切割的障碍，使用户可以采用比原本的组态更好的方式应用这些资源，常见虚拟化方案包含： • 安卓模拟器方案：可以使用开源的 QEMU＋KVM； • 安卓容器方案：可以使用开源的 Docker
主机 OS	主机操作系统，用来安装虚拟机软件的操作系统，当前支持 Ubuntu 和 CentOS，容器方案支持 Ubuntu
硬件平台	使用 TaiShan 100/200 服务器，支持 GPU、SSD 和 PCIe 等 I/O 加速扩展模块和丰富的 10GE 交换模块，并可根据业务要求灵活配置

3. 应用场景

1）云托管类型场景

云托管类型主要应用场景包括：手机仿真测试、APP 测试和 APP 自动化托管。

（1）手机仿真测试：模拟真实手机，支撑系统层测试，比如手机 ROM 测试、摄像头算法测试、EMUI 测试等。

（2）APP 测试：支撑 APP 的功能、安全、准入等测试。

（3）APP 自动化托管：APP 业务逻辑自动化、网络爬虫。

其主要特点是不涉及终端用户体验，方案聚焦于数据中心内部，客户端 UI 连接要求低。这些子场景核心方案大同小异，只是侧重点有些差异，云托管类型场景全栈架构如图 5.25 所示。

图 5.25　云托管类型场景全栈架构

云托管类型场景各类节点的说明如表 5.24 所示。

表 5.24　云托管类型场景各类节点的说明

名　称	说　明
Android 应用＋工具	不同子场景，需要运行的 Android 应用以及部署的工具不一样，业务按需针对性适配
设备模拟	开源模拟器，只提供 CPU、内存、存储、基础网络等基本模拟
Android 虚拟机/容器	将计算机的各种实体资源，如服务器、网络、内存及存储等，转换后呈现出来，打破实体结构间不可切割的障碍，使用用户可以采用比原本的组态更好的方式应用这些资源
主机 OS	用来安装虚拟机软件的操作系统
TaiShan 服务器＋专业显卡	高性价比专业显卡支持本地渲染，支持单机多卡

2）云应用类型场景

云应用类型主要应用场景包括：云游戏、互动广告、互动直播、在线云 APPs、互动课堂等。

（1）云游戏：游戏试玩、订阅，互动社交化云游戏，云原生游戏超级 APPs（突破物理手机资源约束）。

（2）互动广告：是继声音、图片、视频后的第四次广告投送革命，实现人屏实时互动。

(3) 互动直播：跨直播平台的海量并行直播方案,实时主播互动式交互解决方案。

(4) 在线云 APPs：版权控制、低成本推广、基于用户行为分析的可用性优化。

(5) 互动课堂：海量学员并发管理、家长实时远程控制、师生实时互动支持。

云应用类型场景,目前大多采用视频流方案,主要特点如下：

(1) 对端的要求极低,只要求有视频解码能力。

(2) 根据网络带宽和延时可以比较方便地自适应调整画面的清晰度。

(3) 方案已经发展多年,生态相对成熟。

云游戏场景全栈架构如图 5.26 所示。

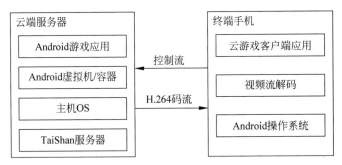

图 5.26 云游戏场景全栈架构

云游戏场景各类节点的说明如表 5.25 所示。

表 5.25 云游戏场景各类节点的说明

名　称	说　明
Android 游戏应用	客户部署的云游戏
Android 虚拟机/容器	将计算机的各种实体资源,如服务器、网络、内存及存储等,转换后呈现出来,打破实体结构间的不可切割的障碍,使用户可以采用比原本的组态更好的方式应用这些资源
主机 OS	用来安装虚拟机软件的操作系统
TaiShan 服务器＋专业显卡	高性价比专业显卡支持本地渲染,支持单机多卡
云游戏客户端应用	客户基于视频流引擎开发的客户端应用
视频流解码	通过视频流引擎实现 H.264 视频解码播放
Android 操作系统	终端手机的 Android 系统版本,支持 Android7(含)以上版本

3) 云终端类型场景

云终端类型主要应用场景包括移动办公和终端伴侣等。

① 移动办公：通过云手机支持移动办公,实现数据不落地,保障信息安全。

② 终端伴侣：个人手机设备的拓展,多(物理机)对多(云手机)、多机无损切换、个

人隐私保护。

其主要特点是云侧以 Android 系统界面的形式呈现,在云侧的 Android 系统上实现安全移动办公,个人业务应用预置,打破个人终端设备的束缚,充分利用云端的算力。

云应用类型场景,建议采用指令流方案,云端不需要 GPU,渲染在终端执行,优点如下:

① 相同画质情况下,较视频方案网络带宽开销小。

② 对手游的交互时延更低,性能高。

③ 成本低廉,不需要 GPU 等渲染开销。

指令流云手机场景全栈架构如图 5.27 所示。

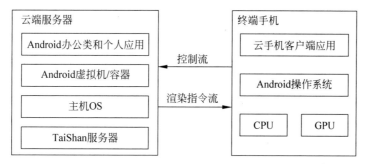

图 5.27　指令流云手机场景全栈架构

指令流云手机场景各类节点的说明如表 5.26 所示。

表 5.26　指令流云手机场景各类节点的说明

名　　称	说　　明
Android 办公类和个人应用	集成主流办公应用,比如邮箱、通信、办公、差旅、社区、考勤、行政等应用集成
Android 虚拟机/容器	将计算机的各种实体资源,如服务器、网络、内存及存储等,转换后呈现出来,打破实体结构间不可切割的障碍,使用户可以采用比原本的组态更好的方式来应用这些资源
主机 OS	用来安装虚拟机软件的操作系统
TaiShan 服务器	高性能的服务器
云手机客户端应用	客户基于指令流引擎开发的客户端应用
Android 操作系统	终端手机的 Android 系统版本,支持 Android7(含)以上版本
CPU	终端手机的 CPU
GPU	终端手机的 GPU

参 考 文 献

［1］ UEFI Forum，Inc. Advanced Configuration and Power Interface（ACPI）Specification Version 6.3［S］. UEFI Forum，Inc，2019.

［2］ 邵乐峰."筚路蓝缕，以启山林"，Arm 服务器生态掀第三波发展浪潮［EB/OL］.（2020-04-27）［2020-06-23］https://www.eet-china.com/news/8676.html.

［3］ 苏月.华为鲲鹏 920：一颗勇敢的"芯"［J］.计算机与网络，2019(21)：72-73.

［4］ 李国柱.从鲲鹏 920 了解现代服务器实现和应用［EB/OL］.［2020-06-23］https://gitee.com/Kenneth-Lee-2012/know_modern_server_from_kunpeng920_pub.

［5］ Faroughi N.数字逻辑设计与计算机组成［M］.戴志涛，等译.北京：机械工业出版社.2017.

［6］ Standard Performance Evaluation Corporation. SPEC's Benchmarks［EB/OL］.（2020-01-09）［2020-06-23］https://spec.org/benchmarks.html.

［7］ TPC. TPC Benchmarks Overview［EB/OL］.（2020）［2020-06-23］http://www.tpc.org/information/benchmarks5.asp.

［8］ MCKENNEY P E. Memory ordering in modern microprocessors［J］. Linux Journal，2005，30：52-57.

［9］ MCKENNEY P E. Memory barriers：a hardware view for software hackers［EB/OL］.（2010-08）［2020-06-23］https://www.researchgate.net/publication/228824849_Memory_Barriers_a_Hardware_View_for_Software_Hackers.

［10］ 李国柱.理解弱内存顺序模型［EB/OL］.（2020-04-09）［2020-06-23］https://zhuanlan.zhihu.com/p/94421667.

［11］ 程晓明.深入理解 Java 内存模型［EB/OL］.（2020）［2020-06-23］https://www.infoq.cn/article/java_memory_model.

［12］ 王齐. PCI Express 体系结构导读［M］.北京：机械工业出版社，2010.

［13］ PCI-SIG. PCI Express Base Specification，Rev. 4.0 Version 1.0［S］. PCI-SIG，2017.

［14］ BUDRUK P，ANDERSON D，SHANLEY T. PCI Express System Architecture［M］. Hoboken：Addison-Wesley Developer's Press，2003.

［15］ JACKSON，MIKE，et al. PCI Express Technology，Comprehensive Guide to Generations 1.x，2.x and 3.0［M］. Cedar Park：MindShare，Inc.2012.

［16］ 白中英，戴志涛.计算机组成原理（立体化教材）［M］.6 版.北京：科学出版社，2019.

［17］ 白中英，戴志涛，等.计算机组成原理（立体化教材）［M］.4 版.北京：科学出版社，2008.

［18］ 白中英，戴志涛，等.计算机组织与体系结构（立体化教材）［M］.4 版.北京：清华大学出版社，2008.

［19］ 刘冉.英特尔服务器处理器技术编年史［EB/OL］.（2019-05-29）［2020-06-23］http://www.eepw.com.cn/article/201905/401005.htm.

［20］ Oracle. Oracle SuperCluster：将可靠性和可用性提升至新的水平，Oracle 白皮书［EB/OL］.

(2013-6)[2020-06-23] https://www. oracle. com/technetwork/cn/server-storage/sun-sparc-enterprise/documentation/supercluster-t5-ras-1963195-zhs. pdf.

[21] GCC. Green Computing Consortium Server Technical Standards Report [R]. Green Computing Consortium. 2017.

[22] Arm Limited. Arm Architecture Reference Manual Armv8，for Armv8-A architecture profile [Z]. 2019.

[23] Arm Limited. How Arm Licensing Works[EB/OL]. (2020)[2020-06-23] https://www. arm. com/why-arm/how-licensing-works.

[24] 绿色计算产业联盟.鲲鹏计算产业发展白皮书[R].绿色计算产业联盟,2019.

[25] Linaro Limited. Bringing the Arm ecosystem together [EB/OL]. (2020)[2020-06-23] https://connect. linaro. org.

[26] WikiChip. Kunpeng 920-6426-HiSilicon[EB/OL]. (2017-03-15)[2020-06-23] https://en. wikichip. org/wiki/hisilicon/kunpeng/920-6426.

[27] ARM Limited. AArch64 Virtualization[EB/OL]. (2020-02-15)[2020-06-23] https://static. docs. arm. com/100942/0100/aarch64_virtualization_100942_0100_en. pdf.

[28] Arm Limited. TrustZone for ARMv8-A，Version 1. 0[EB/OL]. (2020-01-08)[2020-06-23] https://developer. arm. com/ip-products/security-ip/trustzone/trustzone-for-cortex-a.

[29] Arm Limited. AArch64 Exception and Interrupt Handling，Version 1. 0[Z]. 2017.

[30] Arm Limited. Arm System Memory Management Unit Architecture Specification，SMMU architecture versions 3. 0，3. 1 and 3. 2[Z]. 2019.

[31] Arm Limited. Design a System that "Just Works"，The Arm ServerReady Program and Beyond，White Paper[Z]. 2019.

[32] Arm Limited. Armv8-A Address Translation Version 1. 1[Z]. 2019.

[33] Arm Limited. ARMv8-A Memory Systems，Version 1. 0[Z]. 2016.

[34] Arm Limited. Principles of ARM Memory Maps，White Paper[Z]. 2012.

[35] Arm Limited. Memory management，Version 1. 0[Z]. 2019.

[36] Arm Limited. Arm Server Base System Architecture 6. 0 Platform Design Document[Z]. 2019.

[37] Arm Limited. Arm Server Base System Architecture 5. 0 Platform Design Document[Z]. 2018.

[38] Arm Limited. Arm Server Base System Architecture 3. 1[Z]. 2016.

[39] Arm Limited. Arm Server Base Manageability Requirements 1. 0 Platform Design Document [Z]. 2020.

[40] John Goodacre. Technology Preview：The ARMv8 Architecture[Z]. Arm Limited. 2011.

[41] Arm Limited. Introducing the Arm architecture，Version 1. 0[Z]. 2019.

[42] Arm Limited. Arm CoreLink Generic Interrupt Controller v3 and v4 Overview，Version 3. 0 [Z]. 2019.

[43] Arm Limited. Arm Generic Interrupt Controller Architecture Specification，GIC architecture version 3 and version 4[Z]. 2019.

[44] 高章飞，庄浩坚. 深入解读通用加速器框架 WarpDrive[C]//HDC2020 HDC. Cloud 华为开发

者大会.

[45] 华为技术有限公司. TaiShan 服务器鲲鹏加速引擎接口参考[Z]. 2020.

[46] 华为技术有限公司. TaiShan 服务器鲲鹏加速引擎开发者指南[Z]. 2020.

[47] 华为技术有限公司. 华为 TaiShan 服务器 Data Sheet[Z]. 2020.

[48] 华为技术有限公司. 华为鲲鹏 920 处理器 技术白皮书[Z]. 2020.

[49] Hisilicon. TaishanV110 TRM Technical Reference Manual[Z]. 2020.

[50] Wikipedia. HiSilicon [EB/OL]. (2020-07-04)[2020-06-23] https://en. wikipedia. org/wiki/ HiSilicon.

[51] 华为技术有限公司. 华为鲲鹏 920 处理器 软件开发手册：第二卷 SoC 用户手册[Z]. 2020.

[52] 华为技术有限公司. 鲲鹏 920 处理器用户手册,第一卷 功能描述[Z]. 2020.

[53] 华为技术有限公司. 鲲鹏 920 处理器用户手册,第三卷 硬件指南[Z]. 2020.

[54] 华为技术有限公司. 鲲鹏展翅,昇腾万里 鲲鹏系列芯片主打胶片[Z]. 2020.

[55] 华为技术有限公司. TaiShan 200 服务器 RAS 白皮书[Z]. 2020.

[56] 华为技术有限公司. TaiShan 200 服务器 白皮书（型号 2280）[Z]. 2020.

[57] 华为技术有限公司. TaiShan 200 服务器 白皮书（型号 5280）[Z]. 2020.

[58] 华为技术有限公司. TaiShan 200 服务器 白皮书（型号 2180）[Z]. 2020.

[59] 华为技术有限公司. TaiShan 200 服务器 白皮书（型号 X6000）[Z]. 2020.

[60] 华为技术有限公司. XA320 V2 服务器节点 用户指南[Z]. 2020.

[61] 华为技术有限公司. TaiShan-2280-Data-Sheet[Z]. 2020.

[62] 华为技术有限公司. openEuler 开源社区[EB/OL]. (2020)[2020-06-23] https://openeuler. org/zh/developer. html.

[63] 华为技术有限公司. 鲲鹏软件栈[EB/OL]. (2020)[2020-06-23] https://www. huaweicloud. com/kunpeng/software. html.

[64] Unified Extensible Firmware Interface (UEFI) Specification. Version 2. 8[Z]. 2019.

[65] Arm Limited. ARM Trusted Fireware[EB/OL]. (2020)[2020-06-23] https://github. com/ ARM-software/arm-trusted-firmware.

[66] Linux 内核文档[EB/OL]. (2020)[2020-06-23] https://www. kernel. org/doc/html/latest/.

[67] GERALD J. P, ROBERT P G. Formal requirements for virtualizable third generation architectures. Communications of the ACM. 1974. 7. 17(7)：412-421.

[68] Arm Limited. Armv8-A virtualization[Z]. 2019.

[69] DALL C, NIEH J. KVM/ARM：the design and implementation of the Linux ARM hypervisor [J]. ACM SIGARCH Computer Architecture News，2014，42(1)：333-348.

[70] 华为技术有限公司. CloudIDE 最佳实践[Z]. 2020.

[71] 华为技术有限公司. TaiShan 服务器代码移植参考手册[Z]. 2020.

[72] 华为技术有限公司. 鲲鹏性能优化十板斧[Z]. 2020.

[73] 华为技术有限公司. 华为鲲鹏分析扫描工具用户指南[Z]. 2020.

[74] 华为技术有限公司. 华为鲲鹏代码迁移工具用户指南[Z]. 2020.

[75] 华为技术有限公司. 华为鲲鹏性能分析工具技术白皮书[Z]. 2021.

[76] 华为技术有限公司. 华为鲲鹏应用使能套件 BoostKit 技术白皮书. 2021.

[77] 华为技术有限公司. 鲲鹏云平台解决方案安装指南[Z]. 2020.

鲲鹏开发者资源

鲲鹏社区：华为公司为鲲鹏技术开发者提供的学、练、考一站式资源获取和技术交流平台。

鲲鹏教学资源：华为公司为鲲鹏技术开发者提供多样化的鲲鹏开发者系列课程，包括软件包、技术文档和丰富的鲲鹏开发者套件。

鲲鹏技术论坛：华为公司为鲲鹏技术开发者开辟迁移调优实践、云服务、语言与编译器等版块，技术专家可在线为开发者答疑解难，鼓励开发者交流分享经验。

读者可以扫描下方二维码获取鲲鹏社区、鲲鹏开发者系列课程和鲲鹏技术论坛等相关资源：